U0662675

职业教育数字化设计与制造技术专业系列教材

UG NX数字化建模与工程图绘制

主　编　崔联合

副主编　仝蓓蓓　许栋刚　刘宏泉

参　编　史琼艳　李多头　周　俊

机械工业出版社

本书以 UG NX 12.0 软件为平台，按项目案例教学要求编写，内容共分为 5 个项目：软件介绍、实体建模、曲面设计、装配设计和工程图绘制。本书坚持实用、易学易懂原则，将案例教学方法贯穿整个教学过程，将工程实际案例与实践操作进行融合，以学员能力培养作为根本目标，将软件知识点融入案例中，通过案例的教与学，让学员逐步掌握软件的使用与操作方法。学员还可以通过"微课——知识拓展与补充"模块进行拓展学习，从而更加熟练地操作软件。任务案例与"微课——知识拓展与补充"模块均有数字化资源，学员可以通过扫码进行自学。学员还可以通过对课后习题的训练巩固所学内容。

本书可作为高等职业院校、中等职业学校与技工学校装备制造类专业学生的教材，也可作为相关工程技术人员的参考资料。

图书在版编目（CIP）数据

UG NX 数字化建模与工程图绘制／崔联合主编.
北京：机械工业出版社，2025. 6. --（职业教育数字化
设计与制造技术专业系列教材）. -- ISBN 978-7-111
-78611-5

Ⅰ. TH13-39；TB237

中国国家版本馆 CIP 数据核字第 2025GT3274 号

机械工业出版社（北京市百万庄大街 22 号　邮政编码 100037）
策划编辑：汪光灿　　　　　　责任编辑：汪光灿　杜丽君
责任校对：郑　婕　李　杉　封面设计：张　静
责任印制：任维东
河北泓景印刷有限公司印刷
2025 年 8 月第 1 版第 1 次印刷
184mm×260mm · 17.75 印张 · 438 千字
标准书号：ISBN 978-7-111-78611-5
定价：55.00 元

电话服务　　　　　　　　网络服务
客服电话：010-88361066　　机　工　官　网：www.cmpbook.com
　　　　　010-88379833　　机　工　官　博：weibo.com/cmp1952
　　　　　010-68326294　　金　书　网：www.golden-book.com
封底无防伪标均为盗版　机工教育服务网：www.cmpedu.com

前　言

UG(Unigraphics) 是一款广泛应用于三维设计、可视化分析和文档编制的软件套件。它最初是由麦克唐纳-道格拉斯公司开发的，后来经历了多次收购和更名。在 2002 年，Unigraphics 发布了 UG NX 1.0 版本，从此软件更名为 UG NX。本书使用的 UG NX 12.0 是 UG 软件的第 12 个主要版本。

本书具有以下特色：

1) 案例教学。为了让学生掌握 UG NX 12.0 软件的基本功能，本书通过案例对软件中的概念、命令和功能进行讲解。

2) 知识面广。本书内容涵盖软件介绍、实体建模、曲面设计、装配设计和工程图绘制内容，未涉及的知识点通过"微课——知识拓展与补充"模块加以补充。

3) 实用性强。本书介绍了 UG NX 12.0 软件的基本操作，还涉及零件的设计过程，由浅入深，让学生能够较快地掌握软件命令，进入设计状态。

4) 教学直观。本书内容详尽并配有数字资源，采用软件操作界面中真实的对话框、操控面板和按钮等进行讲解，使初学者能够直观、准确地操作软件。

5) 适用面广。本书采用案例教学模式，通过完成一个个的案例，学生即可掌握软件的操作命令。它既适用于初学者，也适用于各类工程技术人员和其他大、中专学生。

本书由常州机电职业技术学院崔联合教授担任主编，由黄河水利职业技术学院全蓓蓓副教授、郑州职业技术学院许栋刚副教授和常州纺织服装职业技术学院刘宏泉实验师担任副主编，常州机电职业技术学院史琼艳副教授、江阴市恒都机械有限公司李多头总经理和合肥物质科学研究院周俊博士参加了编写。崔联合负责编写项目 1 和项目 2，全蓓蓓负责编写项目 3，许栋刚负责编写项目 4，刘宏泉负责编写项目 5，史琼艳、李多头与周俊参与了教材部分内容的编写。

本书在编写过程中，得到了江苏长江智能制造研究院有限责任公司、合肥物质科学研究院、江阴市恒都机械有限公司的大力支持与帮助，在此表示衷心感谢。

由于作者水平有限，书中难免有不当之处，恳请批评指正。

编　者

二维码索引

一、授课视频

序号	二维码	页码	序号	二维码	页码
任务1.1		2	任务2.3		24
任务1.2		3	任务2.4		29
任务1.3		5	任务2.5		44
任务1.4		7	任务3.1		108
任务1.5		7	任务3.2		115
任务2.1		13	任务3.3		123
任务2.2		17	任务4.1		168

（续）

序号	二维码	页码	序号	二维码	页码
任务 4.2		175	任务 5.2		217
任务 4.3		181	任务 5.3-1		230
任务 4.4		184	任务 5.3-2		236
任务 4.5		189	任务 5.3-3		241
任务 5.1		202			

二、微课——知识拓展与补充

序号	二维码	页码	序号	二维码	页码
1-1		8	1-5		11
1-2		9	2-1		65
1-3		10	2-2		66
1-4		11	2-3		67

V

（续）

序号	二维码	页码	序号	二维码	页码
2-4		68	2-14		80
2-5		69	2-15		81
2-6		70	2-16		82
2-7		71	2-17		83
2-8		71	2-18		83
2-9		74	2-19		84
2-10		76	2-20		85
2-11		77	2-21		85
2-12		77	2-22		86
2-13		79	2-23		87

（续）

序号	二维码	页码	序号	二维码	页码
2-24		87	2-34		94
2-25		88	2-35		95
2-26		88	2-36		96
2-27		89	2-37		97
2-28		89	2-38		97
2-29		90	2-39		98
2-30		90	3-1		142
2-31		91	3-2		143
2-32		92	3-3		144
2-33		93	3-4		144

（续）

序号	二维码	页码	序号	二维码	页码
3-5		145	3-15		153
3-6		146	3-16		154
3-7		147	3-17		156
3-8		148	3-18		156
3-9		149	3-19		157
3-10		150	3-20		158
3-11		151	3-21		158
3-12		151	3-22		159
3-13		152	3-23		160
3-14		152	3-24		160

（续）

序号	二维码	页码	序号	二维码	页码
3-25		161	5-2		247
3-26		162	5-3		249
4-1		192	5-4		249
4-2		193	5-5		250
4-3		194	5-6		251
4-4		195	5-7		252
4-5		196	5-8		252
4-6		197	5-9		253
4-7		198	5-10		253
5-1		247	5-11		254

（续）

序号	二维码	页码	序号	二维码	页码
5-12		255	5-16		260
5-13		255	5-17		263
5-14		259	5-18		265
5-15		260			

目　录

项目1 软 件 介 绍

UG NX 12.0 软件是一款专门为 3D 图形图像制作打造的仿真设计工具，为用户产品设计及加工过程提供了数字化造型和验证手段。它还提供了先进的建模系统以及 CNC 加工系统，为钣金设计、装配设计、3D CAD 模型设计等提供了最佳的开发平台，适合多种模型设计与仿真。

UG NX 12.0 是 Siemens PLM Software 公司集 CAD/CAE/CAM 为一体的三维参数化软件，它功能强大，可以轻松实现各种复杂实体及造型的建构。它在汽车与交通、航空航天、日用消费品、通用机械以及电子工业等领域，通过其虚拟产品开发（VPD）理念提供多级化的、集成的、企业级的、包括软件产品与服务在内的完整 MCAD（机械计算机辅助设计）解决方案。

UG NX 软件不仅具有强大的实体造型、曲面造型、虚拟装配和产生工程图等设计功能，而且在设计过程中还可以进行有限元分析、机构运动分析、动力学分析和仿真模拟，同时可用建立的三维模型直接生成数控代码，用于产品的加工，其后处理程序支持多种类型数控机床，另外它所提供的二次开发语言 UG/open GRIP，UG/open API 简单易学，实现功能多，便于用户开发专用 CAD 系统。

1. UG NX 12.0 软件的特点

1）具有统一的数据库，真正实现了 CAD、CAE、CAM 等各模块之间无数据交换的自由切换，且可实施并行工程。

2）采用复合建模技术，可将实体建模、曲面建模、线框建模、显示几何建模与参数化建模融为一体。

3）用基于特征（如孔、凸台、槽沟、倒角等）的建模和编辑方法作为实体造型基础，形象直观，类似于工程师传统的设计办法，并能用参数进行驱动。

4）曲面设计采用非均匀有理 B 样条作基础，可用多种方法生成复杂的曲面，特别适合于汽车外形设计、汽轮机叶片设计等复杂曲面的造型。

5）出图功能强，可从三维实体模型直接生成二维工程图；能按 ISO 标准和国家标准标注尺寸、几何公差和汉字说明等；能直接对实体进行旋转剖、阶梯剖和轴测图挖切等并生成各种剖视图，增强了绘制工程图的实用性。

6）以 Parasolid 实体建模为核心，实体造型功能处于领先地位。目前 CAD、CAE、CAM 等软件均以此作为实体造型基础。

7）提供了界面良好的二次开发工具图形交互编程（graphical interactive programing，GRIP）和用户函数（user function，UFUNC），并能通过高级语言接口，使 UG 的图形功能与高级语言的计算功能紧密结合。

8）具有良好的用户界面，绝大多数功能都可通过图标实现；进行对象操作时，具有自动推理功能；同时，在每个操作步骤中，都有相应的提示信息，便于用户做出正确的选择。

2. UG NX 12.0 软件的优势

1）UG NX 12.0 制造能力增强，包括集中在机械和模具设计的新功能或扩展功能。

2）UG NX 12.0 通过提供一次成型设计，可以帮助机械和模具公司获得更多的高产值项目。

3）UG NX 12.0 针对机床和重型设备的增强功能，通过全新自动化的、针对特定情境的功能，扩展了现有的 CAD/CAM、编程自动化和整合的机械工具仿真能力，从而简化了为加工部件生成智能工具路径的过程。

4）UG NX 12.0 提供基于体积的新型 2.5D 铣削操作，提高了程序设计，并能够在多环节机械加工流程中对未切削材料进行自动跟踪，加快了针对多部件设置编程自动化的速度。

5）UG NX 12.0 在产品设计方面的增强功能包括更强大且更高效的建模、制图和验证解决方案，以及有利于做出更明智设计决策的扩展性 HD3D 支持。

任务 1.1　新建文件

操作步骤

1. 打开 UG NX 12.0 软件后，单击"新建"，出现"新建"对话框，如图 1-1 所示，选

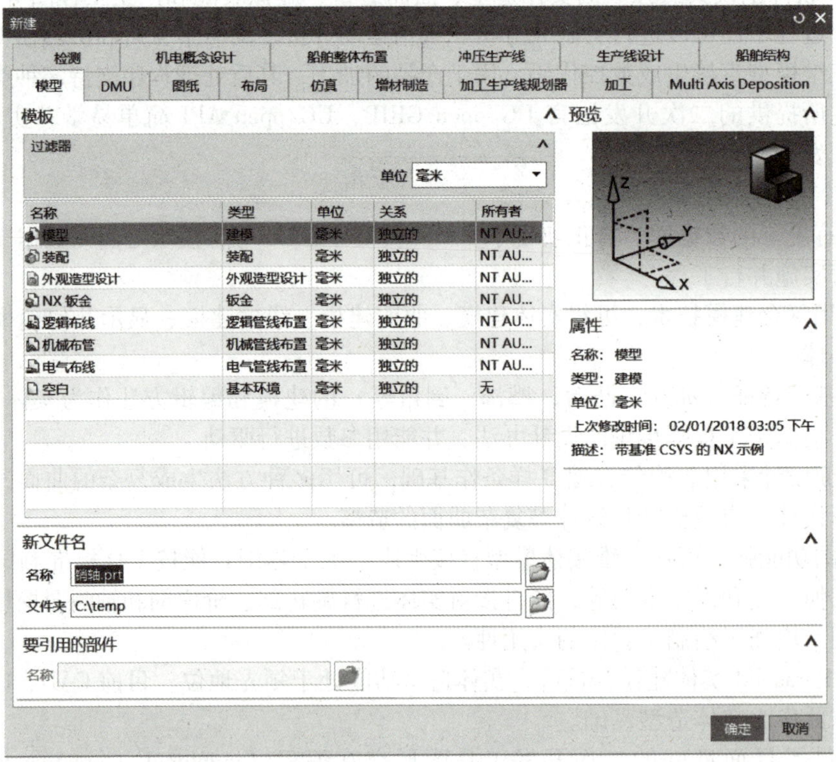

图 1-1　"新建"对话框

择"模型"或其他标签。

2. 在"模板"的"过滤器"中,"单位"选择"毫米",在"模板"列表中选择"模型""装配""外观造型设计"等模块。

3. 在"新文件名"的"名称"中填写新文件的名称,如图1-1中的"销轴"。

4. 单击"新文件名"中"文件夹"后面的"打开"命令图标📂,将弹出"选择目录"对话框,如图1-2所示,在"目录"中确定新建文件要存放的路径。

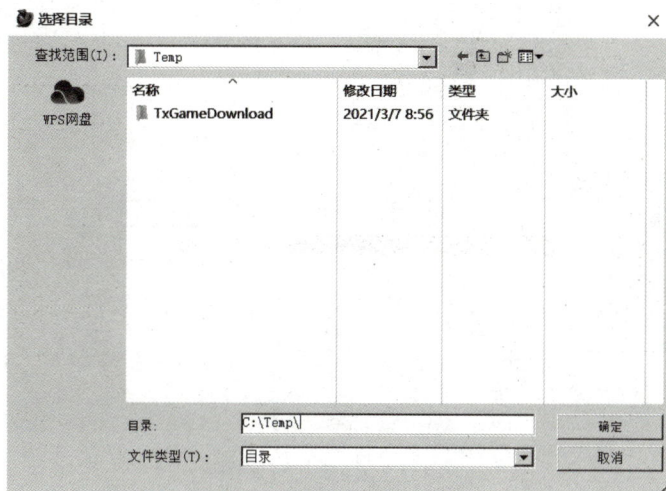

图1-2 "选择目录"对话框

5. 单击"确定"按钮,完成新建文件的操作。

任务1.2 打开和保存文件

》》 操作步骤

1. UG NX 12.0开启后,单击工具栏中"打开"命令图标📂,出现"打开"对话框,如图1-3所示,勾选对话框右边的"预览",单击"文件类型"后面的下拉按钮,确定不同格式文件。

2. 找到文件存放的路径后,选择文件"任务1.2压盖",从预览窗口中可以预览要打开的文件。

3. 单击"OK"按钮,完成文件打开操作。

4. 单击标题栏上的"保存"命令图标💾,即可完成文件的保存操作。也可单击菜单栏上的"文件"→"保存"→"保存"来完成文件的保存。

5. 单击菜单栏上的"文件"→"保存"→"另存为",出现图1-4所示的"另存为"对话框,单击"保存类型"后面的下拉箭头,可以选择图1-5所示的文件"保存类型"。单击"OK"按钮,即可完成不同类型文件的保存。

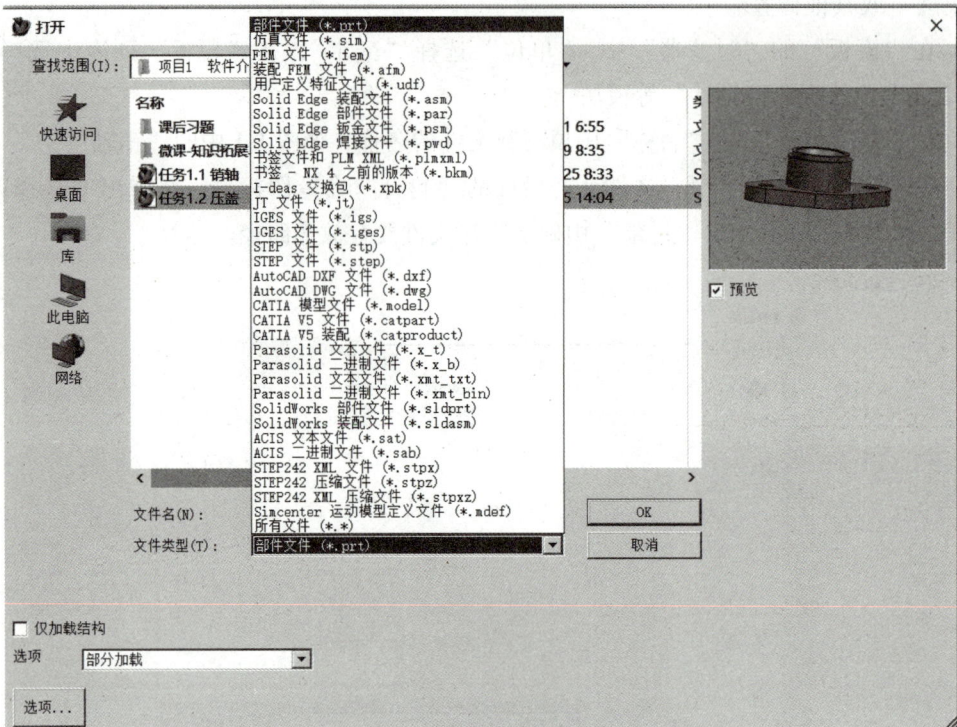

图 1-3 "打开"对话框

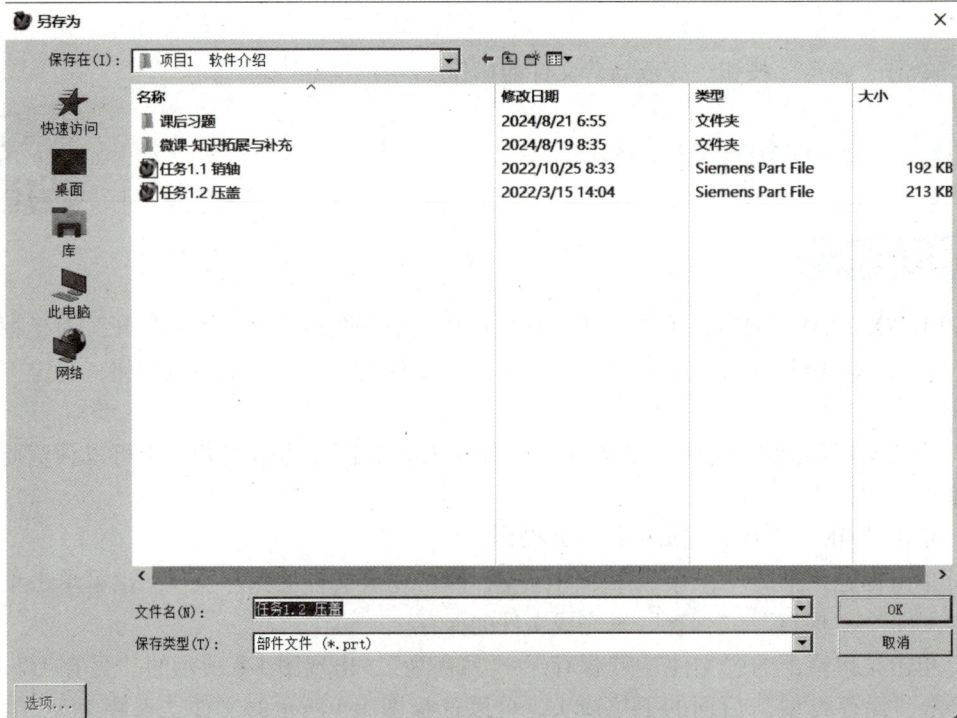

图 1-4 "另存为"对话框

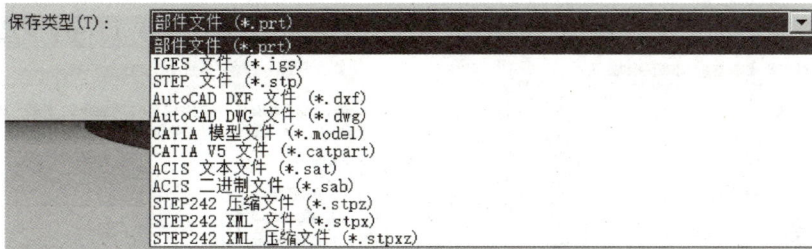

图 1-5　文件"保存类型"

任务 1.3　软件工具条定制

UG NX 12.0 工具条是为快速调用软件命令而设计的，由多个图标组成，每个图标代表一个命令功能。在 UG NX 12.0 新版本中取消了经典工具条，默认状态下只显示一些常用工具，但所有命令都可在下拉菜单中调用，如图 1-6 所示。单击任何一个菜单项都会展开一个下拉式菜单，其中包含与该功能有关的命令。软件在启动后，很多工具条是处于隐藏状态的，这样可保证图形显示区尽可能大。

▶▶ 操作步骤

1. 在工具栏空白处右击，选择"定制"命令，将弹出"定制"对话框，如图 1-7 所示，或者选择"菜单"→"工具"→"定制"，也可以打开"定制"对话框。

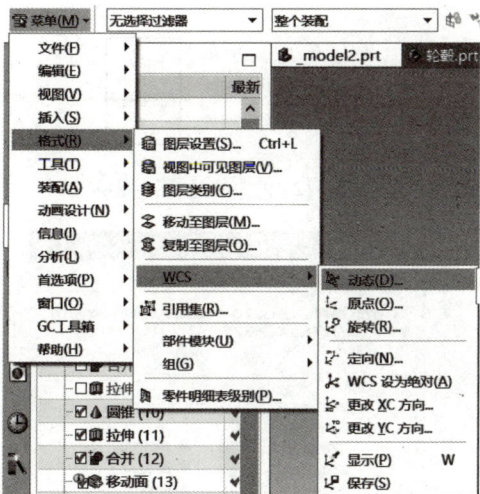

图 1-6　下拉菜单

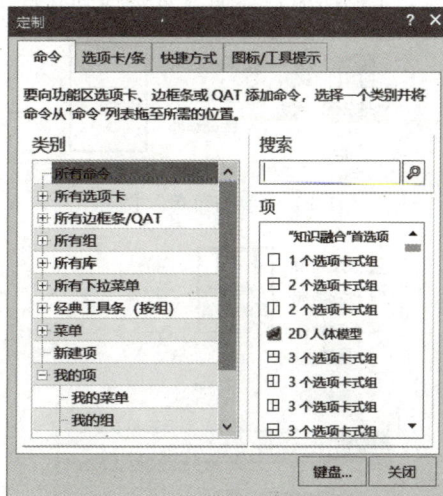

图 1-7　"定制"对话框

2. 单击"定制"对话框中的"选项卡/条"标签，在选项卡内的复选框中打上"√"，即可显示该菜单栏或提示行等，反之则可隐藏该菜单栏或提示行，如图 1-8 所示。

3. 在"定制"对话框中，单击"命令"→"菜单"→"新建项"，如图 1-9 所示，用鼠标将"新建菜单"拖放到软件工具栏的空白处，在工具栏的空白处将出现"我的菜单"图标，如图 1-10 所示。

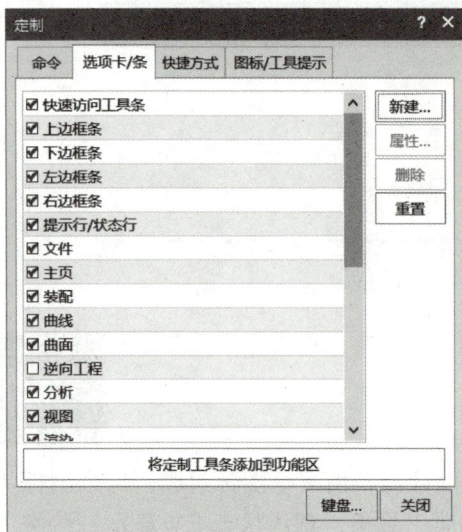

图1-8 "选项卡/条"的定制

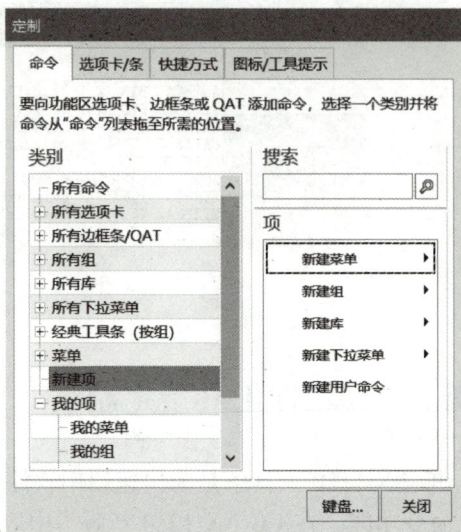

图1-9 拖放"新建菜单"

4. 单击"我的菜单"图标，然后右击弹出快捷菜单，如图1-11所示，在"名称"中填写"我的建模"，然后单击空白处，"我的菜单"图标将变成"我的建模"图标，如图1-12所示。

5. 单击"命令"→"菜单"→"插入"→"设计特征"，将"项"列表框中的"凸台（原有）"命令图标、"垫块（原有）"命令图标、"腔（原有）"命令图标拖入"我的建模"图标中，如图1-13所示，从而完成工具条的定制，如图1-14所示。也可将"命令"中"类别"下的所有快速命令直接拖到软件工具栏中。

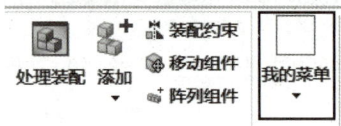

图1-10 "我的菜单"图标

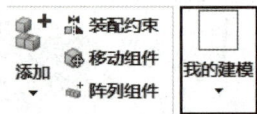

图1-12 "我的建模"图标

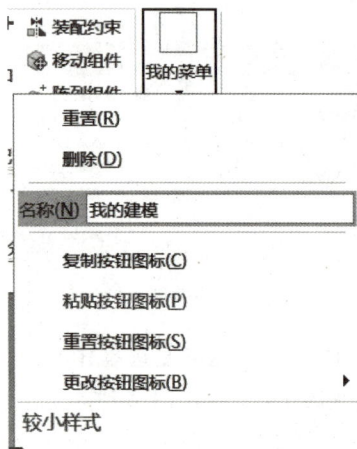

图1-11 调用快捷菜单

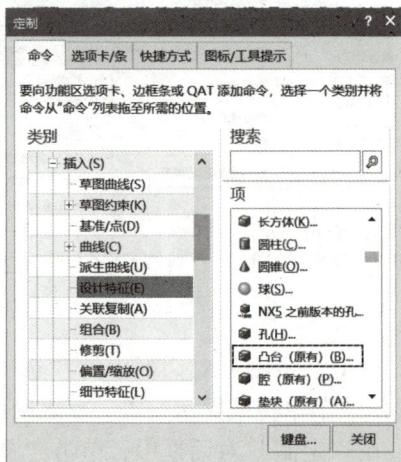

图1-13 定制"设计特征"

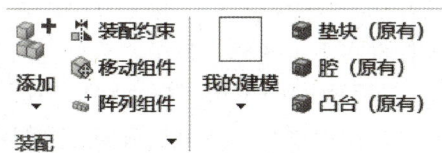

图 1-14 工具条定制

任务 1.4 工具栏图标大小定制

>> **操作步骤**

1. 在工具栏空白处右击，选择"定制"命令，将弹出"定制"对话框，如图 1-15 所示。

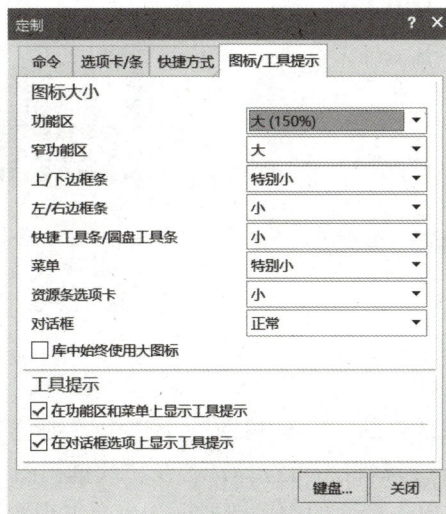

图 1-15 "图标/工具提示"定制

2. 在"定制"对话框中，单击"图标/工具提示"在"图标大小"的"功能区"中，选择"正常""大（150%）"或"超大（200%）"，完成图标大小定制。同时，也可以进行"窄功能区""上/下边框条""左/右边框条""菜单""资源条选项卡"和"对话框"等图标大小的定制。

任务 1.5 图形显示区域背景颜色设置

>> **操作步骤**

1. 在图 1-16 所示的下拉菜单中，单击菜单命令"首选项"→"背景"，将弹出图 1-17 所示的"编辑背景"对话框。

2. 若在"编辑背景"对话框的"着色视图"下选中"纯色",则"顶部"和"底部"将变成灰暗,其后面的颜色选择框将不可选择;若在"着色视图"下选中"渐变",则"顶部"和"底部"将被激活,单击后面的颜色选择框,将出现图 1-18 所示的"颜色"对话框,直接选中需要的颜色,即完成图形显示区域背景渐变颜色的定制。

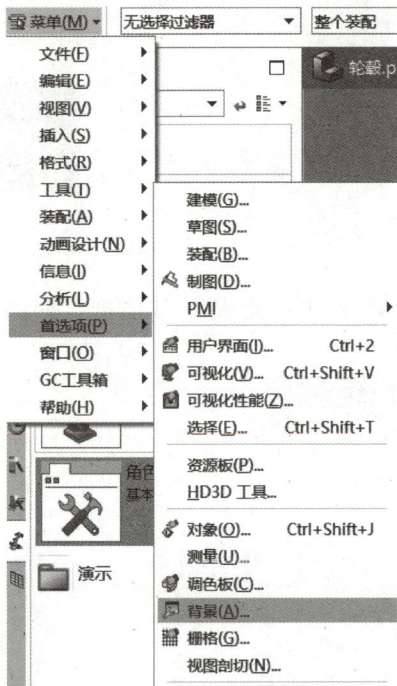

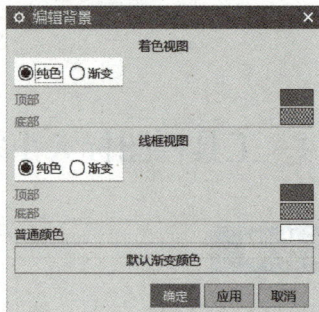

图 1-17 "编辑背景"对话框

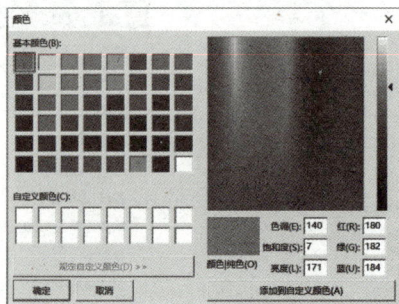

图 1-16 调用"背景"命令

图 1-18 "颜色"对话框

3. 若在"编辑背景"对话框的"线框视图"下选中"纯色",则"顶部"和"底部"将变成灰暗,其后面的颜色选择框将不可选择;若在"线框视图"下选中"渐变",则"顶部"和"底部"将被激活,单击后面的颜色选择框,也会出现图 1-18 所示的"颜色"对话框,直接选中需要的颜色,即完成在"线框视图"下图形显示区域背景渐变颜色的定制。

微课——知识拓展与补充

1-1 打开文件 1-1,对图 1-19 所示的软件界面进行介绍。

1. 标题栏:主要显示软件版本号、模块,可进行保存、撤销、新建窗口等操作。

2. 菜单栏:可调用所有命令,UG NX 12.0 所有功能都可在菜单栏里找到。

3. 工具栏:UG NX 12.0 命令的快捷键。

4. 资源条:包含部件导航器、装配导航器、角色、重用库和历史记录等。

5. 提示栏:提示下一步操作方法或输入的数据。

6. 状态栏:显示当前操作状态或最近完成的操作。

7. 图形显示区:显示、创建图形或三维模型。

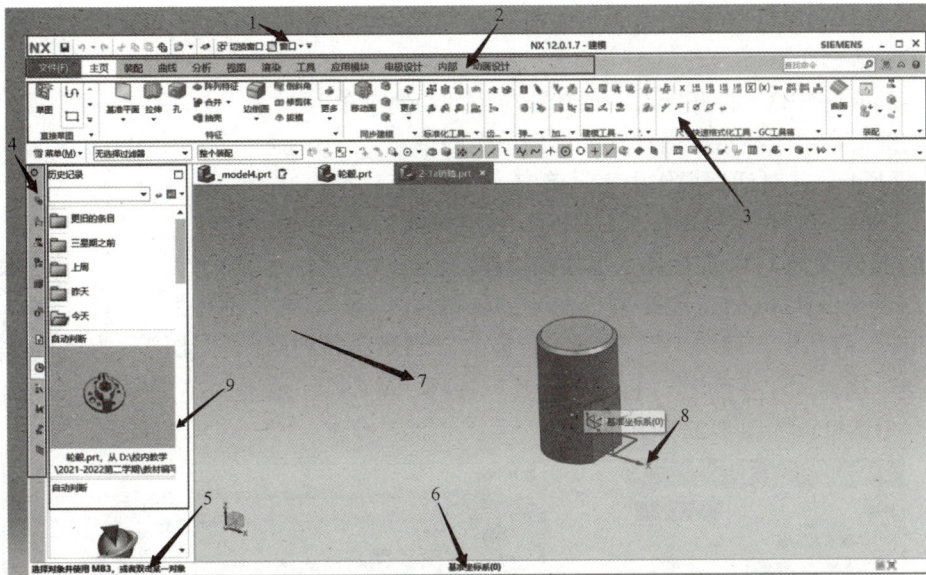

图 1-19　软件界面

1—标题栏　2—菜单栏　3—工具栏　4—资源条　5—提示栏　6—状态栏　7—图形显示区　8—绝对坐标系　9—历史记录

8. 绝对坐标系：软件操作的绝对零点位置和方向。

9. 历史记录：记录建模或其他操作历史。

1-2　打开文件1-2，对图1-20所示鼠标的功能进行介绍。

UG NX 12.0 中鼠标的按键如图1-20所示，MB1 指鼠标左键，MB2 指鼠标中键，MB3 指鼠标右键。

在 UG NX 12.0 软件中，使用鼠标、键盘或鼠标按键与键盘按键组合可完成很多任务，具体功能如下：

1. MB1：用于选择菜单、选择几何体、拖动几何体、选择对话框中的各个设定选项等，是使用最多的按键。

2. MB2：在对话框中单击中键确定。在绘图区中按住鼠标中键并拖动可以旋转视角，同时按住鼠标中键和左键并拖动可以缩放视图，同时按住鼠标中键和右键并拖动可以平移视图。

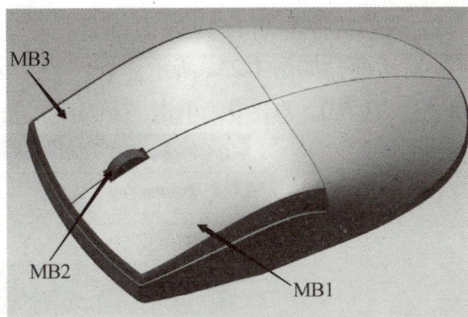

图 1-20　鼠标

3. MB3：单击此键会弹出快捷菜单，菜单内容依鼠标右击位置的不同而不同。在绘图区域的空白处右击会弹出快捷菜单，用于定义显示窗口、视角等最常用的操作。

4. 〈Ctrl〉+MB1：表示按住〈Ctrl〉键的同时单击鼠标左键，可在列表框中重复选取其中的选项。

5. 〈Tab〉：在对话框内向后切换选项。

6. 〈Shift+Tab〉：在对话框内不同域内倒回切换，与单独按〈Tab〉键的作用正好相反。

7. 〈Alt〉+MB2：相当于取消。

8. 〈Shift〉+MB1：在绘图区表示取消选取一个对象，在列表框中表示选取一个连续区域的所有类型造型。

9. 〈Shift〉+MB3：打开针对一项功能应用的快捷菜单。

箭头键：在单个显示框内移动光标到单个的单元。

10. 〈Enter〉：对话框操作中表示确定。

11. 〈Space〉：在工具图标被标识后，按它可执行工具图标功能。

1-3 打开文件1-3a进行导入零件的操作。

1. 打开文件1-3a后，选择菜单命令"文件"→"导入"→"部件"，出现"导入部件"对话框，如图1-21所示，勾选上"创建命名的组"，"比例"为1，"图层"选择"工作的"，"目标坐标系"选择"WCS"，单击"确定"后，将弹出"导入部件"对话框，如图1-22所示。

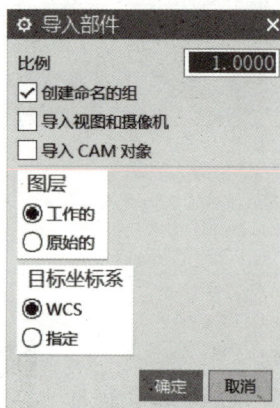

图1-21 "导入部件"对话框

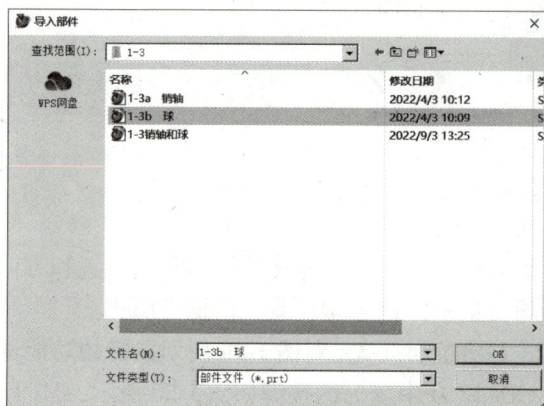

图1-22 "导入部件"对话框

2. 选择文件1-3b作为导入部件，单击"导入部件"对话框中的"OK"按钮，将弹出"点"对话框，如图1-23a所示。在"点"对话框中，选择"自动判断的点"，"输出坐标"为 $XC=-3$、$YC=0$、$ZC=0$，单击"确定"，完成零件的导入操作，操作结果如图1-23b所示。

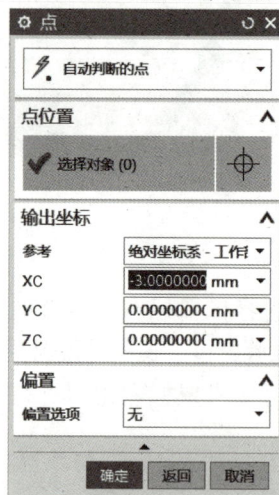

a) "点"对话框

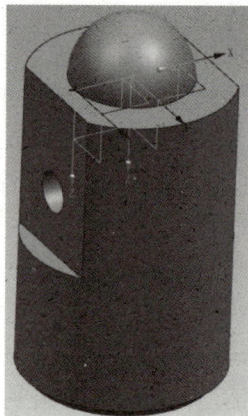

b) 操作结果

图1-23 导入部件操作

1-4　打开文件1-4，将文件导出为x_t、IGES等文件格式。

1. 启动UG NX 12.0软件后，打开文件1-4，单击菜单中的"文件"→"导出"→"Parasolid"，选择要导出的零件后，弹出"导出Parasolid"对话框，如图1-24所示。在选择完"版本"后，单击"确定"按钮，随后会弹出一个新的"导出Parasolid"对话框，如图1-25所示，将"文件名"命名为"1-4压盘"，"文件类型"选择"Parasolid文本文件（ * . x_t）"，单击"OK"按钮，完成x_t格式文件的导出。

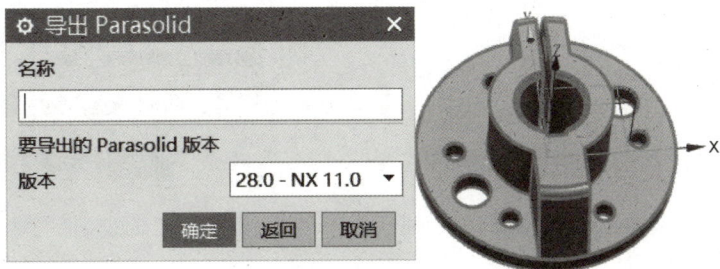

图1-24　"导出Parasolid"对话框

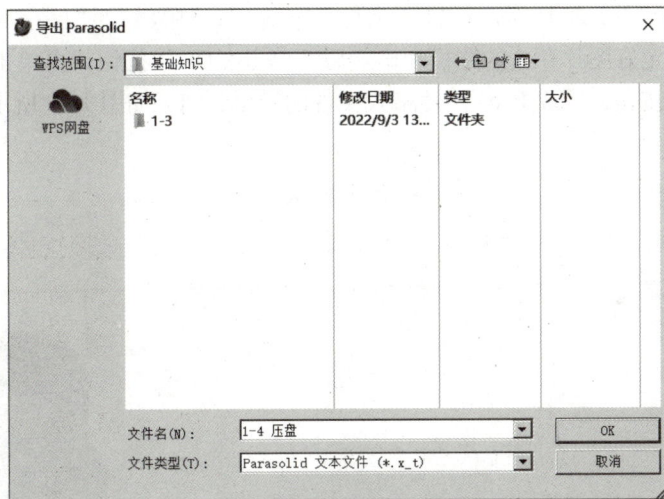

图1-25　"导出Parasolid"对话框

2. 打开文件1-4单击菜单命令"文件"→"导出"→"IGES"，弹出"导出至IGES选项"对话框，如图1-26所示。选择"文件"→"导出自"→"显示部件"，在"导出至"的"IGES文件"中确定好文件存放路径后，单击"确定"按钮，完成零件"1-4压盘"IGES格式文件的导出。

1-5　打开文件1-5，将"喷嘴"零件导出为PNG、JPG、BMP等图片格式。

1. 启动UG NX 12.0软件后，打开文件1-5，单击菜单命令"文件"→"导出"→"图像"后，弹出"导出图像"对话框，如图1-27所示。

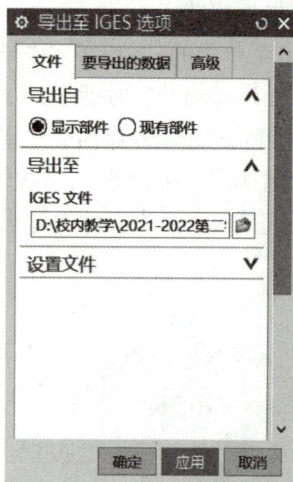

图 1-26 "导出至 IGES 选项"对话框

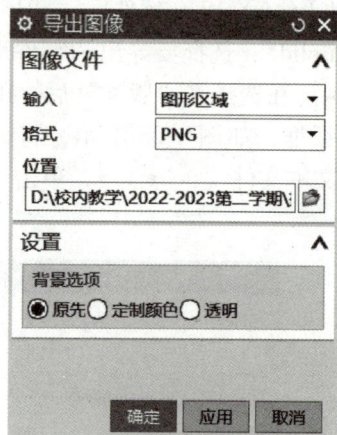

图 1-27 "导出图像"对话框

2. 在"导出图像"对话框中，将"图像文件"中的"输入"设置为"图形区域"，将"设置"中的"背景选项"设置为"原先"，在"图像文件"中的"格式"里可以选择"PNG、JPG、BMP"等图片格式，本例选择"PNG"图片格式。单击"浏览"命令图标，将弹出"图像文件名"对话框，如图 1-28 所示。设置"文件名"为"1-5 喷嘴"，"保存类型"为"PNG 文件（＊.png）"，确定好图片存放的路径和格式后，单击"OK"按钮，再单击"导出图像"对话框中的"确定"按钮，完成 PNG 图片格式文件的导出，结果如图 1-29 所示。

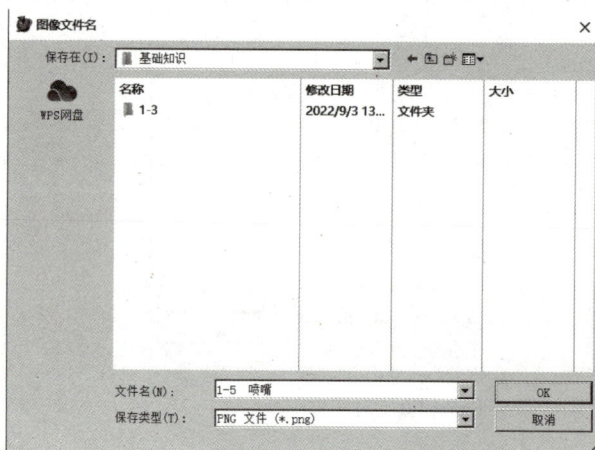

图 1-28 "图像文件名"对话框

图 1-29 导出 PNG 图片

课后习题

1-1 打开文件 1-1，定制一个工具条。

1-2 打开文件 1-2，进行"另存为"操作。

1-3 打开文件 1-3，将软件图形显示区域背景颜色修改为蓝色。

1-4 打开文件 1-4，将其转换为 PNG、JPG、BMP、GIF 和 PNG 等图片格式。

项目2 实体建模

>> 项目介绍

项目 2 为球阀主要零件的建模。球阀是一种手动阀，当用手扳动扳手时，以球阀阀杆零件轴心线作为旋转中心线，阀杆将带动球体做一定角度的旋转，最大可旋转 90°，起着开启或关闭接口及调整通流截面的作用。它广泛应用于流体的调节与控制，在石油、化工、造纸、水利等行业应用极为普遍，在国民经济中扮演着非常重要的角色，球阀轴测图如图 2-1 所示。项目 2 共有 5 个任务，分别为球体、填料压盖、

填料压盖　阀杆
上填料、中填料
和下填料垫
左阀体　双头螺柱　定位块
内六角螺钉
扳手
右阀体
螺母　阀座　调整垫　球体

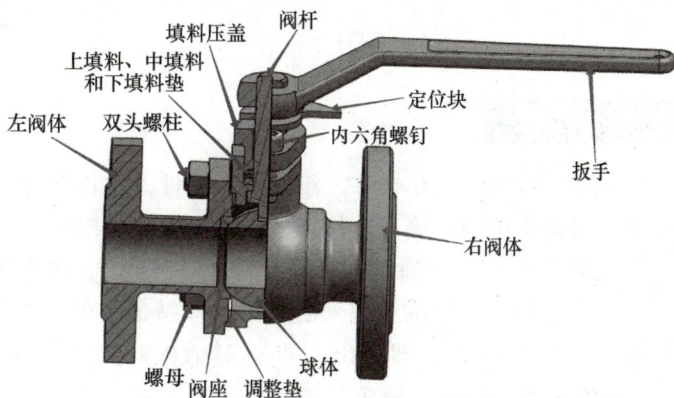

图 2-1　球阀轴测图

阀杆、扳手和右阀体零件的建模。本项目的学习目标如下：
（1）掌握软件基本设计特征的应用。
（2）掌握软件基本曲线的创建与编辑。
（3）掌握软件基准平面的创建和关联复制的应用。
（4）掌握软件布尔操作、工作坐标系变换等方法。
（5）掌握软件图层设置与应用。

任务 2.1　球体的建模

>> 任务分析

从图 2-2 和图 2-3 可知，球体零件属于回转类零件，建模时，有两种方法：一是先绘制截面图，然后用软件"旋转"命令来完成零件轮廓的建模；二是先调用"设计特征"→"球"来创建零件轮廓，然后创建基准平面，用"修剪"→"修剪体"命令对球体进行修剪，接着用"关联复制"→"镜像特征"创建对称修剪特征。在此基础上，完成 φ40mm 孔特征的

生成，在两个端面的中心面绘制草图，通过对称拉伸、布尔减操作创建宽度为 12mm 的缺口槽特征；利用"细节特征"→"边倒圆"命令进行 R1mm 圆弧的创建。

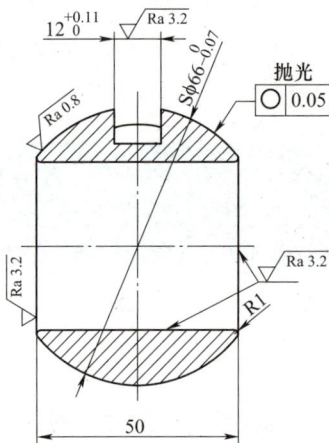
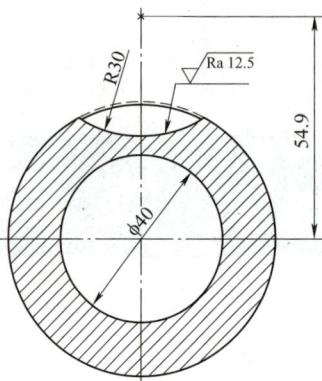
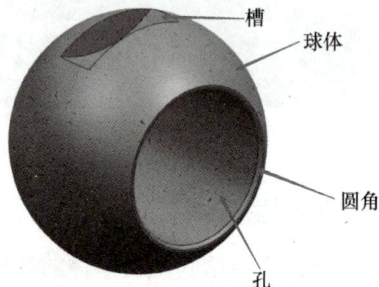

图 2-2 球体工程图   图 2-3 球体轴测图

▶▶▶ 操作步骤

1. 打开 UG NX 12.0 软件，新建一个文件，文件名为"球体"，单位为"毫米"，单击新建文件对话框中的"确定"按钮，软件进入建模模块。

2. 选择菜单命令"插入"→"设计特征"→"球"，弹出图 2-4a 所示的"球"对话框。选择以"中心点和直径"的方式来创建"球"特征，单击"中心点"→"指定点"后面的"点对话框"命令图标 ⬚，即弹出"点"对话框，如图 2-4b 所示，"输出坐标"为 XC = 0、YC = 0、ZC = 0，单击"确定"按钮。在"球"对话框下，"尺寸"→"直径"中输入"66mm"，"布尔"→"布尔"设为"无"，单击"球"对话框中的"确定"按钮，创建 1 个 φ66mm 的球，结果如图 2-4c 所示。

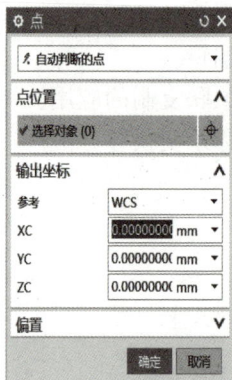
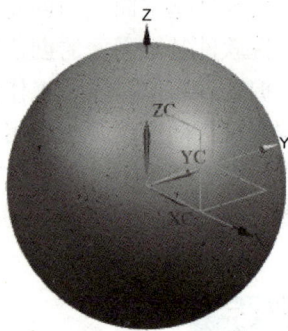

a)   b)   c)

图 2-4 创建球特征

3. 选择菜单命令"插入"→"基准/点"→"基准平面"，在弹出的"基准平面"对话框中，选择"自动判断"方式，"要定义平面的对象"→"选择对象"选择基准坐标系中的 XC-

ZC 平面，在"偏置"→"距离"中输入"25mm"，其他参数不变，单击"确定"按钮，创建一个与基准坐标系 XC-ZC 平面平行且相距 25mm 的基准平面，如图 2-5 所示。

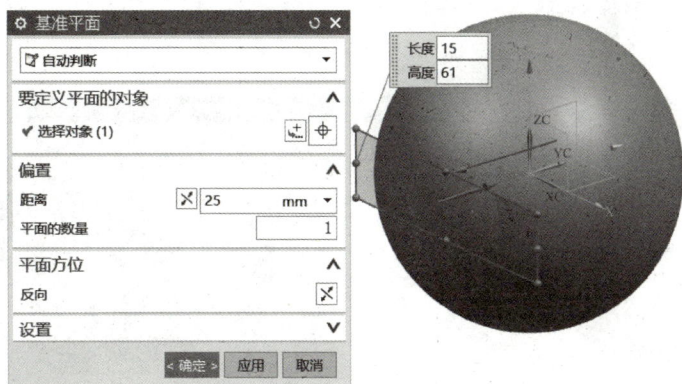

图 2-5　创建基准平面

4. 选择菜单命令"插入"→"修剪"→"修剪体"，在"修剪体"对话框中，"目标"→"选择体"选择球体，"工具"→"工具选项"→"选择面或平面"选择刚创建的基准平面，单击"确定"按钮，结果如图 2-6 所示。

5. 选择菜单命令"插入"→"关联复制"→"镜像特征"，如图 2-7 所示，"要镜像的特征"→"选择特征"选择修剪体特征，"镜像平面"→"平面"→"指定平面"选择 XC-ZC 平面，单击"确定"按钮，镜像修剪体特征操作完成。

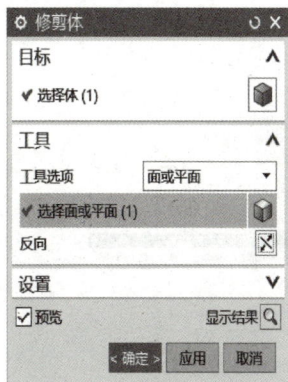

图 2-6　修剪球体

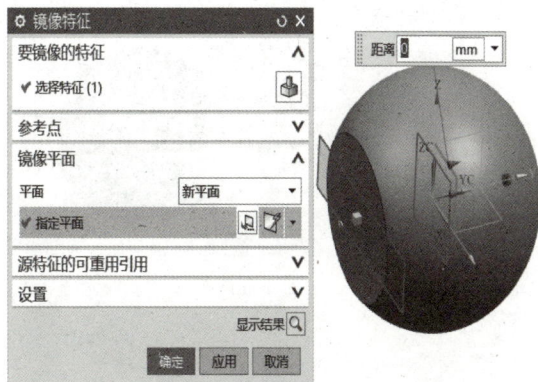

图 2-7　镜像修剪体特征

6. 选择菜单命令"插入"→"设计特征"→"孔"，在"孔"对话框中，选择"常规孔"，单击"位置"→"指定点"后的命令图标，选择截面边缘，捕捉到圆心点，"方向"→"孔方向"设为"垂直于面"，"形状和尺寸"→"成形"设为"简单孔"，"尺寸"→"直径"设为"40mm"，"深度限制"设为"值"，"深度"设为"60mm"，"布尔"设为"减去"，单击"确定"按钮，完成孔特征的创建，如图 2-8 所示。

7. 选择菜单命令"格式"→"WCS"→"旋转"，在"旋转 WCS 绕..."对话框中，选中"+XC 轴：YC-→ZC"，使+XC 轴不动，+YC 轴与+ZC 旋转 90°，单击"确定"按钮，结果如图 2-9 所示。

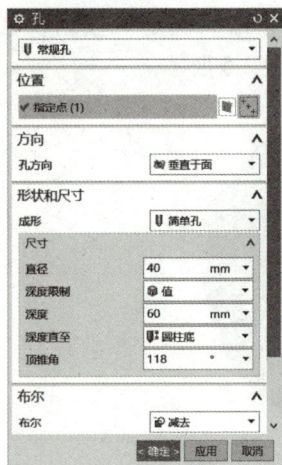

图 2-8　创建孔特征

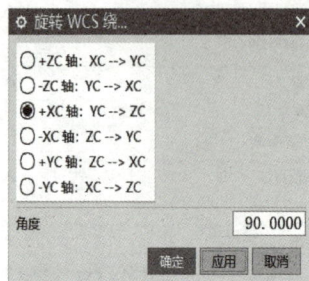
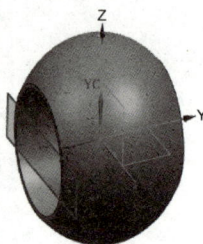

图 2-9　旋转工作坐标系

8. 定制"基本曲线"命令，在"基本曲线"对话框中，单击绘制"圆"命令图标○绘制圆，跟踪条取值为 XC = 0、YC = 54.9、ZC = 0，按〈Enter〉键，"半径"输入"30mm"后，再一次按〈Enter〉键，其他设为 0，如图 2-10 所示。

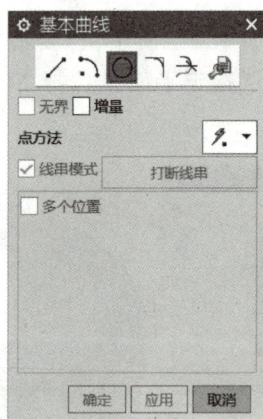
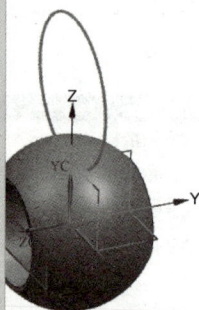

a)

b)

图 2-10　绘制 φ60mm 圆

9. 选择菜单命令"插入"→"设计特征"→"拉伸"，在图 2-11 所示的"拉伸"对话框中，"截面线"→"选择曲线"选择 φ60mm 的圆，"方向"→"指定矢量"为"+↑ZC 轴"，"限制"→"结束"设为"对称值"，"距离"设为"6mm"，"布尔"设为"减去"，"选择体"选取球体，单击"确定"按钮，完成拉伸减操作。

10. 选择菜单命令"编辑"→"显示和隐藏"→"显示和隐藏"，在"显示和隐藏"对话框中，单击"曲线""坐标系"和"基准平面"后面的"-"实现隐藏，结果如图 2-12 所示。

11. 选择菜单命令"插入"→"细节特征"→"边倒圆"，在图 2-13a 所示的"边倒圆"对话框中，"边"→"连续性"设为"G1（相切）"，"选择边"选择图 2-13b 所示的 2 条边，"形状"设为"圆形"，"半径 1"设为"1mm"，其他参数不变，单击"确定"按钮，完成边倒圆操作，如图 2-13c 所示。

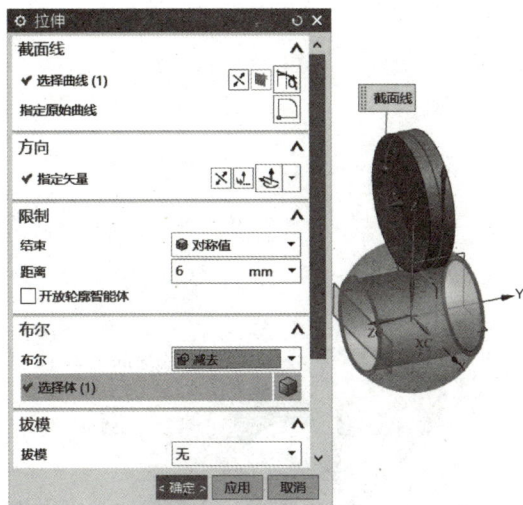

图 2-11 拉伸 φ60mm 圆

图 2-12 隐藏"对象"

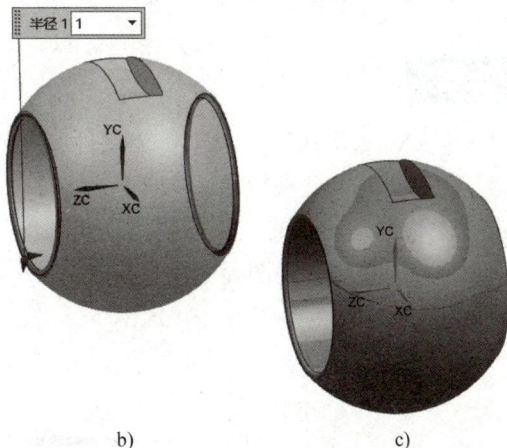

a)   b)   c)

图 2-13 边倒圆操作

任务 2.2 填料压盖的建模

>> 任务分析

　　填料压盖是将基本设计特征（如圆柱、孔与拉伸特征）结合起来的一种较为普通的机械零件，拉伸特征截面曲线可通过基本曲线命令绘制，特征拉伸后，通过"插入"→"设计特征"→"圆柱"创建 φ32mm 圆柱与拉伸特征的布尔合并操作，同样，再插入一个 φ22mm 圆柱与基体布尔减操作，拉伸 φ20mm 并进行布尔减操作后，完成零件型腔的建模；选择菜单命令"插入"→"细节特征"→"边倒圆"和"倒斜角"完成零件的边倒圆和倒角操作。填料压盖的工程图和轴测图如图 2-14 和图 2-15 所示。

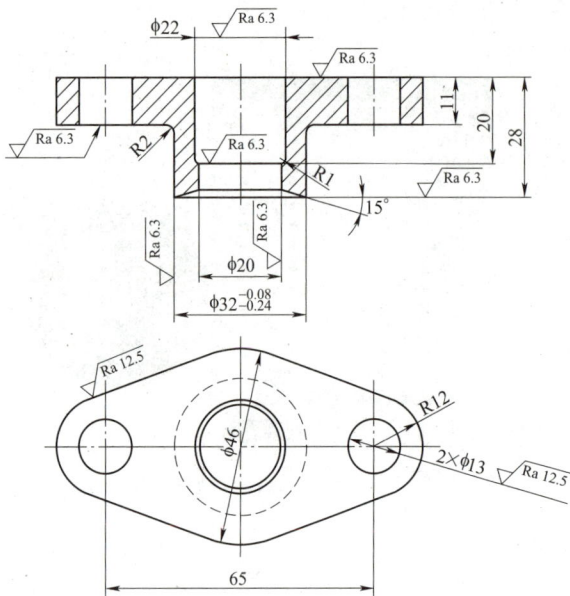

图 2-14　填料压盖工程图

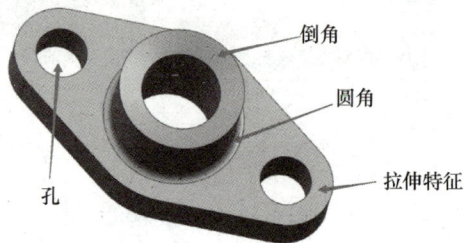

图 2-15　填料压盖轴测图

>> 操作步骤

1. 打开 UG NX 12.0 软件，新建一个文件，文件名为"填料压盖"，单位为"毫米"，单击"确定"按钮，进入建模模块。

2. 单击"上边框条"中的"定向视图下拉菜单"命令图标 🖳 ▾的下拉箭头，单击"俯视图"命令图标 🖳，使当前视图显示为 XC-YC 视图（即俯视图），如图 2-16 所示。

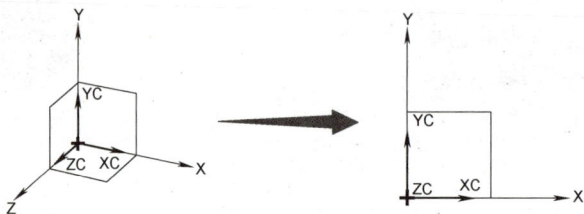

图 2-16　轴测视图转为俯视图

3. 将鼠标放在工具栏的空白处右击，单击"定制"，在出现的"定制"对话框中，单击"命令"→"菜单"→"插入"→"曲线"→"基本曲线"命令图标 ✐，将"基本曲线"命令拖到工具栏的空白处，如图 2-17 所示。

4. 单击工具栏中的"基本曲线"命令图标 ✐，在随后弹出的"基本曲线"对话框中，单击绘制"圆"命令图标 ◯，如图 2-18 所示。在坐标原点绘制 2 个同心圆，直径分别为 φ20mm、φ46mm，结果如图 2-19 所示。

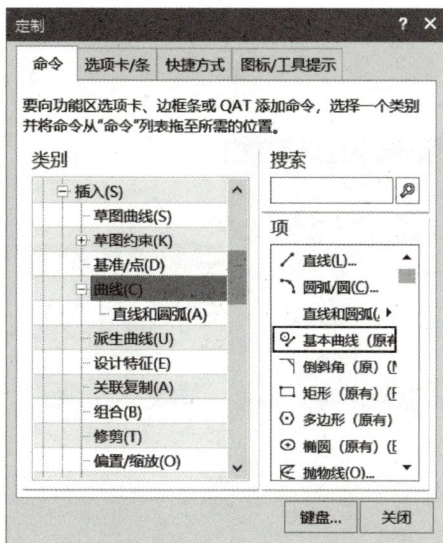

图 2-17　定制基本曲线命令

图 2-18　"基本曲线"对话框

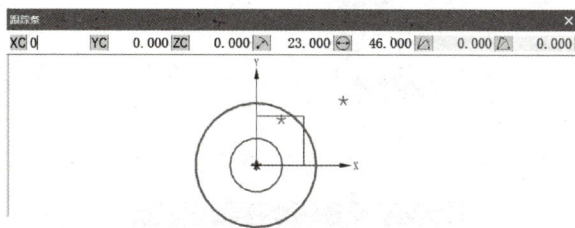

图 2-19　绘制 φ20mm 和 φ46mm 同心圆

5. 在"基本曲线"对话框中，单击绘制"圆"命令图标○，在"跟踪条"中输入坐标 XC = 32.5，YC = 0，ZC = 0，按〈Enter〉键确定圆心坐标，在"跟踪条"半径中分别输入 6.5mm 和 12mm，并分别按〈Enter〉键绘制出 φ13mm 和 φ24mm 两个同心圆，结果如图 2-20 所示。

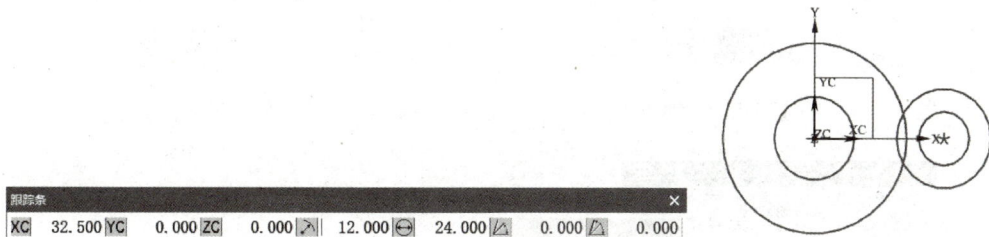

图 2-20　绘制 φ13mm 和 φ24mm 同心圆

6. 选择菜单命令"编辑"→"变换"，出现"变换"对话框，"对象"→"选择对象"选中 φ13mm 和 φ24mm 两个同心圆，如图 2-21 所示，单击"确定"按钮，出现"变换"对话框，如图 2-22 所示，单击"通过一直线镜像"，在随后弹出的"变换"对话框中，再单击"点和矢量"。

7. 单击"点和矢量"后，将出现"点"对话框，如图 2-23 所示，"输出坐标"→"参考"设为"WCS"，点坐标设为 XC = 0，YC = 0，ZC = 0，单击"确定"按钮后出现"矢量"对话框，矢量选择"+↑YC 轴"，如图 2-24 所示，再一次单击"矢量"对话框中的"确定"按钮后，弹出"变换"对话框，如图 2-25 所示，选取"变换"对话框中的"复制"，结果如图 2-26 所示。

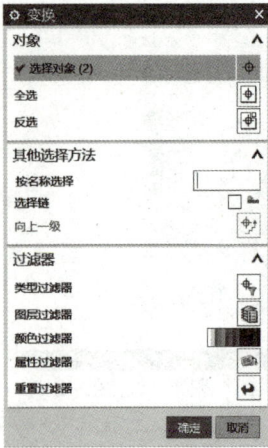

图 2-21　变换操作

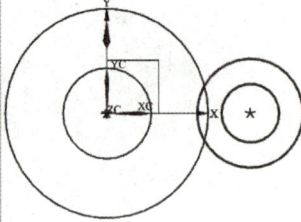

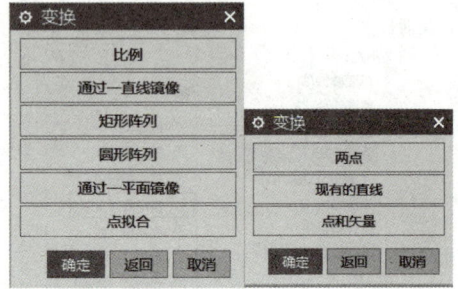

图 2-22　确定变换方法

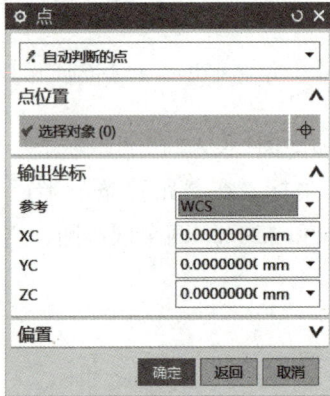

图 2-23　"点"对话框

图 2-24　"矢量"对话框

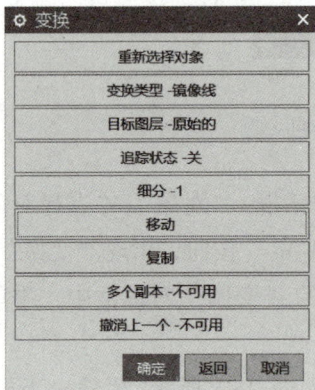

图 2-25　"变换"对话框

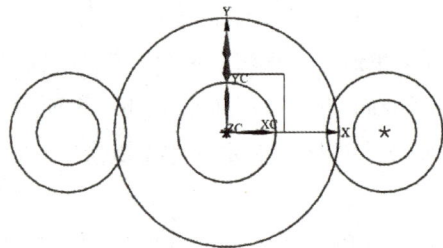

图 2-26　变换操作结果

8. 单击"基本曲线"命令图标 ，在图 2-27 所示的"基本曲线"对话框中，单击"直线"命令图标 ，"点方法"设为"自动判断的点" ，去掉"线串模式"前的"√"，移动鼠标，依次选取 φ46mm 和 φ24mm 圆，绘制 4 条切线，结果如图 2-28 所示。

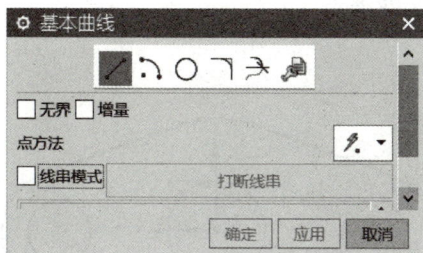

图 2-27　"基本曲线"对话框

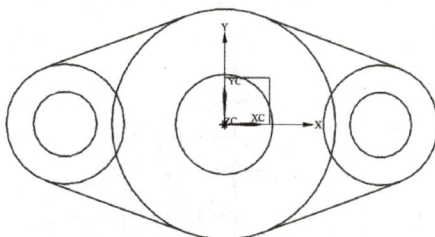

图 2-28　绘制切线

9. 在"基本曲线"对话框中，单击"修剪"命令图标 ，出现"修剪曲线"对话框，"要修剪的曲线"→"选择曲线"选择左边直径为 φ24mm 的圆，"边界对象"→"对象类型"设为"选定的对象"，"选择对象"选择 2 条相切的直线，其他参数设置如图 2-29 所示，单击"确定"按钮，结果如图 2-30 所示。

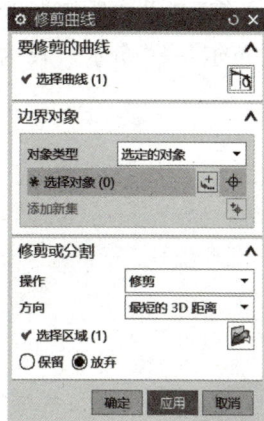

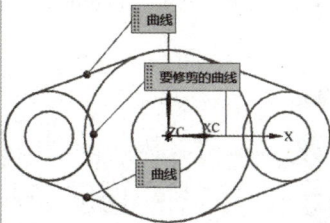

图 2-29　修剪 φ24mm 圆

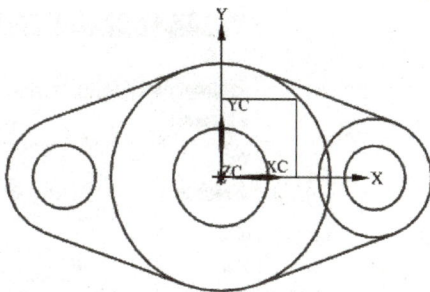

图 2-30　修剪结果

10. 单击"基本曲线"命令图标 ，在"基本曲线"对话框中，单击"修剪"命令图标 ，出现"修剪曲线"对话框，"要修剪的曲线"→"选择曲线"选择 φ46mm 圆的左边，"边界对象"→"对象类型"设为"选定的对象"，"选择对象"选择 2 条相切的直线，其他参数设置如图 2-31 所示，单击"确定"按钮，结果如图 2-32所示。

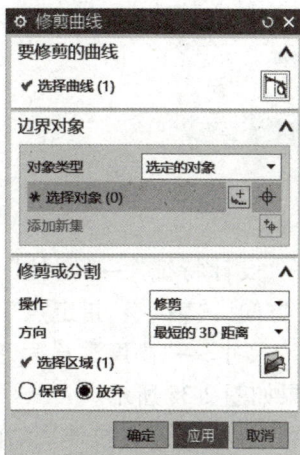

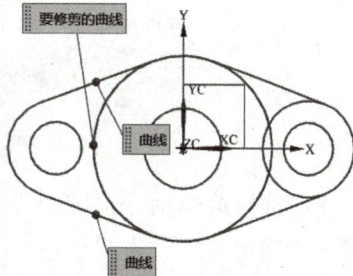

图 2-31　修剪 φ46mm 圆

11. 同理，在"修剪曲线"对话框中，"要修剪的曲线"分别选择 φ46mm 圆的右边和 φ24mm 圆的左边，"边界对象"

选择图 2-31 中右边 2 条相切的直线，最终结果如图 2-33 所示。

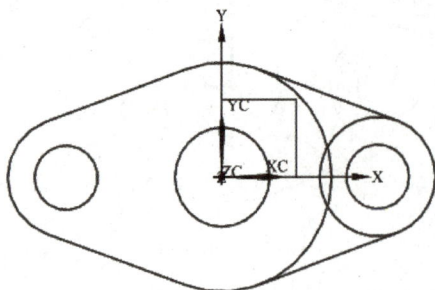

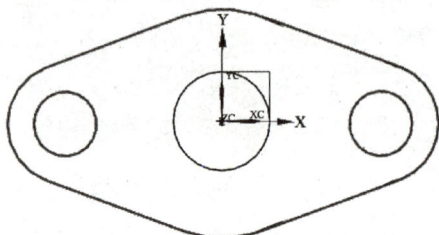

图 2-32　修剪结果　　　　　　　　　图 2-33　修剪后的曲线

12. 选择菜单命令"插入"→"设计特征"→"拉伸"，弹出"拉伸"对话框，如图 2-34 所示，在曲线规则中选择"相切曲线"，"截面线"→"选择曲线"选择上一步绘制的曲线；"方向"→"指定矢量"设为"+↑ZC"方向；"限制"→"开始"设为"值"，设"距离"为"0mm"，"限制"→"结束"设为"值"，设"距离"为"11mm"；"布尔"→"布尔"设为"自动判断"，拉伸结果如图 2-34 所示。

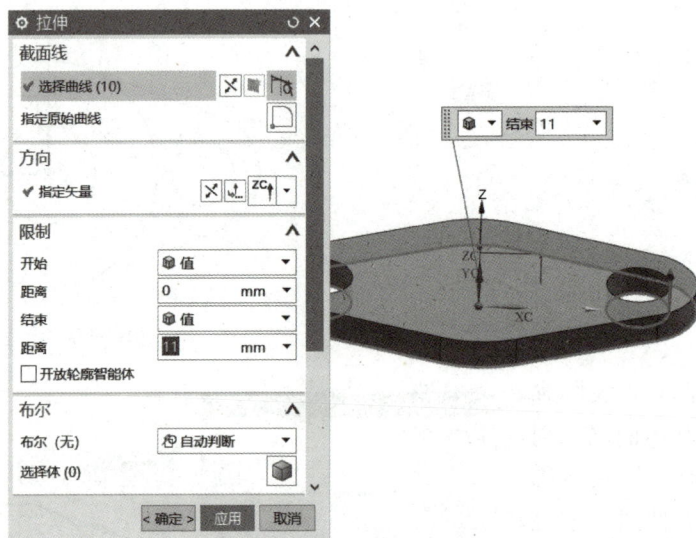

图 2-34　拉伸曲线

13. 选择菜单命令"插入"→"设计特征"→"圆柱"，在弹出的"圆柱"对话框中，"轴"→"指定矢量"为"+↑ZC"方向，"轴"→"指定点"坐标为 XC = 0，YC = 0，ZC = 11，"尺寸"→"直径"设为"32mm"，"尺寸"→"高度"设为"17mm"，"布尔"→"布尔"设为"合并"，单击"确定"按钮，结果如图 2-35 所示。

14. 选择菜单命令"插入"→"设计特征"→"拉伸"，在弹出的"拉伸"对话框中，"截面线"→"选择曲线"选择 φ20mm 的圆；"方向"→"指定矢量"设为"+↑ZC"方向；"限制"→"开始"设为"值"，设"距离"为 0mm；"限制"→"结束"设为"值"，设"距离"为"28mm"，"布尔"→"布尔"设为"减去"，如图 2-36 所示。

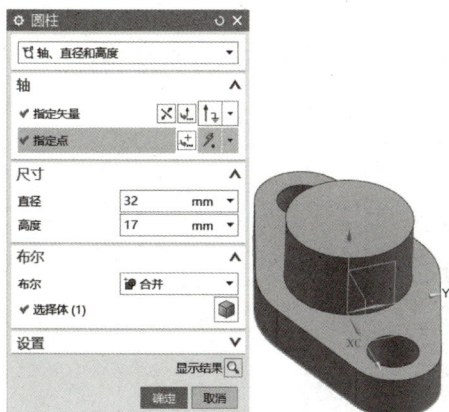

图 2-35　创建圆柱特征

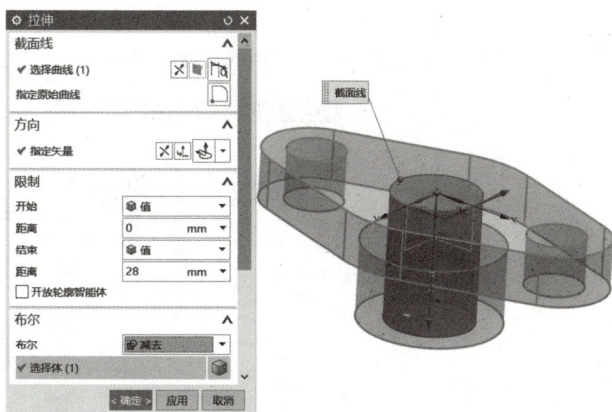

图 2-36　拉伸 φ20mm 圆

15. 选择菜单命令"插入"→"设计特征"→"圆柱",以"轴、直径和高度"方式创建圆柱,"轴"→"指定矢量"设为"+↑ZC"方向,"轴"→"指定点"坐标设为 XC＝0,YC＝0,ZC＝0,"尺寸"→"直径"设为"22mm","尺寸"→"高度"设为"20mm","布尔"→"布尔"设为"减去",如图 2-37 所示。

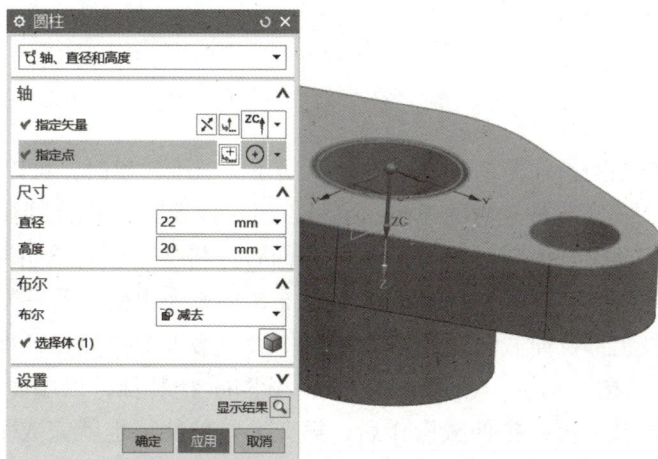

图 2-37　创建 φ22mm 圆柱

16. 选择菜单命令"插入"→"细节特征"→"倒斜角",在"倒斜角"对话框中,"边"→"选择边"选择直径 φ20mm 内孔边线,"偏置"→"横截面"设为"偏置和角度",设"距离"为"6mm",设"角度"为"15°",如图 2-38 所示。

17. 选择菜单命令"插入"→"细节特征"→"边倒圆",弹出图 2-

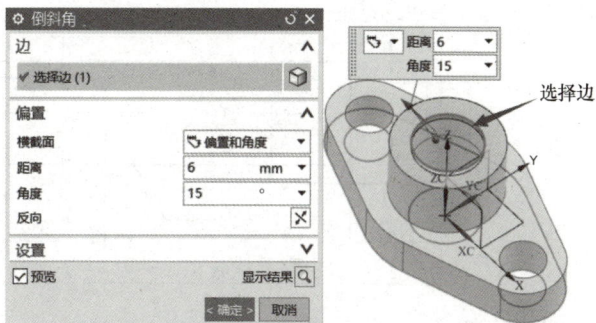

图 2-38　创建倒斜角特征

39 所示的"边倒圆"对话框,"边"→"连续性"设为"G1(相切)",设"形状"为"圆形",设"半径 1"分别为"2mm"和"1mm",其他参数不变,结果如图 2-39 所示。

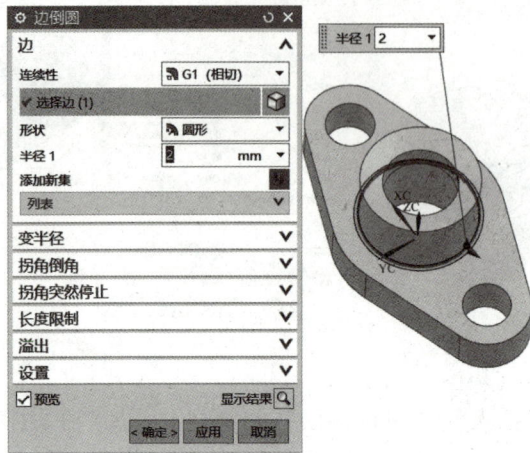

图 2-39　创建边倒圆特征

任务 2.3　阀杆的建模

任务分析

　　阀杆零件属于典型的销轴类零件,如图 2-40 所示。三维建模时,可以通过绘制截面线,然后用"旋转"命令实现零件轮廓的建模;也可以用"插入"→"设计特征"→"圆柱"的方式,创建 2 个圆柱(φ20mm×77mm、φ27mm×18mm),将 2 个圆柱合并后,用"插入"→"设计特征"→"球"命令,创建 1 个 φ60mm 球,布尔操作为相交,再一次合并所有特征后,用草图命令绘制阀杆上部拉伸截面图,拉伸减操作后,第 1 个拉伸特征即可完成,用"插入"→"设计特征"→"槽"命令,创建 φ18.6mm×1.3mm 槽特征,以端面为草图绘制平面,绘制第 2 个拉伸特征截面图,拉伸减操作后,第 2 个拉伸特征也就完成了,调用倒斜角命令,对阀杆端面进行倒斜角操作,阀杆轴测图如图 2-41 所示。

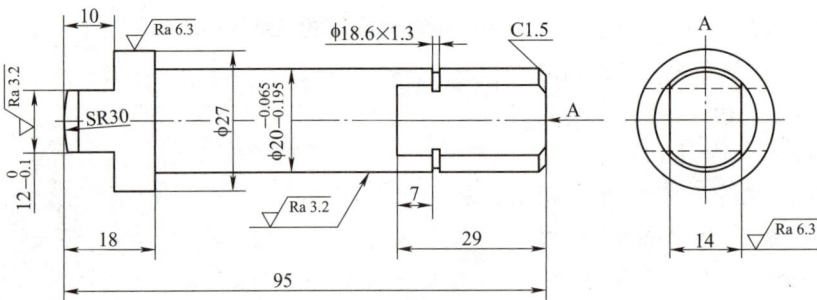

图 2-40　阀杆工程图

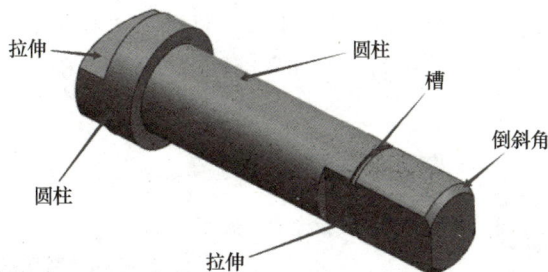

图 2-41　阀杆轴测图

>> **操作步骤**

1. 打开 UG NX 12.0 软件，新建一个文件，文件名为"阀杆"，单位为"毫米"，单击"确定"按钮后，进入建模模块。

2. 选择菜单命令"插入"→"设计特征"→"圆柱"，选择以"轴、直径和高度"方式创建圆柱，"轴"→"指定矢量"设为"+↑ZC"方向，"轴"→"指定点"坐标设为 XC＝0，YC＝0，ZC＝0，"尺寸"→"直径"设为"20mm"，设"高度"为"77mm"，"布尔"→"布尔"设为"无"，单击"确定"按钮，结果如图 2-42 所示。

3. 选择菜单命令"插入"→"设计特征"→"圆柱"，选择以"轴、直径和高度"方式创建圆柱，"轴"→"指定矢量"设为"−↓ZC"方向，"指定点"坐标设为 XC＝0，YC＝0，ZC＝0，"尺寸"→"直径"设为"27mm"，设"高度"为"18mm"，"布尔"→"布尔"设为"合并"，单击"确定"按钮，结果如图 2-43 所示。

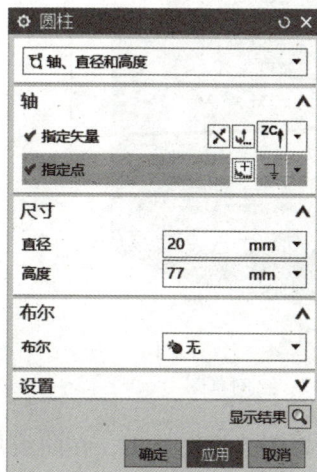

图 2-42　创建 φ20mm×77mm 圆柱

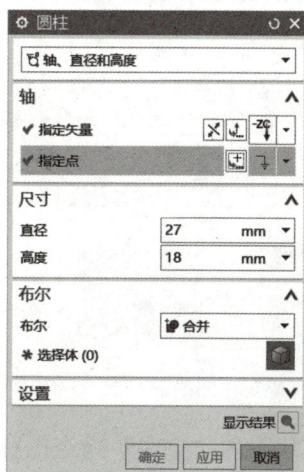

图 2-43　创建 φ27mm×18mm 圆柱

4. 选择菜单命令"插入"→"设计特征"→"球"，弹出图 2-44a 所示的"球"对话框，选择以"中心点和直径"的方式创建"球"，单击"中心点"→"指定点"，将出现如图 2-44b 所示的"点"对话框，"输出坐标"设为 XC＝0，YC＝0，ZC＝12mm，单击"确定"按钮，在"球"对话框中，"尺寸"→"直径"设为 60mm，"布尔"→"布尔"设为"相交"，单击"确定"按钮，结果如图 2-44 所示。

5. 选择菜单命令"插入"→"组合"→"合并","目标"→"选择体"和"工具"→"选择体"分别选择"圆柱"和"球"特征进行"合并"操作,单击"确定"按钮,结果如图 2-45 所示。

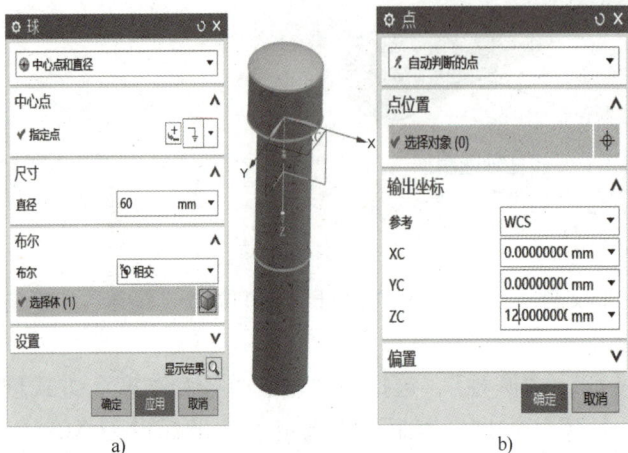

图 2-44　创建球特征

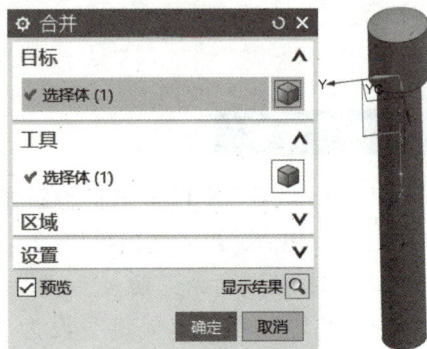

图 2-45　特征合并操作

6. 选择菜单命令"插入"→"在任务环境中绘制草图",将弹出如图 2-46 所示的"创建草图"对话框,选择 XC-ZC 平面作为草图的绘制平面,绘制如图 2-47 所示的草图。

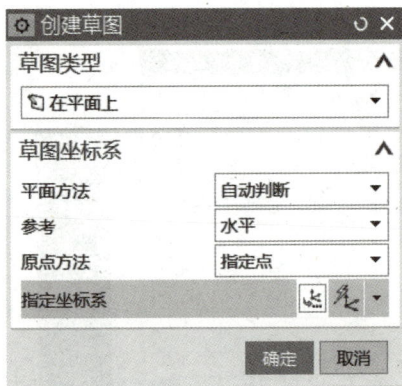

图 2-46　确定草图绘制平面

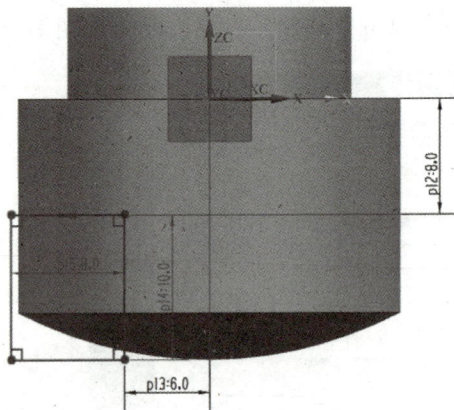

图 2-47　绘制草图

7. 单击草图模块下的"完成"命令图标🏁,使工作环境转换到建模模块下,在曲线规则中选择"相连曲线",选择菜单命令"插入"→"设计特征"→"拉伸",在弹出的"拉伸"对话框中,"截面线"→"选择曲线"选择上一步绘制的草图,"方向"→"指定矢量"设为"+↑YC"方向,"限制"→"结束"设为"对称值",设"距离"为"14mm","布尔"→"布尔"设为"减去",单击"确定"按钮,结果如图 2-48 所示。

8. 选择菜单命令"插入"→"关联复制"→"镜像特征",将弹出"镜像特征"对话框,"要镜像的特征"→"选择特征"选择上一步拉伸特征,"镜像平面"→"指定平面"选取 YC-ZC 平面,单击"确定"按钮,结果如图 2-49 所示。

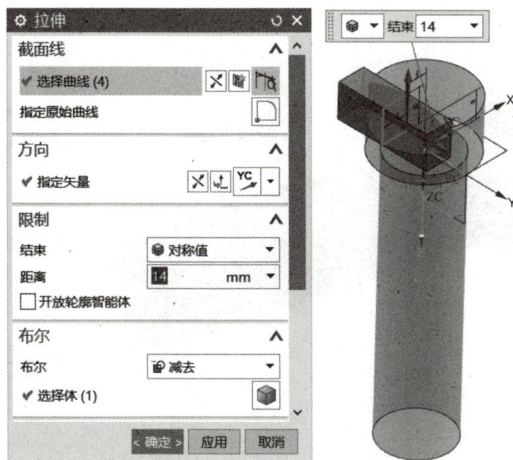

图2-48 拉伸草图

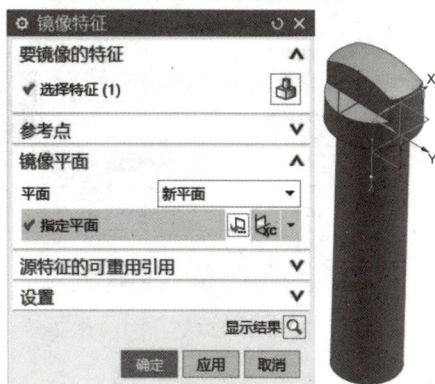

图2-49 镜像拉伸特征

9. 选择菜单命令"插入"→"设计特征"→"槽",弹出"槽"对话框,如图2-50a所示,选择"矩形"槽,单击"确定"按钮,将弹出"矩形槽"对话框,如图2-50b所示,设"槽直径"为"18.6mm",设"宽度"为"1.3mm",单击"矩形槽"对话框中的"确定"按钮,弹出"创建表达式"对话框,如图2-50c所示,槽放置面选择在φ20mm圆柱面上,槽定位尺寸"p80"设为"20.7mm",单击"确定"按钮,完成槽特征的创建。

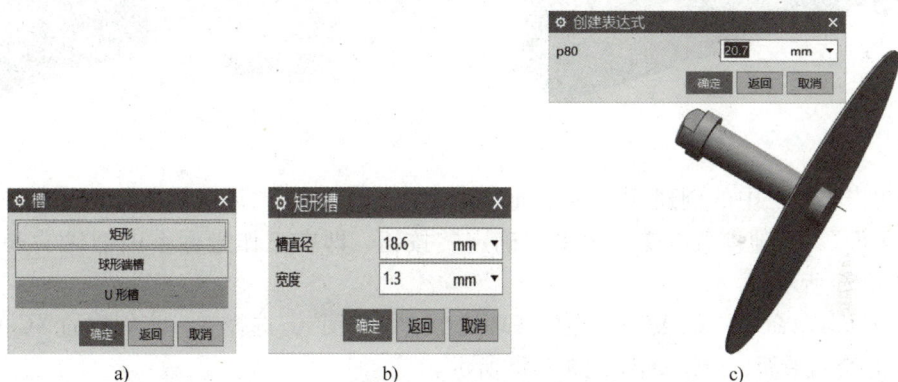

a)   b)   c)

图2-50 创建槽特征

10. 选择菜单命令"插入"→"细节特征"→"倒斜角",如图2-51所示,在"倒斜角"对话框中,"边"→"选择边"选择图中所示的边,"偏置"→"横截面"选择"对称",设"距离"为"1.5mm",单击"确定"按钮,完成倒斜角操作。

11. 选择菜单命令"格式"→"WCS"→"原点",弹出"点"对话框,"点位置"→"选择对象"选中阀杆轴端面中心点,如图2-52所示,单击"确定"按钮,则工作

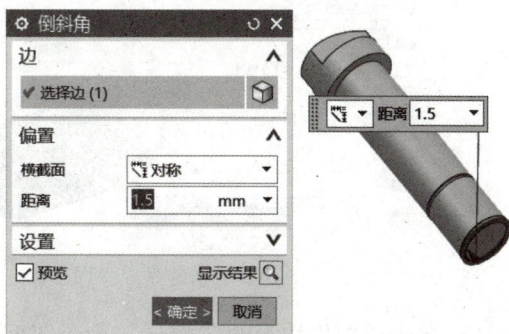

图2-51 创建倒斜角特征

坐标系将移动至阀杆轴端面中心点，如图 2-52 所示。

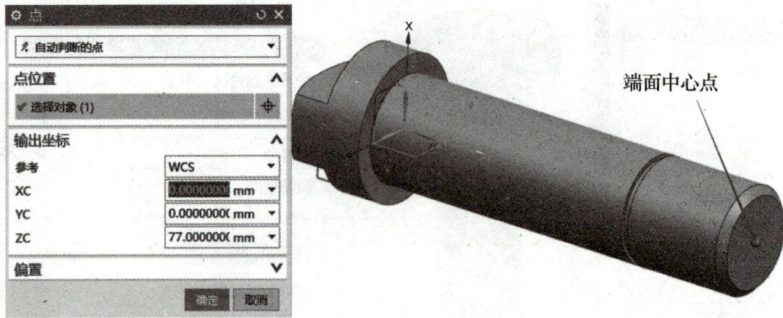

图 2-52　移动工作坐标系操作

12. 选择菜单命令"格式"→"WCS"→"旋转"，在弹出的"旋转 WCS 绕…"对话框中，选择"+ZC 轴：XC-→YC"，设"角度"为"-90"，即+ZC 轴不动，XC 轴和 YC 轴旋转-90°，单击"确定"按钮，结果如图 2-54 所示。

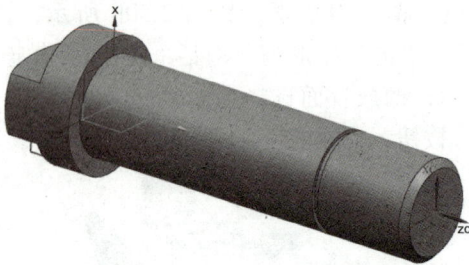

图 2-53　移动工作坐标系结果

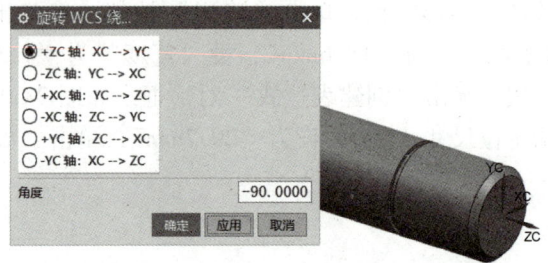

图 2-54　旋转工作坐标系

13. 单击工具栏中的创建"基准平面"命令图标，在"基准平面"对话框中，选择"XC-YC 平面"，其他参数不变，单击"确定"按钮，即在工作坐标系中创建了 XC-YC 平面，如图 2-55 所示。

14. 选择菜单命令"插入"→"在任务环境中绘制草图"，选择上一步创建的 XC-YC 平面作为草图的绘制平面，所绘草图如图 2-56 所示。

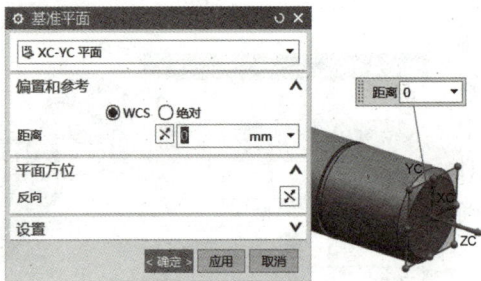

图 2-55　创建基准平面

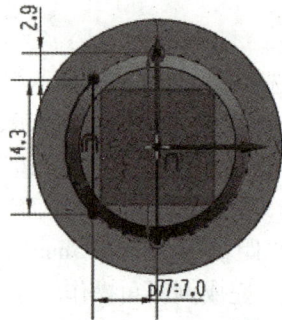

图 2-56　绘制草图

15. 单击草图模块下的"完成"命令图标，使工作环境转换到建模模块下，在曲线规则中选择"相连曲线"，选择菜单命令"插入"→"设计特征"→"拉伸"，在弹出的"拉伸"

对话框中，"截面线"→"选择曲线"选择上一步绘制的草图，"方向"→"指定矢量"设为"–↑ZC"方向，"限制"→开始的"距离"设为"0mm"，结束的"距离"设为"29mm"，"布尔"→"布尔"设为"减去"，单击"确定"按钮，结果如图2-57所示。

16. 选择菜单命令"插入"→"关联复制"→"镜像特征"，在"镜像特征"对话框中，"要镜像的特征"选择上一步创建的拉伸特征，"镜像平面"→"指定平面"选取 YC-ZC 平面，单击"确定"按钮，结果如图2-58所示。

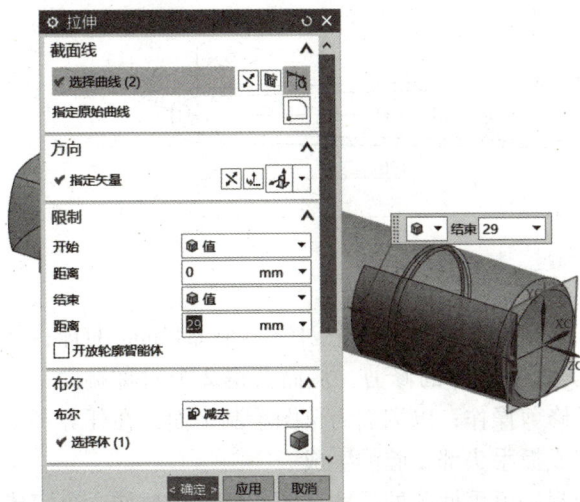

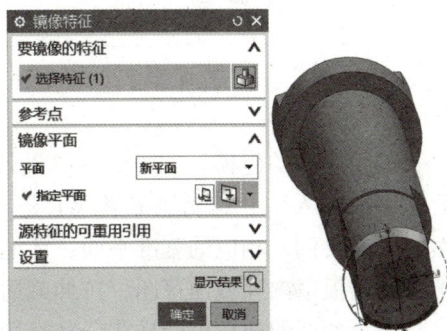

图 2-57   拉伸草图   图 2-58   镜像拉伸特征

17. 选择菜单命令"编辑"→"显示和隐藏"→"显示和隐藏"，在图2-59所示的"显示和隐藏"对话框中，单击"草图""坐标系""基准平面"后面的"–"号，即隐藏所选取的对象。

图 2-59   隐藏对象

任务 2.4 扳手的建模

任务分析

扳手（见图2-60），尽管结构不是很复杂，但若要完整、准确地建模，还是有一定难度的。它可划归为拨叉类零件，建模时，要对其结构进行认真分析，掌握扳手各部分如何应用

UG 软件设计特征和方法来快速实现建模。

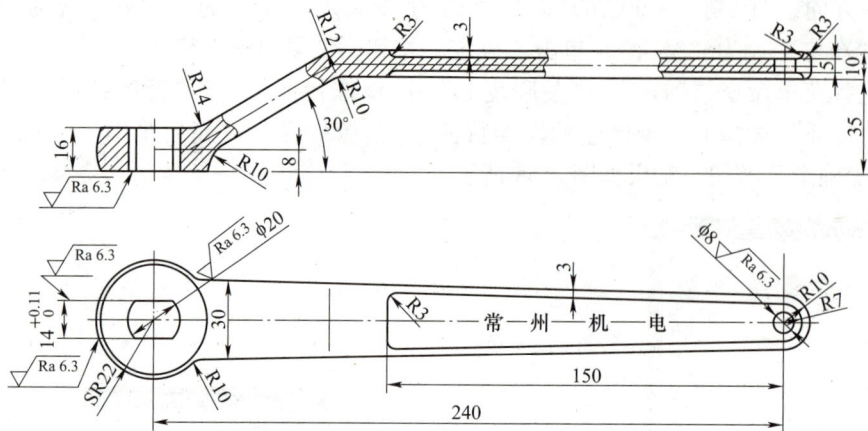

图 2-60　扳手工程图

　　扳手头部的建模："插入"→"设计特征"→"球"命令，先创建一个 φ44mm 的球；然后，用"插入"→"修剪"→"修剪体"命令完成对球体的修剪，从而获得 2 个对称端面，当然，之前要创建相应的基准平面，才能完成修剪操作；以端面为草图绘制平面，在任务环境中绘制出扳手内孔截面草图，拉伸减后，完成扳手头部型腔的生成。

　　扳手柄部的建模可同样在任务环境中绘制出扳手柄各处尺寸草图，然后用拉伸命令完成实体建模，这其中要用到"插入"→"设计特征"→"圆柱"特征命令，完成柄部圆柱特征的创建；以柄部端面为草图绘制平面，用"偏置"命令和"草图曲线绘制"命令实现凹槽截面草图的绘制，"拉伸"减后生成凹槽；以凹槽平面为草图绘制平面，绘制一条直线，然后用"插入"→"曲线"→"文本"命令，插入"常州机电"文本，调整到适当的大小与位置后；接着调用"插入"→"设计特征"→"拉伸"命令，对文本进行拉伸操作；最后，调用倒圆角命令，根据图 2-60 对扳手进行倒圆角操作，结果如图 2-61 所示。

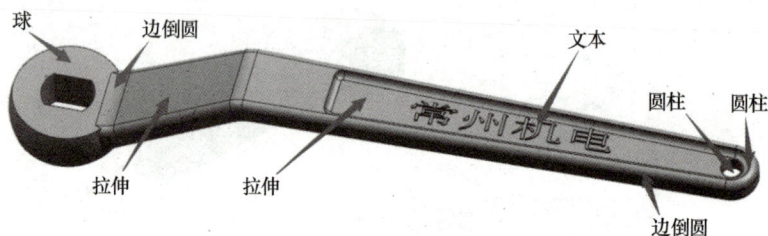

图 2-61　扳手轴测图

操作步骤

　　1. 打开 UG NX 12.0 软件，新建一个文件，文件命名为"扳手"，单位为"毫米"，单击"确定"按钮后，进入建模模块。

　　2. 选择菜单命令"插入"→"设计特征"→"球"，在图 2-62a 所示的"球"对话框中，选择"中心点和直径"方式创建"球"，单击"中心点"→"指定点"后面的"点对话框"

图标 ⊥，将弹出"点"对话框，如图 2-62b 所示，设"输出坐标"为 XC＝0，YC＝0，ZC＝0，单击"确定"按钮；在"球"对话框中，"尺寸"→"直径"设为"44mm"，"布尔"→"布尔"设为"无"，单击"确定"按钮，结果如图 2-62c 所示。

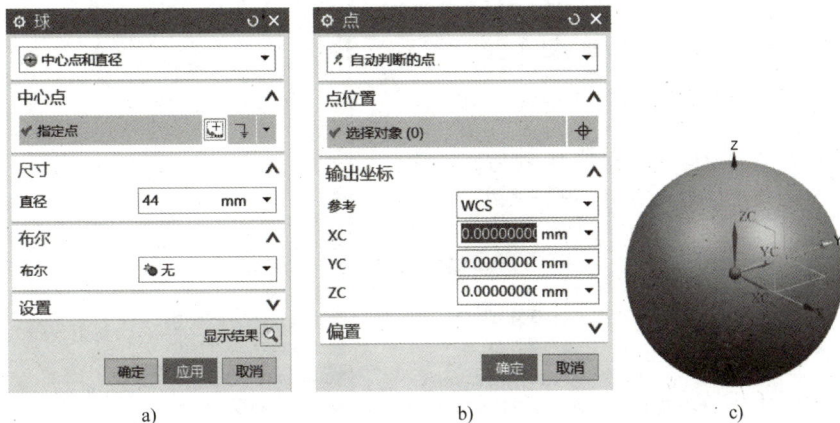

图 2-62　创建球特征

3. 单击工具栏中的创建"基准平面"命令图标 ▢，出现"基准平面"对话框，如图 2-63 所示，选择"自动判断"方式，"要定义平面的对象"→"选择对象"选中基准坐标系中的 XC-YC 平面，"偏置"→"距离"设为"8mm"，设"平面的数量"为"1"，单击"确定"按钮，创建 1 个与 XC-YC 平面平行且相距 8mm 的平面。

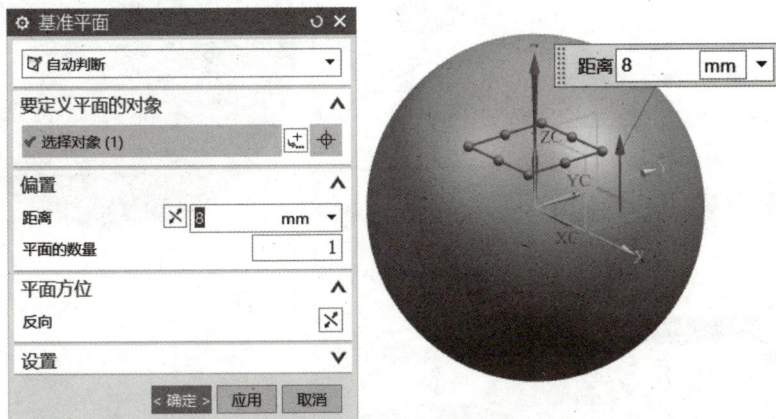

图 2-63　创建基准平面

4. 将鼠标放在图形显示区右击，激活"渲染样式"下的"静态线框"，如图 2-64 所示，选择菜单命令"插入"→"修剪"→"修剪体"，在弹出的"修剪体"对话框中，"目标"→"选择体"选择球，"工具"→"工具选项"设为"面或平面"，"工具"→"选择面或平面"设为第 3 步创建的偏置平面，单击"确定"按钮，结果如图 2-65 所示。

5. 选择菜单命令"插入"→"关联复制"→"镜像特征"，弹出图 2-66a 所示"镜像特征"对话框，"要镜像的特征"→"选择特征"选择修剪体，"镜像平面"→"指定平面"设为 XC-YC 平面，单击"确定"按钮，结果如图 2-66b 所示。

31

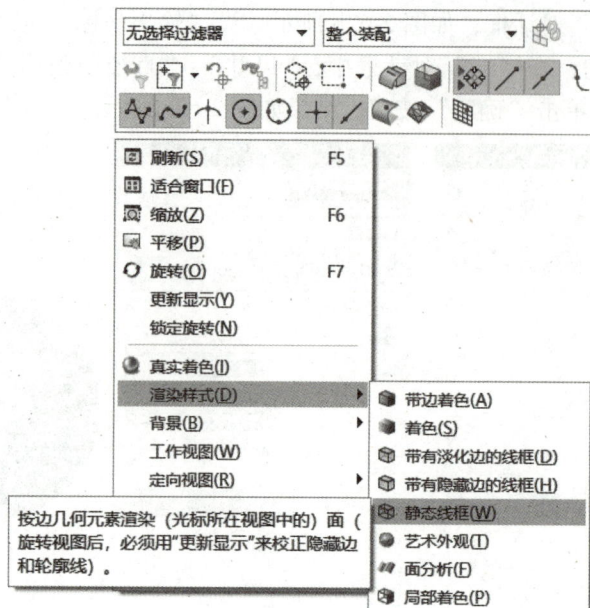

图 2-64　调用静态线框命令

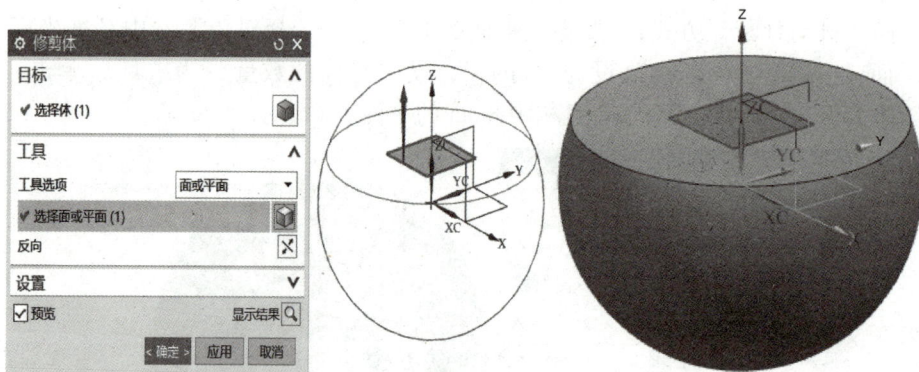

图 2-65　修剪体操作

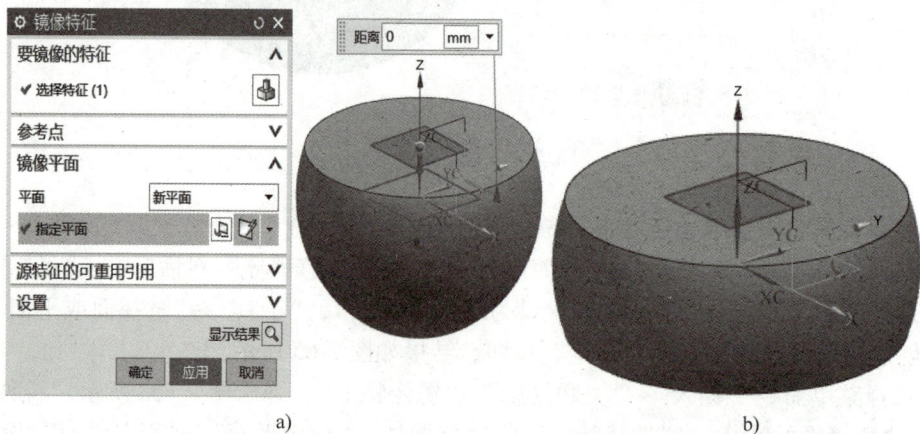

a)

b)

图 2-66　镜像修剪体特征

6. 选择菜单命令"插入"→"在任务环境中绘制草图"，选择零件上端面作为绘制草图的平面，如图 2-67 所示，单击工具栏中的创建"圆"命令图标○，以坐标原点为圆心，绘制 1 个 φ20mm 的圆，单击工具栏中的创建"直线"命令图标✎，以坐标原点为对称中心，绘制 2 条相距 14mm 的平行线，单击工具栏上的"快速修剪"命令图标✄，对草图进行修剪，结果如图 2-68 所示。

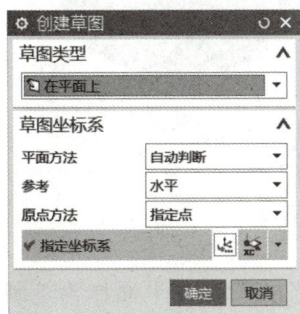

图 2-67　确定草图绘制平面

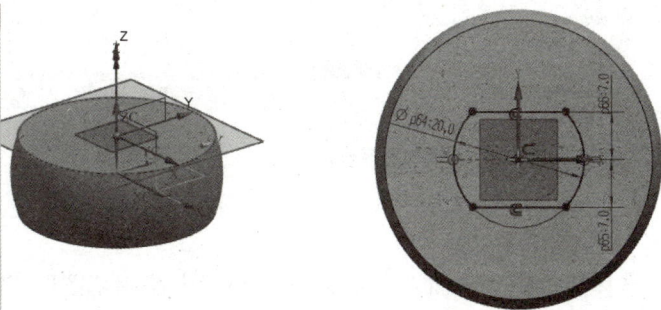

图 2-68　绘制草图

7. 单击"完成"草图命令图标，返回建模模块下，选择菜单命令"插入"→"设计特征"→"拉伸"，在"拉伸"对话框中，"截面线"→"选择曲线"选择上一步绘制的草图，"方向"→"指定矢量"设为"-↑ZC"方向，"限制"→开始的"距离"为"0mm"，结束的"距离"设为"16mm"，"布尔"→"布尔"为"减去"，单击"确定"按钮，结果如图 2-69 所示。

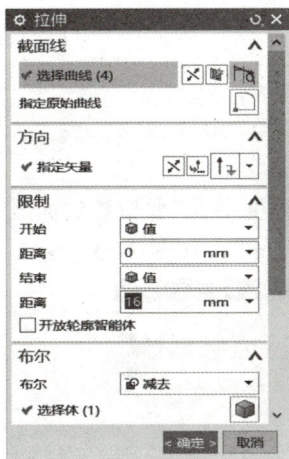

图 2-69　拉伸草图

8. 选择菜单命令"格式"→"移动至图层"，将弹出"类选择"对话框。在"类"选择对话框中，"对象"→"选择对象"选择第 6 步绘制的草图后，单击"确定"按钮，将弹出"图层移动"对话框，在"图层移动"对话框中，将"目标图层或类别"设为"21"，单击"确定"按钮，将草图移到 21 层中，同理，将第 3 步创建的偏置平面移动到 62 层中，如图 2-70 所示。

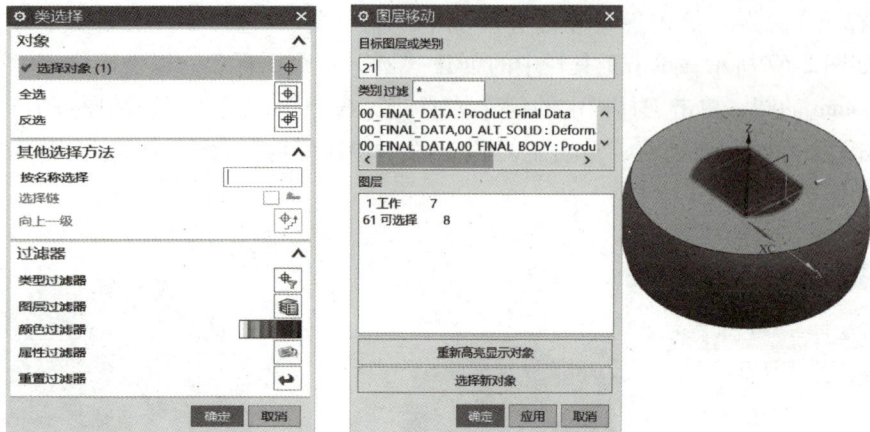

图 2-70　移动图层操作

9. 选择菜单命令"插入"→"在任务环境中绘制草图"，选择 XC-ZC 平面作为绘制草图的平面，单击工具栏中的创建"直线"命令图标✎，绘制出轮廓大致的草图如图 2-71 所示，然后调用工具栏上的尺寸约束，如图 2-72 所示，给草图添加尺寸约束或几何约束。

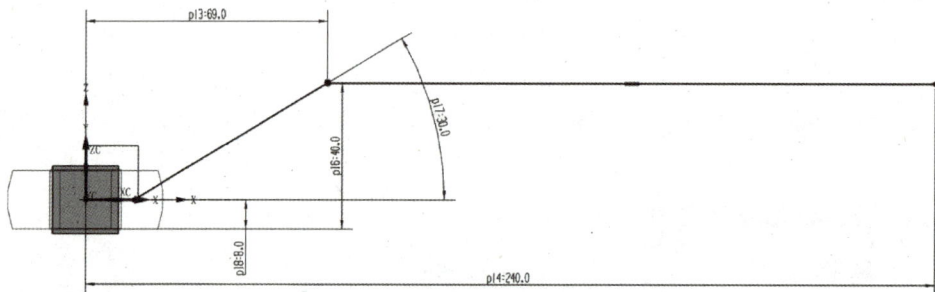

图 2-71　绘制草图

10. 单击"偏置曲线"命令图标，在"偏置曲线"对话框中，"要偏置的曲线"→"选择曲线"选择第 9 步绘制的草图，"偏置"→"距离"设为"5mm"，如图 2-73 所示，在对曲

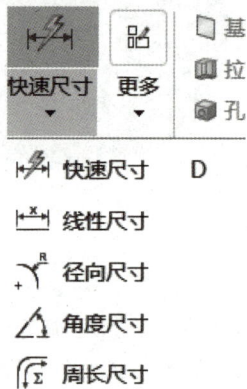

图 2-72　创建尺寸约束

图 2-73　偏置曲线对话框

线上下各偏置 5mm 后；单击工具栏中的创建"直线"命令图标✎，将草图绘制成一个封闭的曲线，结果如图 2-74 所示。

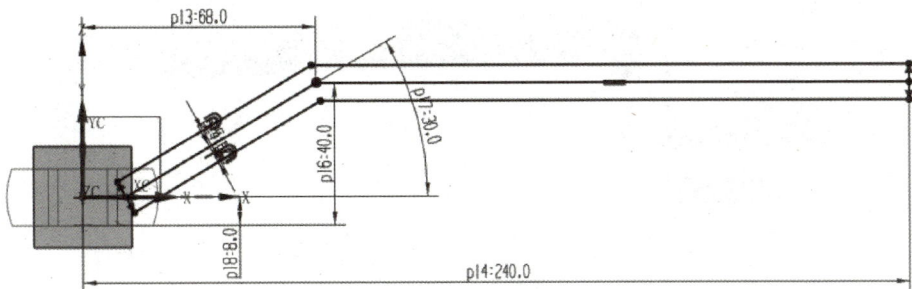

图 2-74　绘制封闭草图

11. 单击"完成"草图命令图标▨，返回建模模块下，选择菜单命令"插入"→"设计特征"→"拉伸"。在弹出的"拉伸"对话框中，"截面线"→"选择曲线"选择上一步绘制的封闭草图，"方向"→"指定矢量"设为"+↑YC"方向，"限制"→"结束"选择"对称值"，"限制"→"距离"设为"15mm"，"布尔"→"布尔"设为"无"，单击"确定"按钮，结果如图 2-75 所示。

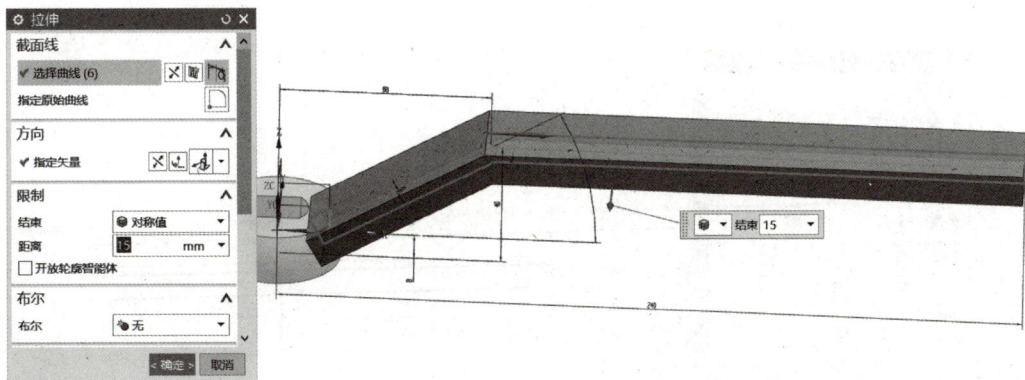

图 2-75　拉伸草图

12. 选择菜单命令"插入"→"在任务环境中绘制草图"，选择图 2-76 所示的平面作为草图绘制平面，将鼠标放在图形显示区右击，激活"渲染样式"下的"静态线框"，所绘制的草图如图 2-77 所示。

13. 单击"完成"草图命令图标▨，返回建模模块下，选择菜单命令"插入"→"设计特征"→"拉伸"，在"拉伸"对话框中，"截面线"→"选择曲线"选择上一步绘制的草图，"方向"→"指定矢量"设为"-↓ZC"方向，"限制"→"开始"设为"值"，设开始的"距离"为"0mm"；设"结束"为"值"，设结束的"距离"为"45mm"，"布尔"→"布尔"设为"减去"，单击"确定"按钮，结果如图 2-78 所示。

14. 选择菜单命令"格式"→"移动至图层"，将第 12 步绘制的草图移动至 22 层中。选

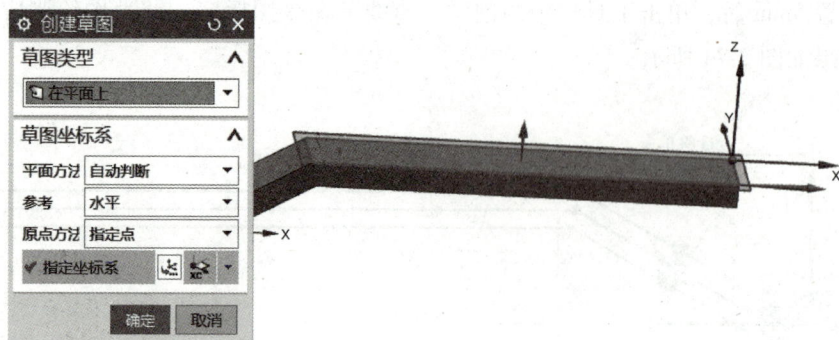

图 2-76 确定草图绘制平面

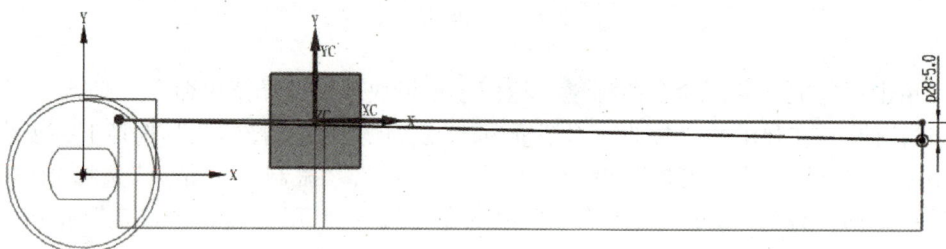

图 2-77 绘制草图

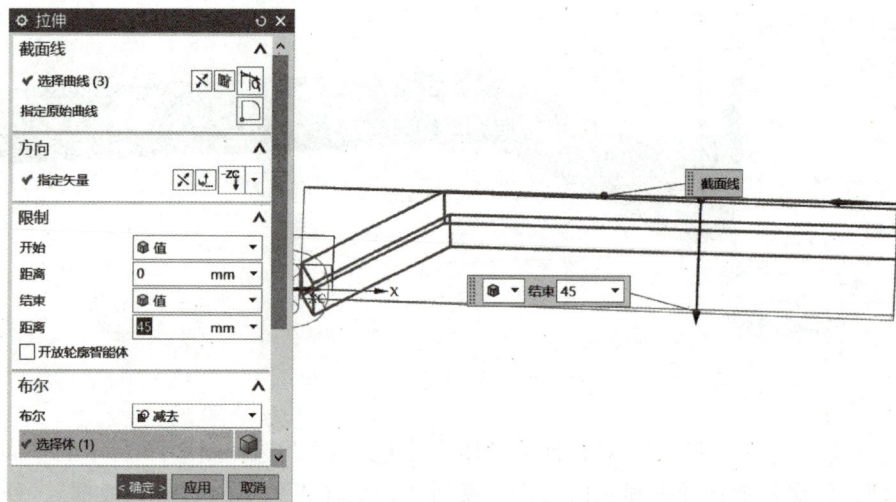

图 2-78 拉伸草图

择菜单命令"插入"→"关联复制"→"镜像特征",在弹出的"镜像特征"对话框中,"要镜像的特征"→"选择特征"选择上一步的拉伸特征,"镜像平面"→"指定平面"为 XC-ZC 平面,单击"确定"按钮,结果如图 2-79 所示。

15. 单击工具栏上的布尔"合并"命令图标🔴,对所有特征进行合并操作,如图 2-80所示。

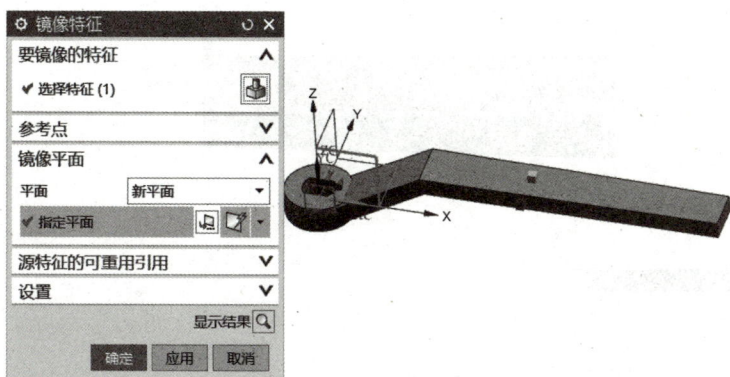

图 2-79　镜像拉伸特征

16. 单击"上边框条"中的"启用
捕捉点"命令图标，激活"中点"
图标，如图 2-81 所示。选择菜单命
令"格式"→"WCS"→"原点"，将弹出
"点"对话框，选择边线中点，单击
"确定"按钮，将工作坐标系移到图 2-82
所示的"边线中点"位置，结果如图
2-83 所示。

图 2-80　布尔合并操作

图 2-81　激活启用捕捉点

图 2-82　移动工作坐标系

17. 选择菜单命令"插入"→"设计特征"→"圆柱"，在弹出的"圆柱"对话框中，选择
以"轴、直径和高度"方式创建圆柱，"轴"→"指定矢量"设为"−↑ZC"方向，"轴"→"指
定点"坐标设为 XC＝0、YC＝0、ZC＝0，"尺寸"→"直径"设为"20mm"，设"高度"为
"10mm"，"布尔"→"布尔"为与原有特征进行"合并"，结果如图 2-84 所示。

图 2-83　工作坐标系移动结果

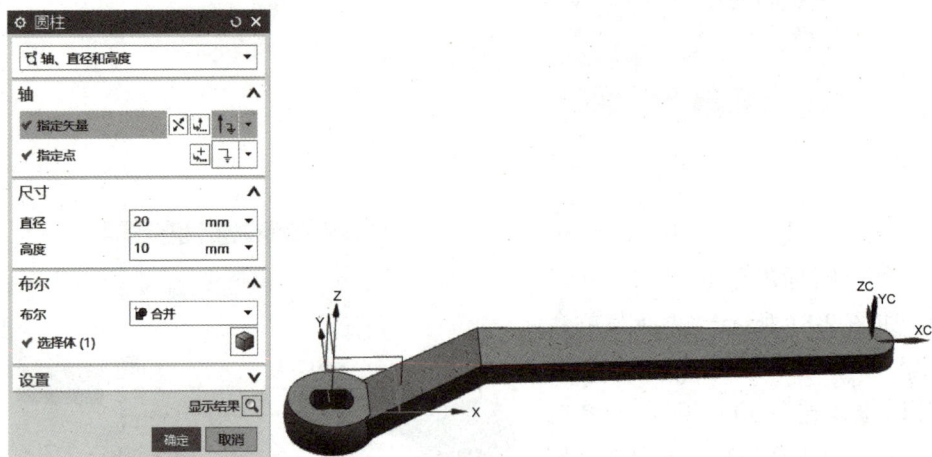

图 2-84　创建 φ20mm×10mm 圆柱

18. 选择菜单命令"插入"→"设计特征"→"圆柱"，在弹出的"圆柱对话框中"选择以"轴、直径和高度"方式创建圆柱，"轴"→"指定矢量"设为"-↓ZC"方向，"轴"→"指定点"坐标设为 XC＝0、YC＝0、ZC＝0，"尺寸"→"直径"设为"8mm"，设"高度"为"10mm"，"布尔"→"布尔"设为与原有特征进行"减去"，结果如图 2-85 所示。

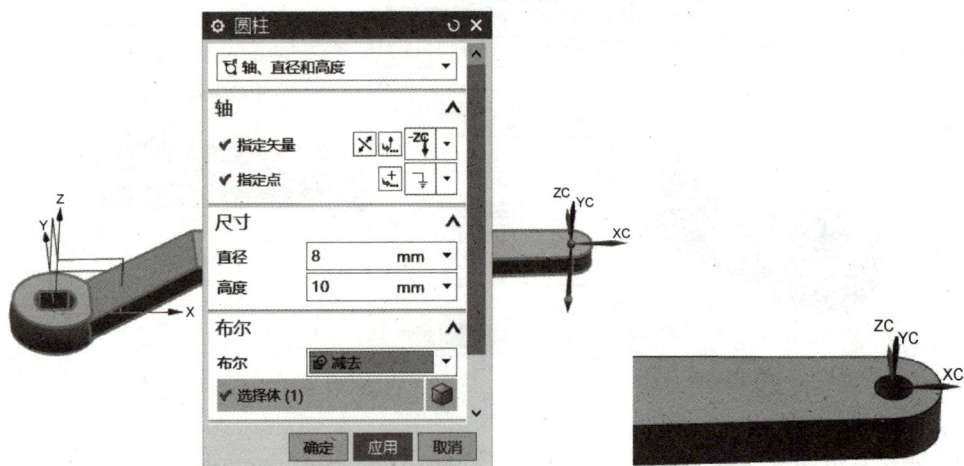

图 2-85　创建 φ8mm×10mm 圆柱

19. 选择菜单命令"格式"→"图层设置"，在弹出的"图层设置"对话框中，在"工作层"→"工作层"设置为"23",其他参数不变,按〈Enter〉键,如图2-86所示。

20. 选择菜单命令"插入"→"在任务环境中绘制草图",选择在图2-87所示的平面上绘制草图,单击"创建草图"对话框中的"确定"按钮,完成草图绘制平面的确定。

21. 单击工具栏上的"偏置曲线"命令图标⊙,在弹出的"偏置曲线"对话框中,"要偏置的曲线"→"选择曲线"选择图2-88所示的"轮廓线","偏置"→"距离"设为"3mm",设"反向"为向里,设"副本数"为"1",单击"确定"按钮,生成偏置曲线。单击工具栏中的创建"直线"命令图标 ╱,绘制一条竖直线,添加水平约束尺寸为150mm,单击工具栏上的"快速修剪"命令图标 ╲,对草图进行修剪,单击工具栏上的"角焊"命令图标 ╗,创建2个半径为3mm的圆角,所绘制的草图如图2-88所示。

22. 单击"完成"草图命令图标 ▦,返回建模模块下,选择菜单命令"插入"→"设计特征"→"拉伸",在弹出的"拉伸"对话框中"截面线"→"选择曲线"选择上一步绘制的草图,"方向"→"指定矢量"设为"−↓ZC"方向,"限制"→"开始"设为"值",开始的"距离"设为0;设"结束"为"值",设结束的"距离"为"2.5mm","布尔"→"布尔"

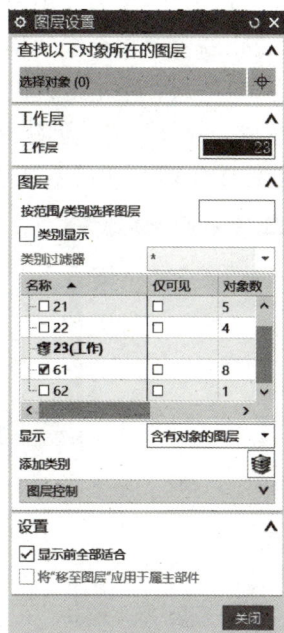

图2-86 图层设置对话框

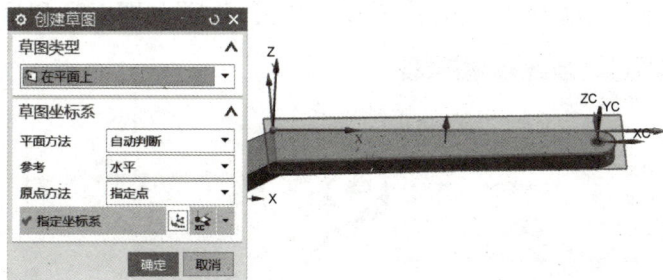

图2-87 确定草图绘制平面

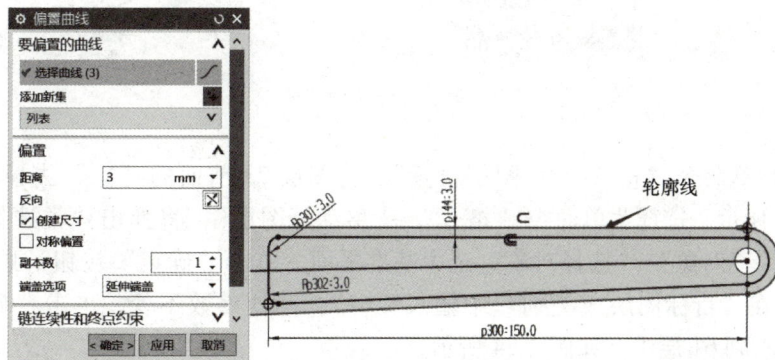

轮廓线

图2-88 绘制草图

设为"减去",单击"确定"按钮,结果如图 2-89 所示。

23. 选择菜单命令"格式"→"图层设置",在弹出的"图层设置"对话框中,将工作层设为"1"层,单击工具栏中的创建"基准平面"命令图标█,出现"基准平面"对话框,选择"二等分"方式创建基准平面,分别选取上下 2 个特征表面,最后在 2 个特征表面中间创建图 2-90 所示的基准平面。

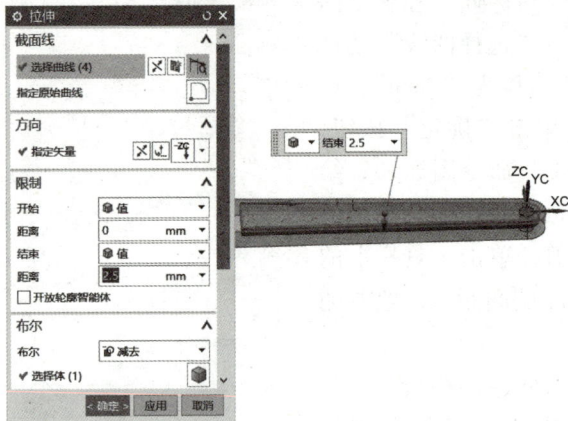

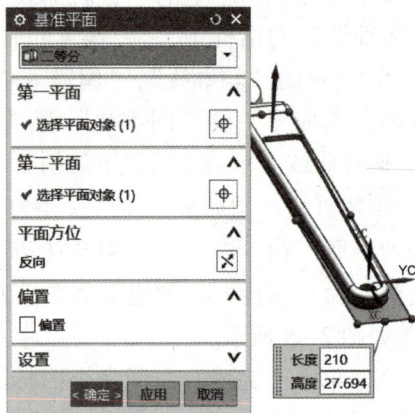

图 2-89　拉伸草图　　　　　　　　　　图 2-90　创建"基准平面"

24. 选择菜单命令"插入"→"关联复制"→"镜像特征",在弹出的"镜像特征"对话框中,"要镜像的特征"→"选择特征"选择第 22 步创建的拉伸特征,"镜像平面"→"指定平面"设为上一步创建的基准平面,单击"确定"按钮,结果如图 2-91 所示。

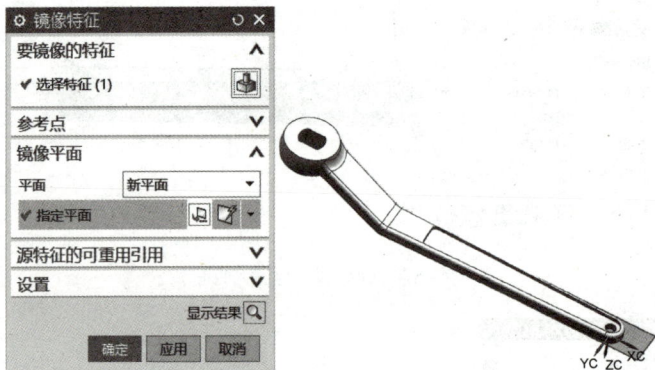

图 2-91　镜像拉伸特征

25. 选择菜单命令"格式"→"图层设置",将图层 23 前面的"√"去掉,即关闭 23层,如图 2-92 所示。选择菜单命令"格式"→"移动至图层",将弹出"类选择"对话框,如图 2-93 所示,"对象"→"选择对象"选中基准平面,单击"确定"按钮,弹出"图层移动"对话框,在"目标图层或类别"中输入"61",其他参数不变,单击"确定"按钮,将基准平面移动到 61 层中,如图 2-94 所示。

26. 选择菜单命令"插入"→"在任务环境中绘制草图",选择图 2-95 所示的平面作为绘制草图的平面,单击工具栏中的创建"直线"命令图标╱,绘制一条水平线,并添加图 2-96

所示的尺寸约束。

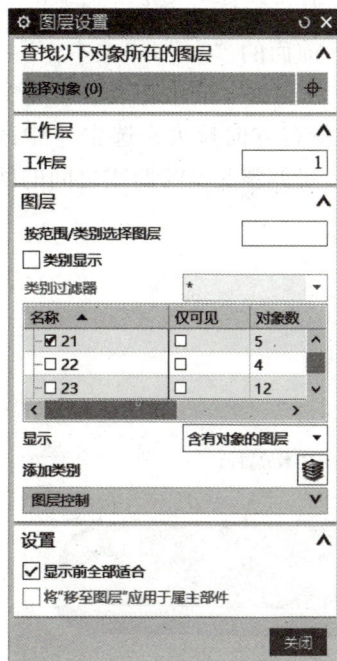

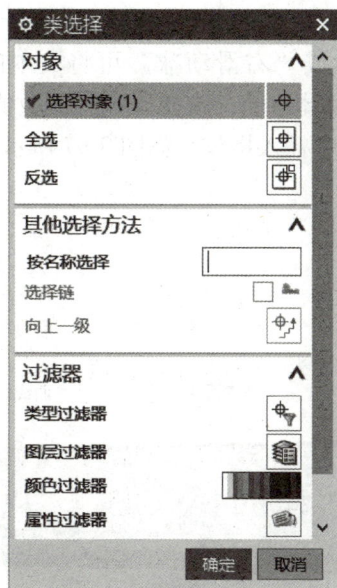

图 2-92　关闭"图层"　　　图 2-93　类选择对话框　　　图 2-94　图层移动对话框

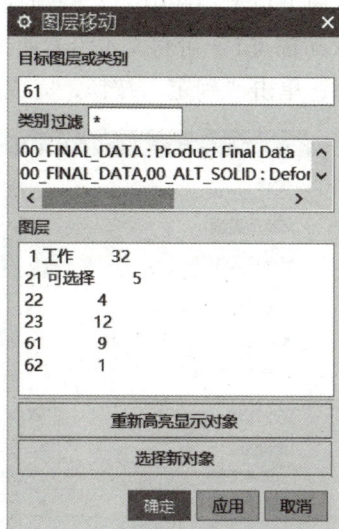

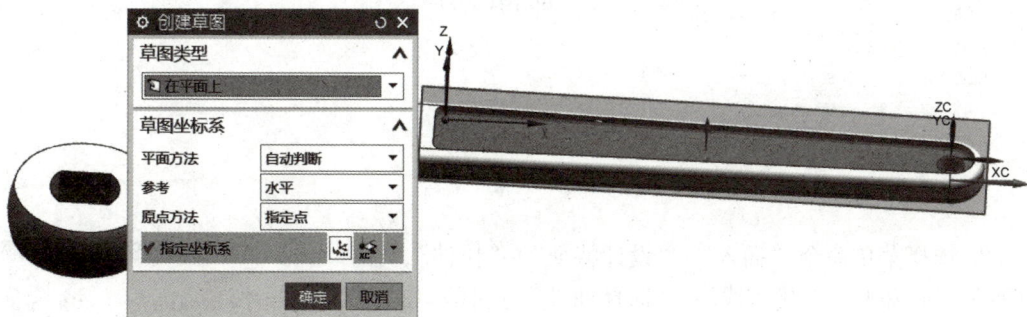

图 2-95　确定草图绘制平面

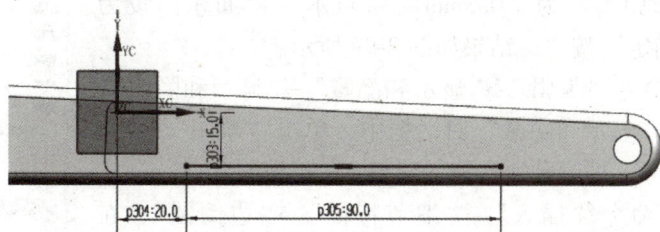

图 2-96　绘制草图

27. 单击"完成"草图命令图标，返回建模模块下，选择菜单命令"插入"→"曲线"→"文本"，在弹出的"文本"对话框中，选择"面上"，"文本放置面"→"选择面"选择图中所示的文本放置面,"面上的位置"→"放置方法"→"面上的曲线","选择曲线"选择图中所绘制的曲线,"文本属性"填写"常州机电",设"线型"为"宋体",设"脚本"为"GB2312",设"字型"为"常规",勾选上"使用字距调整"前面的"√","文本框"→"锚点位置"设为"中心",设"参数百分比"为"50",选中"箭头"向上拖动,可将文本向上拉大,选中"左滑动球"或"右滑动球"可将文本向左右方向拉大,选中"中间球(锚点)"可将文本沿着曲线整体移动,改变"偏置"数值,可调整文本与曲线之间的间隙,单击"确定"按钮,完成文本插入操作,如图2-97所示。

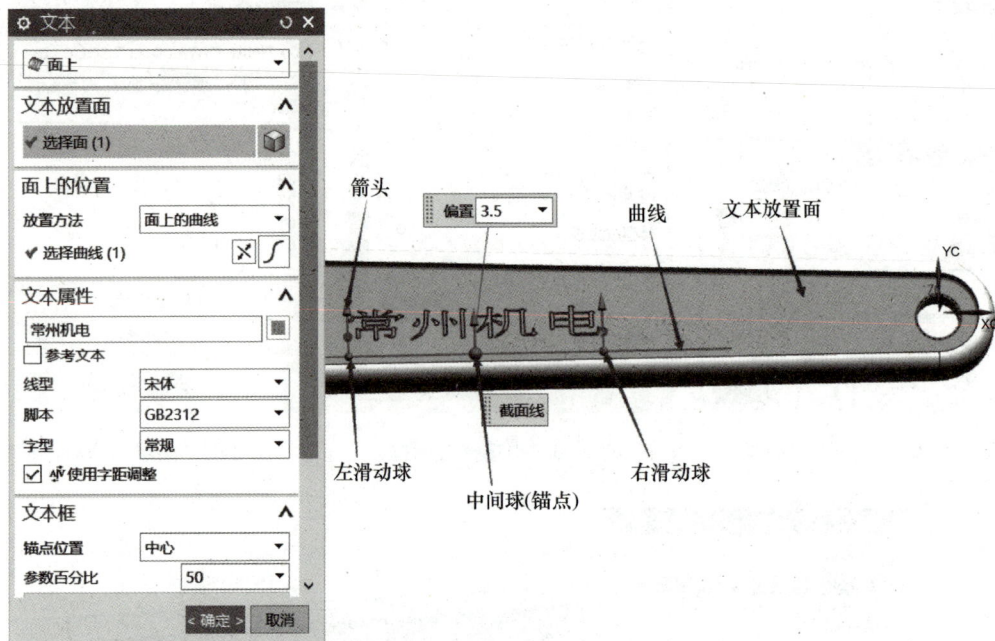

图2-97　插入文本

28. 选择菜单命令"插入"→"设计特征"→"拉伸",在弹出的"拉伸"对话框中,"截面线"→"选择曲线"选择"常州机电","方向"→"指定矢量"设为"+↑ZC"方向,"限制"→"开始"设为"值",设开始的"距离"为"0mm","限制"→"结束"设为"值",设结束的"距离"为"0.5mm","布尔"→"布尔"设为"合并",单击"确定"按钮,结果如图2-99所示。

29. 选择菜单命令"编辑"→"显示和隐藏"→"显示和隐藏",在图2-100所示的"显示和隐藏"对话框中,单击"草图"、"曲线"后面的"－"号,即隐藏所选取的对象。

30. 选择菜单命令"插入"→"细节特征"→"边倒圆",在"边倒圆"对话框中,"边"→"连续性"设为"G1(相切)","选择边"选择图示边,设"形状"为"圆形",设"半径1"为

图2-98　拉伸文本

"2.5mm",对面的边倒圆参数相同,单击"确定"按钮,完成边倒圆操作,如图2-101所示。

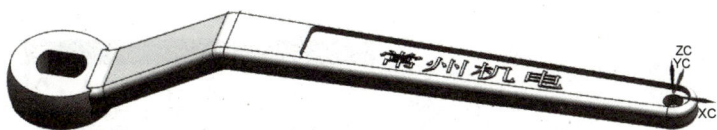

图 2-99　拉伸结果

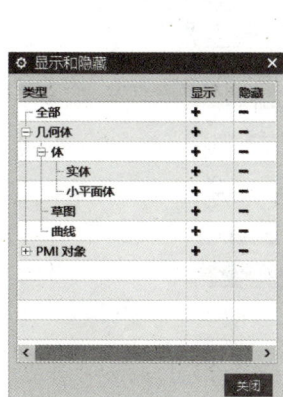

图 2-100　显示和隐藏对话框

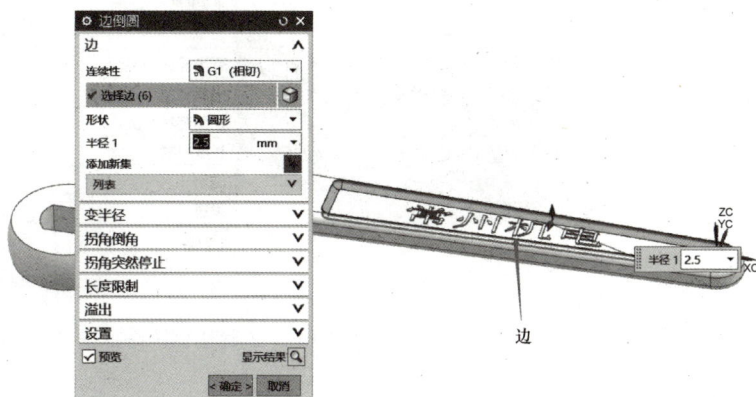

图 2-101　创建边倒圆特征 1

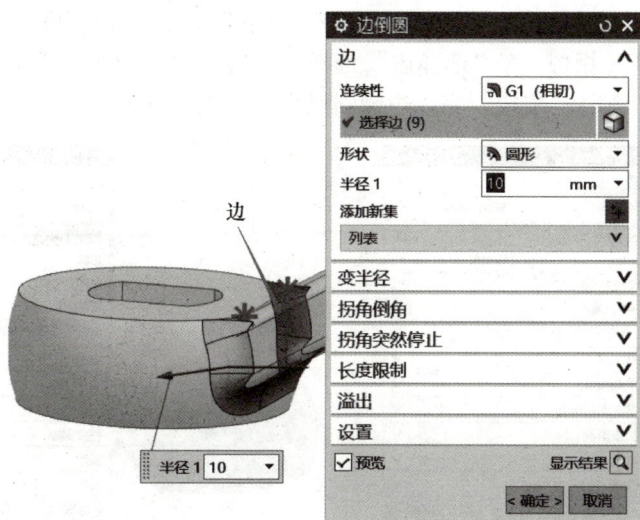

图 2-102　创建边倒圆特征 2

31. 选择菜单命令"插入"→"细节特征"→"边倒圆",在"边倒圆"对话框中,"边"→"连续性"设为"G1(相切)","选择边"选择图示边,设"形状"为"圆形",设"半径1"为"10mm",单击"确定"按钮,完成边倒圆操作,如图 2-102 所示。

32. 选择菜单命令"插入"→"细节特征"→"边倒圆",在"边倒圆"对话框中,"边"→"连续性"设为"G1(相切)","选择边"选择图示边,设"形状"为"圆形",设"半径1"为"14mm",单击"确定"按钮,完成边倒圆操作,如图 2-103 所示。

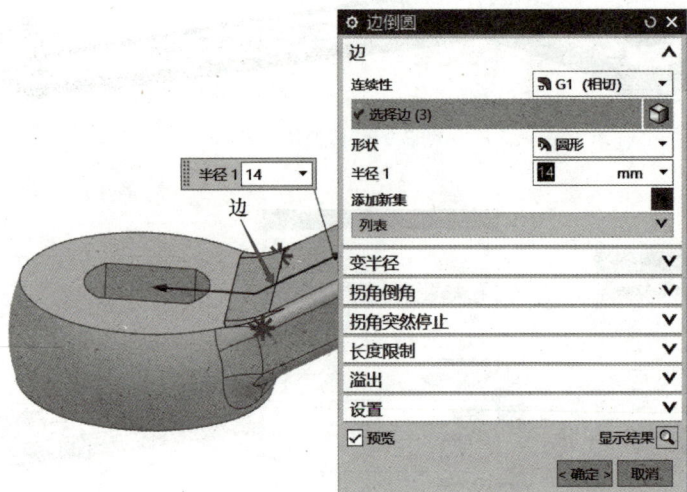

图 2-103　创建边倒圆特征 3

33. 选择菜单命令"插入"→"细节特征"→"边倒圆"，在"边倒圆"对话框中，"边"→"连续性"设为"G1（相切）"，"选择边"选择图示边，设"形状"为"圆形"，设"半径1"为"1mm"，单击"确定"按钮，完成边倒圆操作，如图 2-104 所示。

34. 选择菜单命令"插入"→"细节特征"→"边倒圆"，在"边倒圆"对话框中，"边"→"连续性"设为"G1（相切）"，"选择边"选择图示边，设"形状"为"圆形"，设"半径1"为2mm，单击"确定"按钮，完成边倒圆操作，如图 2-105 所示。

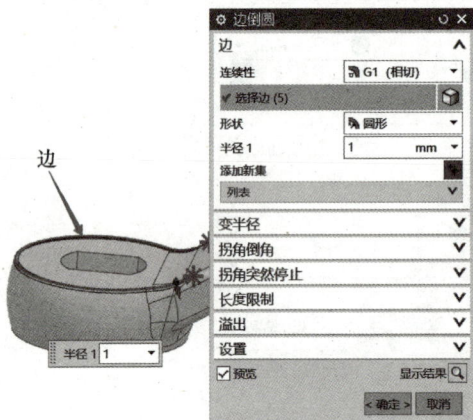

图 2-104　创建边倒圆特征

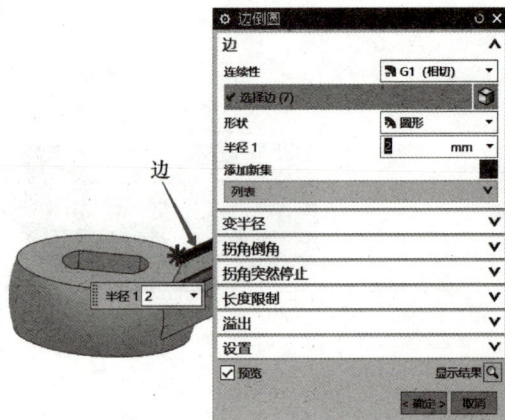

图 2-105　创建边倒圆特征 4

任务 2.5　右阀体的建模

▶▶ 任务分析

　　阀体是各类阀重要的基础零件，阀的各种零件安装在阀体上，而使阀成为具有控制流体（如液体、气体、粉末）方向、压力、流量的功能。阀体的材料通常有铸铁、铸钢、不锈钢、碳钢、塑料、铜及其他有色金属，通常是采用铸造、压铸、锻压、注塑、机加工等工艺生产出来的，因此，在三维建模设计时，阀体的结构设计要合理，对于铸造阀体，要适时考虑铸造圆角和拔模斜度。

本右阀体为铸件，如图 2-106 所示，主要建模步骤是：①在绘制旋转特征截面草图后，选择菜单命令"插入"→"设计特征"→"旋转"，完成阀体旋转特征的创建；②以端面为草图绘制平面，绘制法兰草图，选择菜单命令"插入"→"设计特征"→"拉伸"，创建法兰拉伸特征；③选择菜单命令"插入"→"设计特征"→"圆柱"，完成阀体右端各圆柱创建；④用凸台命令，创建阀体右端凸台，选择菜单命令"插入"→"设计特征"→"孔"，生成 $\phi40mm$ 孔；⑤选择菜单命令"插入"→"基准/点"→"基准平面"，创建与 XC-YC 平面偏置距离为57mm 的基准平面，在此平面绘制阀体凸起平台（凸台）；⑥以凸台平面为草图绘制平面，绘制法兰草图，拉伸后创建法兰实体特征；⑦选择菜单命令"插入"→"设计特征"→"圆柱"，完成阀体凸台内圆柱特征；⑧选择菜单命令"插入"→"设计特征"→"孔"→"螺纹孔"，完成各螺纹孔的生成；⑨用边倒圆和边倒角命令，完成阀体零件的倒圆角和倒斜角操作。右阀体轴测图如图 2-107 所示。

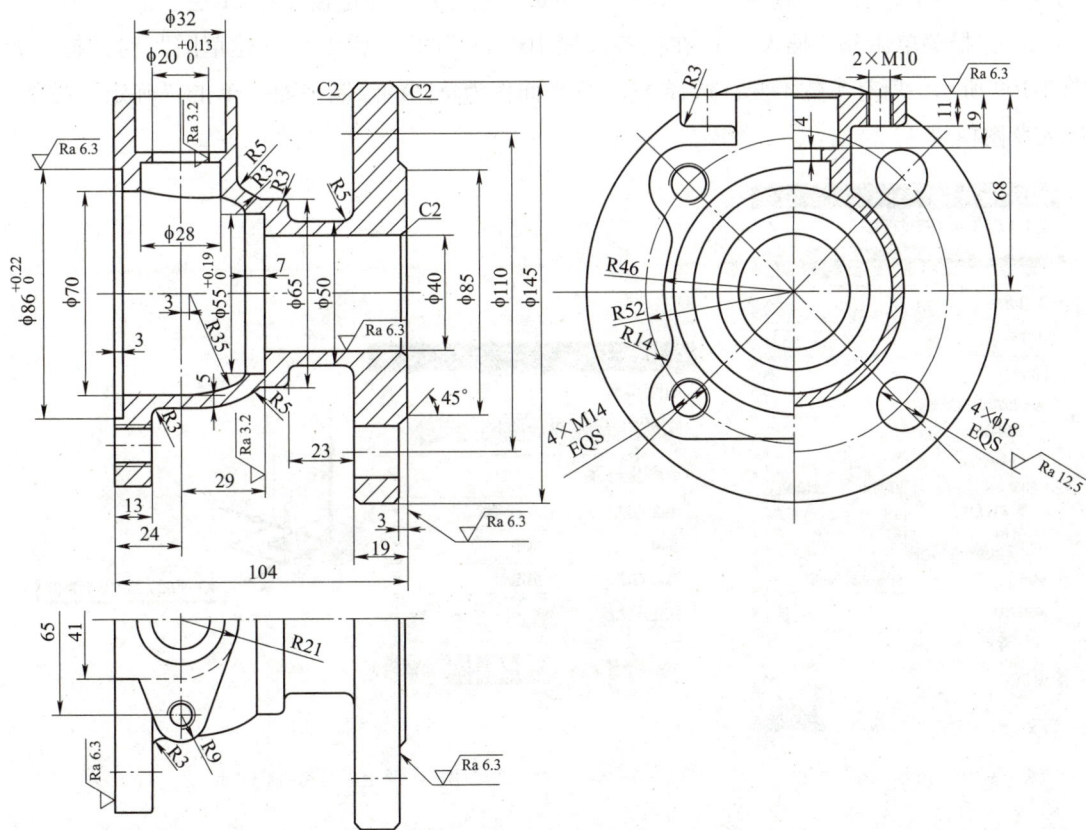

图 2-106 右阀体工程图

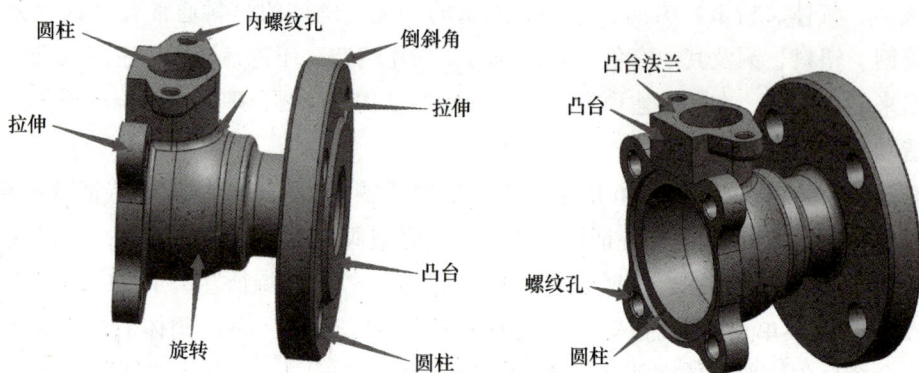

图 2-107　右阀体轴测图

▶▶ 操作步骤

1. 打开 UG NX 12.0 软件，新建一个文件，文件名设为"右阀体"，单位设为"毫米"，单击"确定"按钮，进入建模模块。

2. 选择菜单命令"格式"→"图层设置"，如图 2-108 所示，在"图层设置"对话框中，"工作层"→"工作层"设置为"21"，按〈Enter〉键，将工作层设置在 21 层。

3. 选择菜单命令"插入"→"在任务环境中绘制草图"，弹出"创建草图"对话框，如图 2-109 所示，所有参数不变，选择 XC-YC 平面作为草图的绘制平面，单击"确定"按钮，进入草图模块。

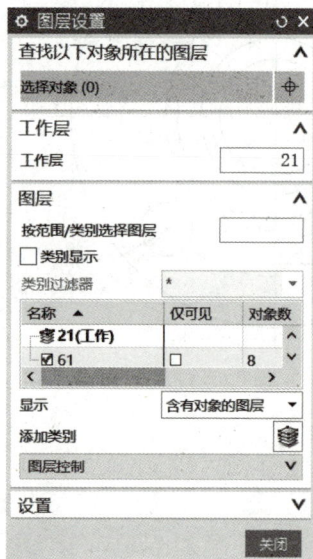

图 2-108　图层设置对话框

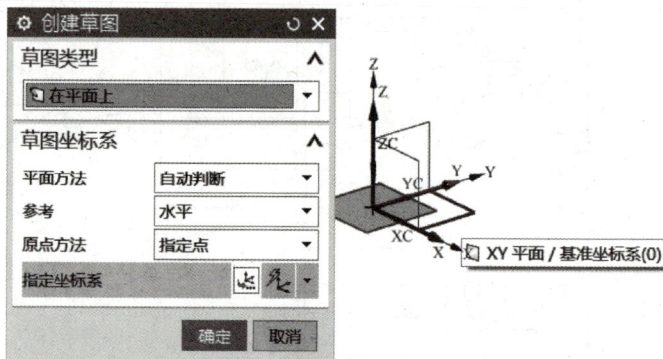

图 2-109　确定草图绘制平面

4. 单击工具栏中"创建自动判断约束"命令图标 向下的箭头，出现图 2-110 所示的"约束"快捷命令菜单，关闭"连续自动标注尺寸"，打开"创建自动判断约束"。

5. 单击工具栏中的"圆"命令图标◯，以坐标原点为圆心，绘制 1 个 φ70.4mm 的圆，结果如图 2-111 所示。

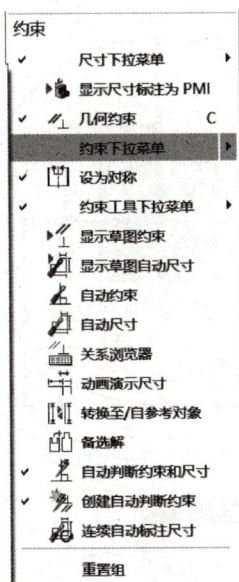

图 2-110   约束快捷菜单

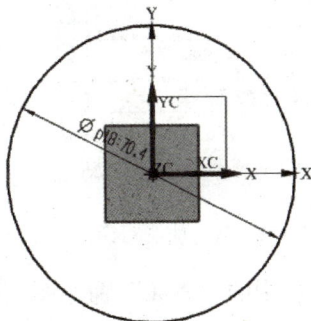

图 2-111   绘制 φ70.4mm 圆

6. 单击"启用捕捉点"命令图标⬕，激活"象限点"图标◉；单击工具栏中的"直线"命令图标／，绘制一条水平线，直线第一个端点为圆的下象限点，直线长度为 26.7mm，如图 2-112 所示；再以直线左端点为起点，绘制一条竖直线，设长度为 35.2mm，如图 2-113 所示。

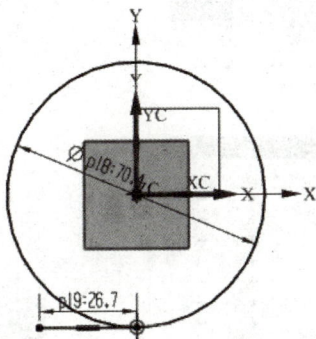

图 2-112   绘制水平线

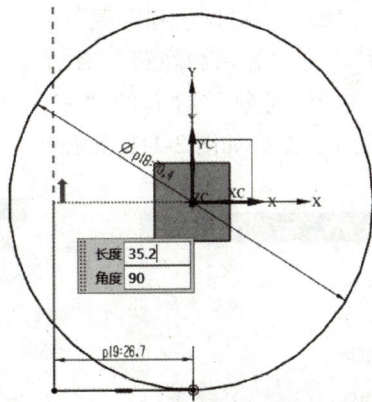

图 2-113   绘制竖直线

7. 单击工具栏中的"偏置曲线"命令图标🗂，在图 2-114 所示的"偏置曲线"对话框中，"要偏置的曲线"→"选择曲线"选择竖直线，进行 2 次偏置操作，"偏置"→"距离"分别设为"46.2mm"和"53.2mm"，其他参数不变，单击"确定"按钮，结果如图 2-115 所示。

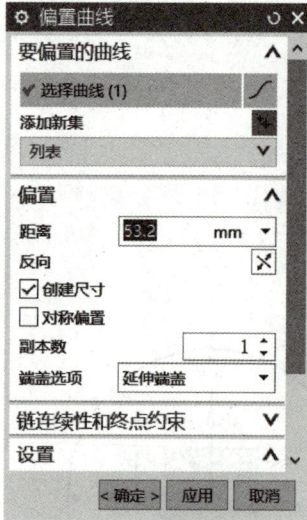

图 2-114 偏置曲线对话框

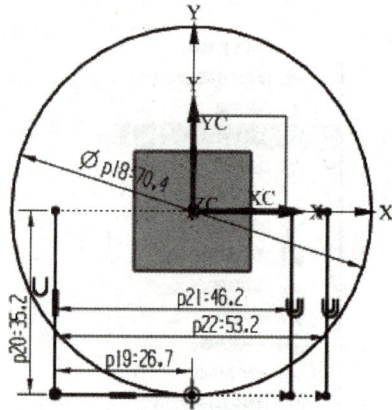

图 2-115 偏置竖直线

8. 单击工具栏中的"直线"命令图标，绘制长度为 7mm 的水平线，使水平线的两个端点落在 2 条偏置竖直线上，单击"线性尺寸"图标，给水平线添加尺寸约束，设竖直方向尺寸为"27.5mm"，如图 2-116 所示。

9. 单击工具栏中的"快速修剪"命令图标，弹出图 2-117 所示的"快速修剪"对话框，对草图进行修剪操作；单击菜单命令"编辑"→"显示和隐藏"→"显示和隐藏"，在"显示和隐藏"对话框中，单击"PMI 对象"后面的"-"将尺寸全部隐藏，结果如图 2-118 所示。

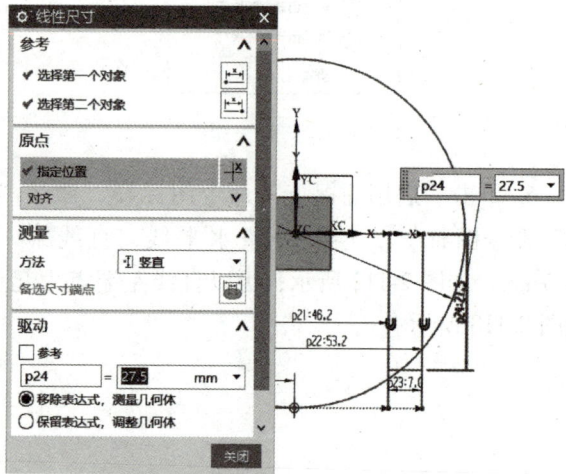

图 2-116 绘制水平线

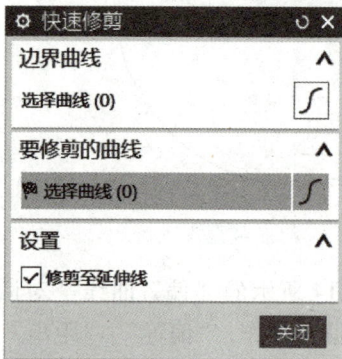

图 2-117 快速修剪对话框

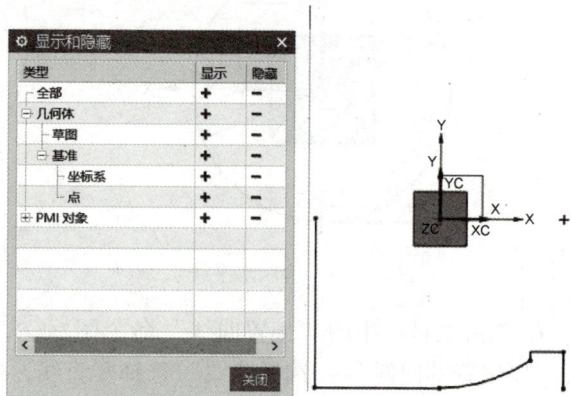

图 2-118 快速修剪草图结果

10. 单击工具栏中的"偏置曲线"命令图标🗁，对草图曲线"L1"和曲线"L2"进行偏置操作，设偏置距离为"4.8mm"，如图 2-119 所示。

11. 单击工具栏中的"快速延伸"命令图标✓，弹出"快速延伸"对话框，如图 2-120 所示，"要延伸的曲线"→"选择曲线"选择曲线"L3"和曲线"L5"；单击工具栏中的"偏置曲线"命令图标🗁，对草图曲线"L4"进行偏置操作，设偏置距离为 5mm，结果如图 2-121 所示。

12. 单击工具栏中的"快速修剪"图标✓，对草图进行修剪操作，结果如图 2-122 所示。

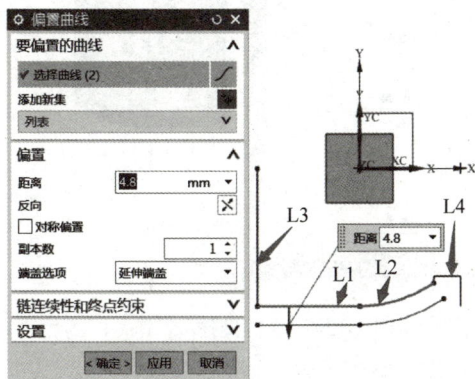

图 2-119   偏置曲线对话框

图 2-120   快速延伸对话框

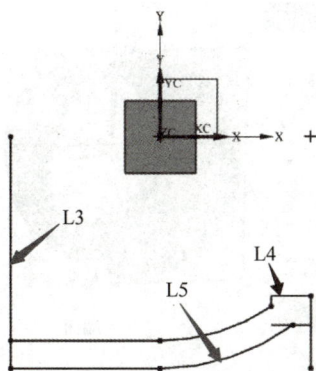

图 2-121   快速延伸曲线

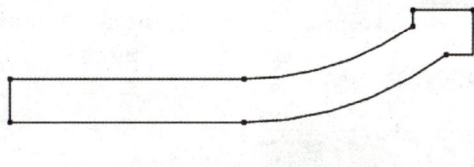

图 2-122   快速修剪草图

13. 选择菜单命令"格式"→"图层设置"，在"图层设置"对话框中，"工作层"→"工作层"设置为"1"，并按〈Enter〉键，结果如图 2-123 所示。

14. 单击"完成"草图命令图标▨，返回建模模块下，选择菜单命令"插入"→"设计特征"→"旋转"，在弹出的"旋转"对话框中，"截面线"→"选择曲线"选择上一步绘制的草图，"轴"→"指定矢量"设为"+↑XC"方向，设"指定点"为坐标原点，"限制"→"开始"设为"值"，设开始的"角度"为 0°，"限制"→"结束"设为"值"，将结束的"角度"设为 360°，设"布尔"为"无"，单击"确定"按钮，结果如图 2-124 所示。

15. 选择菜单命令"格式"→"图层设置"，在弹出的"图层设置"对话框中，将"工作层"设置为"22",如图 2-125 所示,并按〈Enter〉键;选择菜单命令"插入"→"在任务环境中绘制草图",如图 2-126 所示,选择回转件端面作为草图的绘制平面。

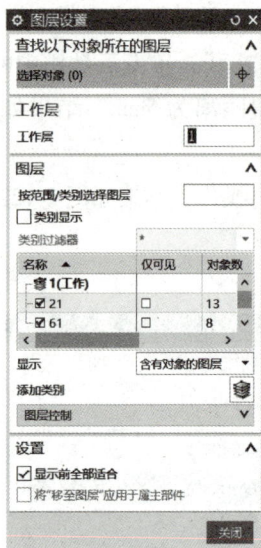

图 2-123 图层设置对话框   图 2-124 旋转操作

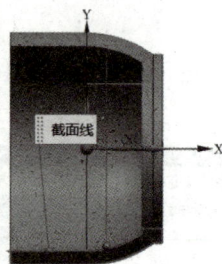

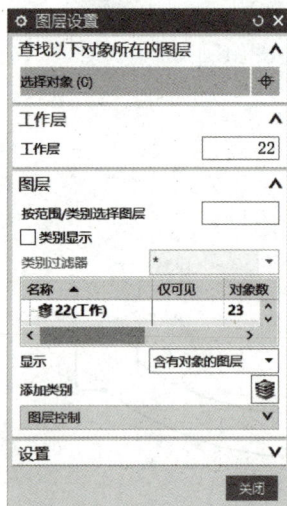

图 2-125 图层设置对话框   图 2-126 确定草图绘制平面

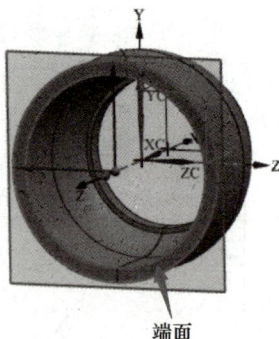

16. 单击工具栏中的"圆"命令图标◯,以坐标原点为圆心,绘制 3 个同心圆,直径分别为:φ80mm、φ92mm、φ104mm,如图 2-127 所示。

17. 单击工具栏中的"直线"命令图标╱,绘制一条直线,直线一端为坐标原点,长度为 57mm,与水平线成 45°,如图 2-128 所示。

18. 单击"上边框条"中的"启用捕捉点"命令图标,激活"相交"图标,以上一步绘制的直线与 φ104mm 圆交点为圆心,单击工具栏中的"圆"命令图标◯,绘制 1 个 φ28mm 的圆,如图 2-129 所示。

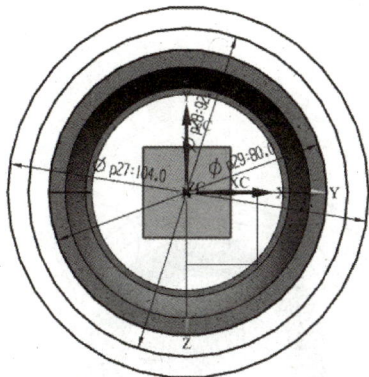

图 2-127　绘制同心圆

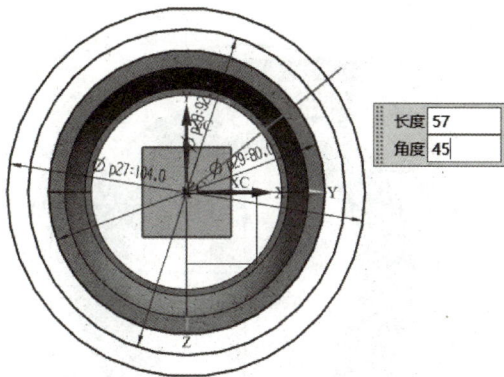

图 2-128　绘制直线

19. 单击工具栏中的"阵列曲线"命令图标，在弹出的"阵列曲线"对话框中，"要阵列的曲线"→"选择曲线"选择 φ28mm 圆，"阵列定义"→"布局"设为"圆形"，"旋转点"→"指定点"设为坐标原点，"斜角方向"→"间距"设为"数量和间距"，设"数量"为"4"，设"节距角"为"90°"，单击"确定"按钮，完成阵列操作，如图 2-130 所示。

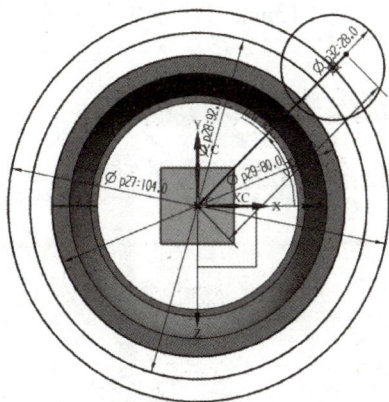

图 2-129　绘制 φ28mm 圆

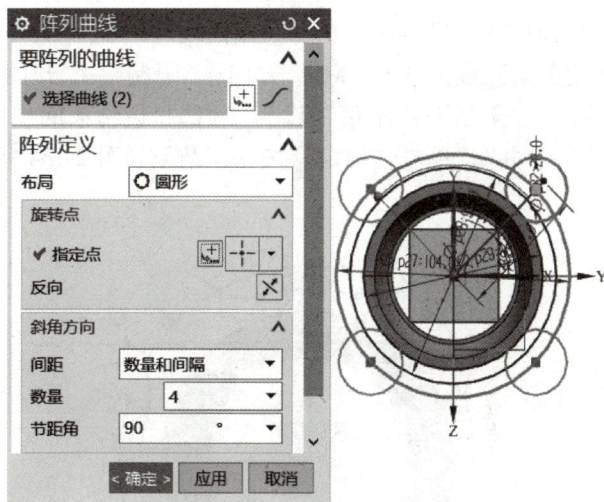

图 2-130　阵列圆

20. 单击工具栏中的"角焊"命令图标，将弹出"圆角"对话框，对曲线进行倒圆角操作，设倒圆半径为 14mm，先选择 φ28mm 圆，然后选中 φ92mm 圆，如图 2-131a 所示；在隐藏"PMI 对象"后，结果如图 2-131b 所示。

21. 单击工具栏中的"快速修剪"命令图标，对草图进行修剪操作，结果如图 2-132 所示。

22. 单击"完成"草图命令图标，返回建模模块下，选择菜单命令"格式"→"图层设置"，在弹出的"图层设置"对话框中，将"工作层"设置为"1"，并按〈Enter〉键，如图 2-133 所示。

23. 在曲线规则中选择"相连曲线"，选择菜单命令"插入"→"设计特征"→"拉伸"，

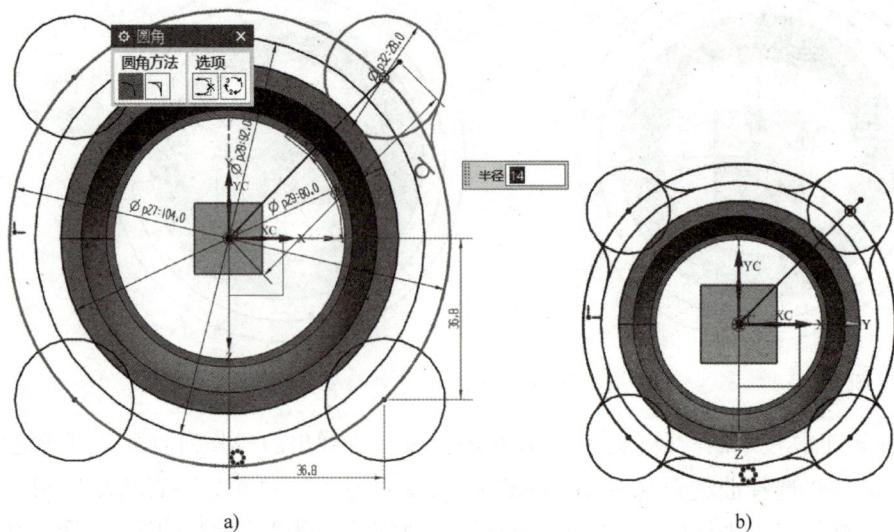

a)   b)

图 2-131　倒圆角操作

在弹出的"拉伸"对话框中,"截面线"→"选择曲线"选择上一步修剪的曲线,"方向"→"指定矢量"设为"+↑XC"方向,"限制"→"开始"设为"值",设开始的"距离"为"0mm","限制"→"结束"设为"值",设结束的"距离"为"13mm","布尔"→"布尔"设为"合并",单击"确定"按钮,结果如图 2-134 所示。

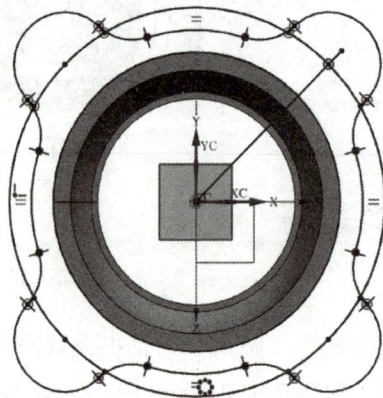

图 2-132　快速修剪草图

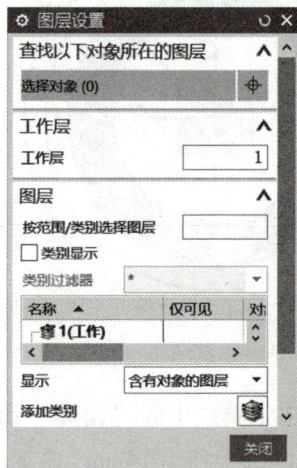

图 2-133　图层设置对话框

24. 选择菜单命令"格式"→"图层设置",在弹出的"图层设置"对话框中,将21层、22层前面的"√"去掉,单击"图层设置"对话框中"关闭"键,如图 2-135 所示。

25. 选择菜单命令"插入"→"设计特征"→"圆柱",在弹出的"圆柱"对话框中,选择"轴、直径和高度"方式,"轴"→"指定矢量"设为"+↑XC"方向,"指定点"坐标设为XC＝26.5,YC＝0,ZC＝0,"尺寸"→"直径"设为"65mm",设"高度"为"8.3mm",设"布尔"为"合并",单击"确定"按钮,结果如图 2-136 所示。

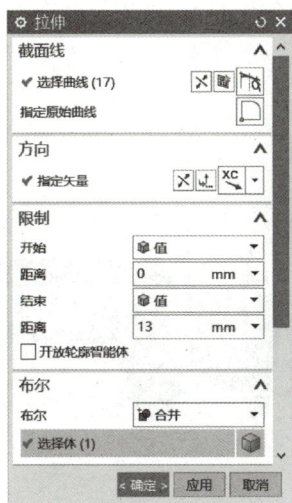

图 2-134　拉伸草图

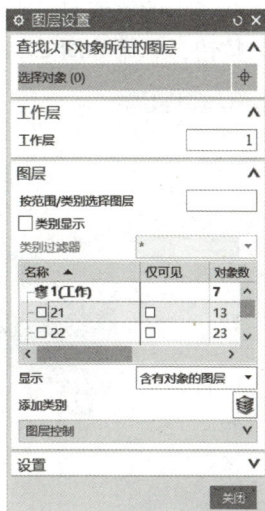

图 2-135　关闭"图层"

26. 选择菜单命令"插入"→"设计特征"→"圆柱"，在弹出的"圆柱"对话框中，选择"轴、直径和高度"方式，"轴"→"指定矢量"为"+↑XC"方向，"指定点"坐标设为 XC＝34.8，YC＝0，ZC＝0，"尺寸"→"直径"设为"49.6mm"，设"高度"为"23mm"，设"布尔"为"合并"，单击"确定"按钮，结果如图 2-137 所示。

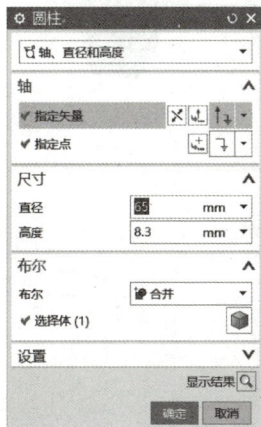

图 2-136　创建圆柱特征

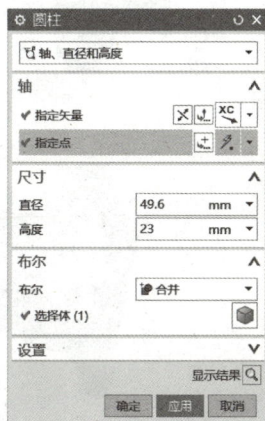

图 2-137　创建圆柱特征

27. 选择菜单命令"插入"→"设计特征"→"圆柱"，在弹出的"圆柱"对话框中，选择"轴、直径和高度"方式，"轴"→"指定矢量"设为"+↑XC"方向，"指定点"坐标设为 XC＝57.8，YC＝0，ZC＝0，"尺寸"→"直径"为"145mm"，设"高度"为"19mm"，设"布尔"为"合并"，单击"确定"按钮，结果如图 2-138 所示。

28. 单击工具栏中的"凸台"命令图标，在图 2-139 所示的圆柱端面上创建一个"凸台"特征，设"直径"为"91mm"，设"高度"为"3mm"，设"锥角"为"45°"，单击"支管"对话框中的"确定"按钮后，随后出现"定位"对话框，如图 2-140a 所示，以

"点落在点上"的方式对"凸台"进行定位,选择图 2-140b 所示的边,单击"圆弧中心"→"确定"按钮,结果如图 2-140c 所示。

图 2-138　创建圆柱特征

图 2-139　创建凸台特征

a)

b)

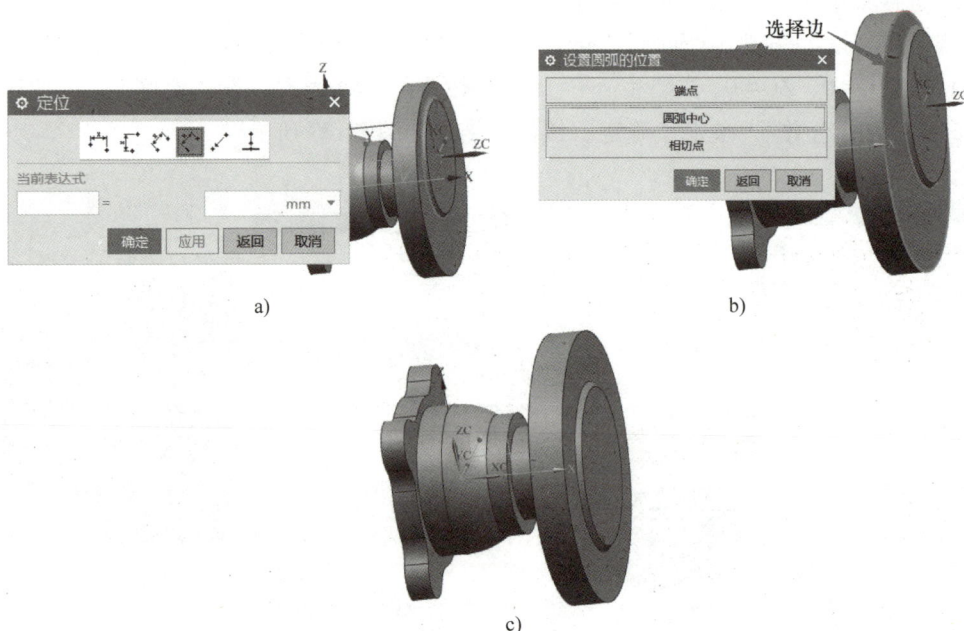

c)

图 2-140　凸台定位

29. 选择菜单命令"插入"→"设计特征"→"孔",在"孔"对话框中,选择"常规孔","方向"→"孔方向"设为"垂直于面","形状和尺寸"→"成形"设为"简单孔","尺寸"→"直径"设为 40mm,设"深度"为 70mm,设"布尔"为"减去",单击"位置"→"指定点"后面的图标⁺⁺,选择如图 2-141a 所示的边,单击"确定"按钮,完成 φ40mm 孔特征的创建,结果如图 2-141b 所示。

30. 选择菜单命令"格式"→"图层设置",在"图层设置"对话框中,将"工作层"设置为"62",并按〈Enter〉键,结果如图 2-142 所示。

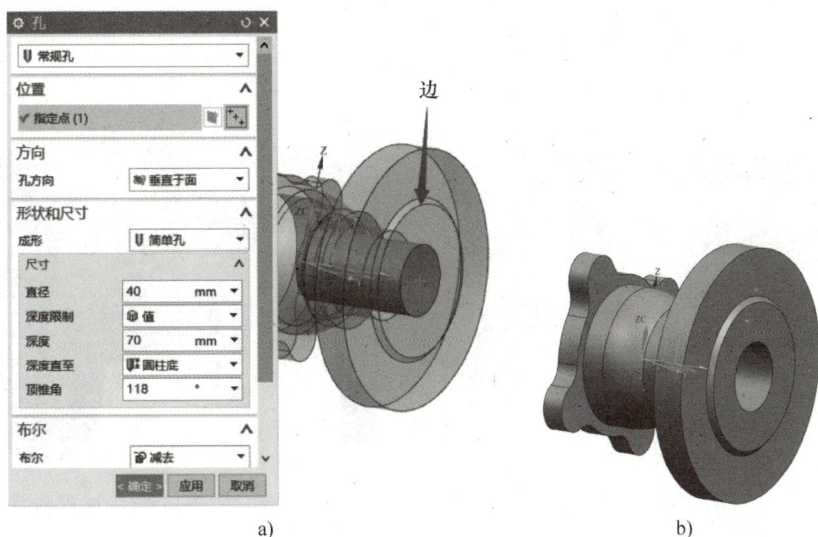

图 2-141　创建孔特征

31. 选择菜单命令"插入"→"基准/点"→"基准平面"，在"基准平面"对话框中，"要定义平面的对象"→"选择对象"选中基准坐标系中的 XC-YC 平面，"偏置"→"距离"设为"57mm"，设"平面的数量"为"1"，单击"确定"按钮，创建一个偏置平面，如图 2-143 所示。

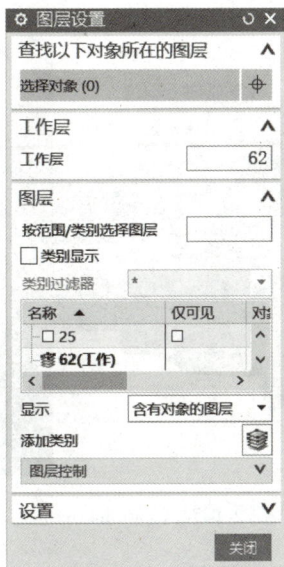

图 2-142　图层设置对话框

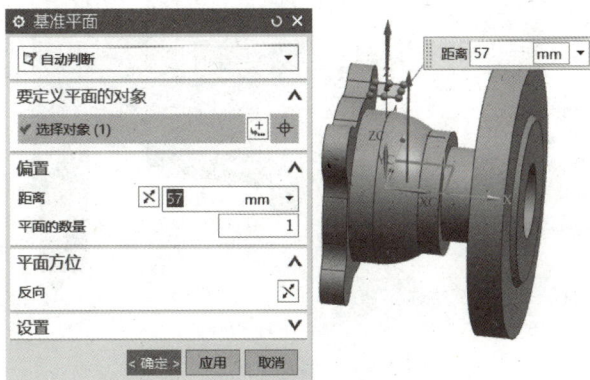

图 2-143　创建基准平面

32. 选择菜单命令"格式"→"图层设置"，在"图层设置"对话框中，在"工作层"设置为"23"，并按〈Enter〉键。

33. 选择菜单命令"插入"→"在任务环境中绘制草图"，选择新创建的偏置平面作为草图的绘制平面；单击工具栏中的"投影曲线"命令图标，在"投影曲线"对话框中，"要投影的对象"→"选择曲线或点"选中图 2-144 所示的边，投影生成的曲线如图 2-145 所示。

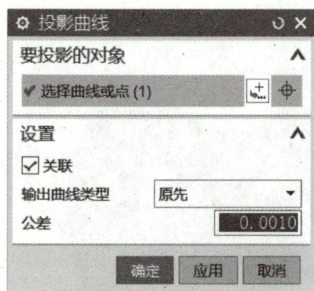

图 2-144　投影曲线操作

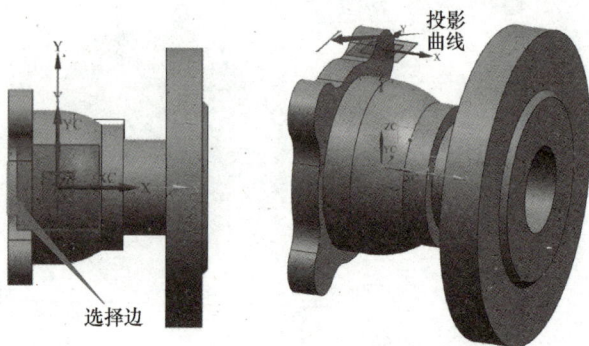

图 2-145　生成投影曲线

34. 单击工具栏中的"偏置曲线"命令图标，在"偏置曲线"对话框中，"要偏置的曲线"→"选择曲线"选中上一步生成的投影曲线，"偏置"→"距离"设为"23.7mm"，沿"+↑XC"轴方向，其他默认设置，单击"确定"按钮，结果如图 2-146 所示。

35. 单击工具栏中的"圆"命令图标○，选择"圆心和直径定圆"方式，以偏置曲线的中点为圆心，绘制 φ41mm 圆，如图 2-147 所示。

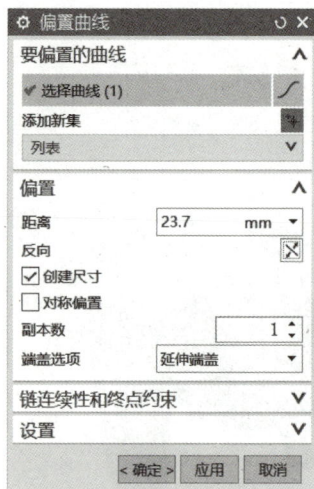

图 2-146　偏置曲线

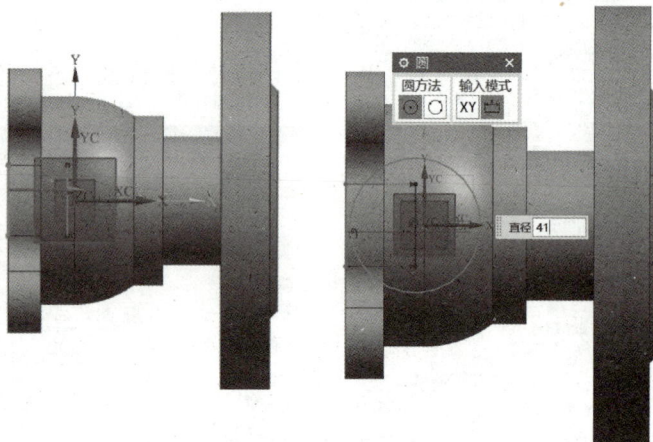

图 2-147　绘制 φ41mm 圆

36. 单击"启用捕捉点"命令图标，激活"象限点"，如图 2-148a 所示；单击工具栏中的"直线"命令图标，绘制一条直线，直线一端为圆的下象限点，设长度为23.7mm，设角度为180°，按〈Enter〉键，生成一条水平线，如图 2-148b 所示；同理，在圆上端也绘制一条水平线，如图 2-148c 所示。

37. 单击工具栏中的"快速延伸"命令图标，对投影曲线进行延伸，使之与两条水平线相交；单击工具栏中的"快速修剪"命令图标 ，对草图进行修剪操作，结果如图 2-149 所示。

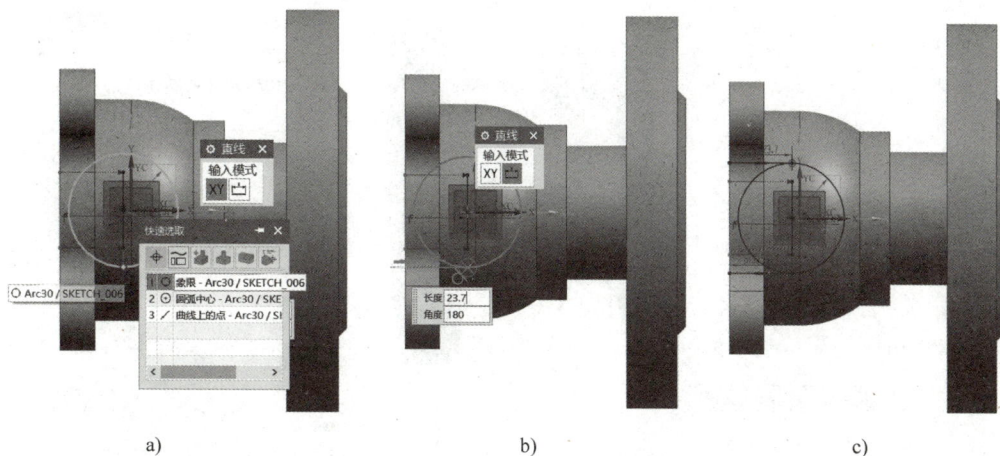

a)　　　　　　　　　　　b)　　　　　　　　　　　c)

图 2-148　绘制草图

38. 单击"完成"草图命令图标 ，返回建模模块下，选择菜单命令"格式"→"图层设置"，在"图层设置"对话框中，在"工作层"设置为"1"，并按〈Enter〉键，如图 2-150 所示。

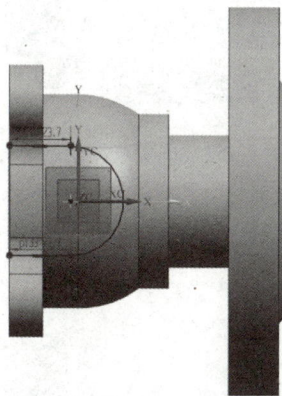

图 2-149　延伸与修剪曲线

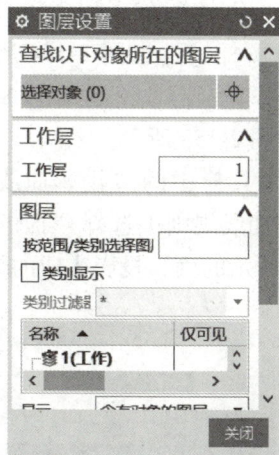

图 2-150　图层设置对话框

39. 在曲线规则中选择"相连曲线"，选择菜单命令"插入"→"设计特征"→"拉伸"，将弹出"拉伸"对话框，"截面线"→"选择曲线"选择修剪的草图，"方向"→"指定矢量"设为"-↑ZC"方向，"限制"→"开始"设为"值"，设"距离"为"0mm"，"限制"→"结束"设为"直至选定"，选中图示曲面，设"布尔"为"合并"，单击"确定"按钮，结果如图 2-151 所示。

40. 选择菜单命令"格式"→"图层设置"，在"图层设置"对话框中，关闭图层 23 层，在"工作层"设置为"24"，并按〈Enter〉键，如图 2-152 所示。

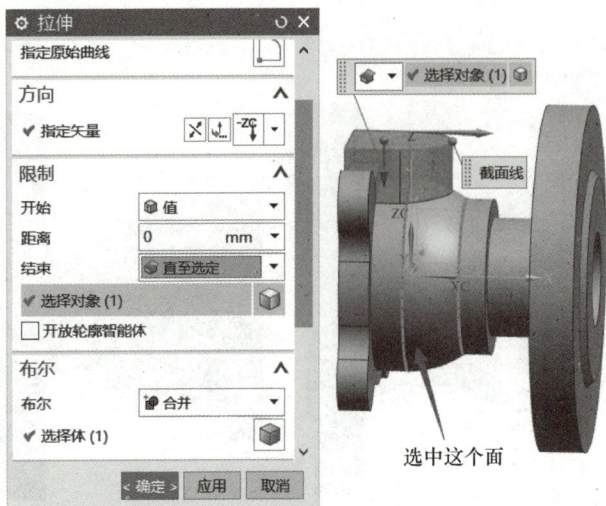

图 2-151 拉伸草图

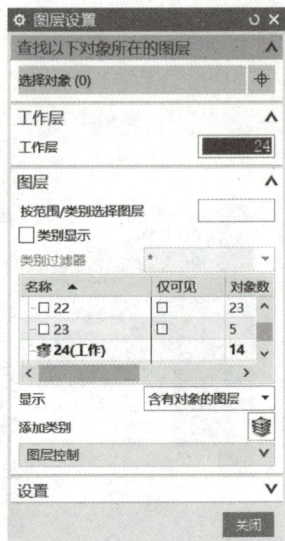

图 2-152 图层设置对话框

41. 选择菜单命令"插入"→"在任务环境中绘制草图"，选择图 2-153 所示的平面作为草图的绘制平面。

42. 单击"启用捕捉点"命令图标，激活"圆弧中心"图标，单击工具栏中的"圆"命令图标○，以图 2-154 所示的圆弧边的圆心作为圆心，绘制 1 个 φ28mm 的圆，结果如图 2-155 所示。

43. 单击工具栏中的"投影曲线"命令图标，在曲线规则中选择"面的边"，选中图 2-156 所示的面，投影生成的草图曲线如图 2-157 所示。

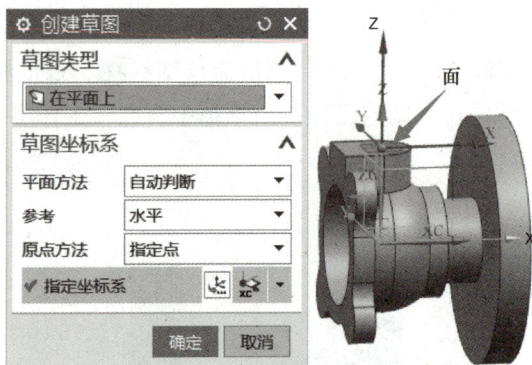

图 2-153 确定草图绘制平面

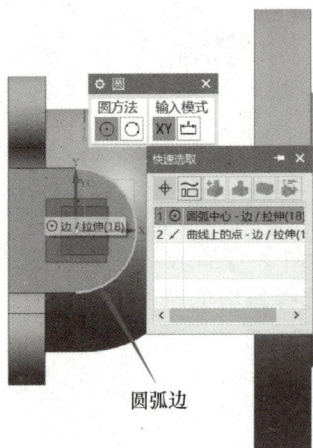

圆弧边

图 2-154 绘制"圆"

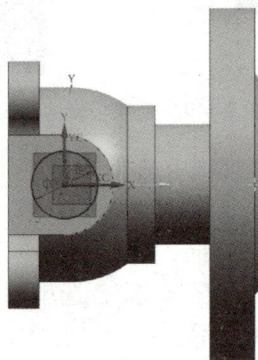

图 2-155 绘制 φ28mm 圆

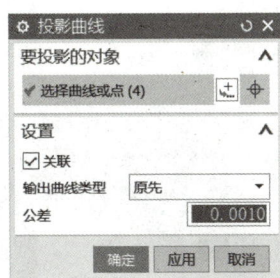

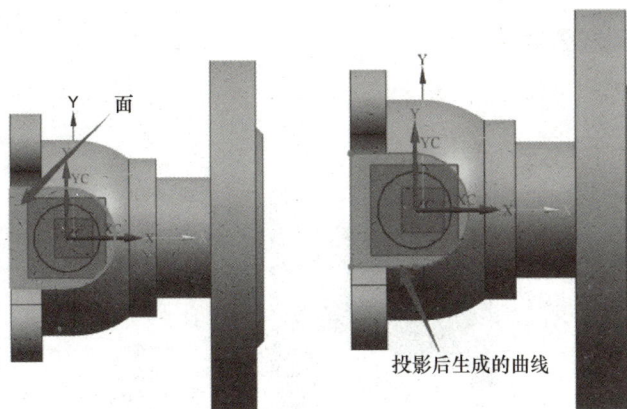

图 2-156　投影曲线

图 2-157　生成投影曲线

44. 单击工具栏中的"圆"命令图标⭕，绘制 1 个 φ19mm 的圆，如图 2-158 所示；单击"几何约束"命令图标，选中"点在曲线上"图标，"选择要约束的对象"设为 φ19mm 圆的圆心，"选择要约束到的对象"设为 Y 轴，结果如图 2-159 所示；单击"线性尺寸"命令图标，设 φ19mm 圆的圆心与坐标原点之间竖直尺寸为 32.5mm，如图 2-160 所示。

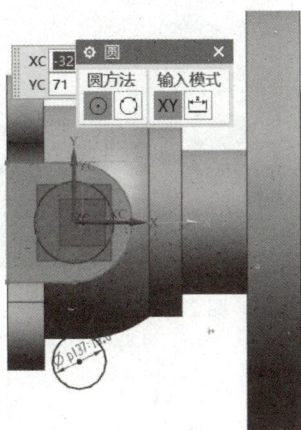

图 2-158　绘制 φ19mm 圆

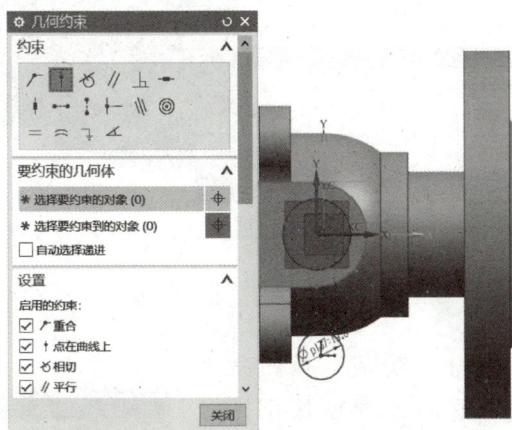

图 2-159　添加几何约束

45. 单击工具栏中的"直线"命令图标，绘制一条直线，单击"几何约束"命令图标，选中"相切"，如图 2-161 所示，"要约束的几何体"分别选取"直线"与"圆 1"或"圆 2"，使直线与圆相切。

46. 单击"镜像曲线"命令图标，"要镜像的曲线"选择相切线，"中心线"→"选择中心线"选择 Y 轴，如图 2-162 所示；同理，以 X 轴为中心线，镜像两条相切线和 φ19mm 圆，结果如图 2-163 所示。

47. 单击工具栏中的"快速修剪"命令图标，对草图曲线进行快速修剪操作，结果如图 2-164 所示。

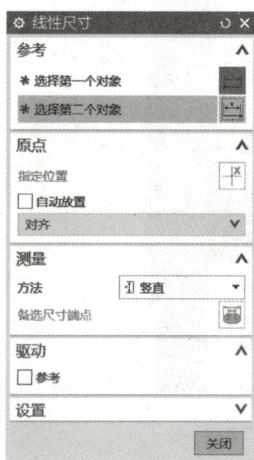

图 2-160　添加尺寸约束

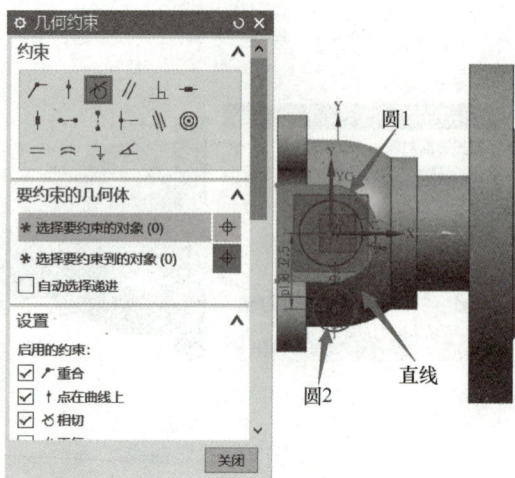

图 2-161　添加相切几何约束

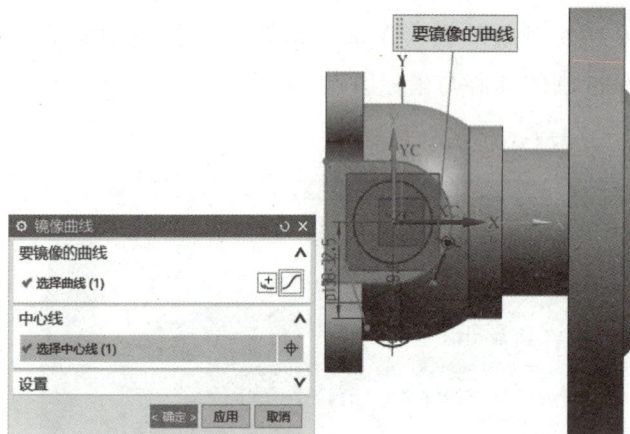

图 2-162　镜像相切线

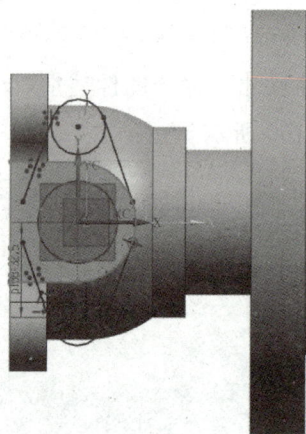

图 2-163　镜像曲线

48. 单击"完成"草图命令图标 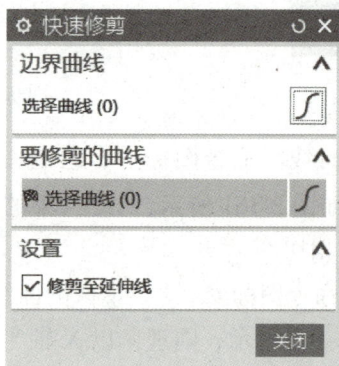，返回建模模块下，将"工作图层"设为"1"，选择菜单命令"插入"→"设计特征"→"拉伸"，在弹出的"拉伸"对话框中，"截面线"→"选择曲线"选择上一步绘制的曲线，"方向"→"指定矢量"设为"+↑ZC"方向，"限制"→"开始"为"值"，开始的"距离"为"0mm"，"限制"→"结束"为"值"，结束的

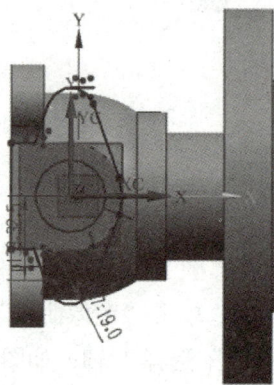

图 2-164　快速修剪曲线

"距离"为"11mm"，设"布尔"为"合并"，单击"确定"按钮，结果如图 2-165 所示。

49. 将鼠标放在图形显示区右击，激活"渲染样式"下的"静态线框"；选择菜单命令"插入"→"设计特征"→"拉伸"，在弹出的"拉伸"对话框中，"截面线"→"选择曲线"选择φ28mm圆，"方向"→"指定矢量"设为"−↑ZC"方向，"限制"→"开始"设为"值"，设"距离"为"12mm"，设"结束"为"直至选定"内表面，设"布尔"为"减去"，单击"确定"按钮，结果如图2-166所示。

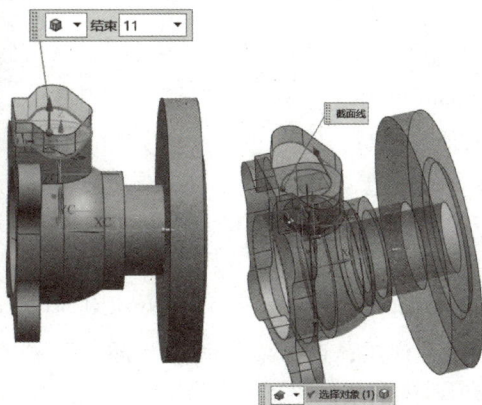

图 2-165　拉伸曲线　　　　　　　　　　　图 2-166　拉伸 φ28mm 圆

50. 关闭图层24，选择菜单命令"插入"→"设计特征"→"圆柱"，如图2-167所示，在弹出的"圆柱"对话框中，选择"轴、直径和高度"方式，"轴"→"指定矢量"设为"↑−ZC"方向，"指定点"坐标设为XC=−3、YC=0、ZC=68，"尺寸"→"直径"设为"32mm"，设"高度"为"19mm"，设"布尔"为"减去"，"选择体"为上一步创建的实体，单击"确定"按钮，完成圆柱的生成；同理，在点XC=−3、YC=0、ZC=49处，创建1个φ20mm×4mm圆柱，如图2-168所示。

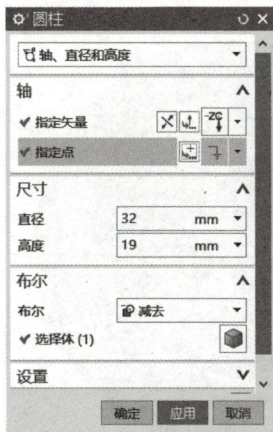

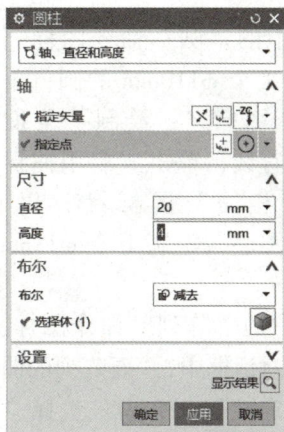

图 2-167　创建 φ32mm×19mm 圆柱　　　　图 2-168　创建 φ20mm×4mm 圆柱

51. 选择菜单命令"插入"→"设计特征"→"孔"，选择"螺纹孔"，"方向"→"孔方向"为"垂直于面"，"形状和尺寸"→"螺纹尺寸"→"大小"设为"M10×1.5"mm，设"径向进刀"设为"0.75mm"，设"深度类型"设为"定制"，设"螺纹深度"为"10mm"，设"旋向"为"右旋"，"尺寸"→"深度限制"为"值"，设"深度"为"15mm"，单击"位置"→"指定点"后面的图标 ，选中图 2-169 所示的 2 个圆弧边，即创建 2 个螺纹孔；同理，创建 4 个 M14 内螺纹，结果如图 2-170 所示。

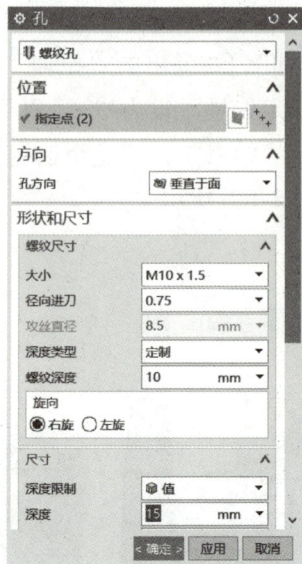

图 2-169　创建 M10×1.5mm 内螺纹特征

52. 选择菜单命令"格式"→"图层设置"，将图层 25 层设置为工作层；选择菜单命令"插入"→"在任务环境中绘制草图"，选择图 2-171 所示的平面作为草图的绘制平面。

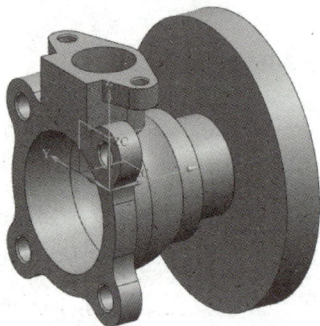

图 2-170　创建 M14 内螺纹特征

图 2-171　确定草图绘制平面

53. 单击工具栏中的"圆"命令图标○，以坐标原点为圆心，绘制 1 个 φ110mm 的圆；单击工具栏中的"直线"命令图标╱，绘制一条长度约为 80mm，角度为 45°的直线；单击"启用捕捉点"命令图标 ，激活"相交"图标 ，以直线与 φ110mm 圆的交点为圆心，绘制 1 个 φ18mm 的圆，如图 2-172 所示。

54. 单击工具栏中的"阵列"命令图标 ，在弹出的"阵列曲线"对话框中，"要阵列的曲线"选择 φ18mm 圆，"阵列定义"→"布局"选择"圆形"，"旋转点"→"指定点"设为坐标原点，"斜角方向"→"间距"设为"数量和间隔"，设"数量"为"4"，

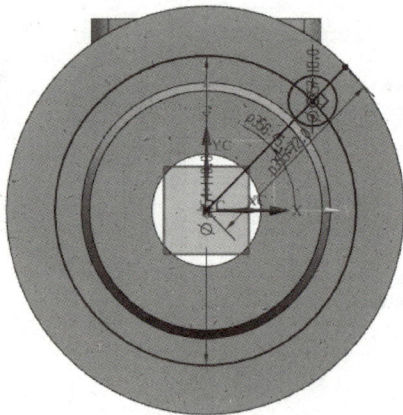

图 2-172　绘制草图

设"节距角"为"90°"，单击"确定"按钮，结果如图 2-173 所示。

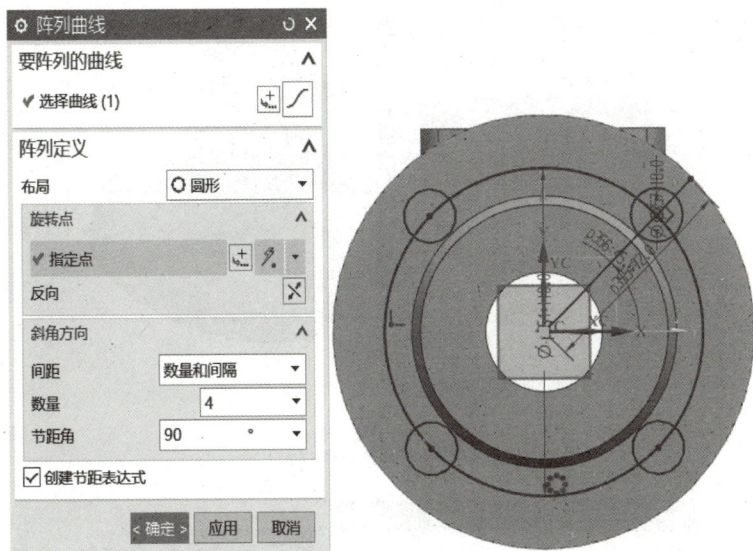

图 2-173　阵列 φ18mm 圆

55. 单击"完成"草图命令图标，返回建模模块下，"工作图层"设为"1"层，选择菜单命令"插入"→"设计特征"→"拉伸"，在弹出的"拉伸"对话框中，"截面线"→"选择曲线"选择 φ18mm 圆，"方向"→"指定矢量"设为"−↑XC"轴，"限制"→"开始"设为"值"，设开始的"距离"为"0mm"，"限制"→"结束"设为"值"，设结束的"距离"为"20mm"，设"布尔"为"减去"，单击"确定"按钮，关闭图层 25 和 62，结果如图 2-174 所示。

图 2-174　拉伸曲线

56. 选择菜单命令"插入"→"设计特征"→"圆柱"，如图 2-175 所示，在弹出的"圆柱"对话框中，选择"轴、直径和高度"方式，"轴"→"指定矢量"设为"+↑XC"方向，"指定点"捕捉图 2-175 所示圆的边，"尺寸"→"直径"设为"φ86mm"，设"高度"为"3mm"，设"布尔"为"减去"，"选择体"为上一步创建的实体，单击"确定"按钮，完成圆柱的创建。

57. 选择菜单命令"插入"→"细节特征"→"倒斜角"，在弹出的"倒斜角"对话框中，"偏置"→"横截面"选择"对称"，设"距离"为"2mm"，"边"→"选择边"选择图 2-176 所示的 3 处边缘进行倒斜角操作。

58. 选择菜单命令"插入"→"细节特征"→"边倒圆"，如图 2-177 所示，在弹出的"边倒圆"对话框中，"边"→"连续性"设为"G1 相切"，设"形状"为"圆形"，设"半径 2"为"5mm"，其他参数不变，对图示边进行倒圆角操作；同理，对图 2-178 所示的边进行倒圆角操作，设"半径 1"为"3mm"。

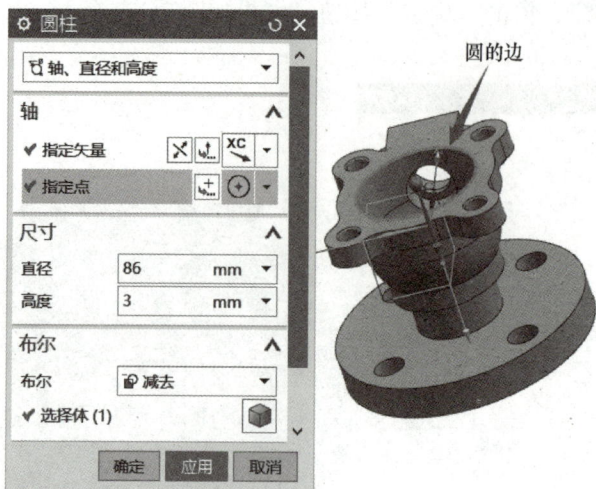

图 2-175　创建圆柱特征

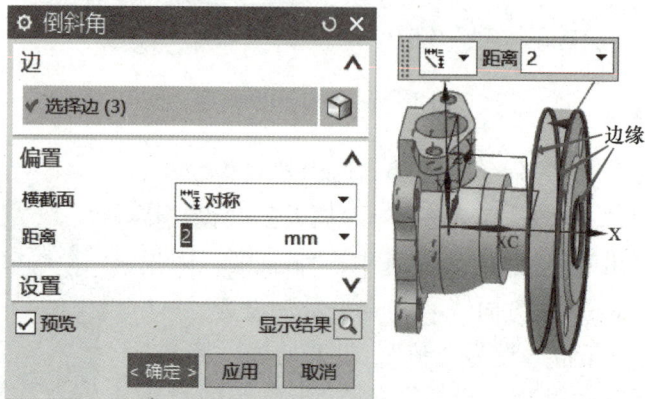

图 2-176　创建倒斜角特征

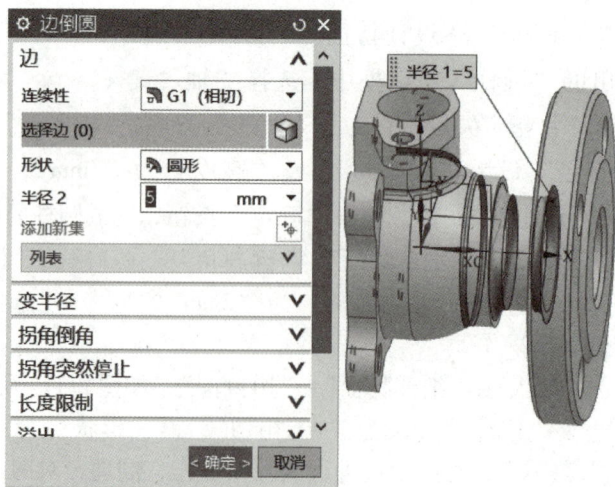

图 2-177　创建边倒圆特征

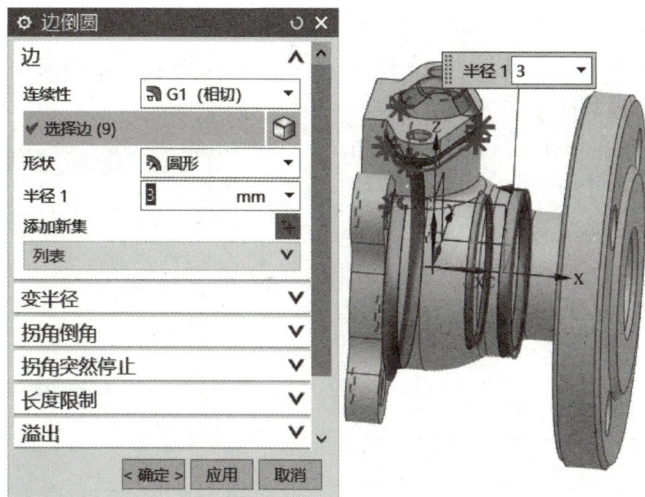

图 2-178　创建边倒圆特征

▶▶ 微课——知识拓展与补充

2-1　完成图 2-179 所示的图层设置和图 2-181 视图布局操作。

1. 打开文件 2-1，如图 2-179a 所示，选择菜单命令"格式"→"图层设置"，在"图层设置"对话框中，关闭图层 21、41、61、62、63，结果如图 2-179b 所示。

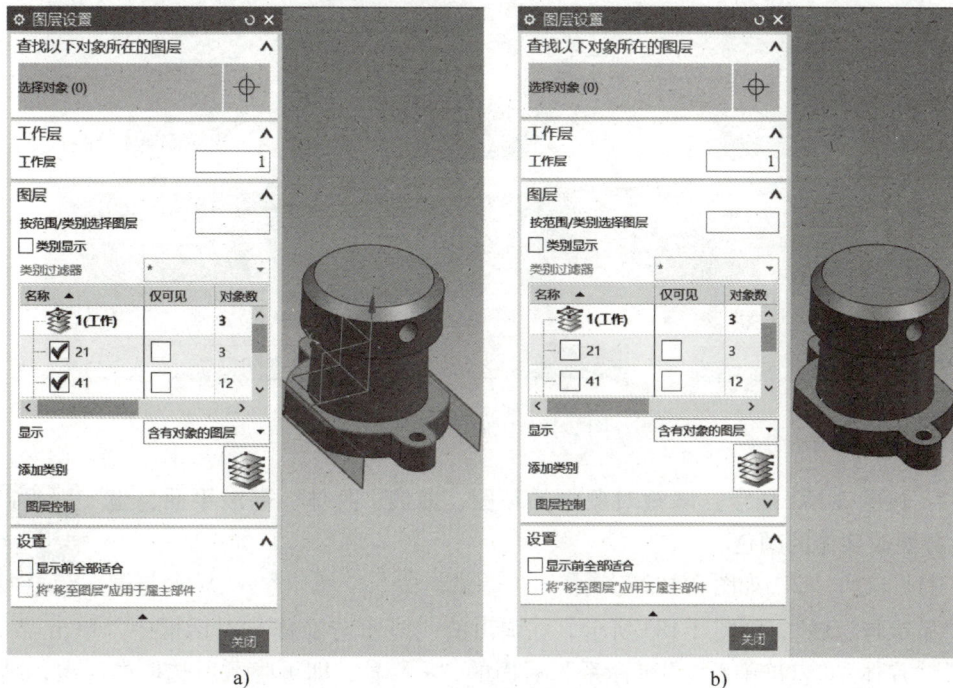

a)　　　　　　　　　　　　　　b)

图 2-179　图层设置对话框

图层就是含有不同实体、草图、曲线、片体等元素的叠加体，组合起来的叠加体构成一个总体模型。图层起分门别类的作用，每一图层可单独修改、显示或隐藏，在产品的设计过程中，打开要编辑的图层（工作层），关闭其他图层，可使操作更加简洁、高效。表2-1所列为图层号与图层内容对应关系。

2. 选择菜单命令，单击"视图"→"布局"→"新建"，如图2-180所示，在"新建布局"对话框中，"名称"为"LAY1"，单击"布置"下拉列表框的向下拉箭头，选择"L6"，单击"确定"按钮，出现图2-181所示的视图布局。

表2-1　图层号与图层内容对应关系

图层号	图层内容
1~20	实体
21~40	草图
41~60	曲线
61~80	参考对象
81~100	片体
101~120	工程图对象

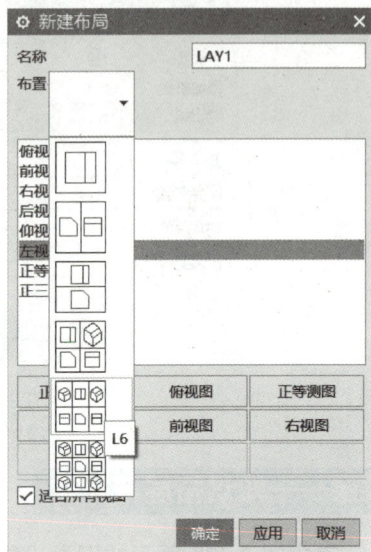

图2-180　新建布局对话框

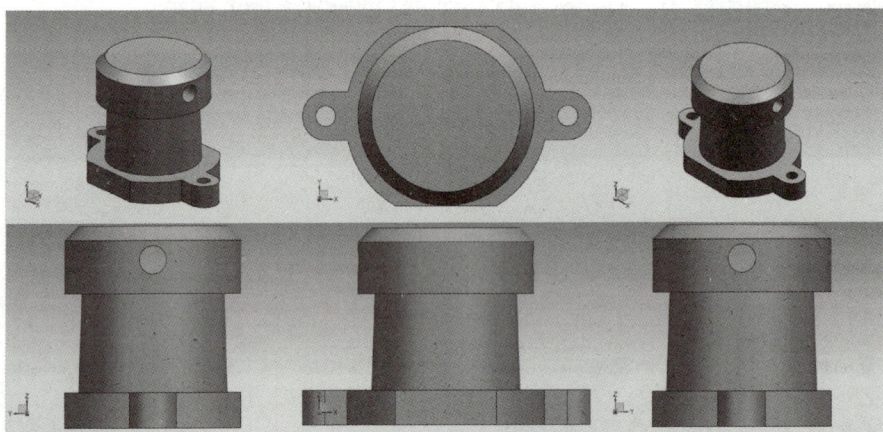

图2-181　新建视图布局

2-2　按图2-182所示，隐藏对象中的草图、曲线、片体、基准平面、坐标系，并更改实体的颜色。

1. 打开文件2-2，如图2-182a所示，选择菜单命令"编辑"→"显示与隐藏"→"显示与隐藏"，如图2-183所示，在弹出的"显示与隐藏"对话框中，单击"草图""曲线""片体""基准平面""坐标系"后面的"−"号，即可隐藏所选取的对象，结果如图2-182b所示。

2. 选择菜单命令"编辑"→"对象显示"，弹出"类选择"对话框，如图2-184a所示，选取实体对象后，单击"确定"按钮，弹出"编辑对象显示"对话框，如图2-184b所示，单击"颜色"后面的色卡，弹出"颜色"对话框，如图 2-184c 所示，选择绿色后，单击"确定"按钮，完成对象颜色选择的操作。

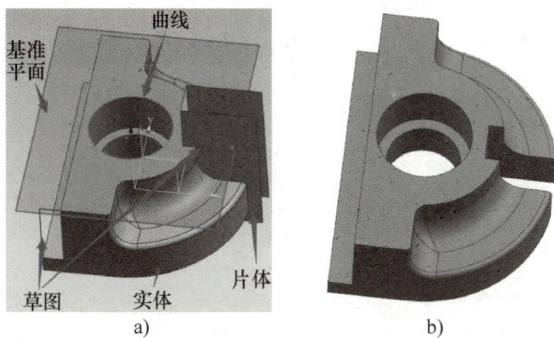

图 2-182 编辑对象

图 2-183 显示与隐藏对话框

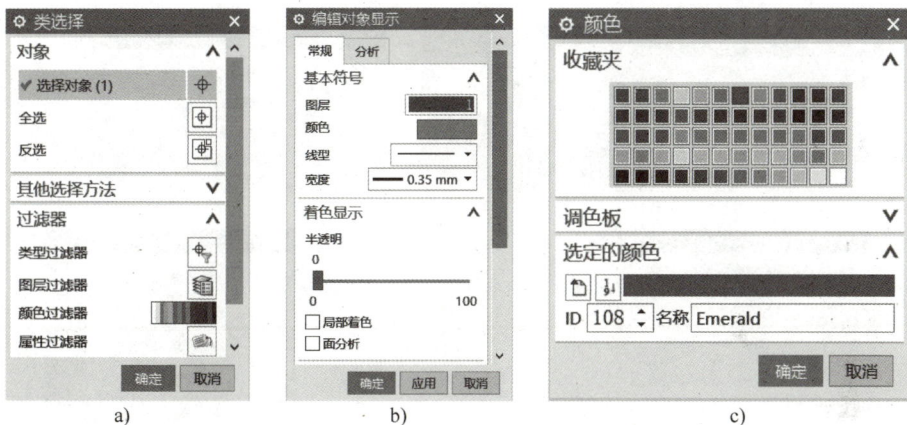

图 2-184 编辑对象显示

2-3 按图 2-185 所示完成零件的变换操作。

1. 打开文件 2-3，选择菜单命令"编辑"→"变换"，弹出图 2-186a 所示的"变换"对话框，选中零件后，单击"变换"对话框中的"确定"按钮，出现图 2-186b 所示的"变换"对话框，选择"比例"后，出现如图 2-186c 所示的"点"对话框，"输出坐标"设为 XC = 0、YC = 0、ZC = 0，单击"点"对话框中的"确定"按钮，在随后出现的"变换"对话框中，设"比例"为 0.5，如图 2-186d 所示，即零件缩小了一半，结果如图 2-185a 所示。

2. 打开文件 2-3，选择菜单命令"编辑"→"变换"，弹出图 2-186a 所示的"变换"对话

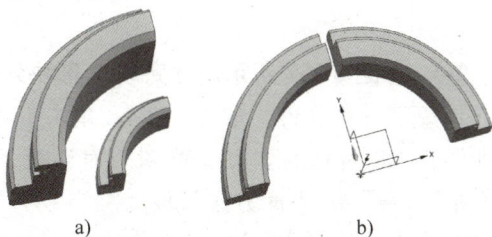

图 2-185 编辑变换

框，选中零件后，单击"变换"对话框中的"确定"按钮，出现图 2-186b 所示的"变换"对话框，选择"通过一直线镜像"后，出现图 2-186e 所示的"变换"对话框，选取"点和矢量"，弹出图 2-186f 所示的"点"对话框，"输出坐标"设为 XC＝0、YC＝0、ZC＝0，单击"点"对话框中的"确定"按钮，出现"矢量"对话框，选择"＋↑YC"方向，如图 2-186g 所示，单击"矢量"对话框中的"确定"按钮，将弹出图 2-186h 所示的"变换"对话框，单击"变换"对话框中的"复制"，结果如图 2-185b 所示。

图 2-186　变换操作

2-4　按图 2-187 所示尺寸完成 V 形块外轮廓线的绘制。

1. 新建一个文件，取名为 2-4，单击工具栏上的"草图"命令图标，弹出所图 2-188 所示的"创建草图"对话框，"草图类型"选择"在平面上"，"草图坐标系"→"平面方法"设为"自动判断"，设"参考"为"水平"，设"原点方法"为"指定点，选择 XC-YC 平面作为草图的绘制平面，单击"创建草图"对话框中的"确定"按钮，进入草图绘制界面。

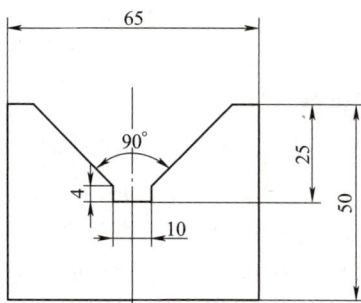

图 2-187　V 形块

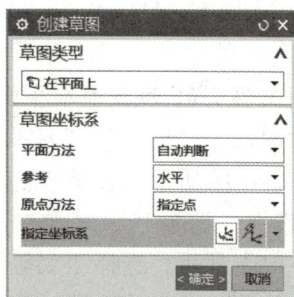

图 2-188　创建草图

2. 单击工具栏中"直线"命令图标 ✏，绘制草图轮廓。

3. 给草图添加尺寸约束和几何约束，即可完成草图的绘制。

2-5　按图 2-189 所示，完成工作坐标系的移动与旋转。

1. 打开文件 2-5，选择菜单命令"格式"→"WCS"→"原点"，弹出"点"对话框，如图 2-189a 所示，捕捉线的中点，如图 2-189b 所示，将工作坐标系移动到中点位置，单击"确定"按钮，结果如图 2-189c 所示。

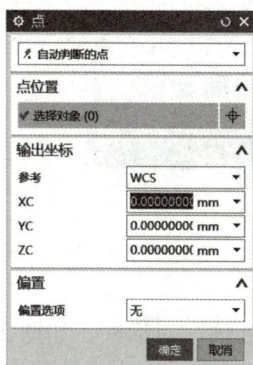

a)

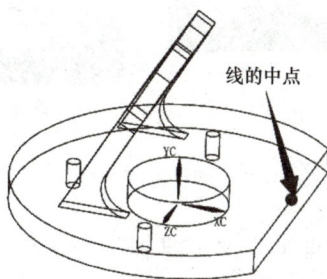

b)

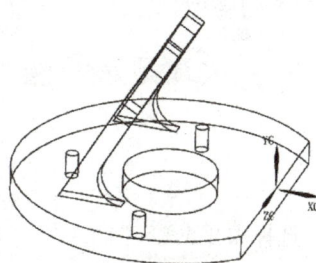

c)

图 2-189　移动工作坐标系

2. 选择菜单命令"格式"→"WCS"→"旋转"，如图 2-190a 所示，在弹出的"旋转 WCS绕…"对话框中，单击"+XC 轴：YC−→ZC"单选按钮，"角度"为"−90"°，即+XC 轴不

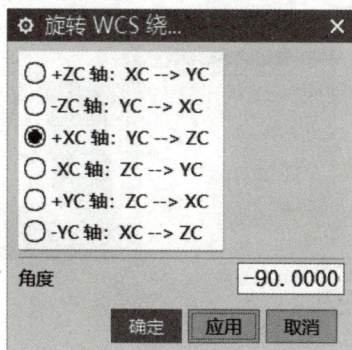

a)

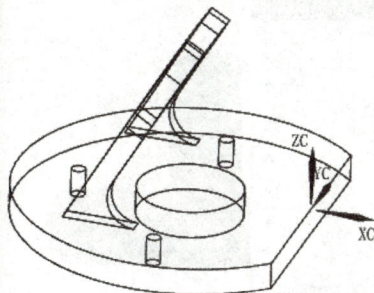

b)

图 2-190　旋转工作坐标系

动，YC 轴和 ZC 轴旋转-90°，单击"确定"按钮，完成坐标系的旋转操作，结果如图 2-190b 所示。

2-6 打开文件 2-6，完成基准平面和基准轴的创建。

1. 选择菜单命令"插入"→"基准/点"→"基准平面"，弹出"基准平面"对话框，如图 2-191a 所示，选择"自动判断"方式，"要定义平面的对象"→"选择对象"选择"端面 1"，其他参数不变，单击"应用"按钮，在端面 1 处创建一基准平面；如图 2-191b 所示，选择"二等分"方式，"第一平面"→"选择平面对象"选择"端面 2"，"第二平面"→"选择平面对象"选择"端面 3"，其他参数不变，单击"确定"按钮，在端面 2 与端面 3 中间创建一个基准平面。

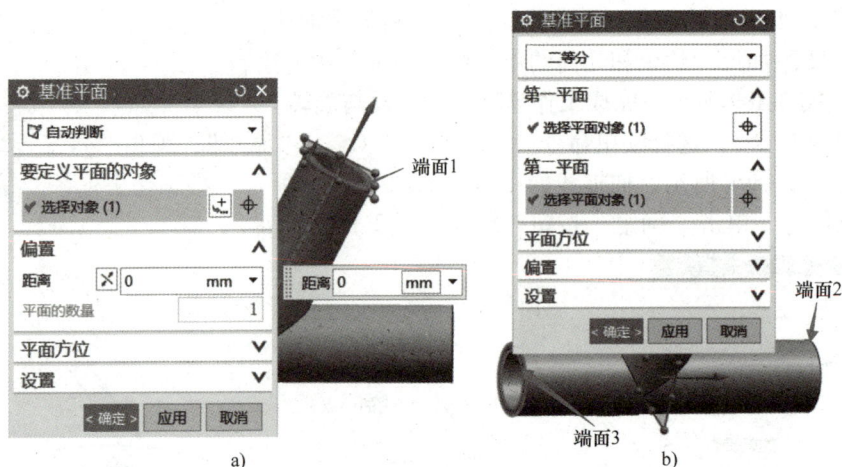

图 2-191　创建基准平面

2. 选择菜单命令"插入"→"基准/点"→"基准轴"，弹出"基准轴"对话框，如图 2-192a 所示，选择"自动判断"方式，"定义轴的对象"→"选择对象"选择"中心线 1"，其他参数不变，单击"应用"按钮，在"中心线 1"处创建一基准轴；如图 2-192b 所示，选择"点和方向"的方式，"通过点"选择端面中心点，"方向"→"方位"设为"平行于矢量"，设"指定矢量"为图 2-192 所示的方向，其他参数不变，单击"确定"按钮，创建一基准轴，如图 2-192b 所示。

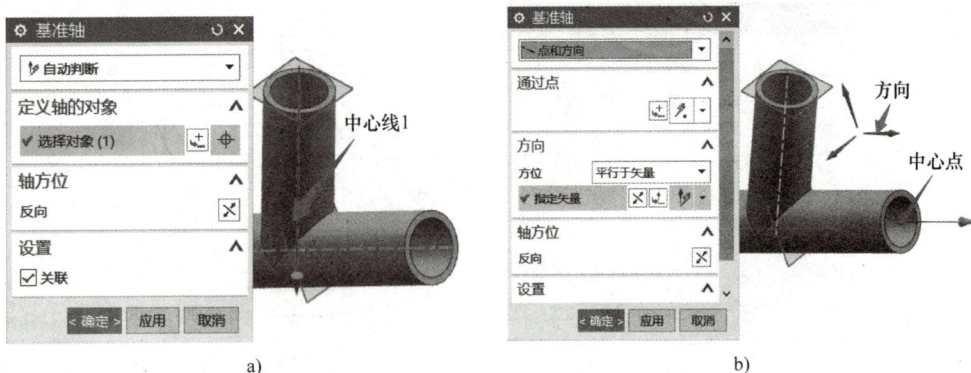

图 2-192　创建基准轴

2-7 打开文件 2-7，按照图 2-193 所示，完成布尔操作。

1. 选择菜单命令"插入"→"组合"→"合并"，弹出"合并"对话框，"目标"→"选择体"选择图 2-193a 所示的目标，"工具"→"选择体"选择球，单击"确定"按钮，完成"合并"操作。

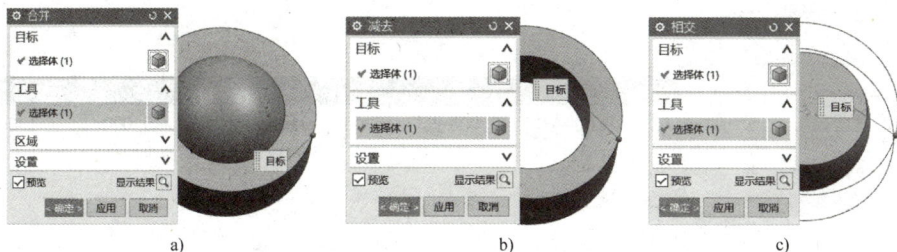

图 2-193 创建布尔操作

2. 选择菜单命令"插入"→"组合"→"减去"，弹出"减去"对话框，"目标"→"选择体"选择图图 2-193b 所示的目标，"工具"→"选择体"选择球，单击"确定"按钮，完成"减去"操作。

3. 选择菜单命令"插入"→"组合"→"相交"，弹出"相交"对话框，"目标"→"选择体"选择图图 2-193c 所示的目标，"工具"→"选择体"选择球，单击"确定"按钮，完成"相交"操作。

2-8 基本曲线命令应用与操作。

1. 选择菜单命令"工具"→"定制"，在"定制"对话框中，单击"命令"→"菜单"→"插入"→"曲线"→"基本曲线"。在"项"列表框里，将"基本曲线"图标拖到工具栏中，如图 2-194 所示。

2. 在"上边框条"中，打开"定向视图下拉菜单"，单击"俯视图"命令图标，将"视图"定向到"俯视图"，如图 2-195 所示。

1）在"基本曲线"对话框中，单击"直线"命令图标，去掉"线串模式"前面的"√"，"点方法"选择"点构造器"命令图标，创建图 2-196 所示的直线，在"点"对话框中，坐标分别输入（0，0，0）和（20，0，0）；也可以在"跟踪条"对话框中输入 XC = 0、YC = 0、ZC = 0 后，按〈Enter〉键，设角度为 0，设长度为 20mm，再一次按〈Enter〉键，绘制同样参数的直线。

2）在"基本曲线"对话框中，单击"圆弧"命令图标，在"创建方法"中分别选择"起点，终点，圆弧上的点"和"中心点，起点，终点"，创建图 2-197 所示的两段圆弧。

3）在"基本曲线"对话框中，单击"圆"命令图标，创建一个圆心坐标为（2，2，0）、直径为 10mm 的圆，在"跟踪条"对话框中输入 XC = 2、YC = 2、ZC = 0 后，按〈Enter〉键，"半径"输入为 5mm，再一次按〈Enter〉键，完成圆的创建，结果如图 2-198 所示。

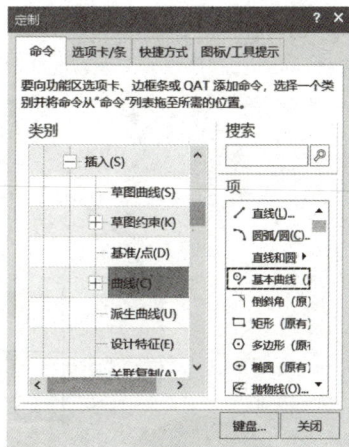

图 2-194 定制对话框

图 2-195 定向俯视图

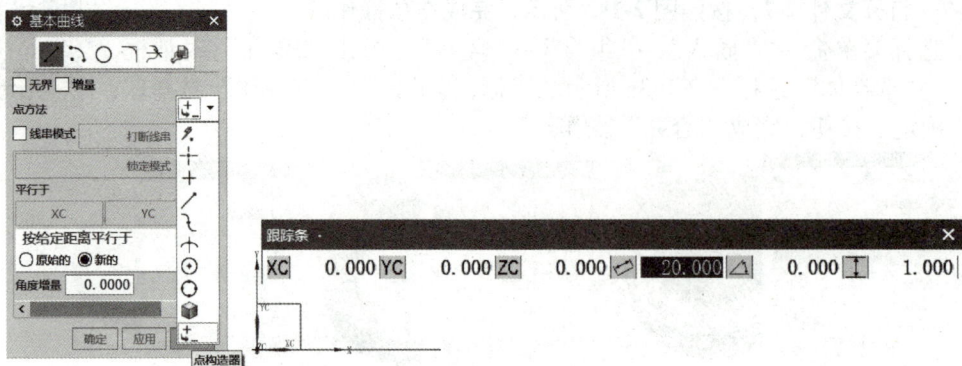

图 2-196　绘制直线

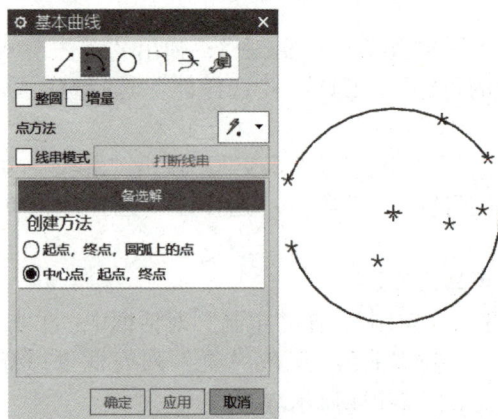

图 2-197　绘制圆弧

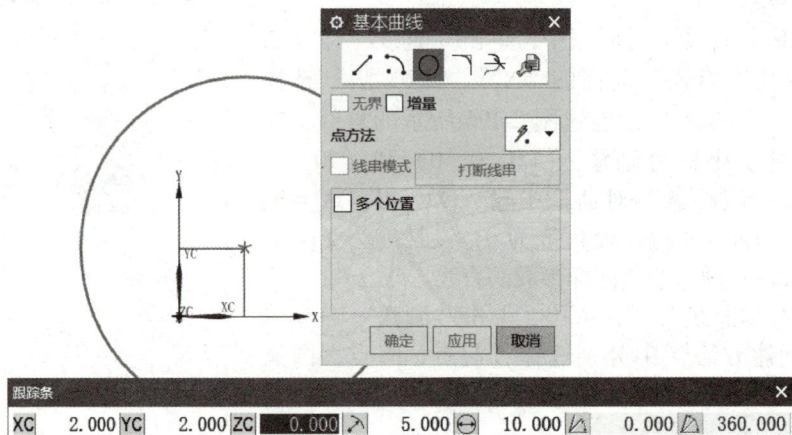

图 2-198　绘制圆

　　3. 选择菜单命令"工具"→"定制"，在"定制"对话框中，单击"命令"→"菜单"→"插入"→"曲线"→"多边形"，在"项"列表框里，将"多边形"命令图标⬡拖到工具栏中，如图 2-199 所示。

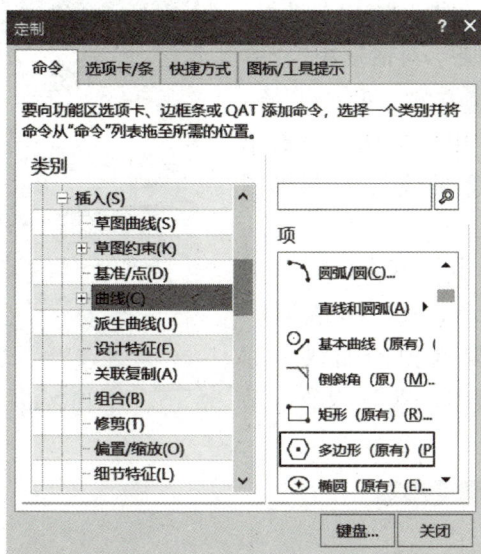

图 2-199　定制对话框

1）单击"多边形"命令图标◉，弹出"多边形"对话框，如图 2-200a 所示，设"边数"为"5"，单击"确定"按钮，出现图 2-200b 所示的"多边形"对话框，单击"外接圆半径"，弹出图 2-200c 所示的"多边形"对话框，设"圆半径"为10mm，单击"确定"按钮，弹出"点"对话框，"点位置"→"选择对象"选择坐标原点即创建了如图 2-200d 所示的多边形。

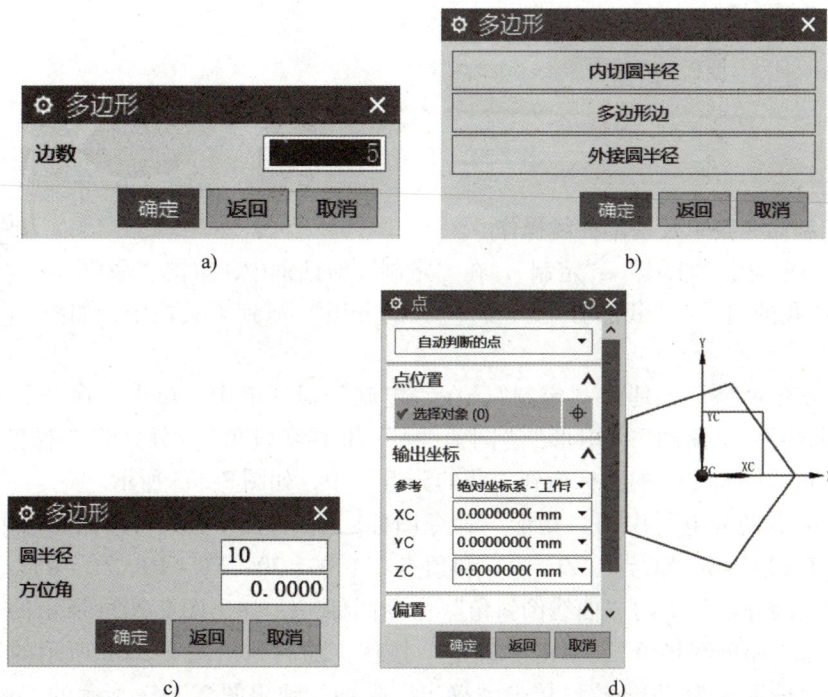

图 2-200　绘制多边形

2）单击"基本曲线"对话框中"圆角"命令图标，在"曲线倒圆"对话框中，"方法"选择"曲线圆角"方式，设"半径"为3mm，在"修剪选项"中，选择"修剪第一条曲线"和"修剪第二条曲线"，结果如图2-201所示。

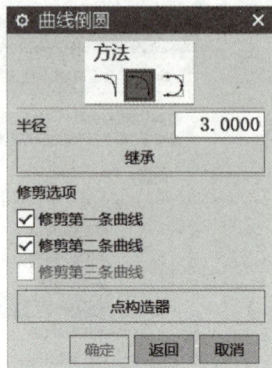

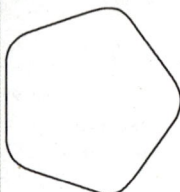

3）打开文件2-8，单击"基本曲线"对话框中"修剪"命令图标，在"修剪曲线"对话框中，依次选择"要修剪的曲线"和"边界对象"，其他参数按图2-202a设置，结果如图2-202b所示。

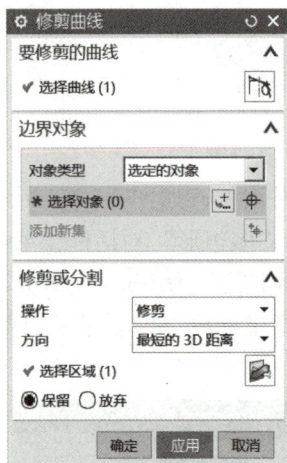

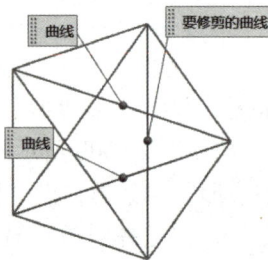

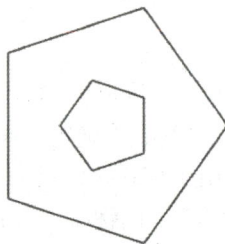

图2-201　曲线倒圆操作

a)　　　　　　　　b)

图2-202　修剪曲线操作

2-9　定制命令菜单及基本曲线操作。

1. 选择菜单命令"工具"→"定制"，在"定制"对话框中，单击"命令"→"我的项"→"我的组"→"我的分组"，将"我的分组"拖到工具栏中，如图2-203所示。

2. 选择菜单命令"工具"→"定制"，在"定制"对话框中，单击"命令"→"菜单"→"插入"→"曲线"→"椭圆""矩形""圆弧/圆"和"倒斜角"，分别将"椭圆""矩形""圆弧/圆"和"倒斜角"的图标拖到"我的分组"中，如图2-203所示。

3. 单击"我的分组"中的"矩形"命令图标，弹出"点"对话框，如图2-204所示，以顶点1（XC=0、YC=0、ZC=0）和顶点2（XC=20、YC=10、ZC=0）绘制一个矩形。单击"我的分组"中的"曲线倒斜角"命令图标，弹出图2-205a所示的"倒斜角"对话框，选择"简单倒斜角"，单击"确定"按钮，随后弹出图2-205b所示的"倒斜角"对话框，设"偏置"为"2mm"，单击"确定"按钮，弹出图2-205c所示的"倒斜角"对话框，选取矩形角，单击"确定"按钮，完成"倒斜角"操作，结果如图2-205d所示。

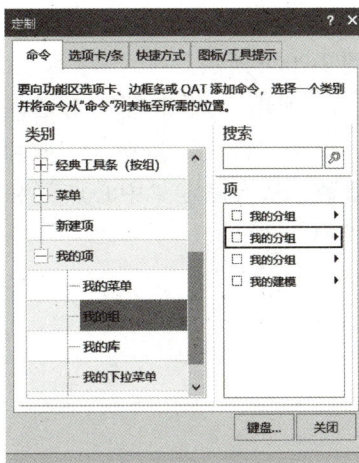

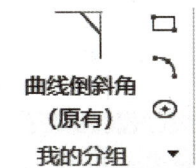

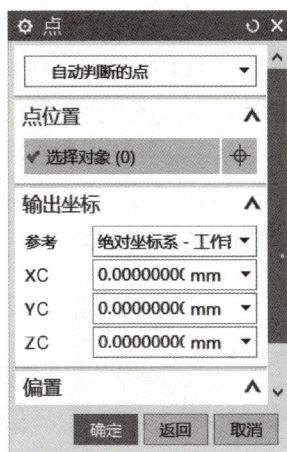

a)

b)

图 2-203　创建我的分组

图 2-204　点对话框

a)

b)

c)

d)

图 2-205　创建"矩形"

4. 单击"我的分组"中的"椭圆"命令图标⊕，弹出"点"对话框，如图 2-206a 所示，确定椭圆中心点为坐标原点后，单击"确定"按钮，出现"椭圆"对话框，如图 2-206b 所

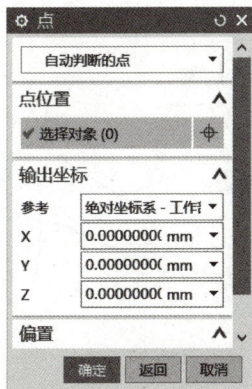

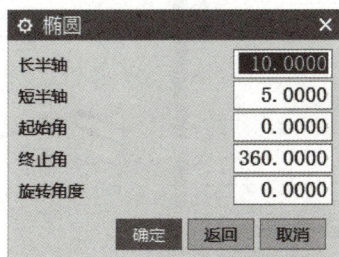

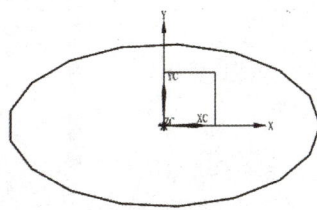

a)

b)

c)

图 2-206　创建椭圆

示，设"长半轴"为"10mm"，设"短半轴"为"5mm"，设"起始角"为"0"°，设"终止角"为"360"°，设"旋转角度"为"0"°，结果如图 2-206c 所示。

5. 单击"我的分组"中的"圆弧/圆"命令图标，弹出"圆弧/圆"对话框，选择"三点画圆弧"，按图 2-207a 设置参数，依次确定 3 点，单击"确定"按钮，完成圆弧的创建；选择"从中心开始的圆弧/圆"，按图 2-207b 设置参数，依次确定"中心点"和"通过点"，单击"确定"按钮，完成圆弧的创建，结果如图 2-207c 所示。

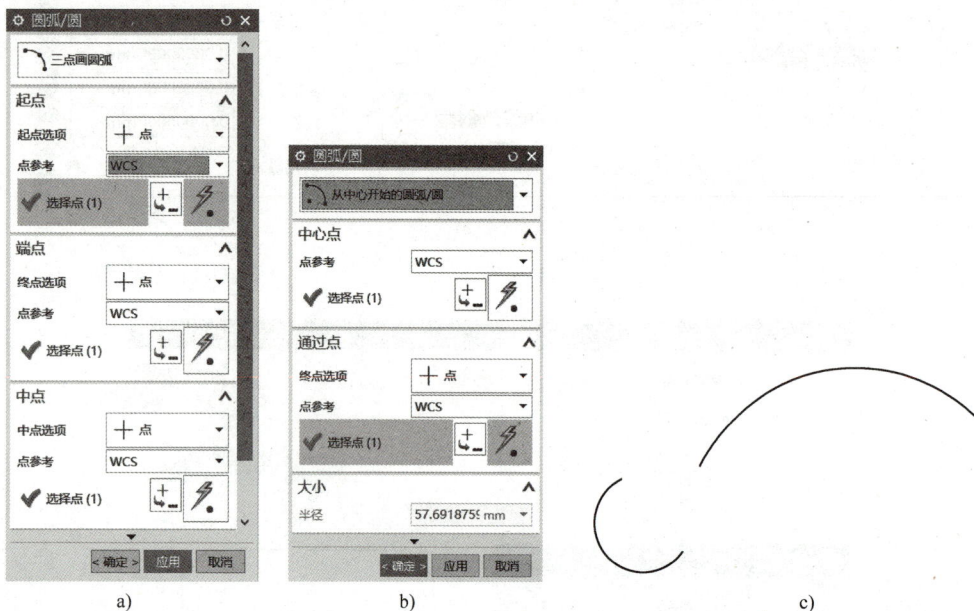

图 2-207　创建圆弧

2-10　创建艺术样条曲线。

1. 选择菜单命令"插入"→"曲线"→"艺术样条"，弹出图 2-208a 所示的"艺术样条"对话框，选择"通过点"，"点位置"→"指定点"依次指定 7 个点，"参数化"→"次数"为"5"，其他参数不变，单击"应用"按钮，完成艺术样条曲线的创建。

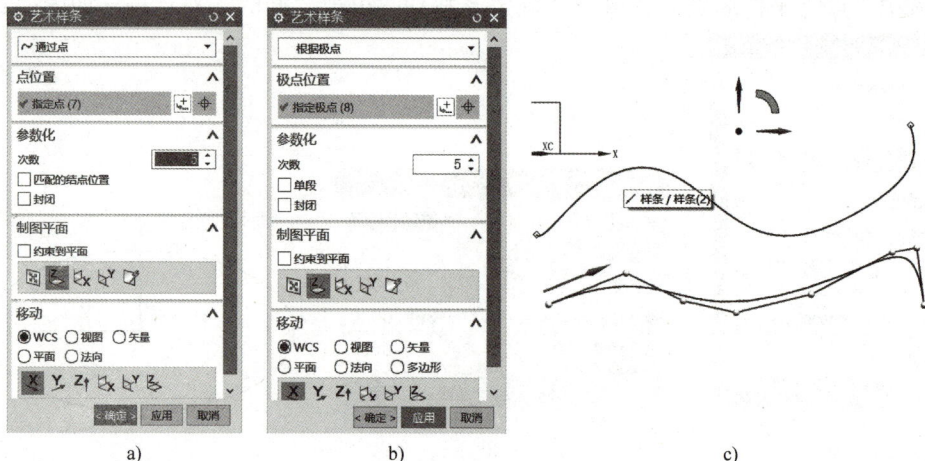

图 2-208　创建艺术样条曲线

2. 在"艺术样条"对话框中，选择"根据极点"，"极点位置"→"指定极点"依次指定8 个点，"参数化"→"次数"设为"5"，其他参数不变，单击"确定"按钮，完成艺术样条曲线的创建，结果如图 2-208c 所示。

2-11　创建图 2-209 所示的抛物线和双曲线。

1. 选择菜单命令"插入"→"曲线"→"抛物线"，弹出"点"对话框，如图 2-210a 所示，以坐标原点（XC＝0、YC＝0、ZC＝0）为抛物线的顶点，单击"确定"按钮，出现"抛物线"对话框，设"焦距"为"3mm"，设"最小 DY"为"-10mm"，设"最大 DY"为"10mm"，设"旋转角度"为"45"°，如图 2-210b 所示，单击"确定"按钮，创建图 2-209a 所示的抛物线。

2. 选择菜单命令"插入"→"曲线"→"双曲线"，弹出"点"对话框，以点（XC＝5、YC＝5、ZC＝0）为双曲线的中心点，单击"确定"按钮，

图 2-209　创建抛物线和双曲线

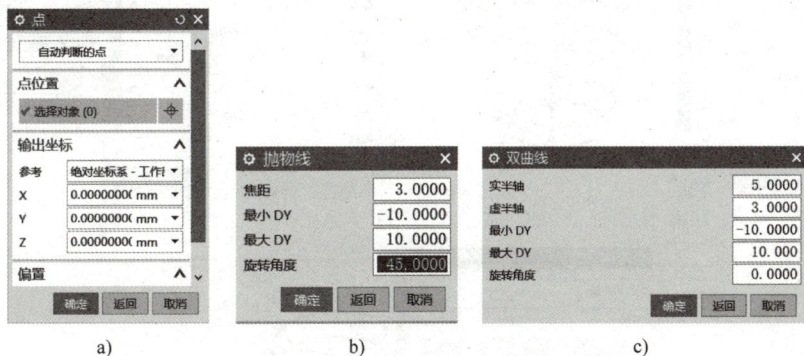

出现"双曲线"对话框，在"双曲线"对话框中，设"实半轴"为"5"mm，设"虚半轴"为"3"mm，设"最小 DY"为"-10"mm，设"最大 DY"为"10"mm，设"旋转角度"为"0"°，如图 2-210c 所示，单击"确定"按钮，创建图 2-209b 所示的双曲线。

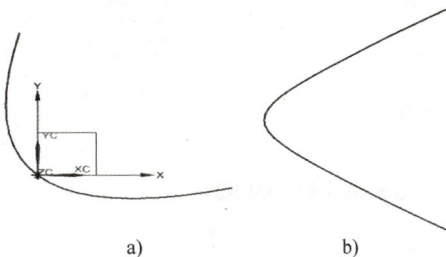

图 2-210　抛物线和双曲线操作

2-12　创建图 2-211 所示的螺旋线。

1. 选择菜单命令"插入"→"曲线"→"螺旋"，弹出图 2-212 所示的"螺旋"对话框。

2. 在"螺旋"对话框中，选择"↑沿矢量"方式，"方位"→"指定坐标系"选择绝对坐标系，"大小"选择"直径"，"大小"→"规律类型"为"线性"，设"起始值"为"20mm"，设"终止值"为"50mm"，"螺距"→"规律类型"为"恒定"，设"值"为"5mm"，"长度"→"方法"为"限制"，设"起始限制"为"0mm"，设"终止限制"为"60mm"，单击"确定"按钮，创建图 2-211a 所示的线性螺旋线。

3. 在"螺旋"对话框中，选择"↑沿矢量"方式，"方位"→"指定坐标系"选择绝对坐标系，"大小"选择"直径"，"大小"→"规律类型"为"线性"，设"起始值"为"20mm"，设"终止值"为"50mm"，将"螺距"→"规律类型"为"恒定"，设"值"为

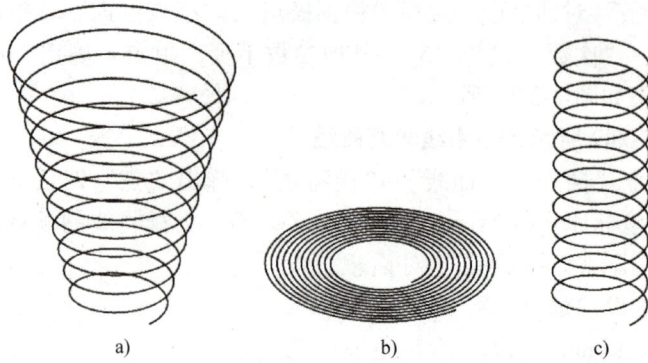

图2-211　创建线性螺旋线、平面螺旋线和等半径螺旋线

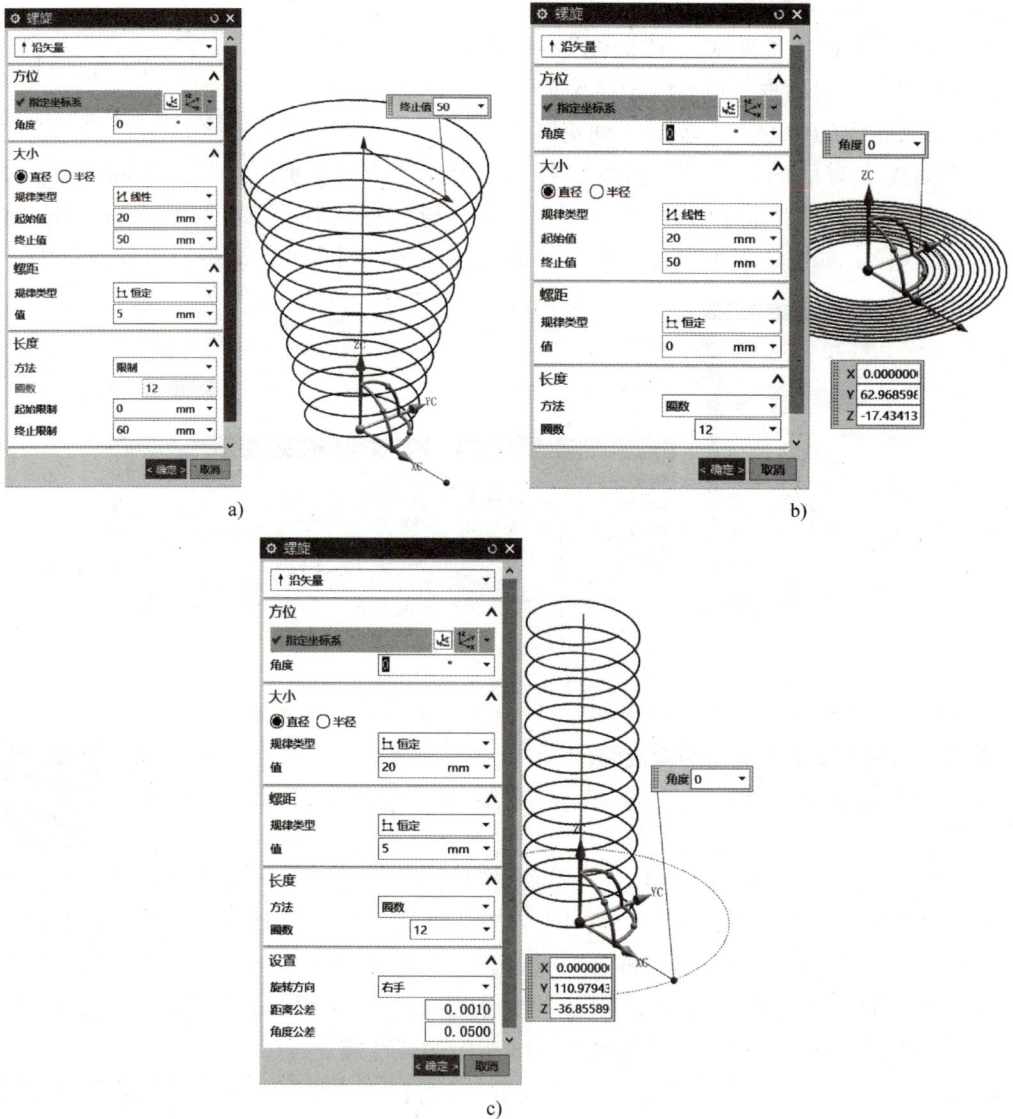

a)

b)

c)

图 2-212　螺旋线操作

"0mm""长度"→"方法"为"圈数"，设"圈数"为"12"，单击"确定"按钮，创建图2-211b所示的平面螺旋线。

4. 在"螺旋"对话框中，其他参数不变，将"大小"→"直径"→"规律类型"改为"恒定"，设"值"为"20mm"，"螺距"→"规律类型"设为"恒定"，设"值"为"5mm"，"长度"→"方法"设为"圈数"，设"圈数"为"12"，单击"确定"按钮，创建图2-211c所示的等半径螺旋线。

2-13　打开文件2-13，创建表2-2所列的一般二次曲线。

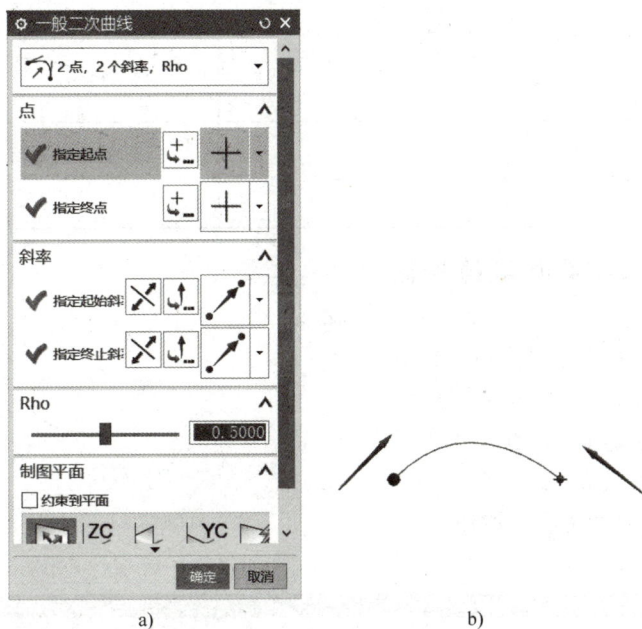

图2-213　创建一般二次曲线

1. 选择菜单命令"插入"→"曲线"→"一般二次曲线"，弹出图2-213a所示的"一般二次曲线"对话框。

2. 在"一般二次曲线"对话框中，选择"2点，2个斜率，Rho"方法，分别单击"点"→"指定起点"和"点"→"指定终点"，依次选取2个点；分别单击"斜率"→"指定起始斜率"和"斜率"→"指定终止斜率"，依次选取2个斜率，将"Rho"调整到"0.5"，即完成了采用"2点，2个斜率，Rho"方法创建的一般二次曲线，结果图2-213b所示。表2-2列出了根据不同已知条件，采用六种方法所创建的一般二次曲线。

表2-2　一般二次曲线

序号	方法	已知条件	曲线
1	5点		
2	4点，1个斜率		

（续）

序号	方法	已知条件	曲线
3	3 点，2 个斜率		
4	3 点，锚点		
5	2 点，锚点，Rho		
6	2 点，2 个斜率，Rho		

2-14 创建图 2-214 所示的规律曲线。

1. 选择菜单命令"工具"→"表达式"，在图 2-215 所示的"表达式"对话框中，单击"新建表达式"，在"名称"和"公式"下分别输入 a = 2，t = 1，yt = a * sin(360 * t)，单击"确定"按钮。

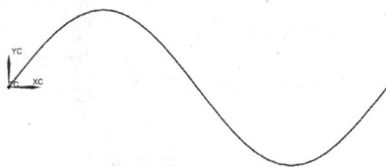

图 2-214　创建规律曲线

图 2-215　表达式对话框

2. 选择菜单命令"插入"→"曲线"→"规律曲线"，在图 2-216 所示的"规律曲线"对话框中，"X 规律"→"规律类型"选择"线性"，设"起点"为"0mm"，设"终点"为

"10mm"，"Y 规律"→"规律类型"选择"根据方程"，设"参数"为"t"，设"函数"为
"yt"，"Z 规律"→"规律类型"选择"恒定"，设"值"为"0mm"，单击"确定"按钮，
创建规律曲线。

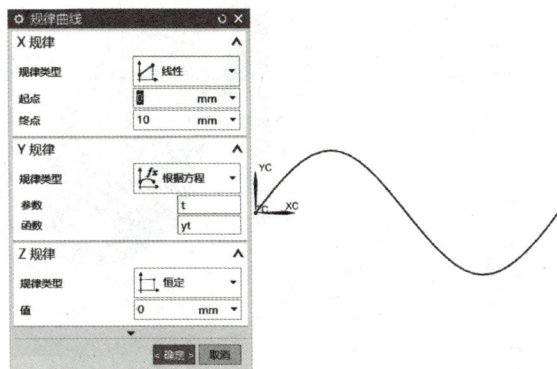

图 2-216　规律曲线操作

2-15　打开文件 2-15，在零件上创建样条曲线和文本，如图 2-217 所示。

1. 选择菜单命令"插入"→"曲线"→"曲面上的曲线"，在弹出的"曲面
上的曲线"对话框中，"要创建样条的面"选择零件表面，"样条约束"→"指
定点"选择曲面上的 5 点，单击"确定"按钮，创建图 2-218 所示的曲线。

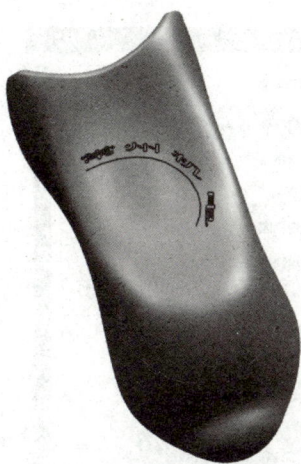

图 2-217　创建样条曲线和文本　　　　　图 2-218　在曲面上创建曲线

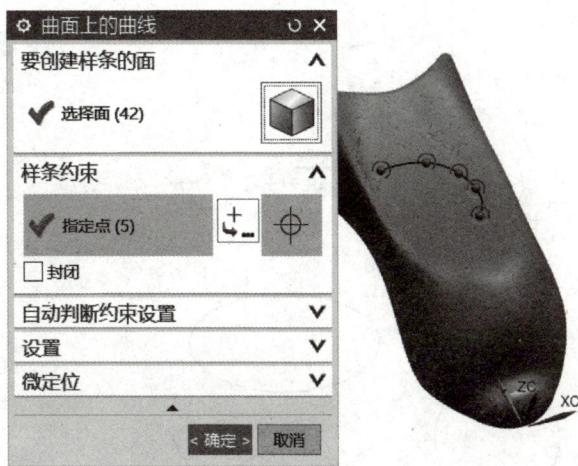

2. 选择菜单命令"插入"→"曲线"→"文本"，在弹出的"文本"对话框中，选择"面
上"方式，"文本放置面"选择零件表面，"面上的位置"→"放置方法"选择面上的曲线，
在"文本属性"中输入"常州机电"，设"线型"为"黑体"，设"脚本"为"GB2312"，
设"字型"为"常规"，勾选上"使用字距调整"，"文本框"→"锚点位置"为"中心"，
设"参数百分比"为"50"，单击"确定"按钮，创建图 2-219 所示的文本，文本的大小与
位置可以调整。

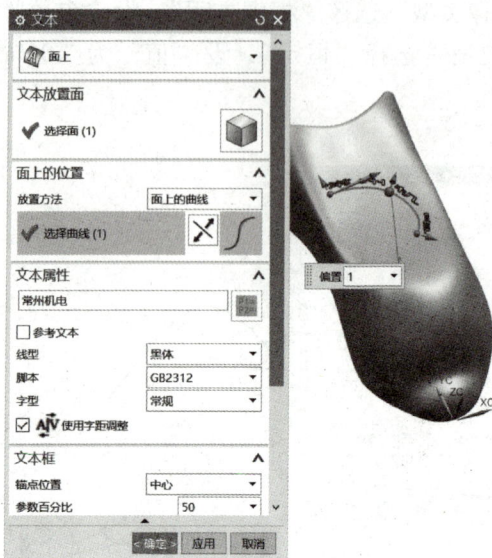

图 2-219　创建文本

2-16　打开文件 2-16，对图 2-220a 中的点进行拟合曲线操作。

1. 选择菜单命令"插入"→"曲线"→"拟合曲线"，在"拟合曲线"对话框中，可依次选择"拟合样条""拟合直线""拟合圆"或"拟合椭圆"方法，如图 2-221 所示。

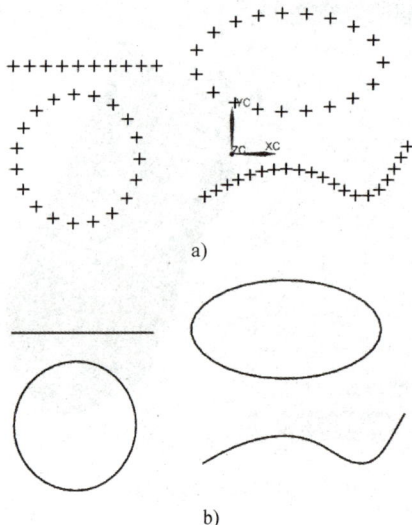

图 2-220　创建拟合曲线

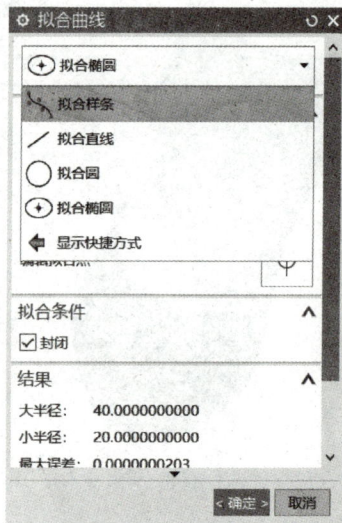

图 2-221　拟合曲线对话框

2. 如图 2-222 所示，在"拟合曲线"对话框中，选择"拟合椭圆"，"目标"→"源"为"指定点"，选择所有点（共 20 个点），"拟合条件"勾选"封闭"，单击"确定"按钮，完成椭圆的拟合，结果如图 2-220b 所示。其他曲线的拟合，可根据相应方法，完成曲线的拟合。

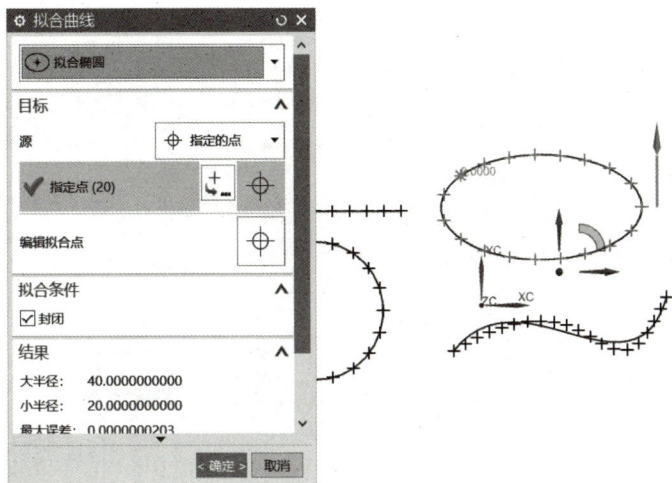

图 2-222 拟合曲线操作

2-17 打开文件 2-17，对曲线进行偏置操作。

1. 选择菜单命令"插入"→"派生曲线"→"偏置"，在"偏置曲线"对话框中，"偏置类型"为"距离"，"曲线"→"选择曲线"选中长方形，"偏置"→"距离"设为"5mm"，设"副本数"设为"1"，"方向"向外，将"设置"勾选为"关联"，将"输入曲线"选择为"保留"，将"修剪"选择为"相切延伸"，单击"确定"按钮，完成长方形曲线的偏置操作，如图 2-223 所示。

2. 在"偏置曲线"对话框中，"偏置类型"设为"拔模"，"曲线"→"选择曲线"选中六边形，"偏置"→"高度"设为"10mm"，"角度"取"10°"，设"副本数"为"1"，"方向"向里，将"设置"勾选为"关联"，"输入曲线"设为"保留"，"修剪"设为"圆角"。单击"确定"按钮，完成六边形的偏置操作，如图 2-224 所示。

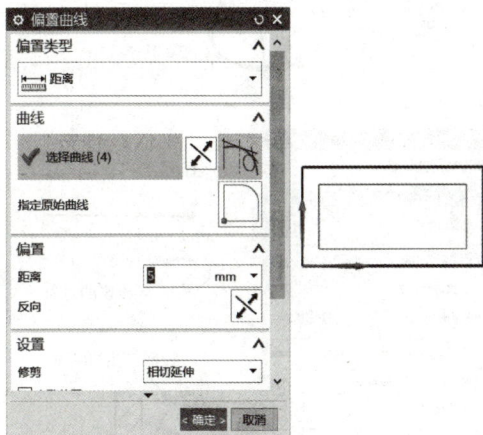

图 2-223 偏置长方形

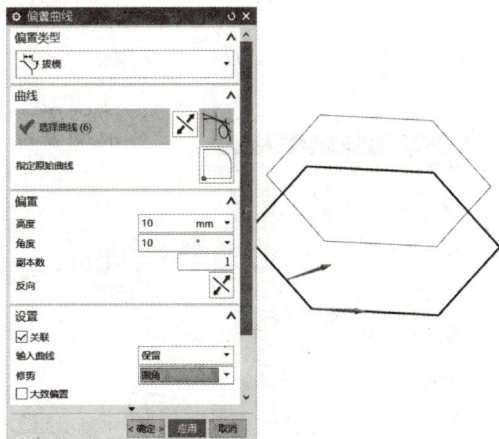

图 2-224 偏置六边形

2-18 打开文件 2-18，对图 2-225a 中的曲线进行桥接操作。

1. 选择菜单命令"插入"→"派生曲线"→"桥接"，弹出"桥接曲线"对话框，如图 2-226 所示。

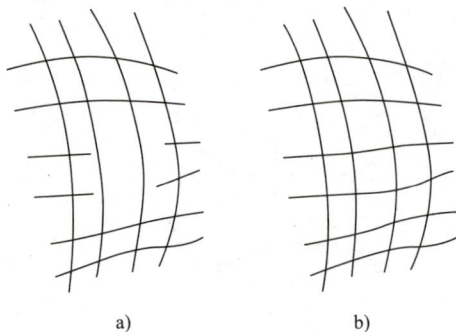

图 2-225　创建桥接曲线　　　　　图 2-226　桥接曲线操作

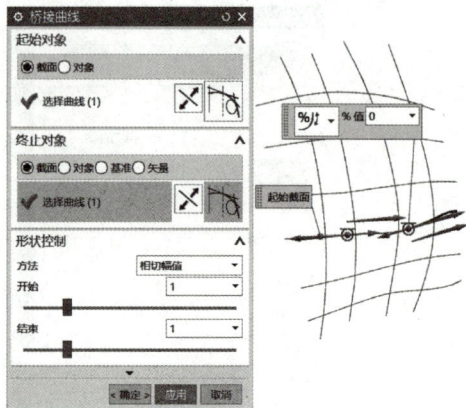

2. 在"桥接曲线"对话框中，"起始对象"选"截面"，"起始对象"→"选择曲线"选左端线，"终止对象"选"截面"，"终止对象"→"选择曲线"选择右端曲线，"形状控制"→"方法"为"相切幅值"，其他按默认设置，调整"开始"和"结束"下的滑块，可改变桥接曲线的形状。单击"确定"按钮，完成桥接曲线的操作，结果如图 2-225b 所示。

2-19　打开文件 2-19，按图 2-227 所示，对曲线进行投影操作。

1. 选择菜单命令"插入"→"派生曲线"→"投影"，弹出"投影曲线"对话框，如图 2-228 所示。

图 2-227　创建投影曲线

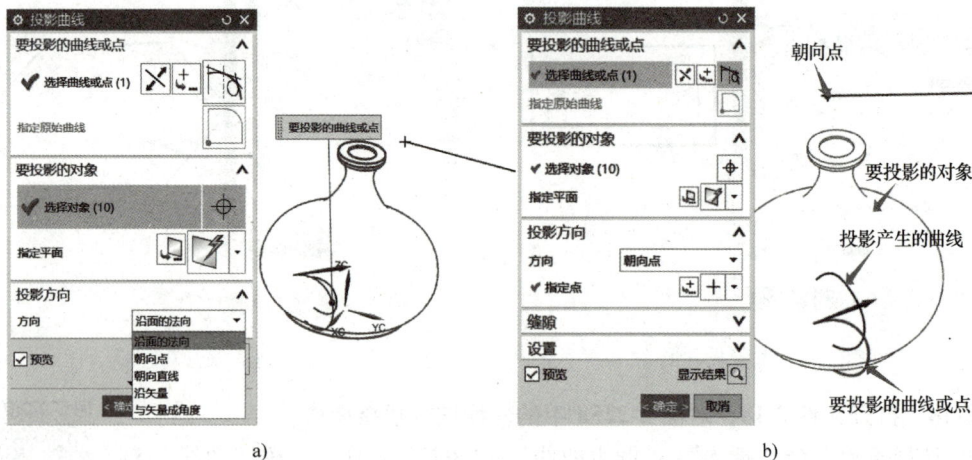

图 2-228　投影曲线操作

2. 在"投影曲线"对话框中，依次选择"要投影的曲线或点"和"要投影的对象"，"投影方向"→"方向"分别选择"沿面的法向"和"朝向点"，单击"确定"按钮，即可得到不同的投影。图 2-227 所示为按 5 种不同"投影方向"投影后产生的曲线。

2-20　打开文件 2-20，在图 2-229a 所示的实体对象上进行相交曲线操作。

1. 选择菜单命令"插入"→"派生曲线"→"相交"，弹出"相交曲线"对话框，如图 2-230 所示。

2. 单击"上边框条"中"面规则"列表框的下拉箭头，选择"体的面"，如图 2-231 所示；在"相交曲线"对话框中，"第一组"→"选择面"选择图 2-230 所示的第一组面，"第二组"→"选择面"选择图 2-230 所示的第二组面，单击"确定"按钮，生成相交曲线，如图2-229b所示。

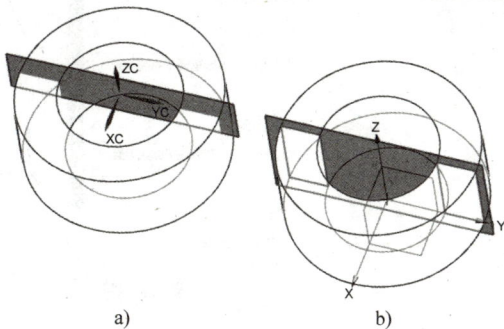

图 2-229　创建相交曲线

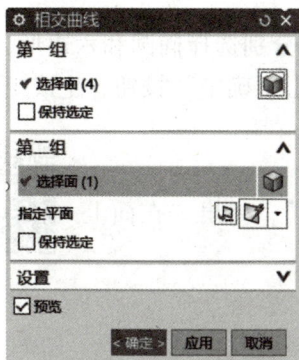

图 2-230　相交曲线操作

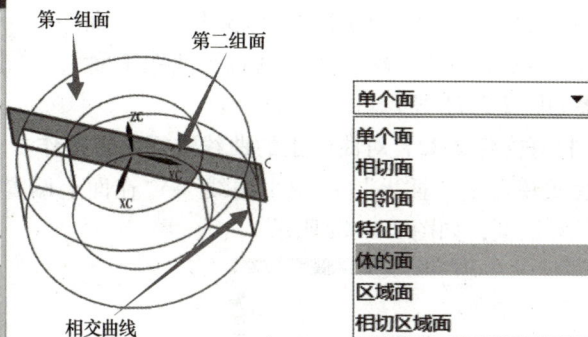

图 2-231　面规则列表框

2-21　打开文件 2-21，对图 2-232a 中的曲线分别沿"垂直于曲线平面"方向进行组合投影操作。

1. 选择菜单命令"插入"→"派生曲线"→"组合投影"，弹出"组合投影"对话框，如图 2-233 所示。

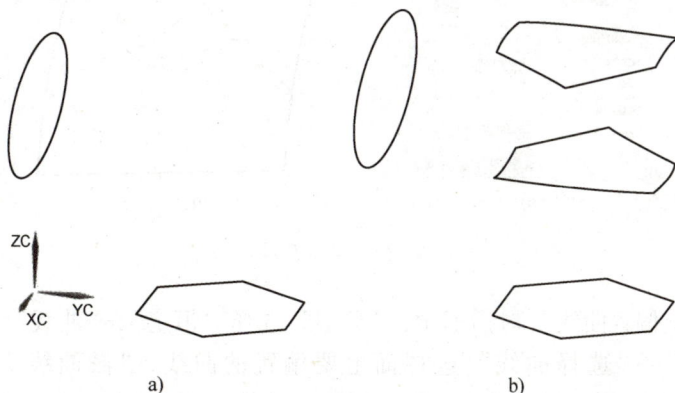

a)　　　　　　　　　　b)

图 2-232　创建组合投影曲线

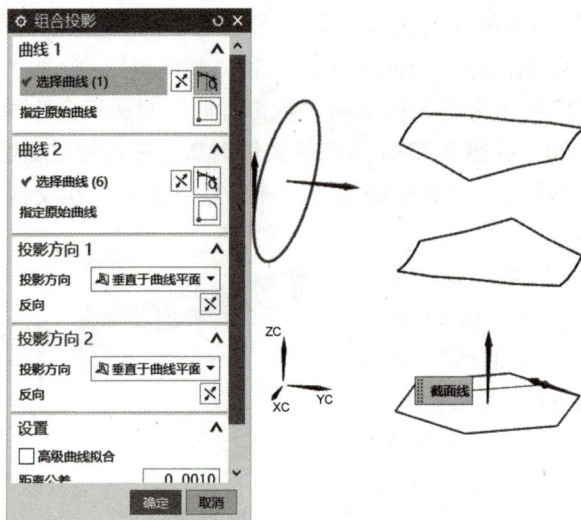

图 2-233　组合投影操作

2. 在"组合投影"对话框中，"曲线 1"和"曲线 2"分别选择椭圆和六边形，"投影方向 1"和"投影方向 2"均选择"垂直于曲线平面"，单击"确定"按钮，生成组合投影曲线，结果如图 2-232b 所示。

2-22　打开文件 2-22，对曲面上的曲线进行偏置操作。

1. 选择菜单命令"插入"→"派生曲线"→"在面上偏置"，弹出"在面上偏置曲线"对话框，如图 2-234a 所示。

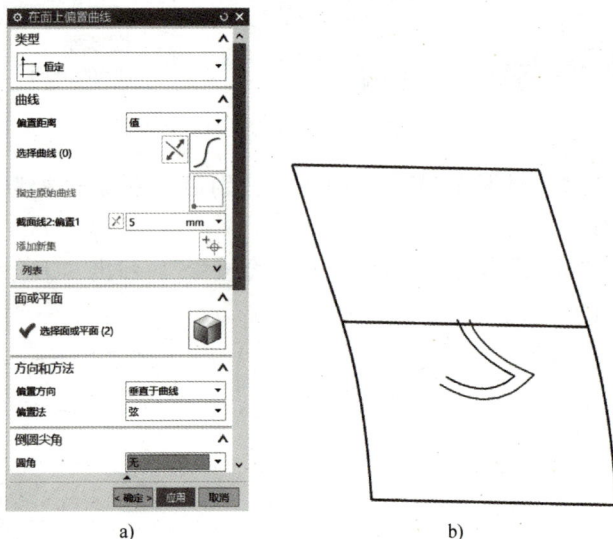

a)　　　　　　　　　　　　　　　　　b)

图 2-234　在面上偏置曲线操作

2. 在"在面上偏置曲线"对话框中，"类型"选择"恒定"，"曲线"→"偏置距离"选择"值"，"曲线"→"选择曲线"选择面上要偏置的曲线，"截面线 2：偏置 1"设为"5mm"，"面或平面"→"选择面或平面"选择 2 个片体表面，"方向和方法"→"偏置方向"

选择"垂直于曲线","偏置法"选择"弦","倒圆尖角"→"圆角"为"无",单击"确定"按钮,完成在面上偏置曲线的操作,结果如图2-234b所示。

2-23　打开文件2-23,对图2-235a中的曲线进行偏置3D曲线操作。

1. 选择菜单命令"插入"→"派生曲线"→"偏置3D曲线",弹出"偏置3D曲线"对话框,如图2-236所示。

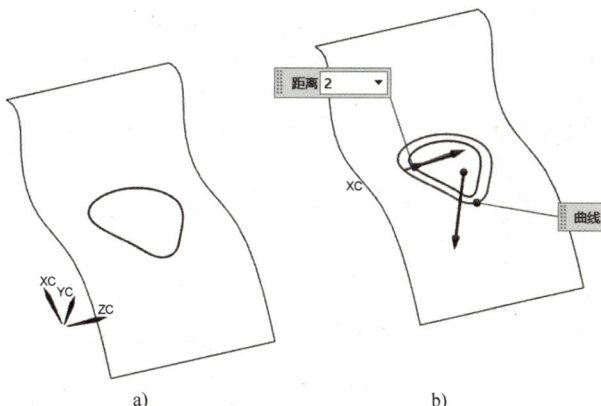

a)　　　　　　b)

图2-235　创建偏置3D曲线

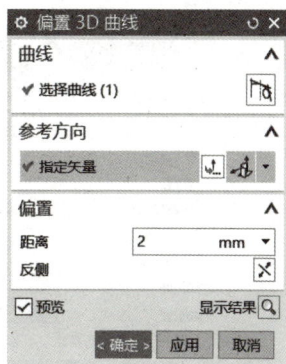

图2-236　偏置3D曲线对话框

2. 在"偏置3D曲线"对话框中,"曲线"→"选择曲线"选择曲面上的曲线,"参考方向"→"指定矢量"选择曲面,"偏置"→"距离"为"2mm",单击"确定"按钮,完成3D曲线的偏置,结果如图2-235b所示。

2-24　打开文件2-24,对图2-237a中的直线进行圆形圆角曲线操作。

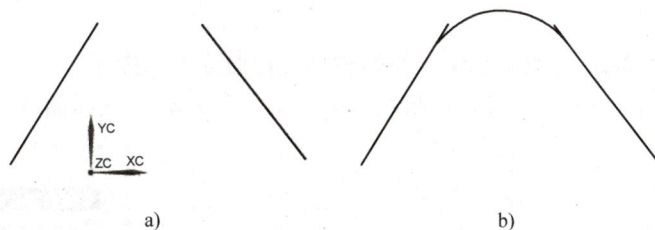

a)　　　　　　　　　　　　　　b)

图2-237　创建圆形圆角曲线

1. 选择菜单命令"插入"→"派生曲线"→"圆形圆角曲线",弹出"圆形圆角曲线"对话框,如图2-238所示。

2. 在"圆形圆角曲线"对话框中,"曲线1"→"选择曲线"和"曲线2"→"选择曲线"分别选择2根直线,"圆柱"→"方向选项"选择"最适合","半径选项"选"值",设"半径"为"35mm",勾选"显示圆柱",单击"确定"按钮后,在2根直线之间用圆弧完成了圆角(若用桥接方法,连接2

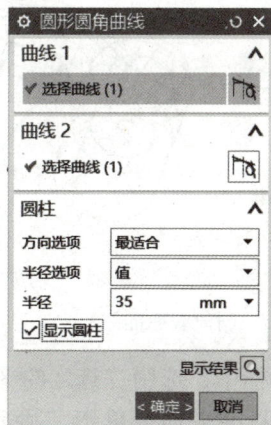

图2-238　圆形圆角曲线操作

根曲线的是样条曲线），结果如图 2-237b 所示。

2-25　打开文件 2-25，进行复合曲线操作。

1. 选择菜单命令"插入"→"派生曲线"→"复合曲线"，弹出"复合曲线"对话框，如图 2-239a 所示。

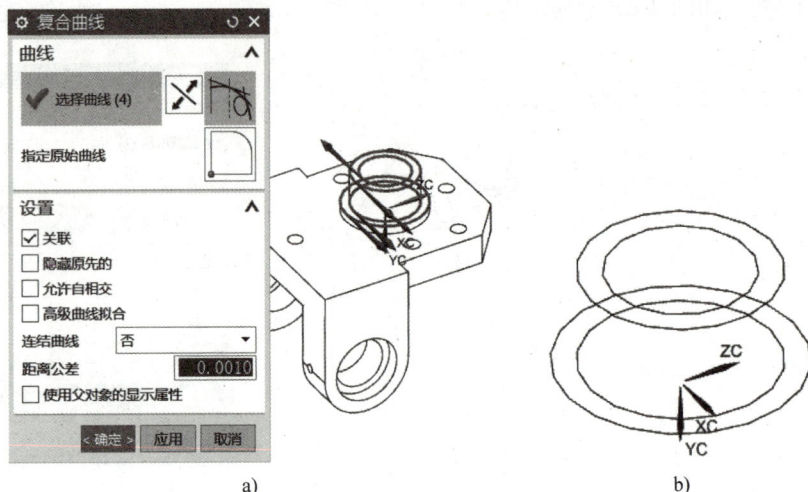

a)　　　　　　　　　b)

图 2-239　复合曲线操作

2. 在"复合曲线"对话框中，"曲线"分别选择 4 处圆柱边线，勾选上"设置"下的"关联"，设"连结曲线"为"否"，单击"确定"按钮，隐藏实体后，结果如图 2-239b 所示。

2-26　打开文件 2-26，对图 2-240a 所示零件进行截面曲线操作。

1. 选择菜单命令"插入"→"派生曲线"→"截面"，弹出"截面曲线"对话框，如图 2-241 所示。

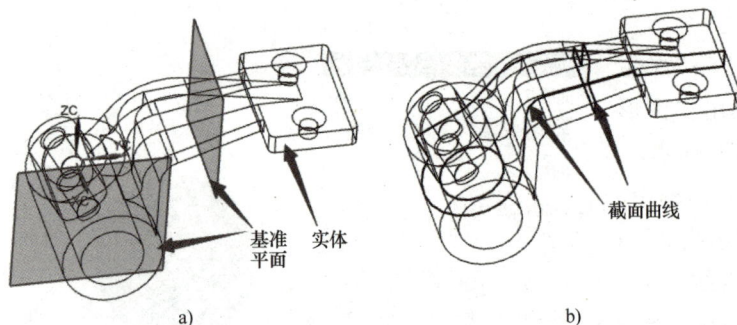

a)　　　　　　　　b)

图 2-240　创建截面曲线　　　　图 2-241　截面曲线对话框

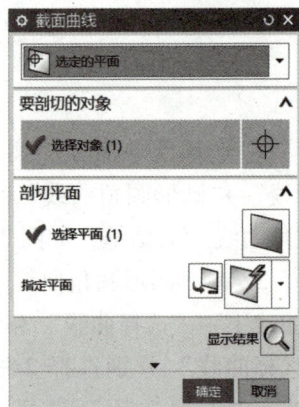

2. 在"截面曲线"对话框中，选用"选定的平面"方法，"要剖切的对象"选择实体，"剖切平面"分别选择 2 个基准平面，单击"确定"按钮，生成的截面曲线如图 2-240b 所示。

2-27 打开文件 **2-27**，对图 **2-242a** 所示零件进行抽取虚拟曲线操作。

1. 选择菜单命令"插入"→"派生曲线"→"抽取虚拟曲线"，弹出"抽取虚拟曲线"对话框，如图 2-243 所示。

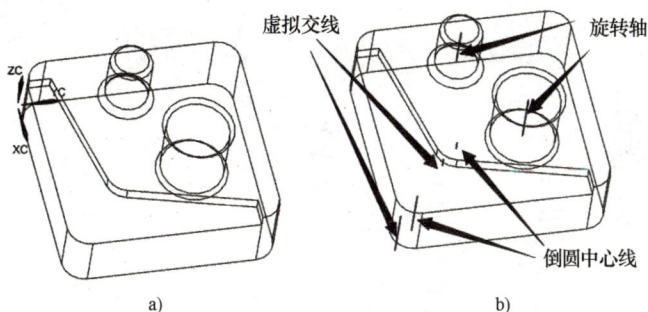

图 2-242 创建抽取虚拟曲线

图 2-243 抽取虚拟曲线对话框

2. 在"抽取虚拟曲线"对话框中，分别进行"旋转轴""倒圆中心线"和"虚拟交线"的抽取操作，如图 2-243 所示，单击对话框中的"确定"按钮，结果如图 2-242b 所示。

2-28 打开文件 **2-28**，创建图 **2-244** 所示的 **3** 个基准平面。

1. 选择菜单命令"插入"→"基准/点"→"基准平面"，弹出"基准平面"对话框，如图 2-245 所示。

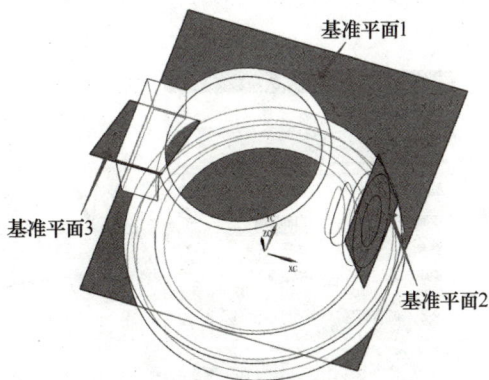

图 2-244 创建基准平面

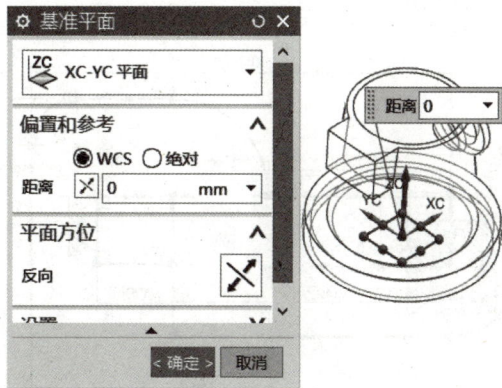

图 2-245 创建基准平面 1

2. 在"基准平面"对话框中，选择"XC-YC 平面"方式，"偏置和参考"选"WCS"，设"距离"为"0mm"，其他参数不变，单击"确定"按钮，完成创建"基准平面1"，如图 2-245 所示。

3. 在"基准平面"对话框中，选择"自动判断"方式，"要定义平面的对象"→"选择对象"选择"基准平面2"，"偏置"→"距离"设为"0mm"，单击"应用"按钮，完成在斜平面上创建"基准平面2"，如图 2-246 所示。

4. 在"基准平面"对话框中，选择"两直线"方式，分别选取图 2-247 所示的"线1"和"线2"，单击"确定"按钮，完成创建"基准平面3"。

图 2-246　创建基准平面 2

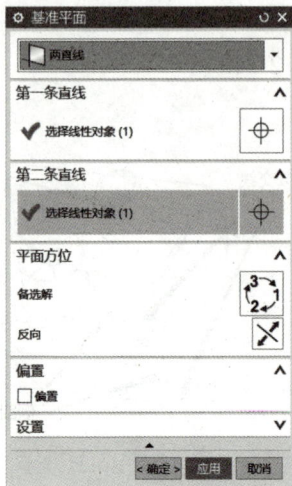

图 2-247　创建基准平面 3

2-29 在"XC-YC"平面内绘制图 2-248 所示的草图。

1. 单击工具栏上的"草图"命令图标![icon]，弹出"创建草图"对话框，如图 2-249 所示，"草图类型"选择"在平面上"，"草图坐标系"→"平面方法"选择"自动判断"，"参考"选择"水平"，"原点方法"选择"指定点"，"指定坐标系"选择基准坐标系 XC-YC 平面，单击"确定"按钮，确定 XC-CY 为草图绘制平面。

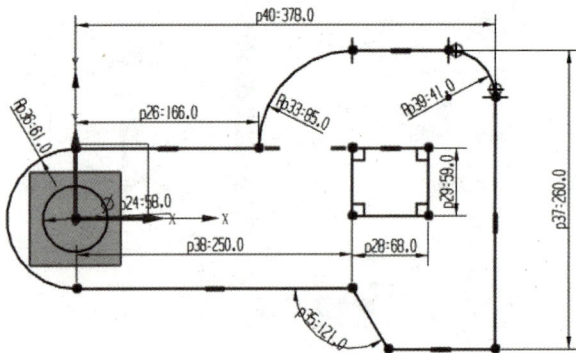

图 2-248　绘制草图

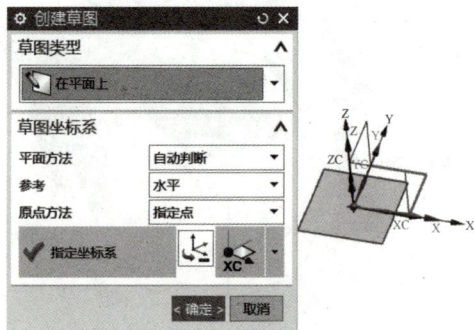

图 2-249　确定草图绘制平面

2. 单击工具栏上的"直线"命令图标![icon]、"圆"命令图标![icon]及其他草图绘制命令图标，在 XC-YC 平面内绘制图 2-248 所示的草图并施加尺寸约束和几何约束。

2-30 在 YC-ZC 平面内绘制图 2-250 所示的草图。

1. 单击工具栏上的"草图"命令图标![icon]，弹出"创建草图"对话框，如图 2-251 所示，"草图类型"选择"在平面上"，"草图坐标系"→"平面方法"选择"自动判断"，"参考"选择"水平"，"原点方法"选择"指定点"，"指定坐标系"选择基准坐标系 YC-ZC 平面，单击"确定"按钮，确定 YC-ZC 平面为草图绘制平面。

2. 单击工具栏上的命令图标![icon]、![icon]、![icon]、![icon]和![icon]，在 YC-ZC 平面绘制图 2-250 所示

的草图并施加尺寸约束和几何约束。

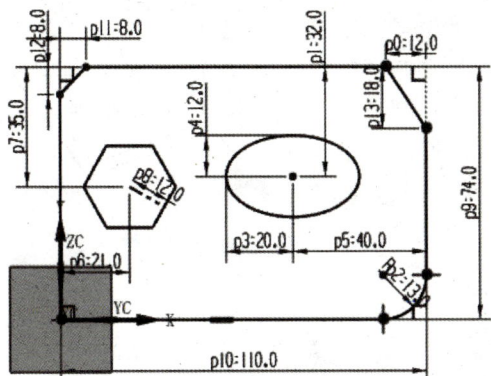

图 2-250　绘制草图

图 2-251　确定草图绘制平面

2-31　打开文件 2-31，对图 2-252 所示的草图曲线进行偏置、延伸和裁剪操作。

1. 单击工具栏上的"偏置曲线"命令图标🖻，弹出"偏置曲线"对话框，如图 2-253 所示，"要偏置的曲线"→"选择曲线"选择五边形的 5 条边，"偏置"→"距离"设为"3mm"，设"副本数"为"1"，设"端盖选项"为"延伸端盖"，单击"确定"按钮，完成偏置曲线操作，结果如图 2-254a 所示。

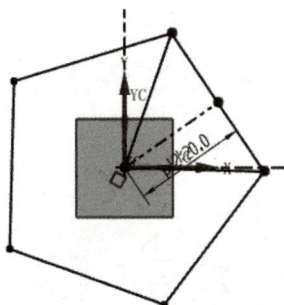

图 2-252　草图曲线

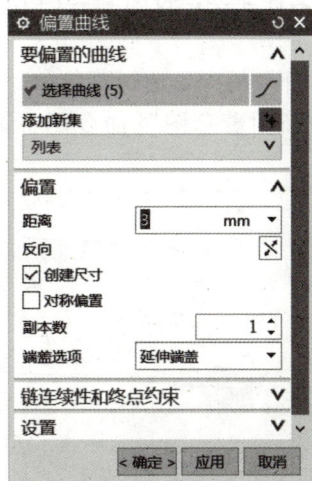

图 2-253　偏置曲线对话框

2. 单击工具栏上的"快速延伸"命令图标↘，弹出"快速延伸"对话框，"边界曲线"和"要延伸的曲线"按图 2-255 所示依次选择后，即完成曲线快速延伸操作，结果如图 2-254b 所示。

3. 单击工具栏上的"快速修剪"命令图标↘，弹出"快速修剪"对话框，"边界曲线"和"要修剪的曲线"按图 2-256 所示依次选择后，即完成曲线快速修剪操作，结果如图 2-254c 所示。

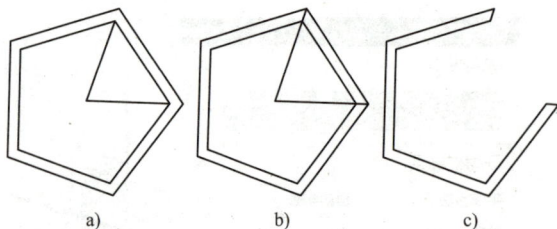

图 2-254　偏置、延伸和裁剪曲线

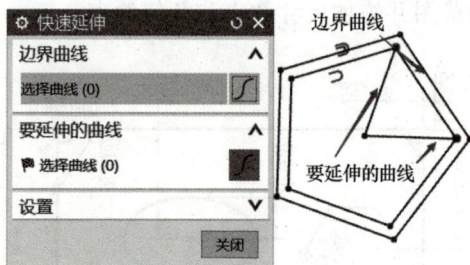

图 2-255　快速延伸操作

图 2-256　快速修剪操作

2-32　打开文件 2-32，将图 2-257a 所示零件上的草图曲线附着到零件另外一个平面上。

1. 在草图工作环境中，选择菜单命令"工具"→"重新附着草图"或单击工具栏上的"重新附着草图"命令图标 🔳，弹出"重新附着草图"对话框，如图 2-258 所示。

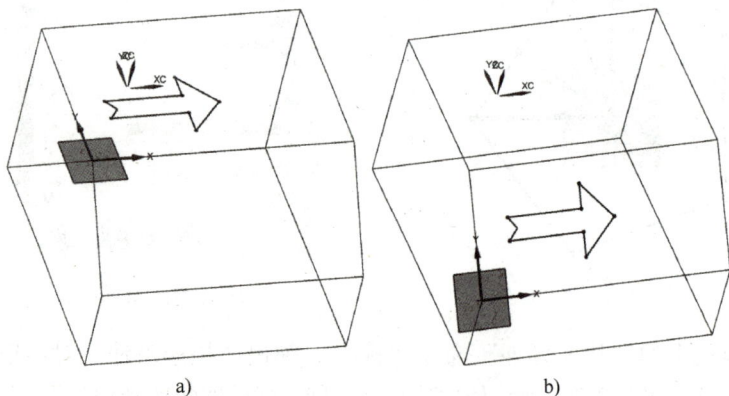

图 2-257　创建重新附着草图

2. 在"重新附着草图"对话框中，"草图类型"选择"在平面上"，"草图平面"→"平面方法"选择"新平面"，"指定平面"选中斜面，"草图方向"→"参考"选择"水平"，"指定矢量"单击图标 ⤬，使矢量方向如图 2-258 所示，"草图原点"→"原点方法"为"指定点"，"指定点"→捕捉斜面边线端点，单击"确定"，结果如图 2-257b 所示。

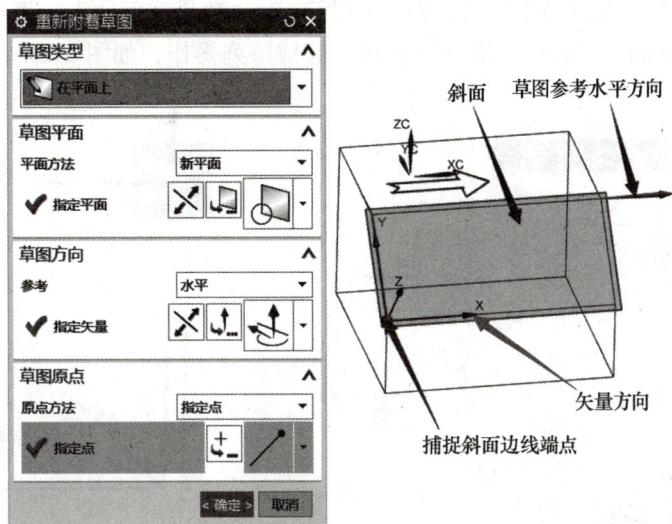

图 2-258　重新附着草图操作

2-33　打开文件 2-33，对图 2-259a 所示的零件进行投影曲线、派生直线和曲线阵列操作。

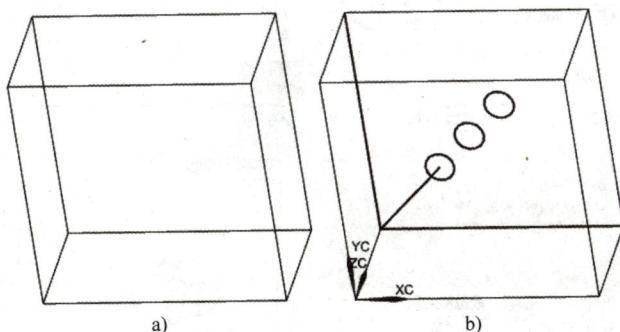

a)　　　　　　　　　b)

图 2-259　创建投影曲线、派生直线和曲线阵列

1. 选择菜单命令"插入"→"在任务环境中绘制草图"，选择零件上表面作为草图的绘制平面。

2. 单击工具栏上的"投影曲线"命令图标，在图 2-260 所示的"投影曲线"对话框中，"要投影的对象"→"选择曲线或点"选择"边 1"和"边 2"，勾选"设置"下的"关联"，"输出曲线类型"为"原先"，单击"确定"按钮，创建 2 条投影曲线，结果如图 2-259b 所示。

3. 单击工具栏上的"派生直线"命令图标，如图 2-261 所示，依次选择 2 条投影曲线，在 2 条曲线之间创建长度为 40mm 的角平分线，结果如图 2-259b 所示。

4. 单击工具栏上的"圆"命令图标，以角平分线端点为圆心，绘制一个直径为 φ12mm 的圆，单击工具栏上的"阵列曲线"命令图标，在"阵列曲线"对话框中，"要阵列的曲线"→"选择曲线" 选择 φ12mm 圆, "阵列定义"→"布局" 选择"线性", "方向1"→"选择线性对象" 选择角平分线, 设"间距"为"数量和间隔", 设"数量"为"3", 设"节距"为"20mm", 单击"确定"按钮, 完成阵列操作, 如图 2-262 所示。

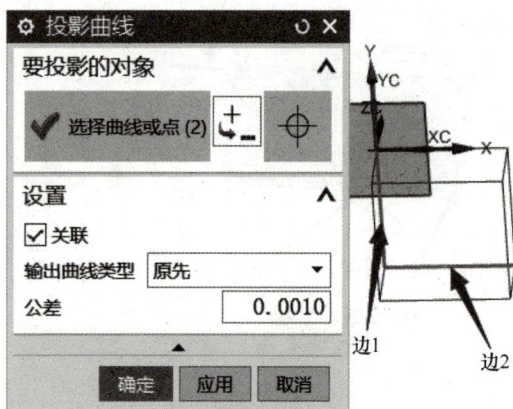

图 2-260　投影曲线操作

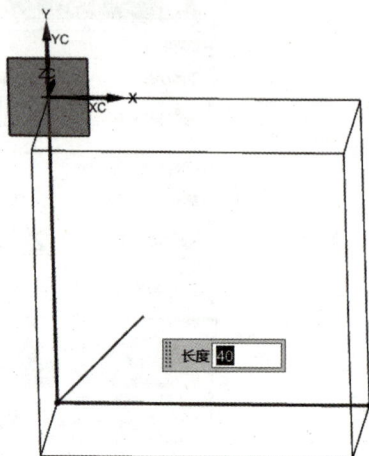

图 2-261　派生直线操作

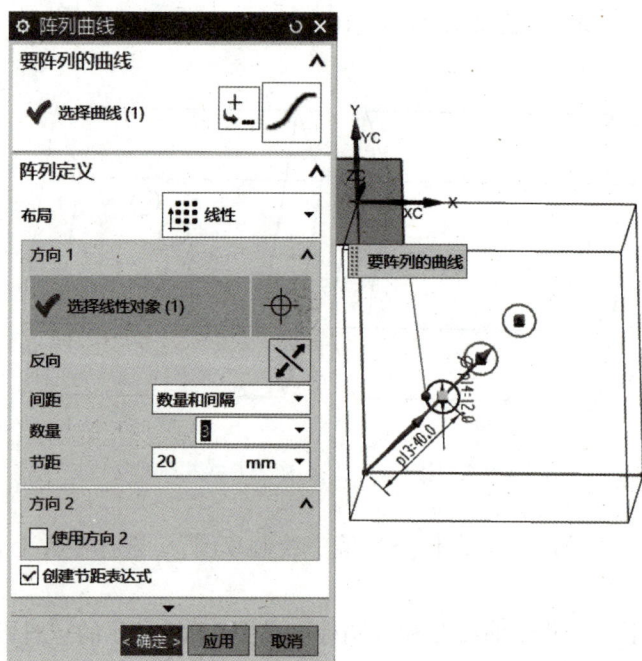

图 2-262　阵列曲线操作

2-34　打开文件 **2-34**, 如图 **2-263a** 所示, 导入文件 **2-34a**, 对导入的曲线进行添加现有曲线操作, 对文件 **2-34** 进行相交曲线操作。

1. 选择菜单命令 "文件"→"导入"→"AutoCAD DXF/DWG", 在 "AutoCAD DXF/DWG 导入向导"对话框中, 通过"浏览" 📄 将文件 2-34a 找到, 拖动滑块, 将"缩放"调整到"100%", 勾选"单色显示", 其他按默认设置, 如图 2-264 所示, 单击

"预览"和"完成"按钮,导入 dwg 格式文件。

2. 选择菜单"插入"→"在任务环境中绘制草图",以 XC-YC 平面作为草图绘制平面。单击工具栏上的"添加现有曲线"命令图标⬚,如图 2-265 所示,在弹出的"添加曲线"对话框中,"对象"→"选择对象"选取 8 条曲线,其他按默认设置,单击"确定"按钮,完成"添加现有曲线"操作,结果如图 2-263b 所示。

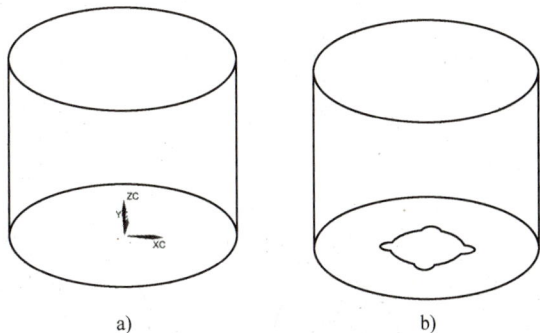

图 2-263 创建添加现有曲线和相交曲线

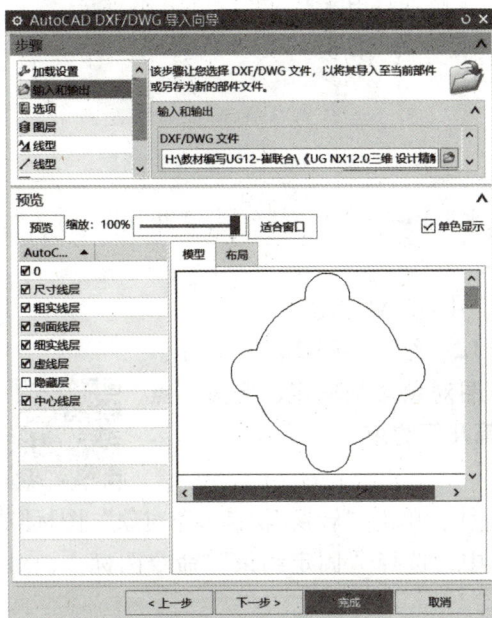

图 2-264 "AutoCAD DXF/DWG 导入向导"对话框

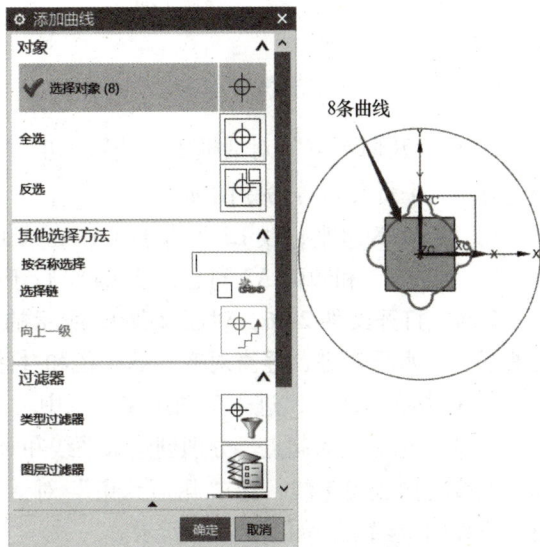

图 2-265 添加现有曲线操作

3. 选择菜单命令"插入"→"在任务环境中绘制草图",以 XC-ZC 平面作为草图绘制平面。单击工具栏上的"相交曲线"命令图标🐟,选取零件后,XC-ZC 平面与零件相交产生的曲线如图 2-266 所示,单击"确定"按钮,完成相交曲线操作,结果如图 2-263b 所示。

2-35 打开文件 **2-35**,对图 **2-267a** 所示的草图对象添加水平、垂直、相切、同心和平行等几何约束。

1. 双击打开的文件,使软件进入草图工作环境中,单击"几何约束"命令图标⊿⊥,弹出"几何约束"对话框,如图 2-268 所示。

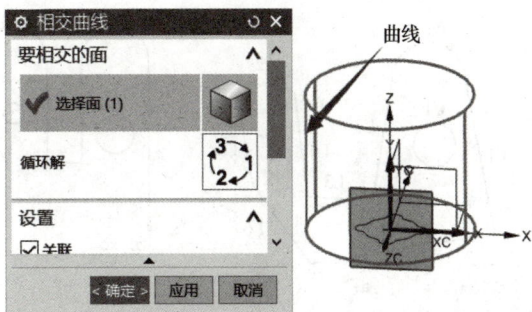

图 2-266 相交曲线操作

95

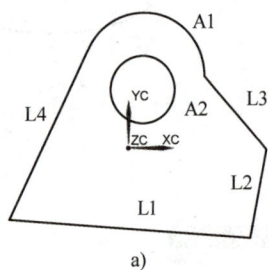

图 2-267　添加几何约束

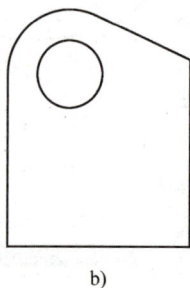

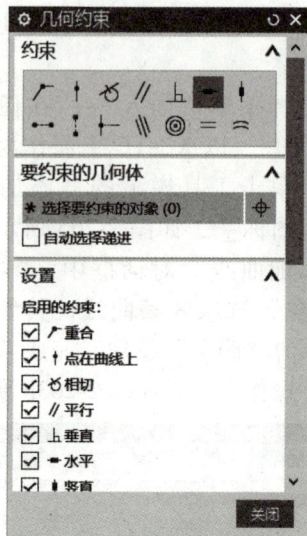

图 2-268　几何约束对话框

2. 在"几何约束"对话框中，分别单击"水平" ▬、"垂直" ⊥、"相切" ⚥、"同心" ◎、"平行" ∥等命令图标。

1）线 L1 为水平，线 L2 垂直于线 L1，线 L3 与圆弧 A1 相切。

2）圆弧 A1 和圆弧 A2 同心，线 L4 平行于线 L2，结果如图 2-267b 所示。

2-36　打开文件 2-36，对图 2-269a 所示的草图对象添加固定、竖直、点在曲线上、水平对齐、竖直对齐、等半径和共线等几何约束。

1. 双击草图命令，进入草图工作环境中。

2. 以坐标原点为起点，分别创建水平线和竖直线，单击"转换至/自参考对象"图标▐▌，将 2 根线转换成参考线，在"几何约束"对话框中，选择"固定约束"命令图标┓，对 2 根线添加固定约束，如图 2-270 所示。

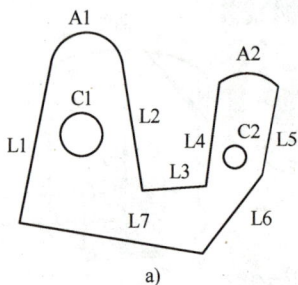

图 2-269　创建几何约束

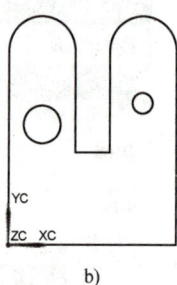

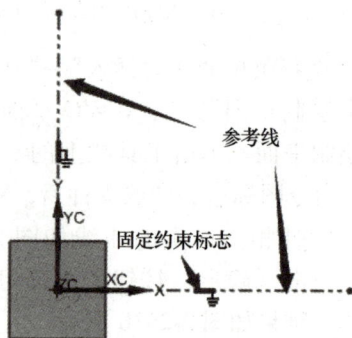

图 2-270　创建参考对象

3. 在"几何约束"对话框中，分别单击"竖直" ▮、"点在曲线上" ┆、"水平对齐" ▬、"等半径" ⌒、"竖直对齐" ▮、"中点" ┠、"共线" ▨、"水平" ▬、"平行" ∥等命令图标。

1）线 L1 为竖直，线 L1 端点在竖直参考线上，线 L1 端点在水平参考线上。

2）圆弧 A1 和圆弧 A2 圆心水平对齐，圆弧 A1 和圆弧 A2 等半径线。

3）圆 C1 圆心与圆弧 A1 圆心竖直对齐，线 L2、L4、L5 平行于线 L1。

4）圆 C2 圆心与圆弧 A2 圆心竖直对齐，圆 C2 圆心在线 L2 的中点，线 L6 和线 L5 共线。

5）线 L3 水平，线 L7 平行于线 L3，结果如图 2-269b 所示。

2-37 打开文件 2-37，对如图 2-271a 所示的草图对象添加尺寸约束。

1. 打开文件 2-37，双击草图，进入草图工作环境中。

2. 单击工具栏上"快速尺寸"的下拉箭头，再单击"线性尺寸"命令图标 ⊨、"径向尺寸"命令图标 ⊀ 和"角度尺寸"命令图标 ⊿，分别弹出"线性尺寸""径向尺寸""角度尺寸"对话框，给草图添加图 2-271b 所示的尺寸约束。

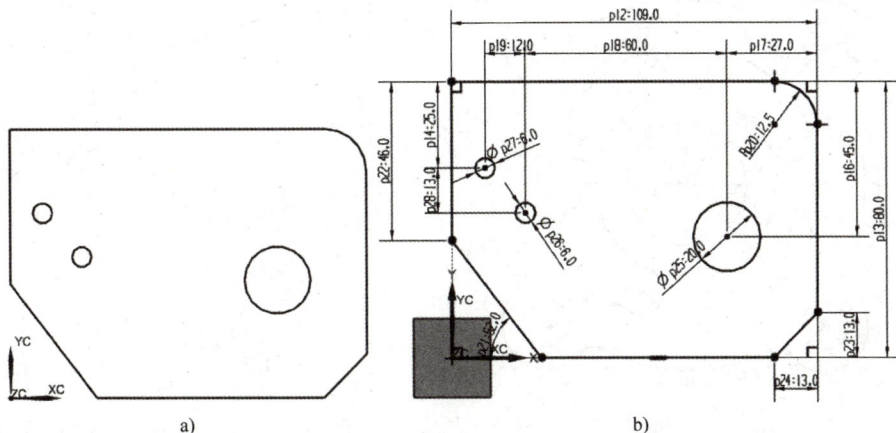

图 2-271　添加尺寸约束

2-38 打开文件 2-38，对图 2-272a 所示的草图约束进行备选解操作。

1. 双击草图，进入草图工作环境中。

2. 单击工具栏上的"备选解"命令图标 ⊞，弹出"备选解"对话框，"对象 1"→"选择线性尺寸或几何体"选中尺寸 8mm 或尺寸 6mm，如图 2-273 所示，结果如图 2-272b 所示。

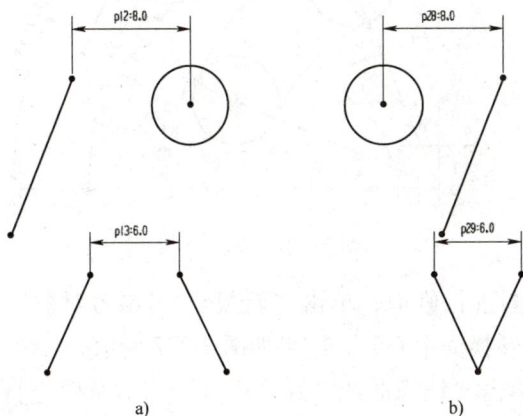

图 2-272　创建备选解约束

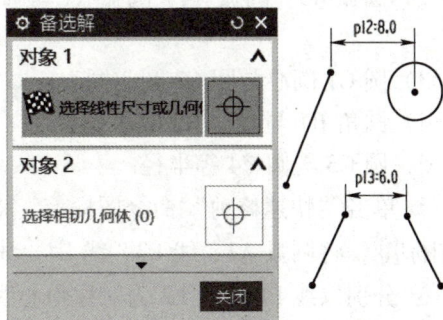

图 2-273　备选解操作

2-39 在任意平面，创建图2-274所示的截面草图。

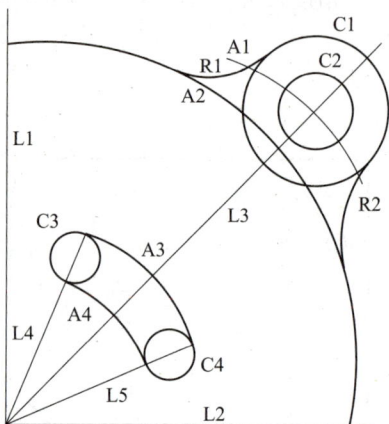

1. 选择菜单命令"插入"→"在任务环境中绘制草图"，单击"创建草图"对话框中的"确定"按钮，进入草图功能环境中。

2. 单击工具栏上的"直线"命令图标 /，以坐标原点为起点，绘制水平线和竖直线，直线约为9mm，选择"共线"几何约束 ⫫，使水平线与X轴共线，竖直线与Y轴共线，单击"派生直线"命令图标 ⟍，在水平线与竖直线之间创建一条45°倾斜线，以坐标原点为起点，再创建2条线，设长度为4.5mm，设角度分别为23°和67°，结果如图2-275所示的"线L1""线L2""线L3""线L4"和"线L5"。

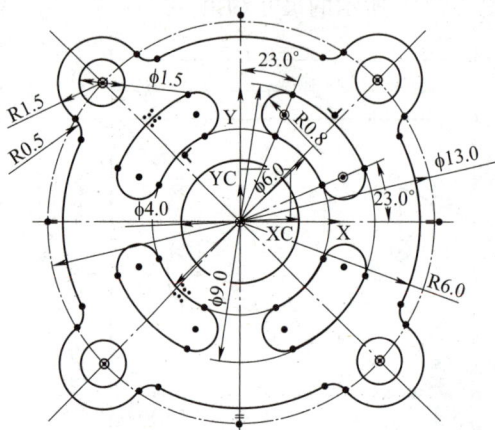

图2-274 截面草图

图2-275 创建基本曲线轮廓

3. 单击"圆弧"命令图标 ⟍、"圆"命令图标 ○ 和"角焊"命令图标 ⌐，创建图2-275所示的基本曲线轮廓，再给基本曲线轮廓添加尺寸约束，结果如图2-276所示。

4. 在"几何约束"对话框中，单击"点在曲线上" ⊢、"等半径" ⩳、"同心" ◎ 等命令图标。

1）圆弧A2的圆心在线L1和线L2上。

2）圆弧A3、圆弧A4、圆弧A1与圆弧A2同心。

3）圆C1圆心与圆C2圆心同心。

4）圆角R1与圆角R2等半径。

5）圆C3与圆C4等半径。

图2-276 添加尺寸约束

5. 单击"快速修剪"命令图标 ⟍，对草图进行修剪；单击"转换至/自参考对象"命令图标，将圆弧A1、线L3、线L4、线L5转换为中心线，结果如图2-277所示。

6. 分别以线L1和线L2为对称中心线，单击"镜像曲线"命令图标 ⟍，对草图进行镜像操作，结果如图2-278所示，以坐标原点为圆心，绘制中心ϕ4mm的圆，结果如图2-274所示。

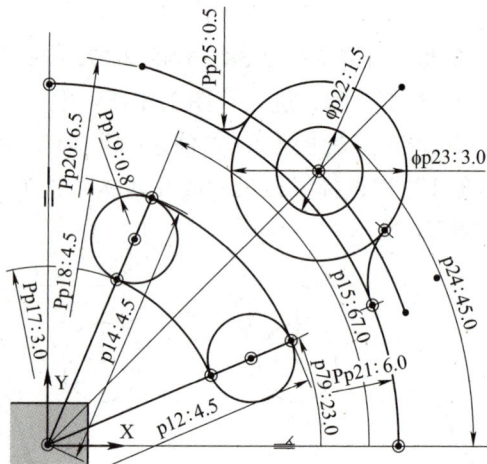

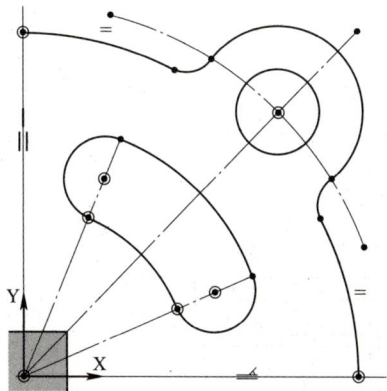

图 2-277 修剪与转换草图

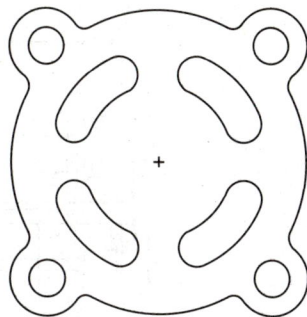

图 2-278 镜像草图

>> 课后习题

2-1 根据图 2-279,用软件草图功能完成截面草图的绘制。

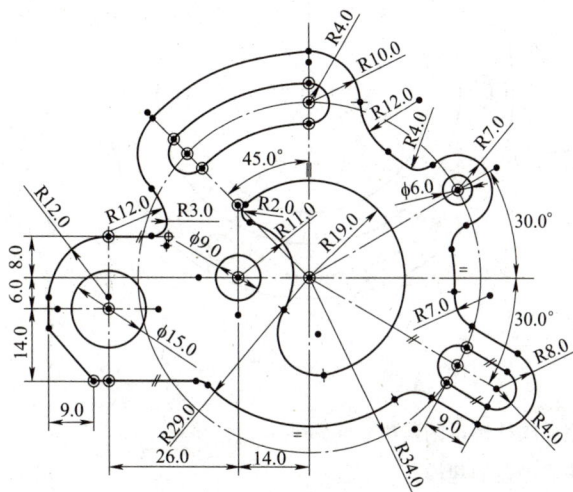

图 2-279 截面草图

2-2 图 2-280,完成隔环和压套两零件的建模。

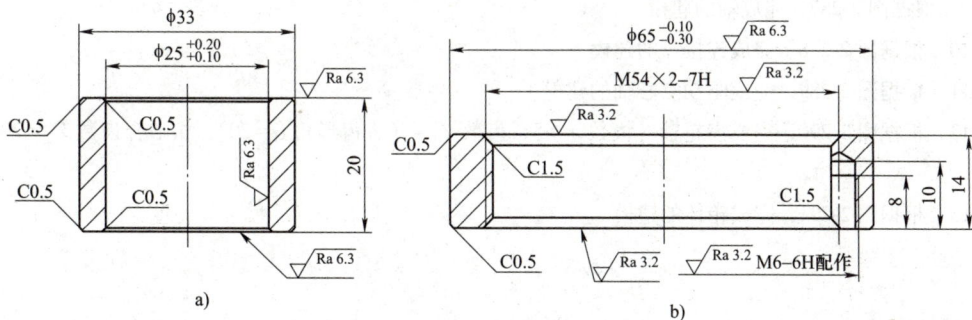

图 2-280 隔环和压套

2-3 根据图 2-281，完成轴承压盖的建模。

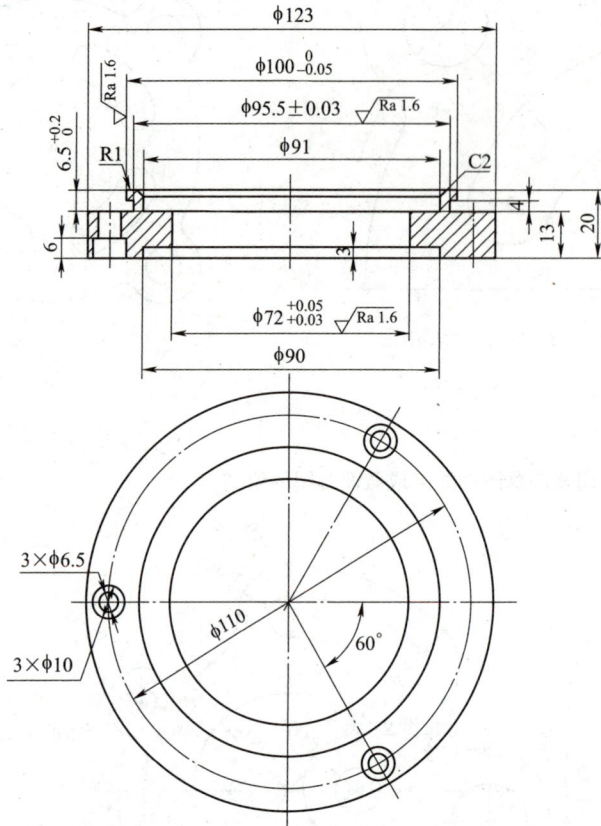

图 2-281 轴承压盖

2-4 根据图 2-282，完成阀杆螺母的建模。

2-5 根据图 2-283，完成护盖的建模。

2-6 根据图 2-284，完成端盖的建模。

2-7 根据图 2-285，完成齿轮盘（模数 $m=5$，齿数 $Z=20$）的建模。

2-8 根据图 2-286，完成护罩的建模。

2-9 根据图 2-287，完成轴的建模。

2-10 根据图 2-288，完成连接盘的建模。

2-11 根据图 2-289，完成驱动空心轴的建模。

2-12 根据图 2-290，完成齿轮轴（模数 $m=5$，齿数 $Z_1=10$，齿形角 $\alpha=20°$，相啮合齿数 $Z_2=20$）的建模。

2-13 根据图 2-291，完成箱体的建模。

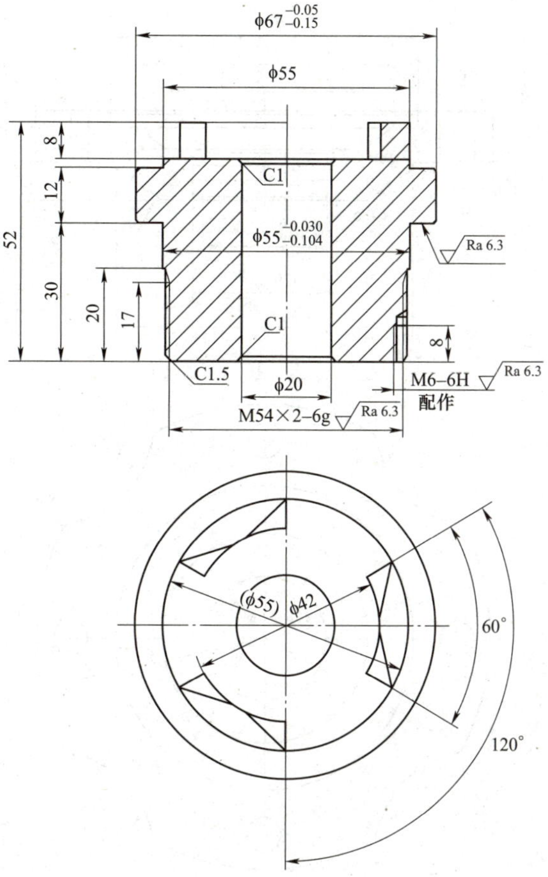

图 2-282 阀杆螺母

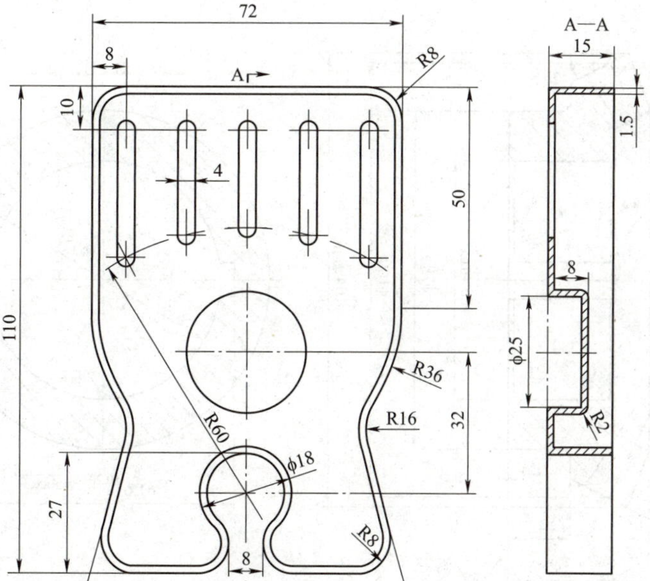

图 2-283 护盖

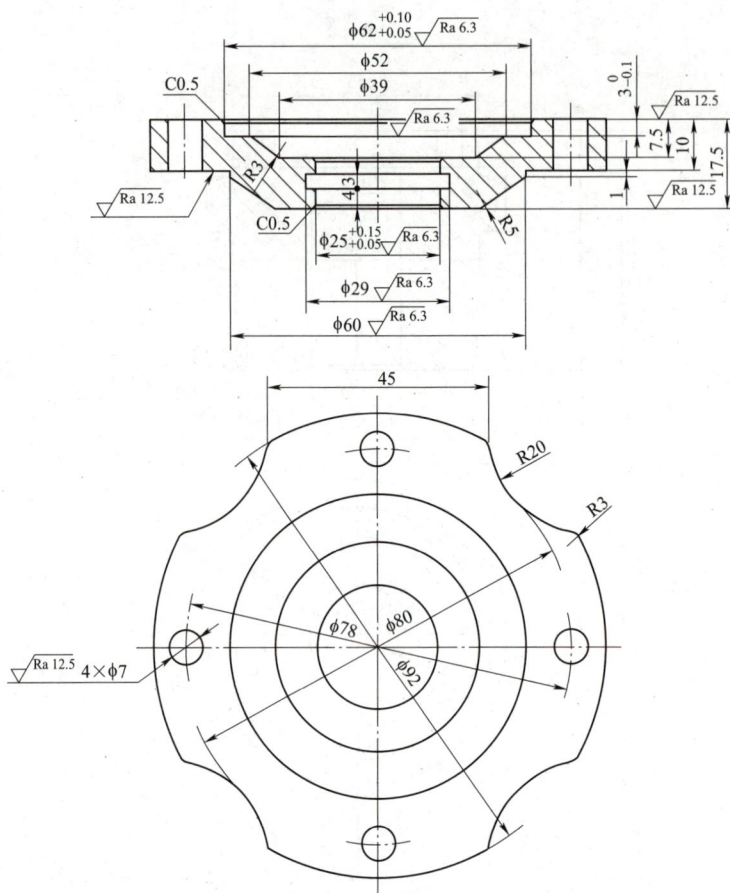

图 2-284 端盖

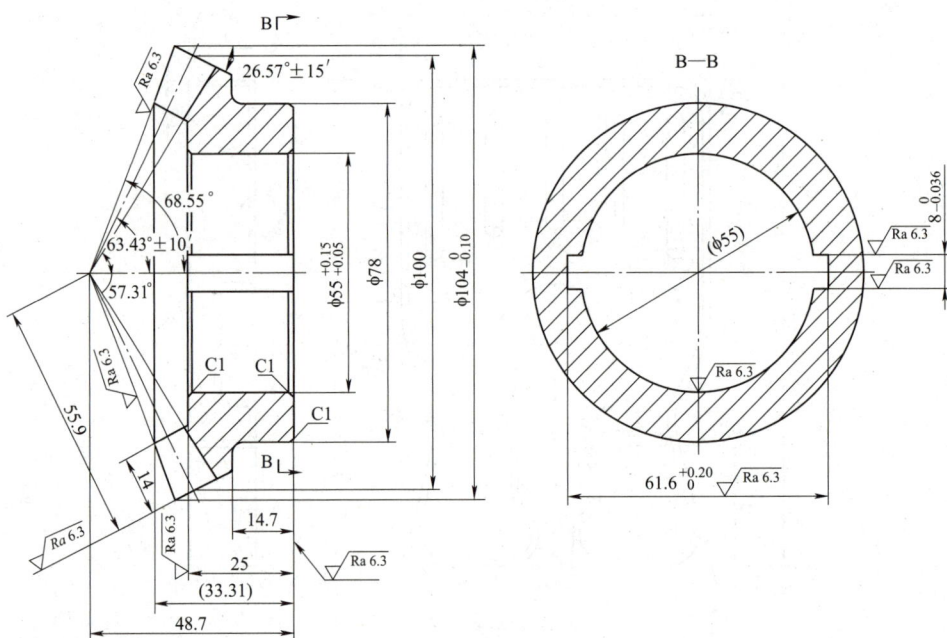

图 2-285 齿轮盘

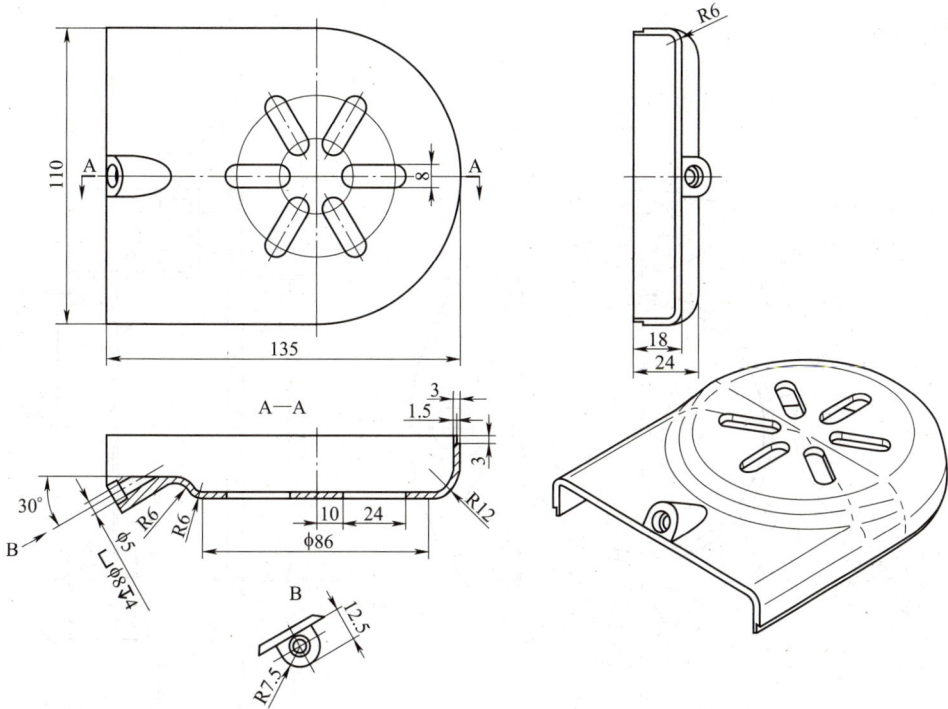

图 2-286　护罩

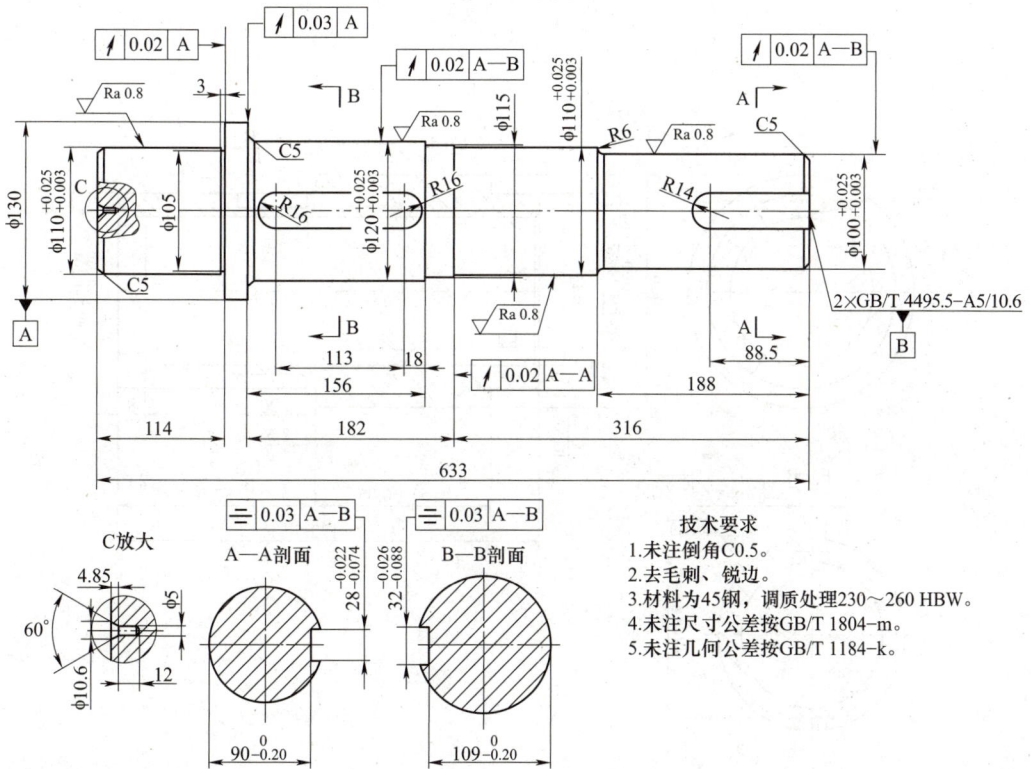

技术要求
1. 未注倒角C0.5。
2. 去毛刺、锐边。
3. 材料为45钢，调质处理230～260 HBW。
4. 未注尺寸公差按GB/T 1804-m。
5. 未注几何公差按GB/T 1184-k。

图 2-287　轴

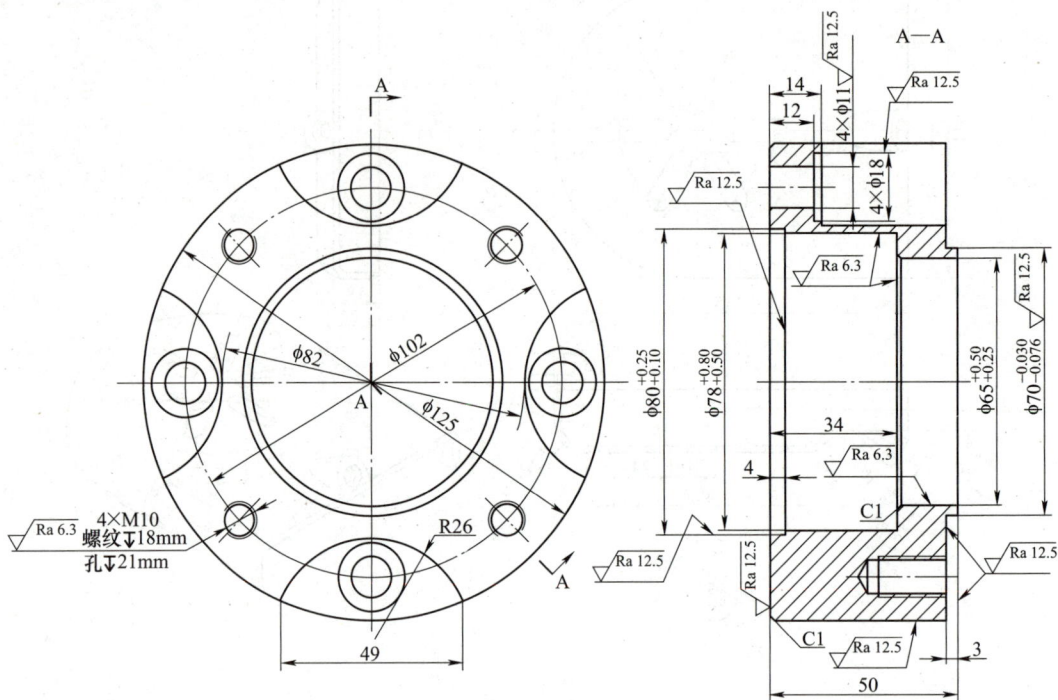

图 2-288　连接盘

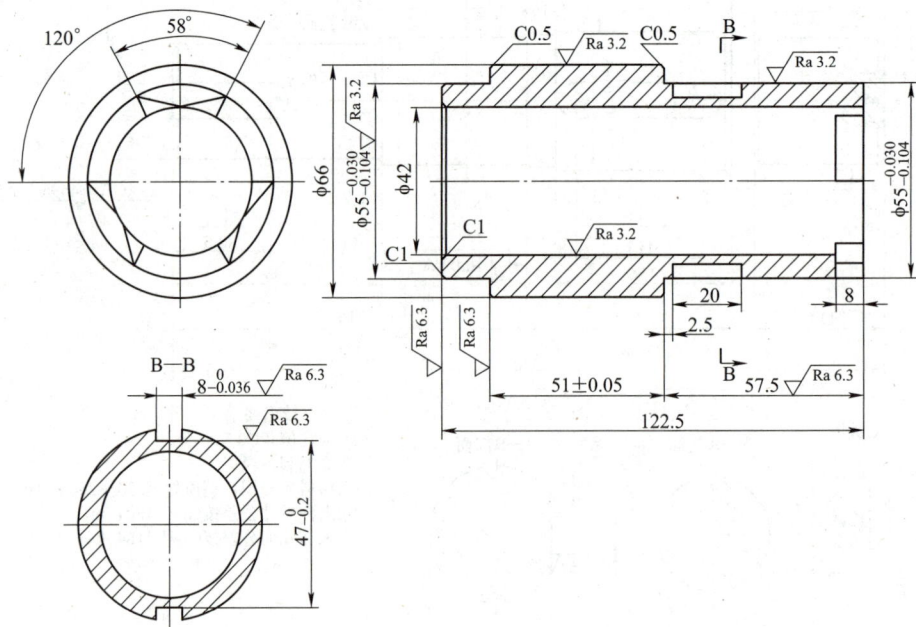

图 2-289　驱动空心轴

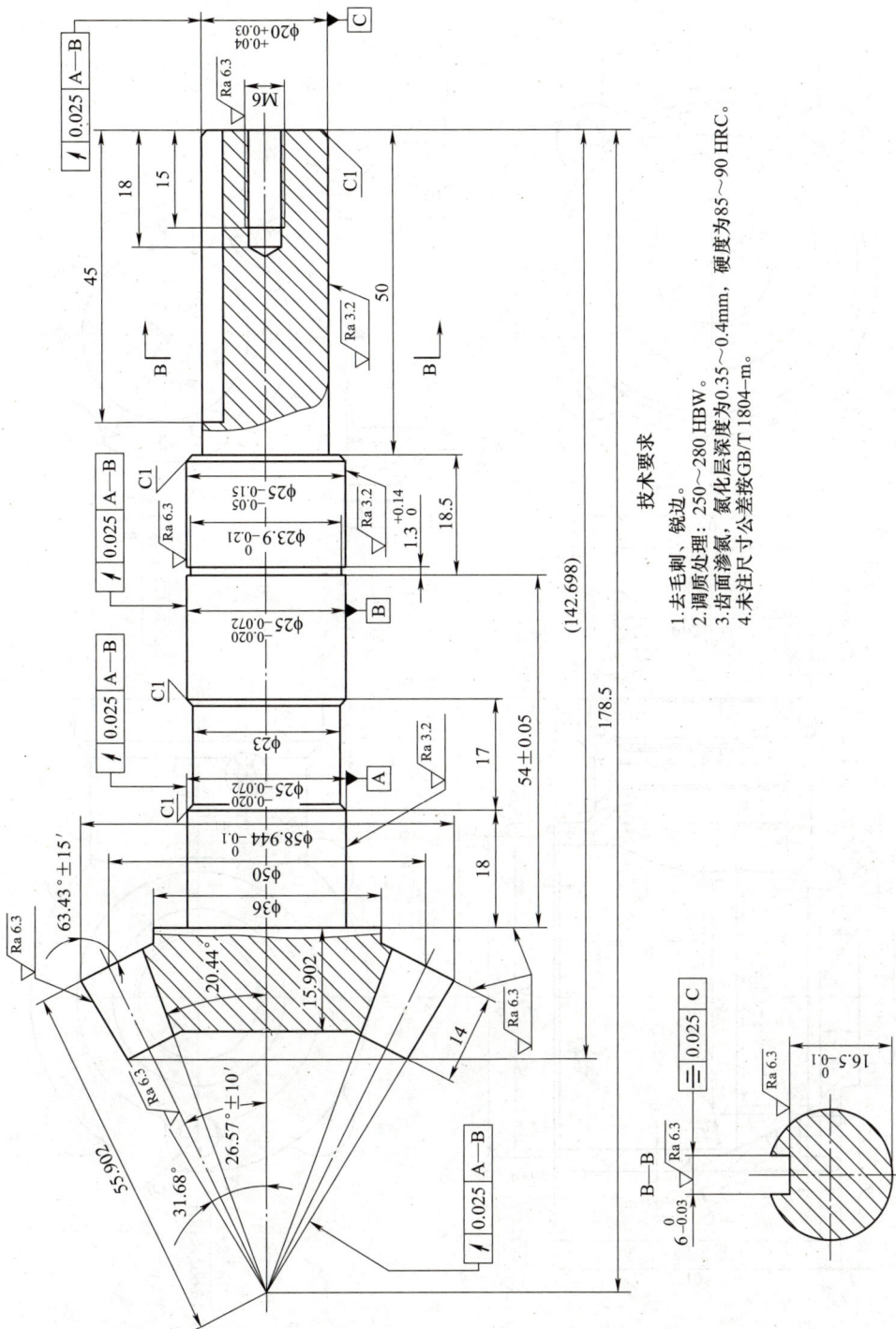

技术要求

1. 去毛刺, 锐边。
2. 调质处理: 250~280 HBW。
3. 齿面渗氮, 氮化层深度为0.35~0.4mm, 硬度为85~90 HRC。
4. 未注尺寸公差按GB/T 1804-m。

图 2-290 齿轮轴

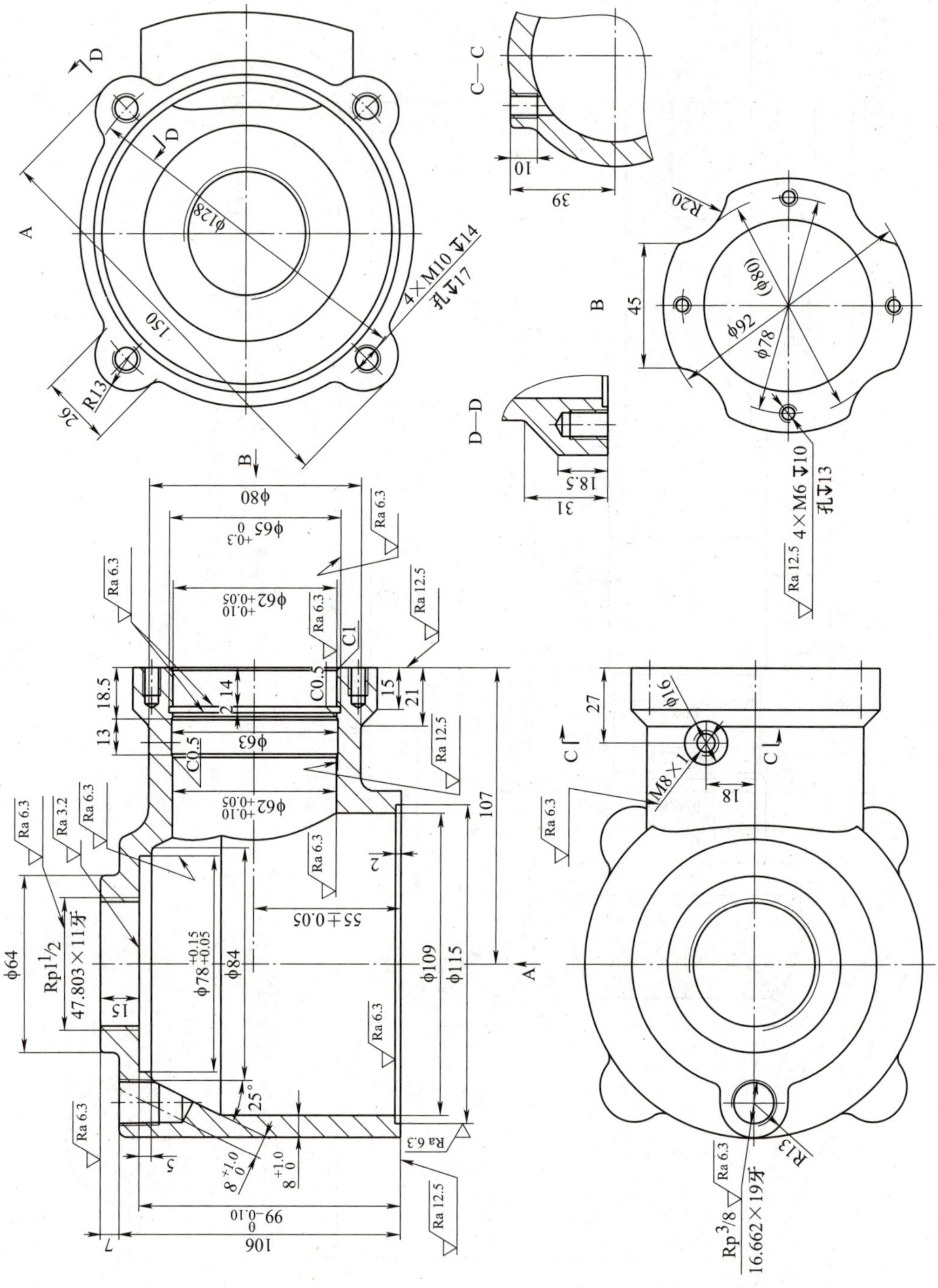

图 2-291　箱体

项目3 曲面设计

项目介绍

UG 曲面设计模块是针对形状复杂的零件而开发的产品设计功能，自由曲面构造方法多，功能特别强大，调用也非常方便。它可以采用自由形状特征直接生成零件实体，也可以将自由形状特征与实体特征相结合完成产品的设计、建模，因此，UG 曲面设计在日用品、飞机、轮船、汽车等行业应用极为广泛。

项目 3 包含 3 个任务：肥皂的建模、水嘴旋钮的建模和洗发瓶的建模。本项目拟通过这 3 个任务的学习，让学生掌握 UG 软件曲面基本设计方法。本项目的学习目标如下：

（1）掌握扫掠功能的操作。

（2）掌握曲面功能模块的应用。

（3）掌握曲面缝合功能的操作方法。

（4）掌握投影曲线、相交曲线、偏置曲面和修剪片体的操作。

（5）掌握网格曲面的创建方法和加厚命令的操作程序等。

任务 3.1 肥皂的建模

任务分析

如图 3-1 所示，肥皂的建模过程：首先绘制一个矩形草图，拉伸后创建片体，然后以 YZ 平面和 XZ 平面作为草图的绘制平面，分别绘制一段圆弧，用"扫掠"命令创建圆弧片体，用"修剪"命令完成曲面的修剪；用"有界平面"命令完成肥皂封闭面的创建，在 XZ 平面内绘制一段圆弧，用"旋转"命令生成旋转片体，修剪后，对所有片体进行"缝合"和"边倒圆"操作后，绘制"截面线"和"引导线"，用"扫掠"命令创建肥皂表面缺口特征，最后用"阵列特征"命令完成表面缺口体素的创建。

图 3-1 肥皂轴测图

>> **操作步骤**

1. 打开 UG NX 12.0 软件后，单击"新建"，给文件命名为"肥皂"，单位取"毫米"，进入"建模"模块。

2. 选择菜单命令"插入"→"在任务环境中绘制草图"，弹出"创建草图"对话框，如图 3-2 所示，选择 XY 平面作为草图的绘制平面，单击"确定"按钮，进入"草图"工作环境中；如图 3-3 所示，单击"显示草图约束"的下拉箭头，将"连续自动标注尺寸"命令关闭。

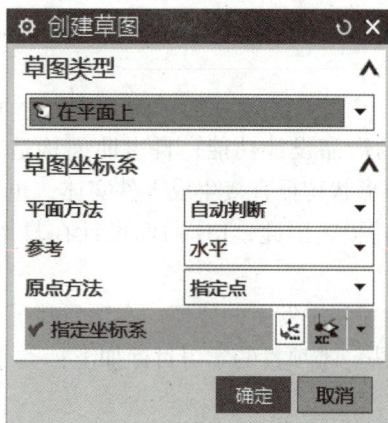

图 3-2　确定草图绘制平面

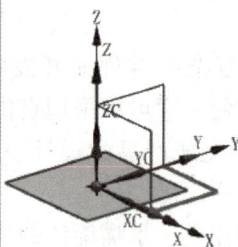

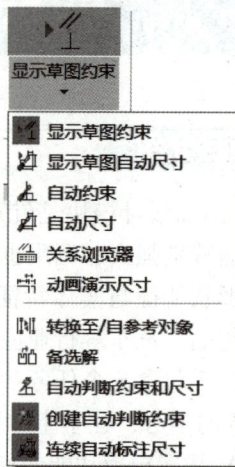

图 3-3　关闭连续自动标注尺寸

3. 单击"矩形"命令图标▢，弹出"矩形"对话框，"矩形方法"选择"按 2 点"方式在 XY 平面绘制一个矩形，如图 3-4 所示，单击工具栏上的"设为对称"命令图标，在"设为对称"对话框中，"主对象"和"次对象"分别选取 2 条水平线，"对称中心线"选取 X 轴，如图 3-5 所示，同理，选取 2 条竖直线和 Y 轴，完成设为对称操作后，并添加尺寸约束 95mm×70mm，结果如图 3-6 所示。

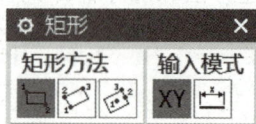

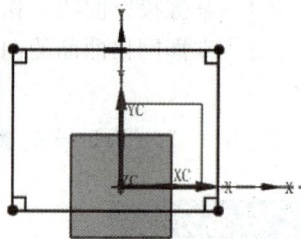

图 3-4　绘制矩形

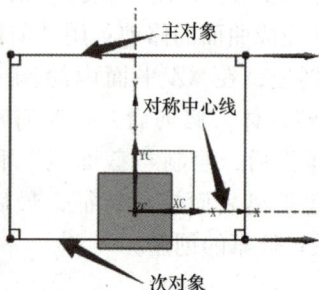

图 3-5　设为对称操作

4. 单击"完成草图"命令图标 ，返回建模模块下，选择菜单命令"插入"→"设计特征"→"拉伸"，在弹出的"拉伸"对话框中，"截面线"→"选择曲线"选择上一步绘制的草图，"方向"→"指定矢量"设为"+↑ZC"方向，"限制"→"开始"设为"值"，将开始的"距离"设为"0mm"，"限制"→"结束"设为"值"，将结束的"距离"设为"20mm"，"布尔"→"布尔"为"无"，"设置"→"体类型"为"片体"，单击"确定"按钮，结果如图3-7所示。

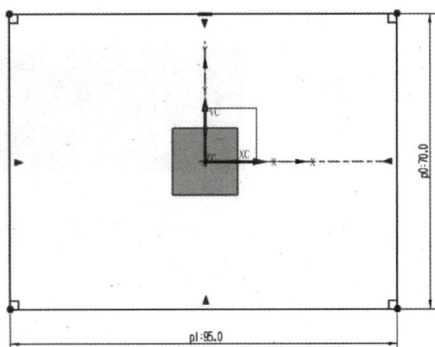

图3-6 添加尺寸约束

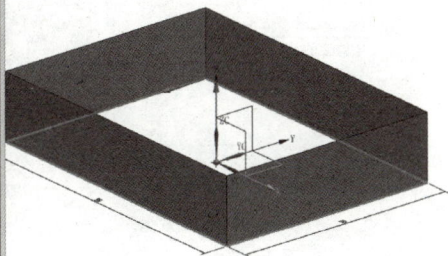

图3-7 拉伸曲线

5. 选择菜单命令"插入"→"在任务环境中绘制草图"，选择 YZ 平面作为草图的绘制平面，单击"确定"按钮，进入"草图"绘制环境中，单击工具栏上的"圆弧"命令图标 ，绘制图3-8所示的圆弧，并添加尺寸约束90mm。单击"几何约束"命令图标 ，选中"点在曲线上"图标 ，使圆弧圆心在 Y 轴上。

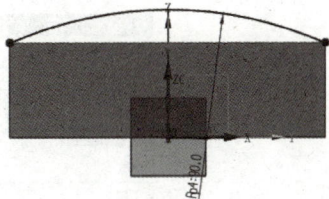

图3-8 绘制圆弧

6. 单击"完成草图"命令图标 ，返回建模模块下，选择菜单命令"插入"→"在任务环境中绘制草图"，选择 XZ 平面作为草图的绘制平面，单击工具栏上的"圆弧"命令图标 ，绘制圆弧，并给圆弧添加图3-9所示的尺寸约束，单击"几何约束"命令图标 ，选中"点在曲线上"图标 ，使圆弧圆心在 Y 轴上。

7. 单击"完成"草图命令图标 ，返回建模模块下，选择菜单命令"插入"→"扫掠"→"扫掠"，在"扫掠"对话框中，"截面"→"选择曲线"选择 YZ 平面内的圆弧线，"引导线"→"选择曲线"选择 XZ 平面内的圆弧线，如图3-10所示。

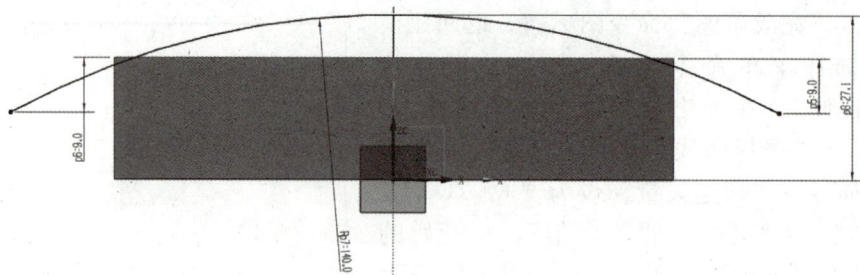

图 3-9　绘制草图

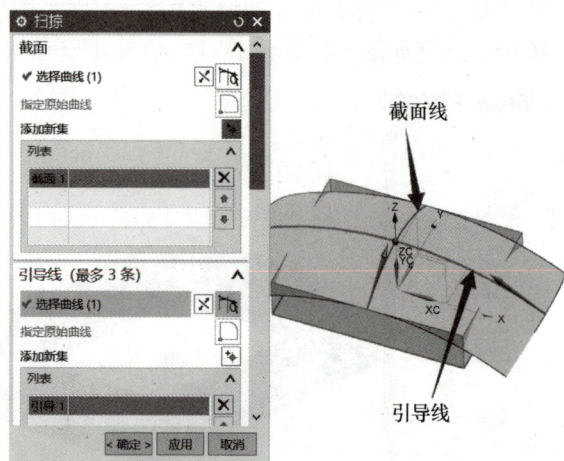

图 3-10　扫掠操作

8. 选择菜单命令"插入"→"修剪"→"修剪和延伸"，在弹出的"修剪和延伸"对话框中，"修剪和延伸类型"选择"制作拐角"，"目标"→"选择面或边"选择曲面，"工具"→"选择面或边"选择四个垂直面，"需要的结果"→"箭头侧"设为"删除"，单击"确定"按钮，完成曲面的修剪，如图 3-11 所示。

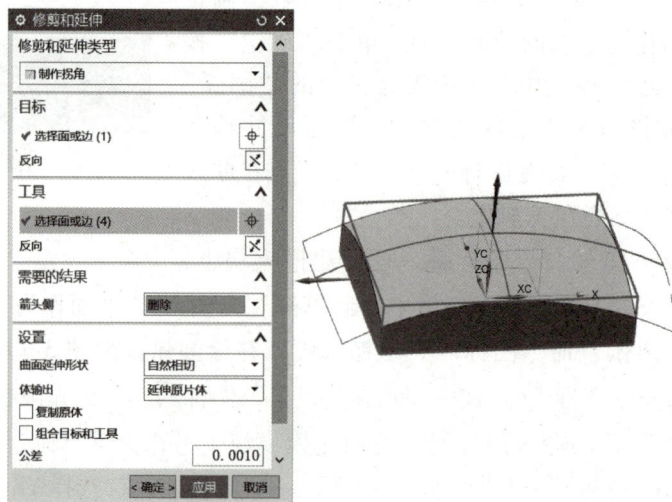

图 3-11　修剪和延伸操作

9. 选择菜单命令"插入"→"曲面"→"有界平面"，在弹出的"有界平面"对话框中，"平截面"→"选择曲线"选中图 3-12 所示的四条曲线，单击"确定"按钮，完成"有界平面"的创建。

10. 选择菜单命令"插入"→"在任务环境中绘制草图"，选择 XZ 平面作为草图的绘制平面，单击工具栏上的"圆弧"命令图标 ⮡，并给圆弧添加图 3-13 所示的尺寸约束，单击"几何约束"命令图标 ⟋⊥，选中"点在曲线上"图标 ⬕，使圆弧圆心落在 Y 轴上。

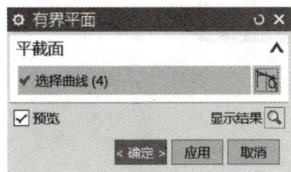

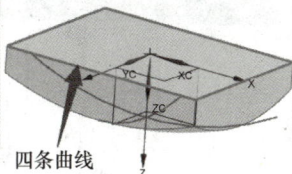

图 3-12　有界平面的创建

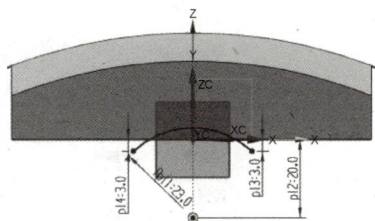

图 3-13　绘制草图

11. 单击"完成草图"命令图标 ▨，返回建模模块下，选择菜单命令"插入"→"设计特征"→"旋转"，在弹出的"旋转"对话框中，"截面线"→"选择曲线"选择刚刚创建的圆弧线，"轴"→"指定矢量"设为"+↑XC"方向，设"指定点"为圆弧中心点，"限制"→"角度"为"360°"，"设置"→"体类型"设为"片体"，单击"确定"按钮，创建出图 3-14 所示的旋转片体。

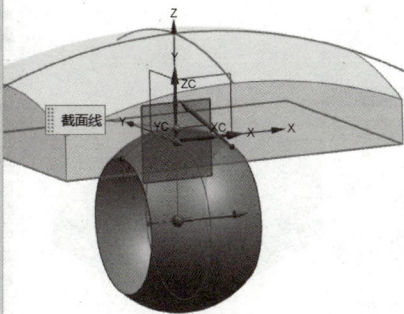

图 3-14　旋转操作

12. 选择菜单命令"插入"→"修剪"→"修剪和延伸"，如图 3-15 所示，在弹出的"修剪和延伸"对话框中，"目标"→"选择面或边"选择底平面，"目标"→"反向"向下，"工具"→"选择面或边"选择旋转曲面，"工具""反向"向上，"需要的结果"→

"箭头侧"设为"删除",单击"确定"按钮,完成修剪和延伸操作。

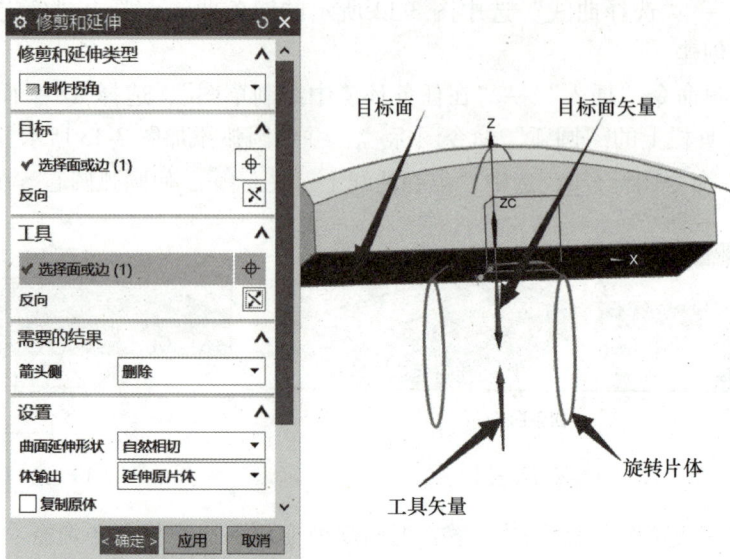

图 3-15　修剪和延伸操作

13. 选择菜单命令"插入"→"组合"→"缝合",如图 3-16 所示,在弹出的"缝合"对话框中,"目标"→"选择片体"选择曲面,"工具"→"选择片体"选择其他面,单击"确定"按钮,完成了缝合操作。

14. 选择菜单命令"插入"→"细节特征"→"边倒圆",如图 3-17 所示,对四条直角边进行边倒圆操作,倒圆半径为 20mm。

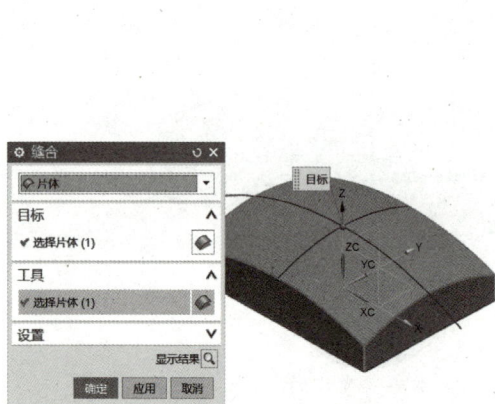

图 3-16　缝合操作

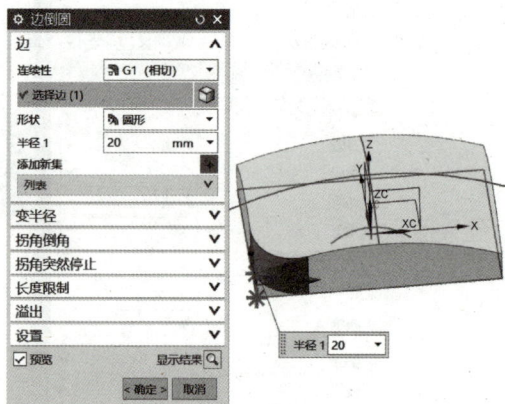

图 3-17　边倒圆操作

15. 隐藏草图后,选择菜单命令"插入"→"基准/点"→"基准平面",选中 XY 平面,以"按某一距离"的方式,创建一个与 XY 平面偏置距离为 28mm 的平面,如图 3-18 所示。

16. 选择菜单命令"插入"→"在任务环境中绘制草图",选择新创建的偏置基准平面作为草图绘制平面,单击工具栏上的"艺术样条"命令图标，在弹出的"艺术样条"对话框中，选择"通过点"的方式，"点位置"→"指定点"选择图 3-19 中的"指定点"，"参数化"→"次数"设为 2，其他不变，创建图 3-19 所示的草图。

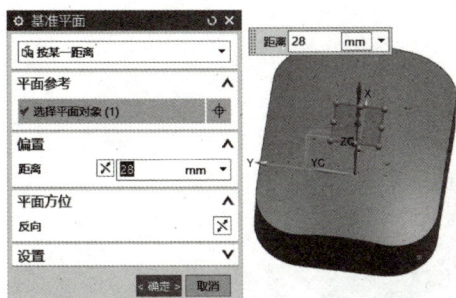

图 3-18 创建基准平面

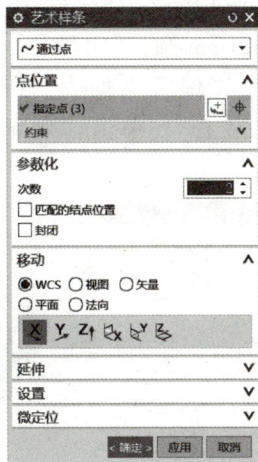

图 3-19 绘制草图

17. 单击"线性尺寸"命令图标，给样条曲线添加尺寸约束，如图 3-20 所示；选择菜单命令"插入"→"基准/点"→"基准平面"，在弹出的"基准平面"对话框中，选择以"点和方向"的方式创建基准平面，"通过点"→"指定点"设为艺术样条曲线的端点，"法向"→"指定矢量"为"曲线上矢量"，单击"确定"按钮，创建基准平面，如图 3-21 所示。

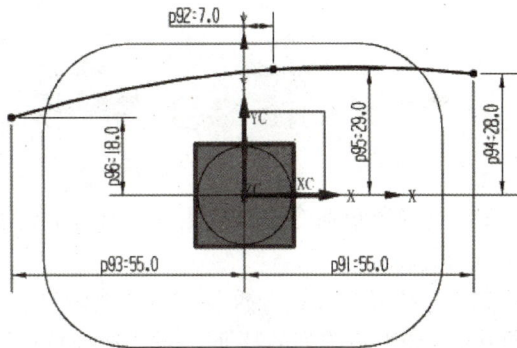

图 3-20 添加尺寸约束

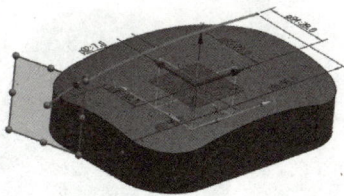

图 3-21 创建基准平面

18. 选择菜单命令"插入"→"在任务环境中绘制草图"，选择新创建的平面作为草图绘制平面，以样条曲线端点为圆心，绘制 1 个直径为 φ21mm 的圆，如图 3-22 所示。

19. 单击"完成草图"命令图标 ，返回建模模块下，选择菜单命令"插入"→"扫掠"→"沿导线扫掠"，在弹出的"沿引导线扫掠"对话框中，"截面"→"选择曲线"选择 φ21mm 圆，"引导"→"选择曲线"选择样条曲线，设"偏置"均为"0mm"，"布尔"→"布尔"设为"减去"，单击"确定"按钮，结果如图 3-23 所示。

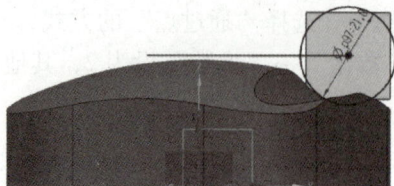

图 3-22　绘制圆

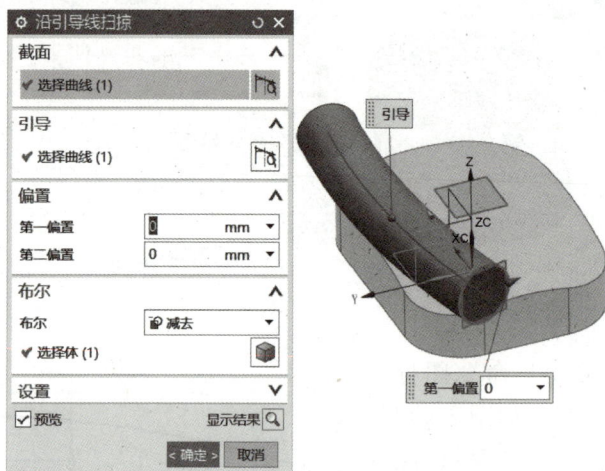

图 3-23　沿引导线扫掠操作

20. 选择菜单命令"编辑"→"显示和隐藏"→"显示和隐藏"，将"草图"和"基准平面"隐藏起来。

21. 选择菜单命令"插入"→"关联复制"→"阵列特征"，在弹出的"阵列特征"对话框中，"要形成阵列的特征"→"选择特征"选择扫掠特征，"阵列定义"→"布局"选择"圆形"，"旋转轴"→"指定矢量"设为"+↑ZC"方向，"指定点"设为坐标原点，设"数量"为"2"，设"节距角"为"180°"，如图 3-24a 所示，单击"确定"按钮，结果如图 3-24b 所示。

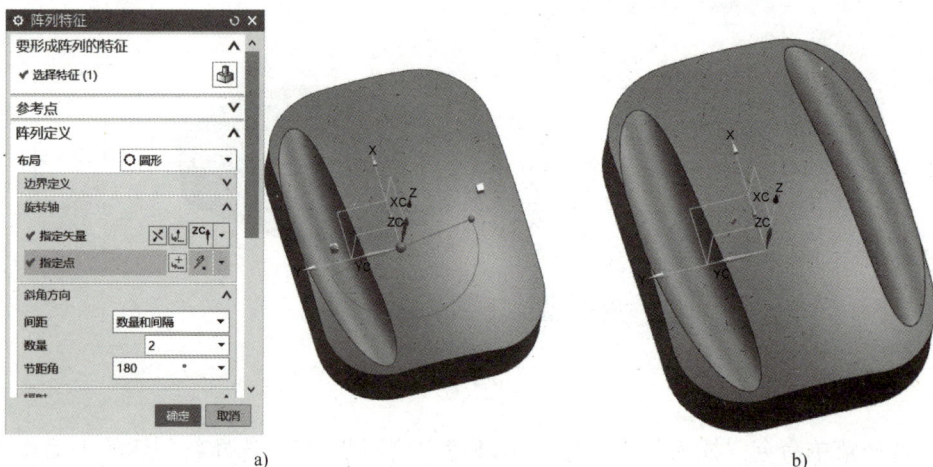

a)　　　　　　　　　　　　　　　　　b)

图 3-24　阵列特征操作

任务 3.2　水嘴旋钮的建模

任务分析

　　如图 3-25 所示，水嘴旋钮的建模过程：首先在 XZ 平面内绘制一个草图，用"旋转"命令创建一个片体，用"边倒圆"命令进行边倒圆操作；在 XY 平面内绘制草图，并进行"投影曲线"和"相交曲线"操作，在 XZ 平面内绘制草图，用"显示曲率梳"命令对曲线形状进行修整；用"相交"命令，创建相交曲线，并用"通过曲线网格"命令创建曲面，对刚创建的曲面进行"镜像"；"缝合"曲面后，进行"移动对象"操作；"投影曲线"和"修剪片体"后进行"缝合"操作，调用"有界平面"命令创建平面，再一次进行"缝合"；最后进行内螺纹底孔、槽和螺纹特征的创建。

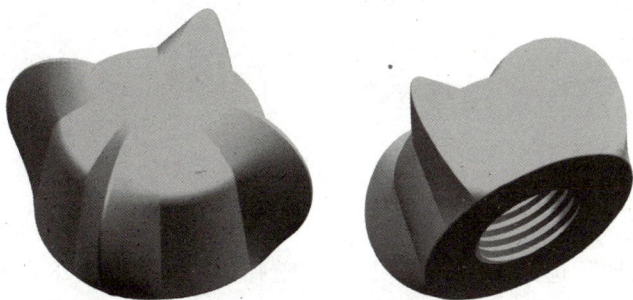

图 3-25　水嘴旋钮轴测图

操作步骤

　　1. 打开 UG NX 12.0 软件后，单击"新建"，单位取"毫米"，给文件命名为"水嘴旋盖"，软件进入"建模"模块下。

　　2. 选择菜单命令"插入"→"在任务环境中绘制草图"，选择 XZ 平面作为草图的绘制平面，绘制的草图如图 3-26 所示。

　　3. 选择菜单命令"插入"→"设计特征"→"旋转"，弹出"旋转"对话框，在曲线规则中选择"相连曲线"，在"旋转"对话框中，"截面线"→"选择曲线"选择上一步绘制的 2 根草图曲线，"轴"→"指定矢量"设为"+↑ZC"方向，"轴"→"指定点"设为坐标原点，"限制"→"开始"设为"值"，设开始的"角度"为"0°"，"限制"→"结束"设为"值"，设结束的"角度"为"360°"，"布尔"选择"无"，"设置"→"体类型"设为"片体"，单击"确定"按钮，结果如图 3-27 所示。

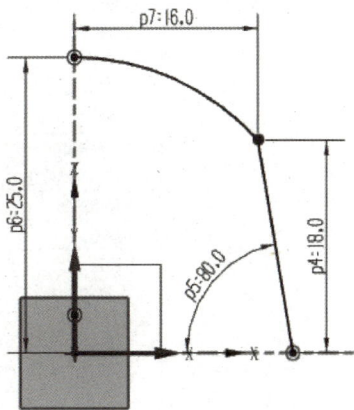

图 3-26　绘制草图

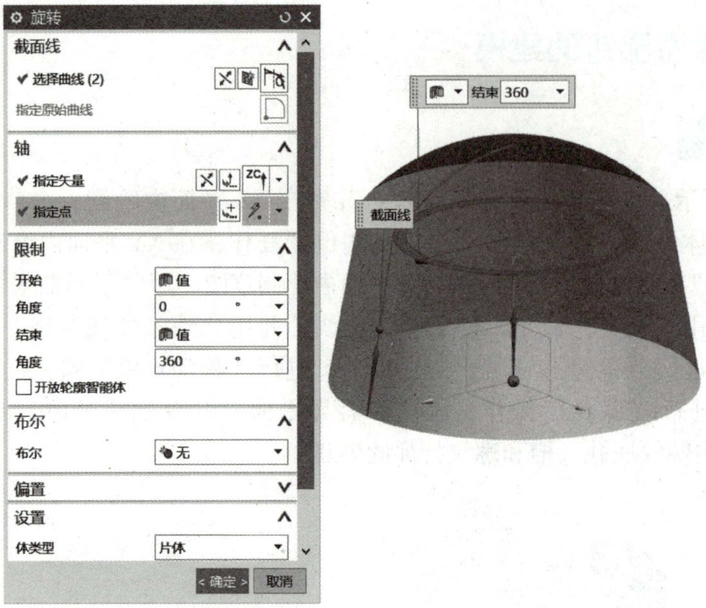

图 3-27　旋转操作

4. 选择菜单命令"插入"→"细节特征"→"边倒圆"，在弹出的"边倒圆"对话框中，"边"→"连续性"选择"G1（相切）"，"选择边"选择图 3-28 所示的边，"形状"选择"圆形"，设"半径1"为"5mm"，其他参数不变，单击"确定"按钮，完成边倒圆操作，如图 3-28 所示。

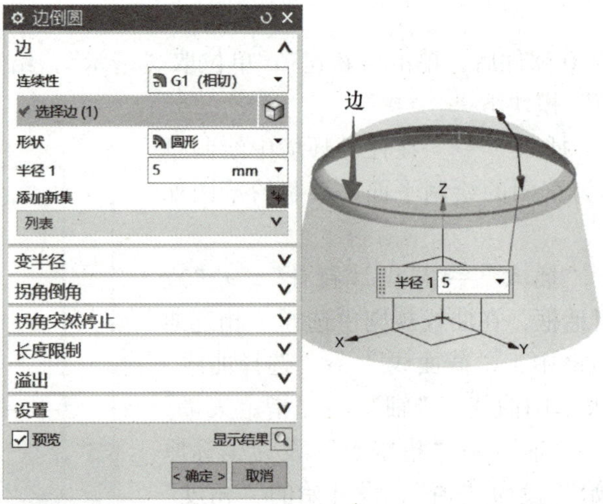

图 3-28　边倒圆操作

5. 选择菜单命令"插入"→"在任务环境中绘制草图"，选 XY 平面作为草图的绘制平面，绘制图 3-29 所示的草图。

6. 选择菜单命令"插入"→"派生曲线"→"投影"，如图 3-30 所示，在弹出的"投

116

影曲线"对话框中，"要投影的曲线或点"→"选择曲线或点"选择在 XY 平面上创建的草图，"要投影的对象"→"选择对象"选择圆顶曲面，"投影方向"→"方向"设为"沿矢量"，设"指定矢量"为"+↑ZC"方向，单击"确定"按钮，完成投影操作。

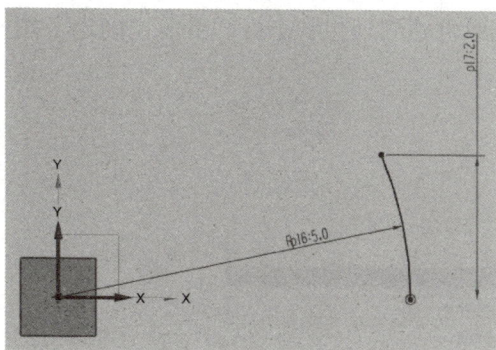

图 3-29　绘制草图

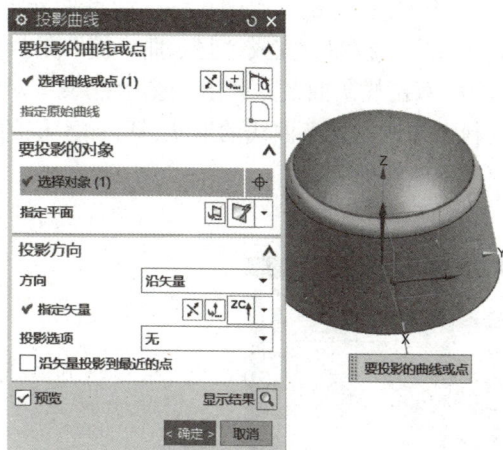

图 3-30　投影曲线操作

7. 选择菜单命令"插入"→"派生曲线"→"相交"，弹出"相交曲线"对话框，如图 3-31 所示，"第一组"→"选择面"选择 XZ 平面，"第二组"→"选择面"选择片体，单击"确定"按钮，产生图 3-31 所示的"相交曲线"。

8. 选择菜单命令"插入"→"在任务环境中绘制草图"，选 XZ 平面作为草图的绘制平面，单击工具栏上的"艺术样条"命令图标 ，在弹出的"艺术样条"对话框中，选择"通过点"的方式，"点位置"→"指定点"选择图 3-32 所示的 5 点，设起点为投影曲线与相交曲线的交点，设终点为相交曲线的端点，"参数化"→"次数"设为"3"，其他不变，所创建的样条曲线如图 3-32 所示。

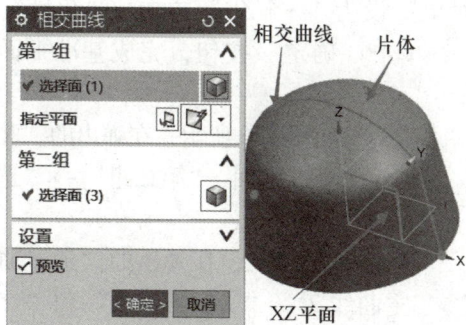

图 3-31　相交曲线操作

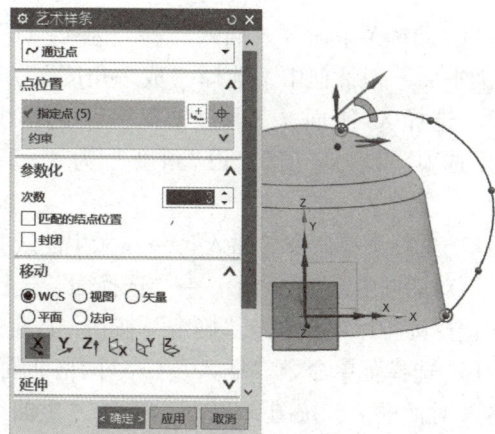

图 3-32　创建样条曲线

9. 单击"完成草图"命令图标，返回建模模块下，选中样条曲线后，单击"分析"→"曲线"→"显示曲率梳"，在弹出的"曲线分析"对话框中，"曲线"→"选择曲线或边"选择上一步创建的样条曲线，设"投影"为"无"，"分析显示"勾选"显示曲率梳"，拖动"针比例""针数"和"内部样本"后面的滑块来改变曲率梳的形状和大小，"梳状范围"勾选"全部应用"，"梳状范围"→"起点百分比"设为"0"%，"终点百分比"设为"100"%，单击"确定"按钮，完成"显示曲率梳"的操作，如图3-33所示。

10. 双击样条曲线，弹出"艺术样条"对话框，如图3-34所示，通过移动样条曲线上5个控制点来改变样条曲线的形状，等曲率梳的连续性达到理想状态后，单击"确定"按钮，完成样条曲线的创建。

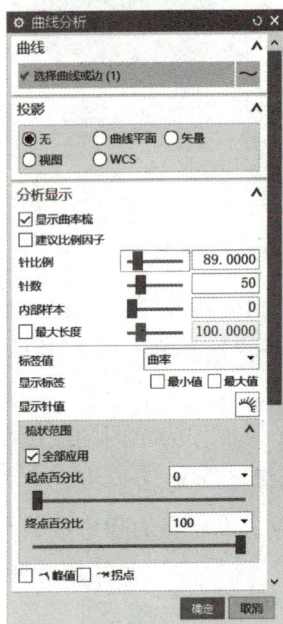

图 3-33　曲线分析操作　　　　　　　　图 3-34　调整样条曲线

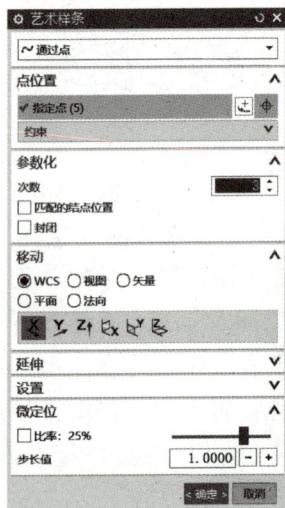

11. 选择菜单命令"插入"→"基准/点"→"基准平面"，如图3-35所示，在弹出的"基准平面"对话框中，选择"成一角度"方式创建基准平面，"平面参考"→"选择平面对象"选择XZ平面，"通过轴"→"选择线性对象"设为"+↑ZC"方向，"角度"→"角度选项"设为"值"，设"角度"为"-22.5°"，单击"确定"按钮，完成基准平面的创建。

12. 选择菜单命令"插入"→"派生曲线"→"相交"，如图3-36所示，在弹出的"相交曲线"对话框中，"第一组"→"选择面"选择上一步创建的基准平面，"第二组"→"选择面"选择旋转片体，单击"确定"按钮，产生图3-36所示的相交曲线。

13. 选择菜单命令"插入"→"网格曲面"→"通过曲线网格"，在弹出的"通过曲线网格"对话框中，按图3-37所示选择"主曲线1"、"主曲线2"、"交叉曲线1"和"交叉曲线2"，其他参数不变，单击"确定"按钮，创建曲面。

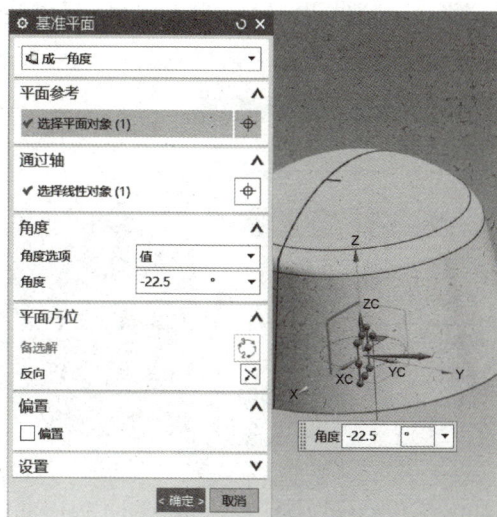

图 3-35 创建基准平面

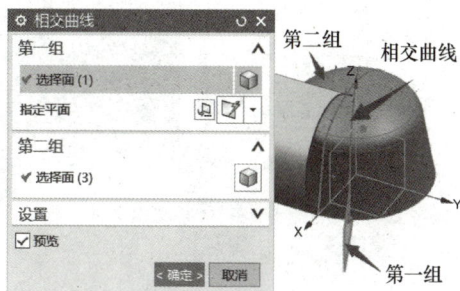

图 3-36 创建相交曲线

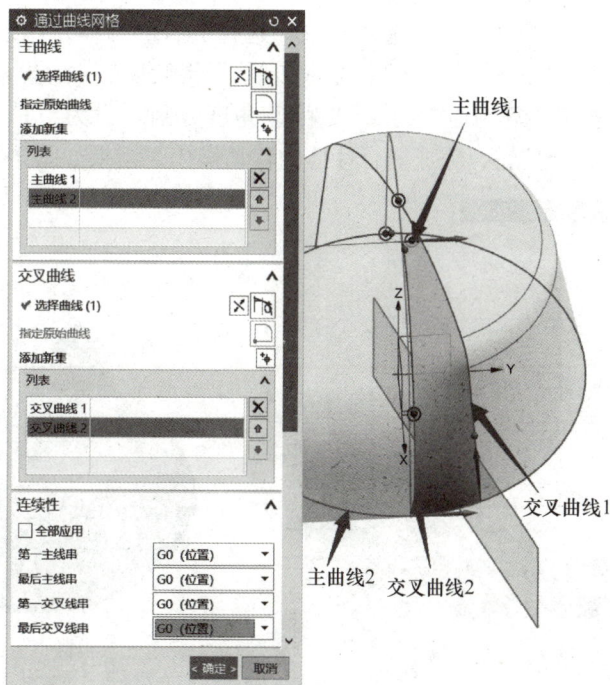

图 3-37 通过曲线网格创建曲面

14. 选择菜单命令"插入"→"关联复制"→"镜像特征"，在弹出的"镜像特征"对话框中，"要镜像的特征"→"选择特征"选择一步创建的网格曲面，"镜像平面"→"平面"选择，"新平面"，"镜像平面"→"指定平面"选择 XZ 平面，单击"确定"按钮，完成网格曲面的镜像，如图 3-38 所示。

15. 选择菜单命令"插入"→"组合"→"缝合"，在弹出的"缝合"对话框中，按图

3-39 所示选择"目标"→"选择片体"和"工具"→"选择片体"，单击"确定"按钮，完成缝合操作。

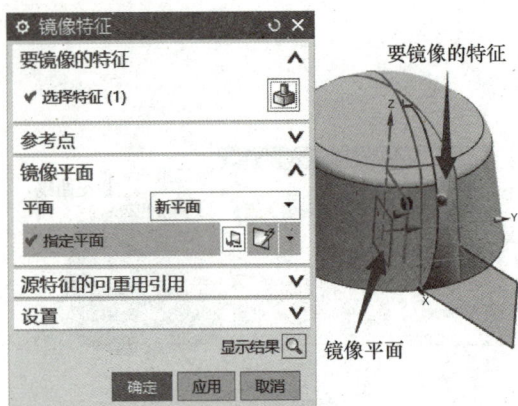

图 3-38 镜像特征操作   图 3-39 缝合操作

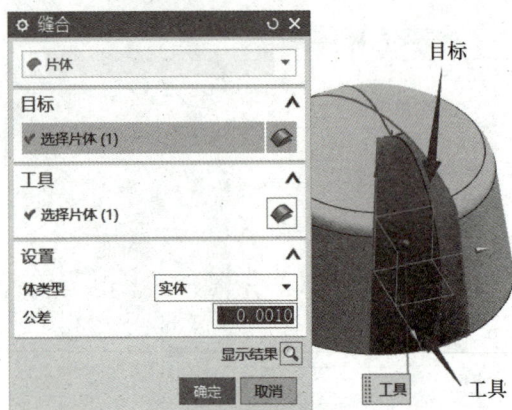

16. 选择菜单命令"插入"→"编辑"→"移动对象"，如图 3-40a 所示，在弹出的"移动对象"对话框中，"对象"→"选择对象"选择缝合的片体，"变换"→"运动"设为"角度"，"指定矢量"设为"+↑ZC"方向，设"指定轴点"为坐标原点，设"角度"为"90°"，"结果"选择"复制原先的"，"距离/角度分割"设为"1"，"非关联副本数"设为"3"，单击"确定"按钮，完成缝合片体的移动操作，结果如图 3-40b 所示。

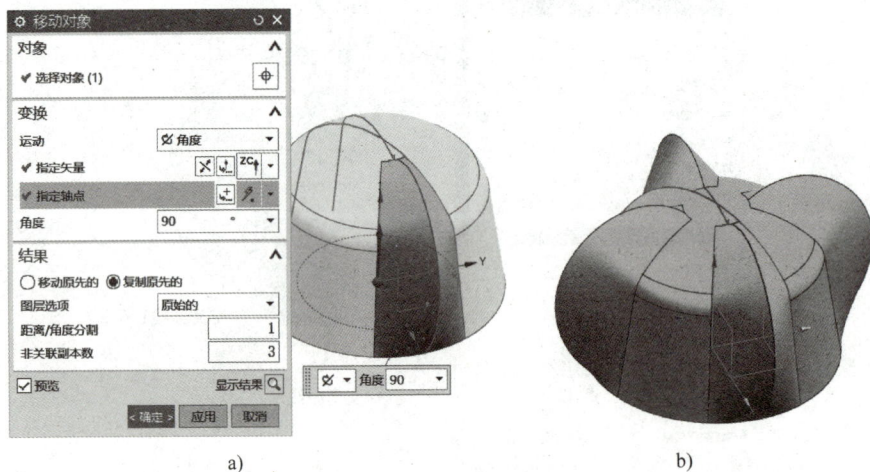

a)   b)

图 3-40 移动对象操作

17. 选择菜单命令"编辑"→"显示和隐藏"→"显示和隐藏"，在弹出的"显示和隐藏"对话框中，单击"-"隐藏曲线、草图和点。

18. 选择菜单命令"插入"→"派生曲线"→"投影"，如图 3-41 所示在弹出的"投影曲线"对话框中，"要投影的曲线或点"→"选择曲线或点"选择线"L1""L2""L3""L4"等，共 16 条线，"要投影的对象"→"选择对象"选择旋转片体，"投影方向"→"方向"选择"沿面的法向"，单击"确定"按钮在旋转片体上将创建投影的曲线。

19. 选择菜单命令"插入"→"修剪"→"修剪片体",在弹出的"修剪片体"对话框中,"目标"→"选择片体"选择目标片体,"边界"→"选择对象"设为投影曲线,"投影方向"→"投影方向"设为"垂直于面",如图 3-42 所示,单击"确定"按钮,完成修剪片体操作。

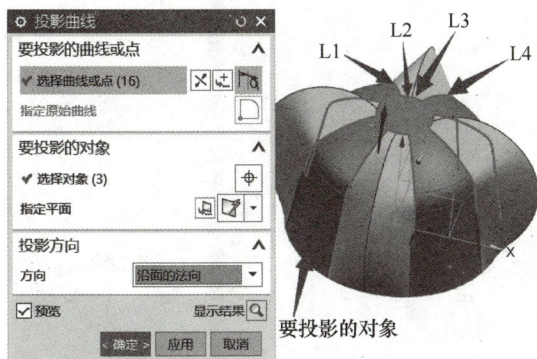

图 3-41 投影曲线操作

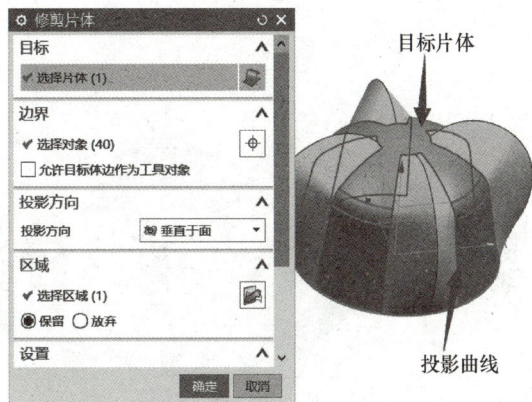

图 3-42 修剪片体操作

20. 选择菜单命令"插入"→"组合"→"缝合",如图 3-43 所示,根据"目标"→"选择片体","工具"→"选择片体"顺序,将所有片体进行缝合操作。

21. 选择菜单命令"插入"→"曲面"→"有界平面",在弹出的"有界平面"对话框中,"平截面"→"选择曲线"选中图 3-44 所示的 12 条曲线,单击"确定"按钮,完成"有界平面"的创建。

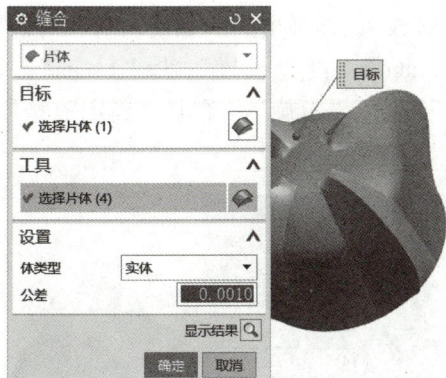

图 3-43 缝合片体

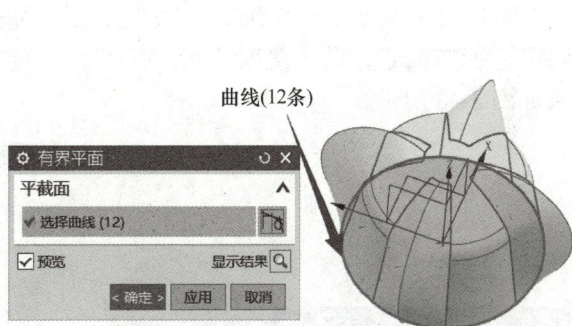

图 3-44 创建有界平面

22. 再一次选择菜单命令"插入"→"组合"→"缝合",完成所有片体的缝合操作。隐藏投影曲线,选择菜单命令"插入"→"在任务环境中绘制草图",选择 XY 平面作为草图绘制平面,单击工具栏"圆"命令图标○,绘制 1 个 φ18mm 的圆,如图 3-45 所示。

23. 单击"完成"草图命令图标，返回建模模块下,选择菜单命令"插入"→"设计特征"→"拉伸",在弹出的"拉伸"对话框中,"截面线"→"选择曲线"选择 φ18mm 的圆,"指定矢量"设为"+↑ZC"方向,设距离为 16mm,设"布尔"为"减去",单击"确定"按钮,结果如图 3-46 所示。

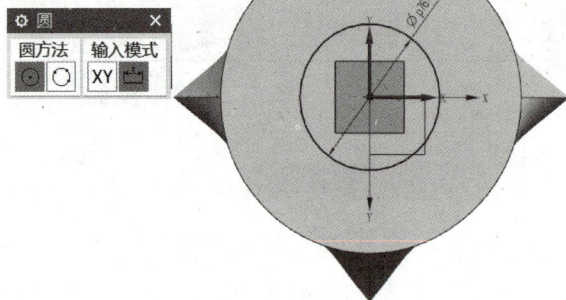

图 3-45 绘制圆

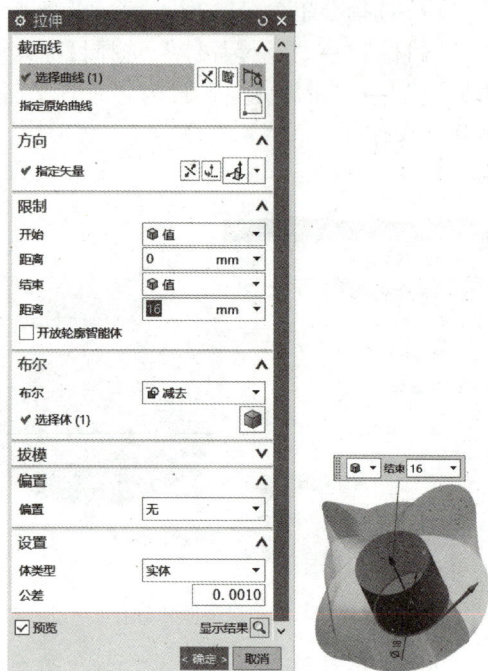

图 3-46 拉伸操作

24. 选择菜单命令"插入"→"设计特征"→"槽"→"矩形槽",在弹出的"矩形槽"对话框中,设"槽直径"为"22mm",设"宽度"为"2mm",槽的放置面为φ18mm内孔圆柱面,设槽定位尺寸为15mm,如图3-47所示。

25. 选择菜单命令"插入"→"设计特征"→"螺纹",在弹出的"螺纹切削"对话框中,"螺纹类型"选择"详细",设"大径"为"20mm",设"长度"为"14mm",设"螺距"为"2mm",设"角度"为"60°","旋转"选择"右旋",单击"确定"按钮,结果如图3-48所示。

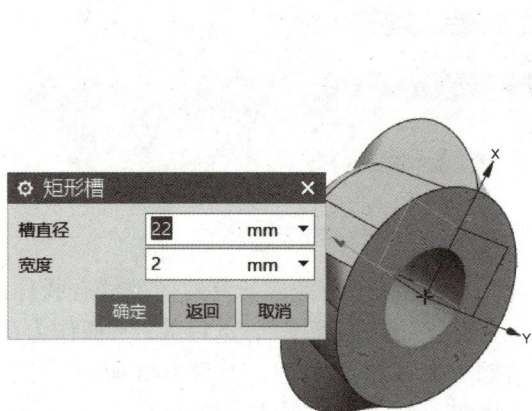

图 3-47 创建槽特征

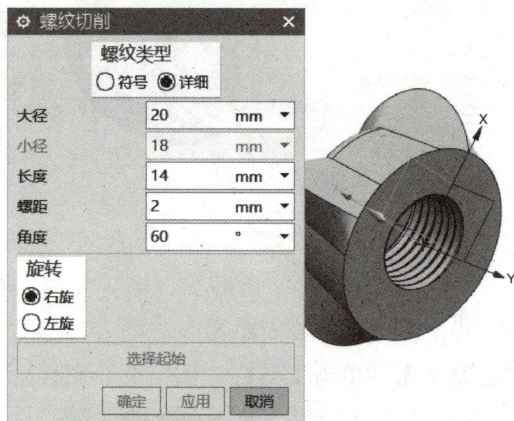

图 3-48 创建螺纹特征

26. 选择菜单命令"插入"→"细节特征"→"边倒圆",如图3-49所示,在弹出的

"边倒圆"对话框中，"连续性"为"G1（相切）"，"选择边"选择图3-49所示的边，设"形状"为"圆形"，设"半径1"为"0.5mm"，单击"确定"按钮，完成边倒圆操作。

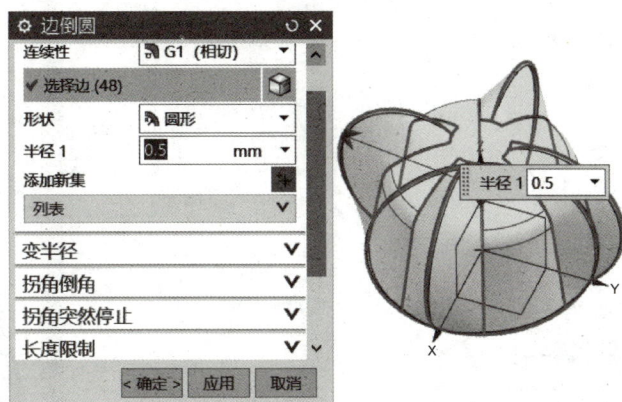

图3-49　边倒圆操作

任务3.3　洗发瓶的建模

任务分析

如图3-50所示，洗发瓶形状较为复杂，其建模过程：①绘制草图→拉伸→生成片体；②在XZ平面内绘制草图，对片体进行修剪；③在XY平面内绘制草图，草图→拉伸→生成片体；④在XZ平面内绘制草图，对片体进行修剪；⑤在XY平面内绘制草图，通过"曲线网格"命令创建网格曲面；⑥实例几何体→缝合→边倒圆；⑦草图→拉伸→修剪片体→偏置；⑧草图→拉伸→修剪片体→修剪与延伸；⑨草图→拉伸→点；⑩草图→点→草图→通过曲线网格→缝合→边倒圆→有界平面；⑪草图→修剪片体→通过曲线组→有界平面→缝合→边倒圆→加厚。

图3-50　洗发瓶轴测图

操作步骤

1. 打开 UG NX 12.0 软件后，单击"新建"，单位取"毫米"，给文件命名为"洗发瓶"，软件进入"建模"模块。

2. 选择菜单命令"插入"→"在任务环境中绘制草图"，选择XY平面作为草图的绘制平面，单击工具栏上的"圆弧"命令图标，绘制图3-51所示的草图，单击"几何约束"命令图标，选中"点在曲线上"图标，使圆弧圆心在Y轴上。

3. 选择菜单命令"插入"→"设计特征"→"拉伸"，在弹出的"拉伸"对话框中，"截面线"→"选择曲线"选择上一步创建的草图，"方向"→"指定矢量"设为"+↑ZC"方向，"限制"→开始的"距离"设为"0mm"，结束的"距离"设为"150mm"，"布尔"→"布尔"设为"无"，"设置"→"体类型"设为"片体"，其他参数不变，单

击"确定"按钮完成片体的创建，结果如图 3-52 所示。

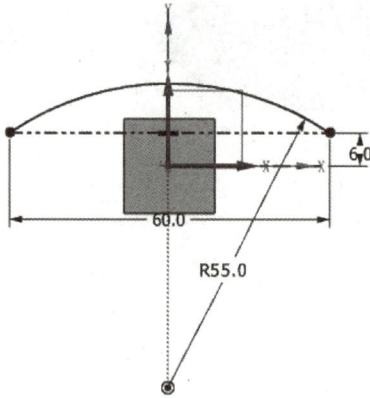

图 3-51　绘制草图

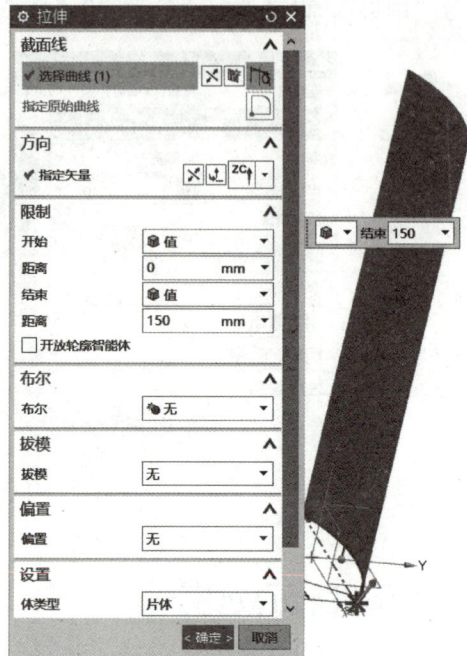

图 3-52　拉伸操作

4. 选择菜单命令"插入"→"在任务环境中绘制草图"，选 XZ 平面作为草图的绘制平面，单击工具栏上的"艺术样条"命令图标 ，在"艺术样条"对话框中，选择"通过点"的方式，"点位置"→"指定点"选择图 3-53 所示的 6 个点，给点施加图 3-53 所示的尺寸约束，"参数化"→"次数"设为"3"，单击"确定"按钮，创建图 3-53 所示的草图。

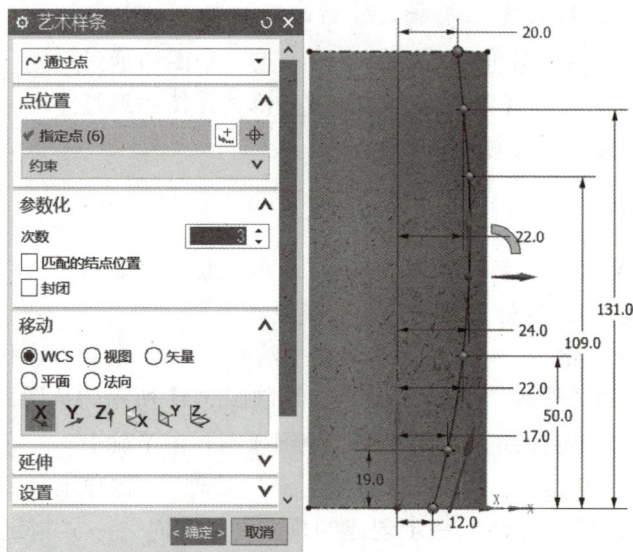

图 3-53　绘制草图

5. 选择菜单命令"插入"→"修剪"→"修剪片体"，在弹出"修剪片体"对话框中，"目标"→"选择片体"选择图3-54所示的目标片体，"边界"→"选择对象"选择边界曲线，"投影方向"→"投影方向"设为"垂直于曲线平面"，单击"确定"按钮，结果如图3-54所示。

6. 选择菜单命令"插入"→"在任务环境中绘制草图"，选XZ平面作为草图绘制平面，单击工具栏上的"艺术样条"命令图标 ，在弹出的"艺术样条"对话框中，选择"通过点"的方式，"点位置"→"指定点"选择图3-55所示的8个点，对点施加图3-55所示的尺寸约束，"参数化"→"次数"设为"3"，单击"确定"按钮，创建图3-55所示的草图。

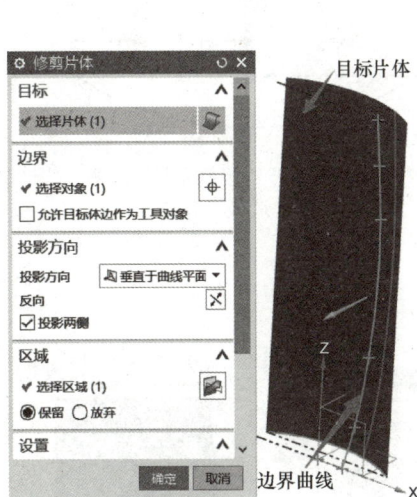

图3-54 修剪片体操作

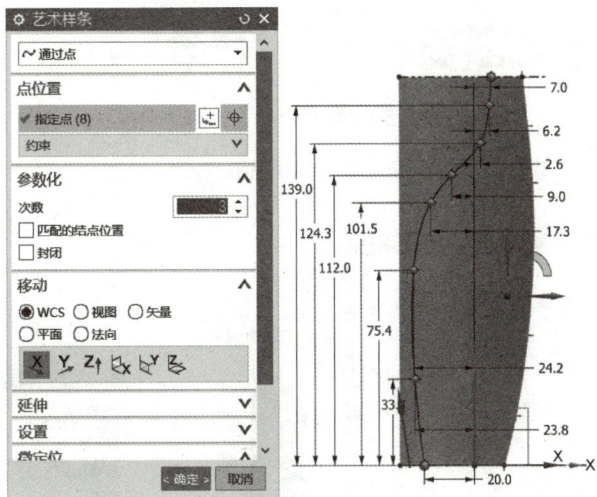

图3-55 绘制草图

7. 选择菜单命令"插入"→"修剪"→"修剪片体"，在弹出的"修剪片体"对话框中，"目标"→"选择片体"选择图3-56所示的目标片体，"边界"→"选择对象"选择图3-56所示的边界曲线，"投影方向"→"投影方向"设为"垂直于曲线平面"，勾选"投影两侧"，"区域"选择"保留"，单击"确定"按钮，结果如图3-56所示。

8. 隐藏草图后，选择菜单命令"插入"→"在任务环境中绘制草图"，选XY平面作为草图绘制平面，单击工具栏上的"圆弧"命令图标 ，绘制图3-57所示的草图，单击"几何约束"命令图标 ，选中"点在曲线上"图标 ，使圆弧圆心在Y轴上。

9. 选择菜单命令"插入"→"设计特征"→"拉伸"，在弹出的"拉伸"对话框中，"截面线"→"选择曲线"选择上一步创建的草图，"方向"→"指定矢量"设为"+↑ZC"方向，"限制"→开始的"距离"设为"0mm"，结束的"距离"设为"150mm"，"布尔"→"布尔"设为"无"，"设置"→"体类型"设为"片体"，其他不变，单击"确定"按钮，完成片体的创建，如图3-58所示。

10. 选择菜单命令"插入"→"在任务环境中绘制草图"，选择XZ平面作为草图的绘制平面，单击工具栏上的"艺术样条"命令图标 ，在弹出的"艺术样条"对话框中，选择"通过点"的方式，"点位置"→"指定点"，对点施加图3-59所示的尺寸约束，"参数化"→"次数"设为"3"，单击"确定"按钮，创建图3-59所示的草图。

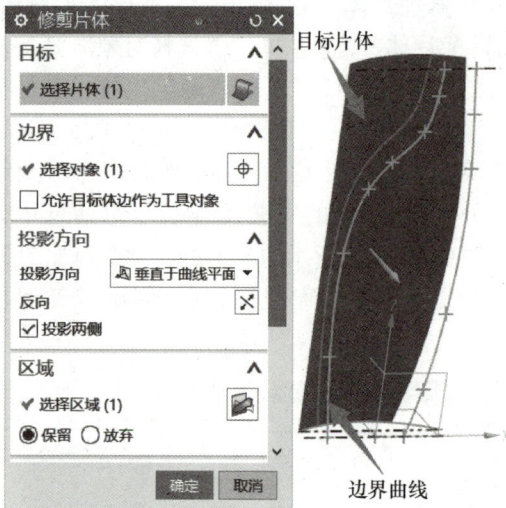

图 3-56　修剪片体操作

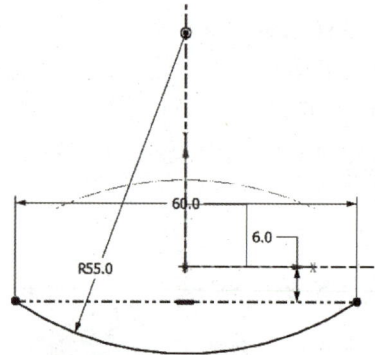

图 3-57　绘制草图

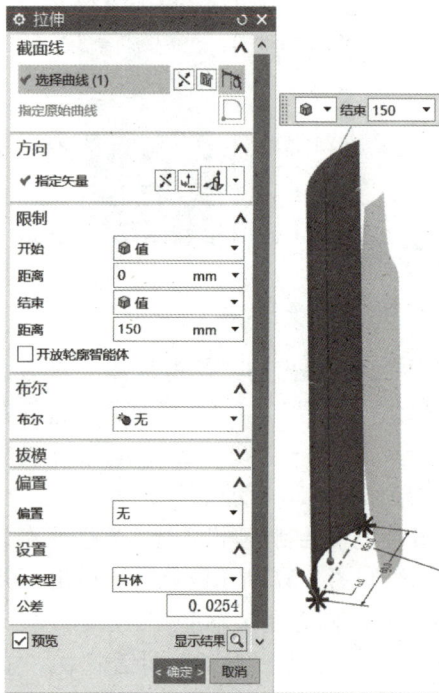

图 3-58　拉伸草图

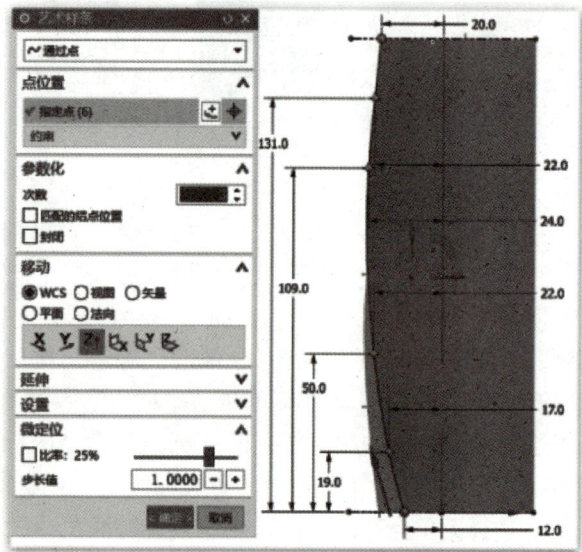

图 3-59　绘制草图

11. 选择菜单命令"插入"→"修剪"→"修剪片体",在弹出的"修剪片体"对话框中,"目标"→"选择片体"选择图 3-60 所示的目标片体,"边界"→"选择对象"选择图 3-60 所示的边界曲线,"投影方向"→"投影方向"设为"垂直于曲线平面",勾选"投影两侧","区域"选择"保留",单击"确定"按钮,结果如图 3-60 所示。

12. 选择菜单命令"插入"→"在任务环境中绘制草图",选择 XZ 平面作为草图绘制平面,单击工具栏上的"艺术样条"命令图标 ，在弹出的"艺术样条"对话框中,选择

"通过点"的方式,"点位置"→"指定点",对点施加图3-61所示的尺寸约束,"参数化"→"次数"设为"3",单击"确定"按钮,创建图3-61所示的草图。

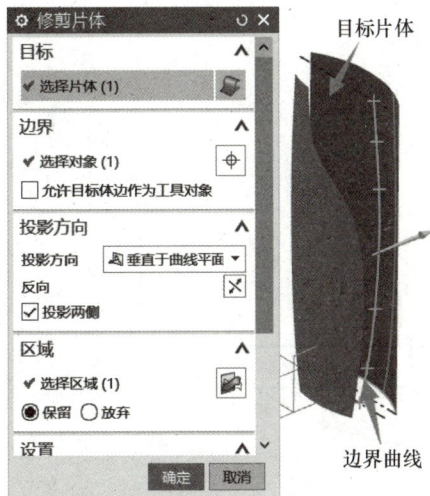

图3-60　修剪片体操作　　　　　　　　图3-61　绘制草图

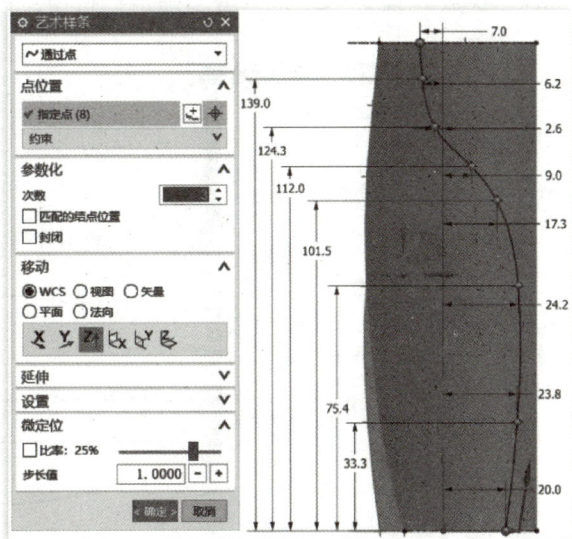

13. 选择菜单命令"插入"→"修剪"→"修剪片体",在弹出的"修剪片体"对话框中,"目标"→"选择片体"选择图中所示片体,"边界"→"选择对象"选择艺术样条曲线,"投影方向"→"投影方向"设为"垂直于曲线平面",勾选"投影两侧","区域"选择"保留",单击"确定"按钮,结果如图3-62所示。

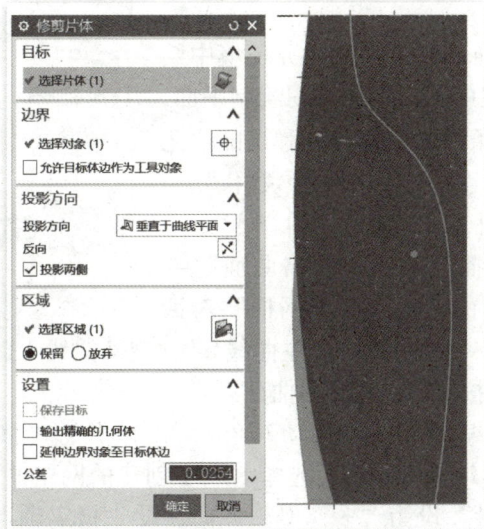

图3-62　修剪片体

14. 选择菜单命令"插入"→"在任务环境中绘制草图",选XY平面作为草图绘制平面，单击工具栏上的"艺术样条"命令图标 ，在弹出的"艺术样条"对话框中，选择"通过点"的方式，"点位置"→"指定点"，对点施加图3-63所示的尺寸约束，"参数化"→"次数"设为"3"，单击"确定"按钮，创建图3-63所示的草图。

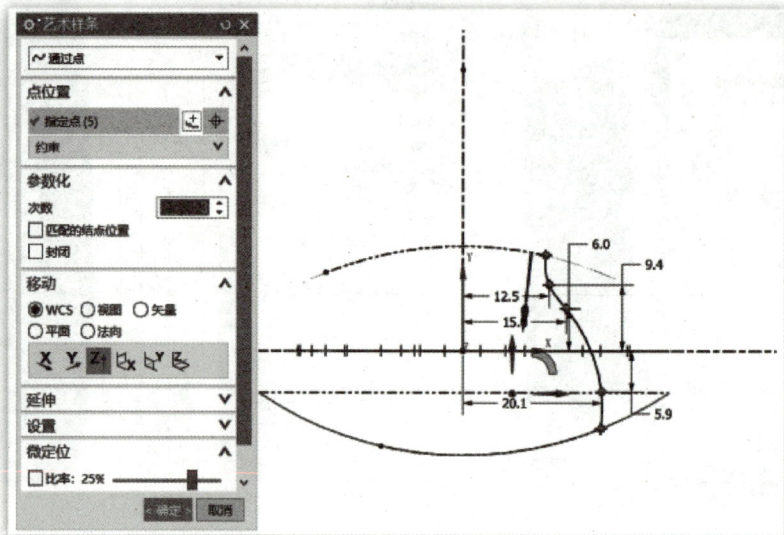

图3-63   绘制草图

15. 选择菜单命令"插入"→"基准/点"→"基准平面"，选择"按某一距离"创建基准平面，选中XY平面，创建一个与之平行相距为150mm的平面，如图3-64所示。

16. 选择菜单命令"插入"→"在任务环境中绘制草图"，选择上一步创建的平面作为草图绘制平面，单击工具栏上的"艺术样条"命令 ，在弹出的"艺术样条"对话框中，选择"通过点"，"参数化"→"次数"设为"3"，创建图3-65所示的草图。

17. 选择菜单命令"插入"→"网格曲面"→"通过曲线网格"，在弹出的"通过曲线网格"对话

图3-64   创建基准平面

框中，按图3-66所示选择"主曲线1""主曲线2""交叉曲线1"和"交叉曲线2"，其他参数不变，单击"确定"按钮，创建网格曲面。

18. 选择菜单命令"编辑"→"移动对象"，在弹出的"移动对象"对话框中，如图3-67所示，"对象"→"选择对象"选择上一步创建的网格曲面，"变换"→"运动"设为"角度"，"指定矢量"设为"+↑ZC"方向，设"指定轴点"为坐标原点，设"角度"为"180°"，"结果"选择"复制原先的"，设"距离/角度分割"为"1"，设"非关联副本数"为"2"，单击"确定"按钮，创建另一个网格曲面。

19. 选择菜单命令"插入"→"组合"→"缝合"，在弹出的"缝合"对话框中，分别确定"目标"片体和"工具"片体，单击"确定"按钮，完成所有片体缝合操作。

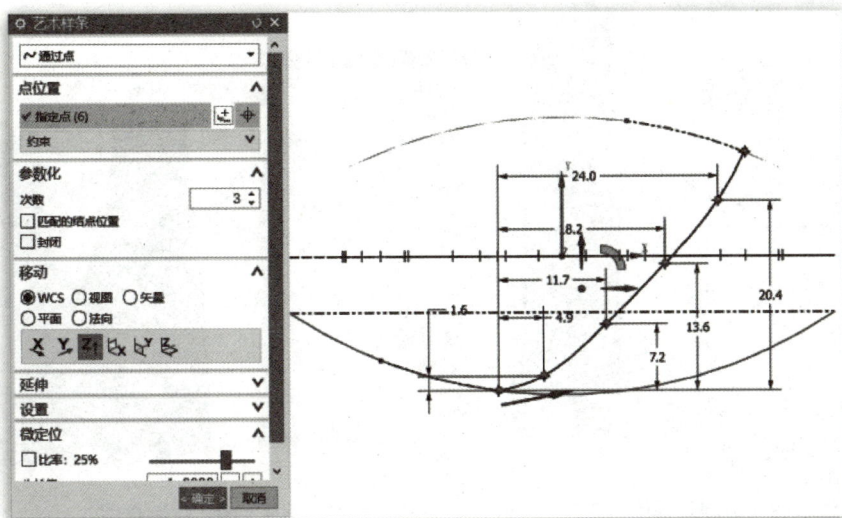

图 3-65　绘制草图

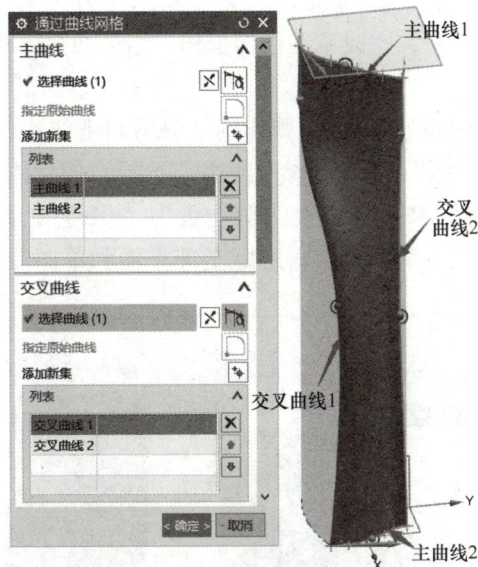

图 3-66　创建网格曲面

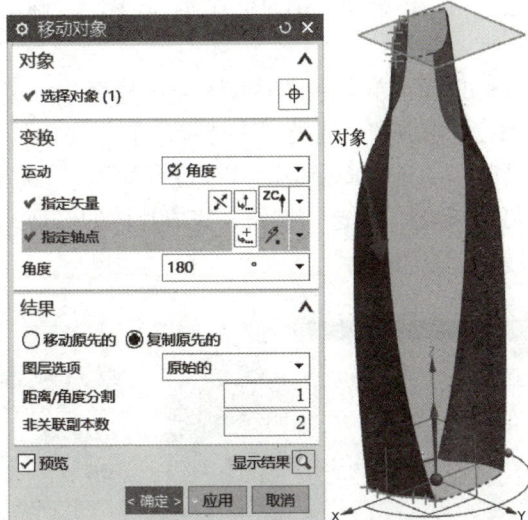

图 3-67　移动对象操作

20. 选择菜单命令"插入"→"细节特征"→"边倒圆"，如图 3-68 所示，在弹出的"边倒圆"对话框中，"边"→"选择边"选择图 3-68 所示的 2 条边，设"半径 1"为"2mm"，其他不变，单击"确定"按钮，完成边倒圆操作。

21. 选择菜单命令"插入"→"在任务环境中绘制草图"，选择 XZ 平面作为草图的绘制平面，单击工具栏上的"艺术样条"命令图标 ，在弹出的"艺术样条"对话框中，选择"通过点"，"参数化"→"次数"设为"3"，单击"确定"按钮，创建图 3-69 所示的草图。

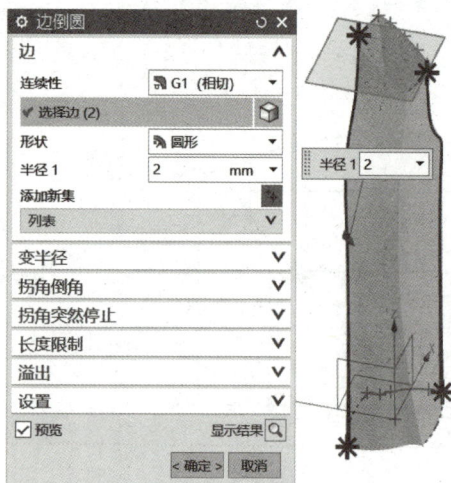

图 3-68　边倒圆操作

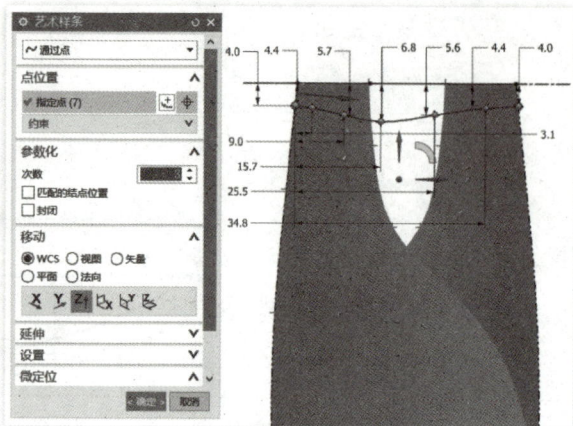

图 3-69　绘制草图

22. 选择菜单命令"插入"→"设计特征"→"拉伸"，在弹出的"拉伸"对话框中，"截面线"→"选择曲线"选择上一步绘制的草图，"方向"→"指定矢量"设为"-↑YC"方向，"限制"→"结束"设为"对称值"，设"距离"为"20mm"，设"布尔"为"无"，"设置"→"体类型"设为"片体"，单击"确定"按钮，完成草图拉伸操作，结果如图 3-70 所示。

23. 选择菜单命令"插入"→"修剪"→"修剪和延伸"，在弹出的"修剪和延伸"对话框中，"修剪和延伸类型"选择"制作拐角"，"目标"→"选择面或边"选择拉伸片体，"工具"→"选择面或边"选择缝合片体，"需要的结果"→"箭头侧"设为"保持"，其他不变，单击"确定"按钮，完成片体的修剪，如图 3-71a 所示，隐藏基准平面和草图后，结果如图 3-71b 所示。

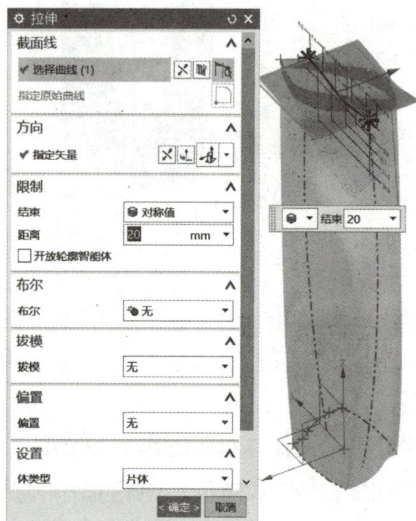

图 3-70　拉伸操作

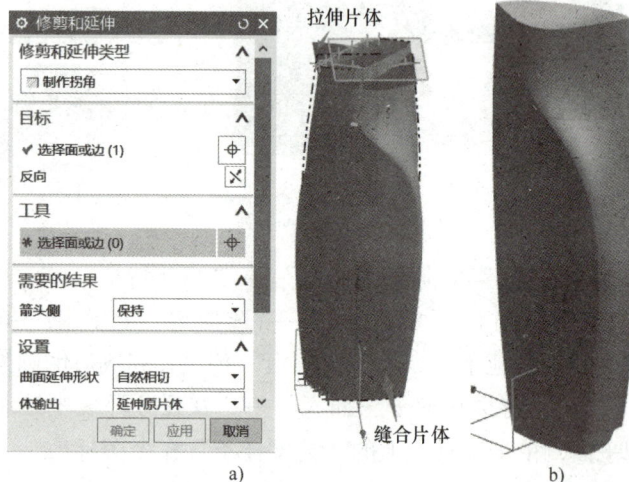

a)　　　　　　b)

图 3-71　修剪/延伸片体

24. 选择菜单命令"插入"→"偏置/缩放"→"偏置曲面",弹出"偏置曲面"对话框,在"面规则"中选择"单个面",在"偏置曲面"对话框中,"面"→"选择面"选择图 3-72 所示的面,设"偏置 1"为"2mm",其他参数不变,单击"确定"按钮,创建一个偏置曲面。

25. 选择菜单命令"插入"→"基准/点"→"基准平面",在弹出的"基准平面"对话框中,选择"按某一距离"的方式创建基准平面,"平面参考"→"选择平面对象"选中 XY 平面,"偏置"→"距离"设为"155mm",单击"确定"按钮,创建一个基准平面,如图 3-73 所示。

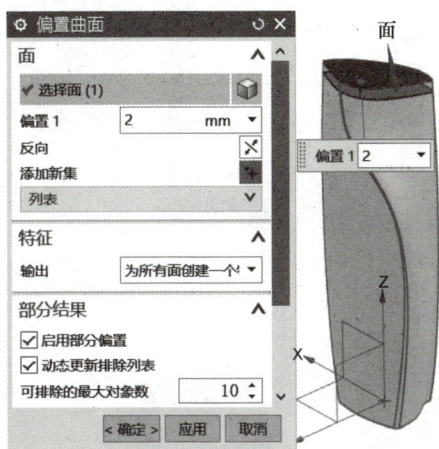

图 3-72 偏置曲面操作

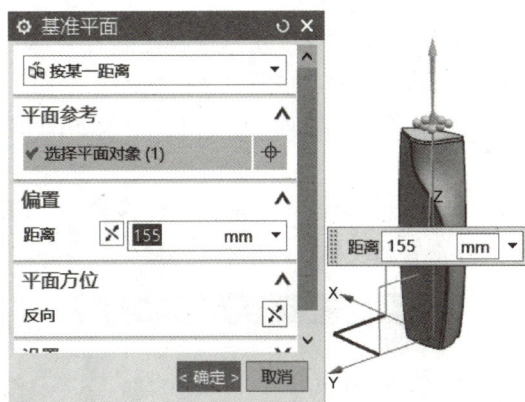

图 3-73 创建基准平面

26. 选择菜单命令"插入"→"在任务环境中绘制草图",以上一步创建的基准平面作为草图绘制平面,单击工具栏上的"偏置曲线"命令图标,在弹出的"偏置曲线"对话框中,"要偏置的曲线"→"选择曲线"选择图 3-74 所示的 6 条边缘线,"偏置"→"距离"设为"1mm",其他参数不变,单击"确定"按钮,完成偏置曲线操作,如图 3-74 所示。

27. 单击工具栏上的"角焊"命令图标,按图 3-75 所示尺寸对曲线进行倒圆角操作。

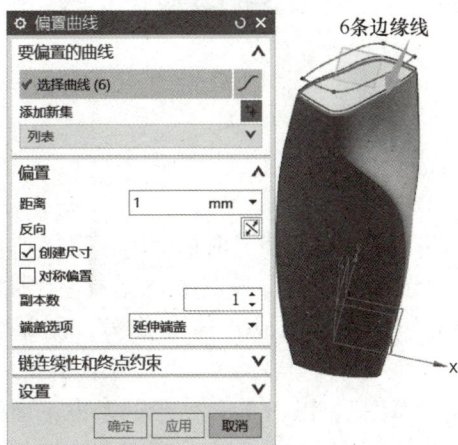

图 3-74 "偏置曲线"操作

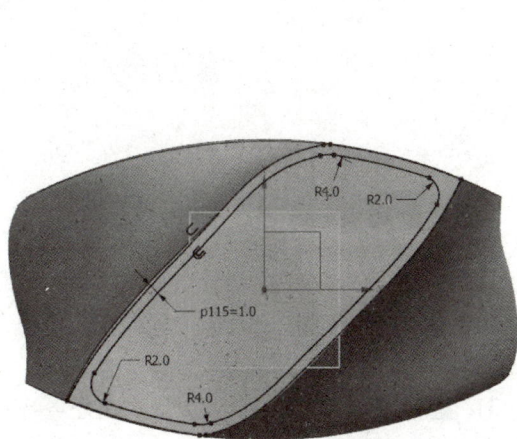

图 3-75 "倒圆角"操作

28. 选择菜单命令"插入"→"设计特征"→"拉伸",在弹出的"拉伸"对话框中,"截面线"→"选择曲线"选择偏置曲线,"方向"→"指定矢量"设为"−↑ZC"方向,"限制"→开始的"距离"设为"0mm","限制"→结束的"距离"设为"30mm",设"布尔"为"无","设置"→"体类型"设为"片体",单击"确定"按钮,完成草图拉伸操作,如图3-76所示。

29. 选择菜单命令"插入"→"修剪"→"修剪片体",按图3-77a所示选择"目标片体"和"边界片体","投影方向"→"投影方向"为"垂直于面",单击"确定"按钮,结果如图3-77b所示。

30. 单击鼠标右键,单击快捷命令菜单"渲染样式"→"静态线框",选择菜单命令"插入"→

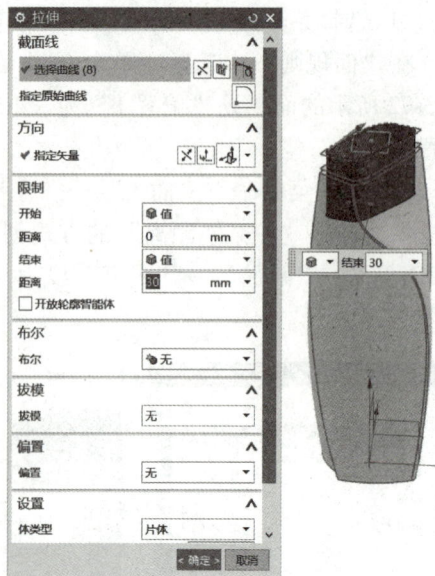

图3-76 "拉伸"操作

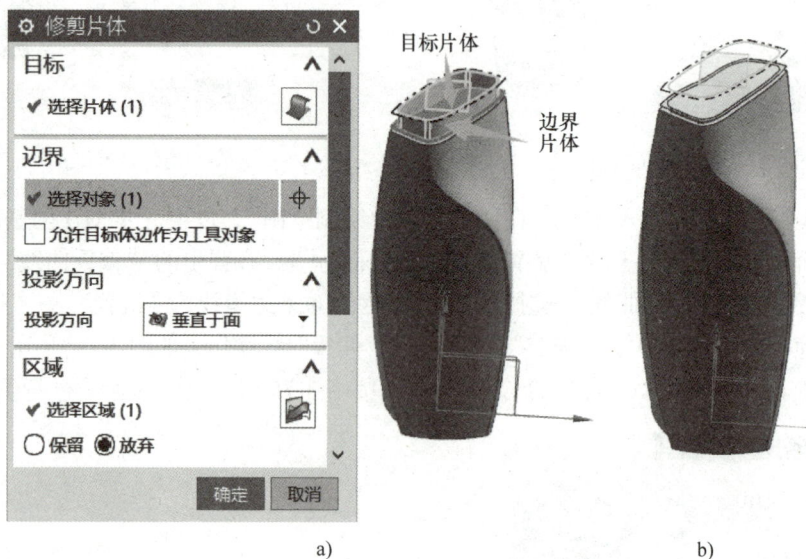

a)   b)

图3-77 修剪片体操作

"修剪"→"修剪和延伸",如图3-78所示,在弹出的"修剪和延伸"对话框中,选择"制作拐角","目标"→"选择面或边"和"工具"→"选择面或边"按图3-78选择,"需要的结果"→"箭头侧"设为"保持",单击"确定"按钮,完成片体的修剪,结果如图3-79所示。

31. 选择菜单命令"插入"→"在任务环境中绘制草图",以图3-80所示的基准平面作为草图的绘制平面,单击工具栏上的"圆"命令图标○,绘制1个φ8mm的圆,结果如图3-80所示。

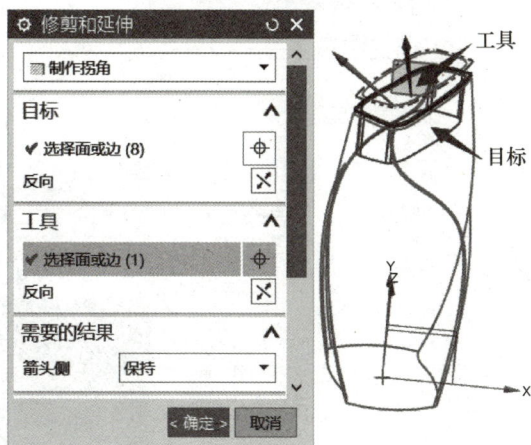

图 3-78 修剪和延伸操作

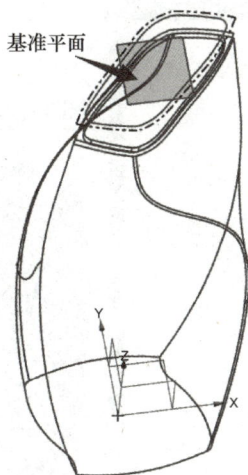

图 3-79 修剪片体

32. 选择菜单命令"插入"→"设计特征"→"拉伸",在弹出的"拉伸"对话框中,"截面线"→"选择曲线"选择 φ8mm 的圆,"方向"→"指定矢量"设为"+↑ZC"方向,"限制"→开始的"距离"设为"0mm","限制"→结束的"距离"设为"6mm",设"布尔"为"无","设置"→"体类型"设为"片体",单击"确定"按钮,完成草图拉伸操作,结果如图 3-81 所示。

33. 选择菜单命令"插入"→"基准/点"→"点",在弹出的"点"对话框中,选择"曲线/边上

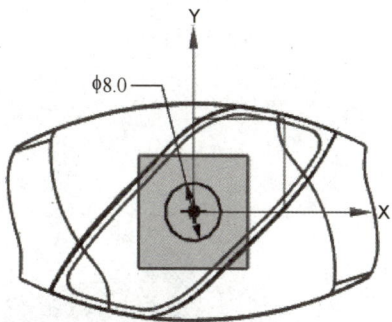

图 3-80 绘制草图

的点","曲线"→"选择曲线"选择图 3-82 所示的圆弧线,"曲线上的位置"→"位置引用"设为"曲线起点",设"位置"为"弧长百分比",设"%曲线长度"为"50",单击"确定"按钮,完成点的创建,结果如图 3-82 所示,同理,再创建 1 个点,结果如图 3-83 所示。

34. 选择菜单命令"插入"→"基准/点"→"基准平面",在弹出的"基准平面"对话框中,选择"曲线和点"的方式创建基准平面,"曲线和点子类型"→"子类型"设为"三点","参考几何体"→"指定点"分别选择"点 1""点 2"和"点 3",单击"确定"按钮,创建的基准平面,结果如图 3-84 所示。

35. 选择菜单命令"插入"→"在任务环境中绘制草图",选择上一步创建的基准平面作为草图绘制平面,单击工具栏上的"艺术样条"命令图标 ,在弹出的"艺术样条"对话框中,选择"通过点"的方式,"点位置"→"指定点"选择图 3-85 所示的点,"参数化"→"次数"设为 3,单击"确定"按钮,创建图 3-85 和图 3-86 所示的草图。

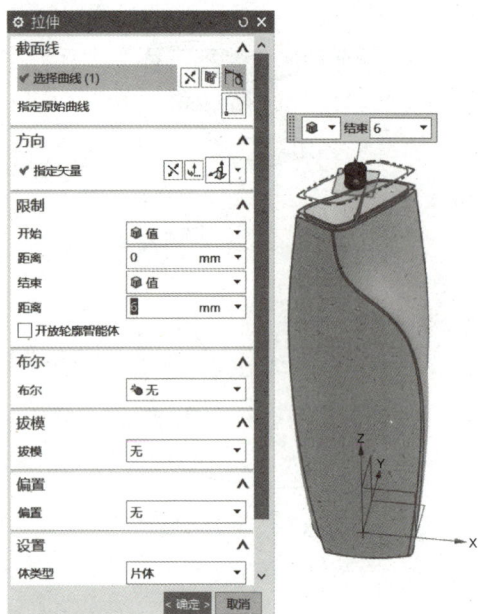

图 3-81　拉伸操作

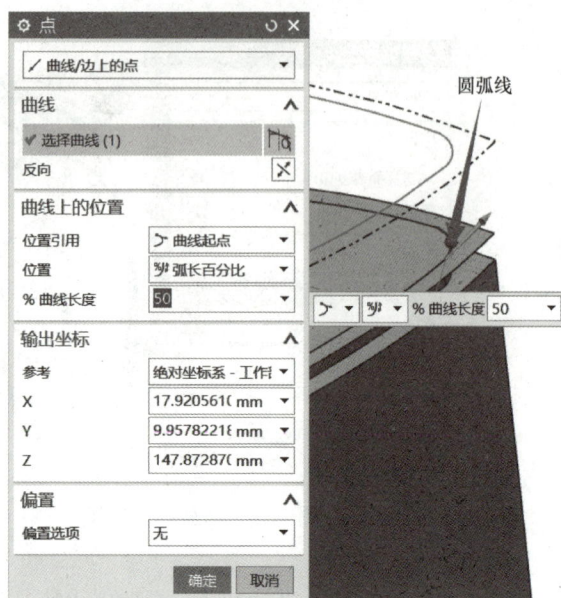

图 3-82　创建点

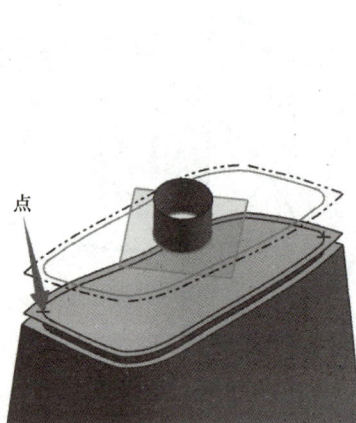

图 3-83　创建另一个点

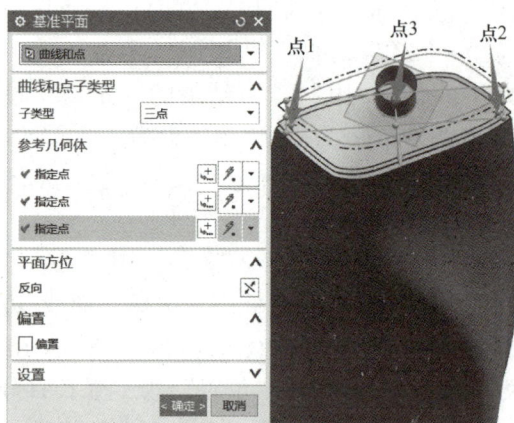

图 3-84　创建基准平面

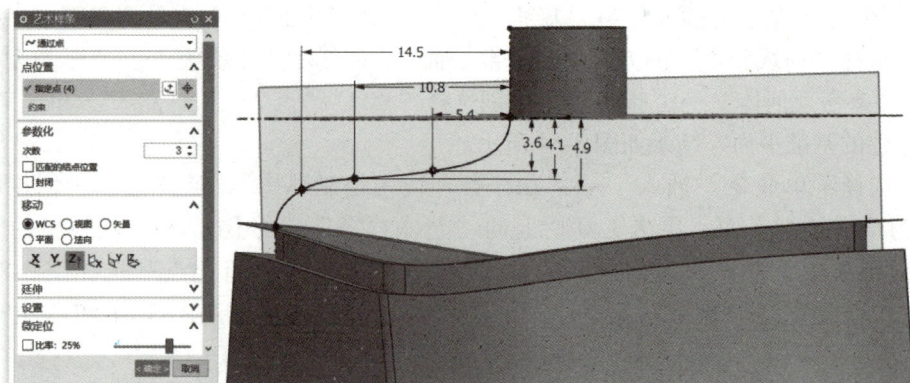

图 3-85　绘制草图

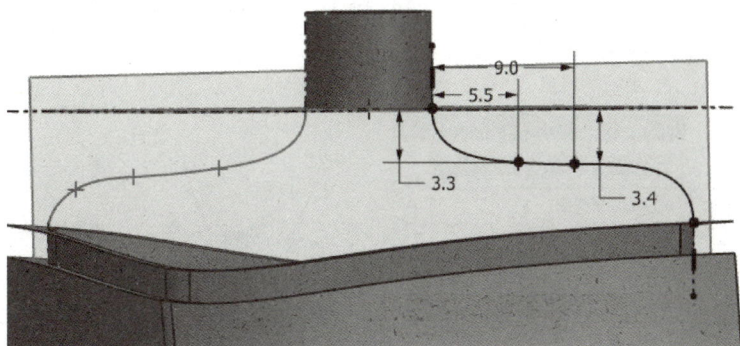

图 3-86　绘制草图

36. 选择菜单命令"插入"→"基准/点"→"点",在弹出的"点"对话框中,选择"曲线→边上的点","曲线"→"选择曲线"选择图 3-87 所示的圆弧线,"曲线上的位置"→"位置引用"设为"曲线起点","位置"设为"弧长百分比","%曲线长度"设为"40",单击"确定"按钮,完成点的创建,结果如图 3-87 所示,同理,再创建 1 个点,结果如图 3-88 所示。

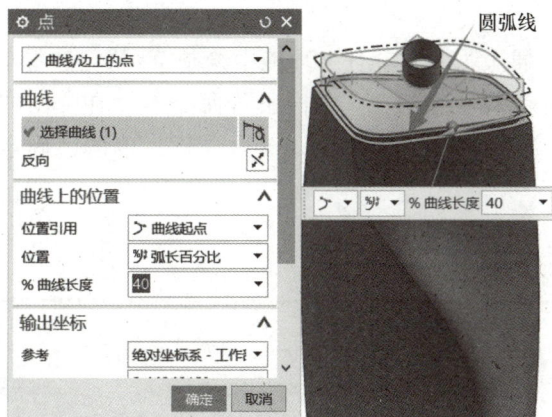

图 3-87　创建点

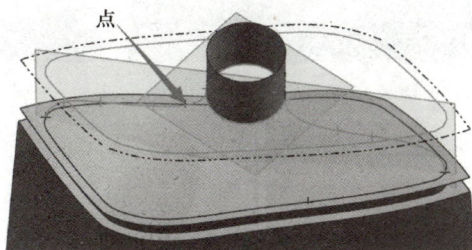

图 3-88　创建另一个点

37. 选择菜单命令"插入"→"基准/点"→"基准平面",在弹出的"基准平面"对话框中,选择"曲线和点"的方式创建基准平面,"曲线和点子类型"→"子类型"设为

"三点","参考几何体"→"指定点"选择"点1""点2"和"点3",单击"确定"按钮创建的基准平面,结果如图3-89所示。

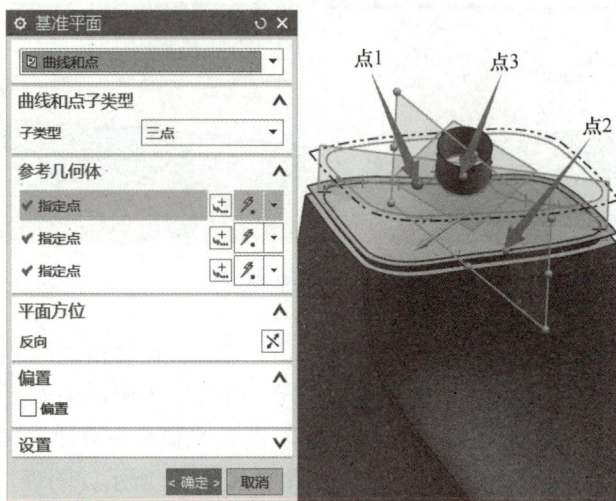

图3-89　创建基准平面

38. 选择菜单命令"插入"→"在任务环境中绘制草图",选择上一步创建的基准平面作为草图绘制平面,单击工具栏上的"艺术样条"命令,在弹出的"艺术样条"对话框中,选择"通过点","参数化"→"次数"设为"3",单击"确定"按钮,创建图3-90所示的草图。

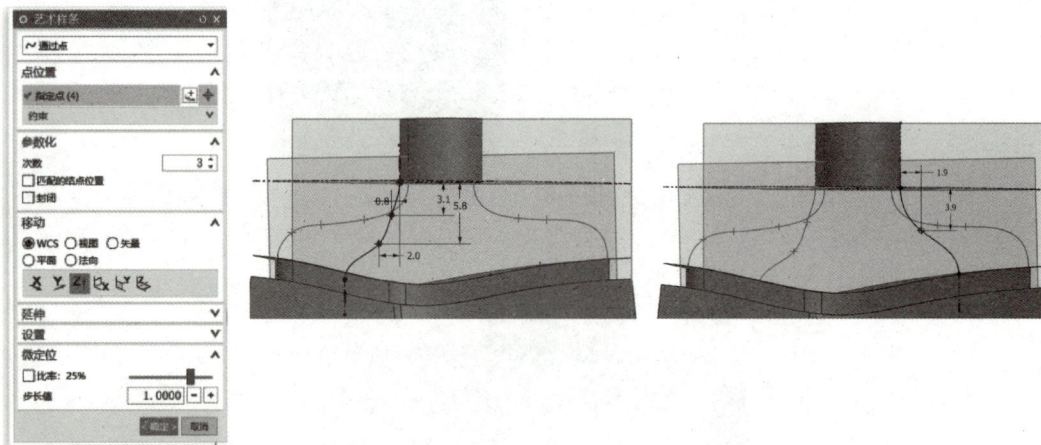

图3-90　绘制草图

39. 选择菜单命令"插入"→"网格曲面"→"通过曲线网格",弹出"通过曲线网格"对话框,按图3-91a所示选择"主曲线1""主曲线2""交叉曲线1"和"交叉曲线2";"连续性"→"第一主线串"设为"G1(相切)","选择面"设为"面1";"最后主线串"设为"G1（相切）"，"选择面"设为"面2"；其他参数不变，单击"确定"按钮，创建网格曲面。

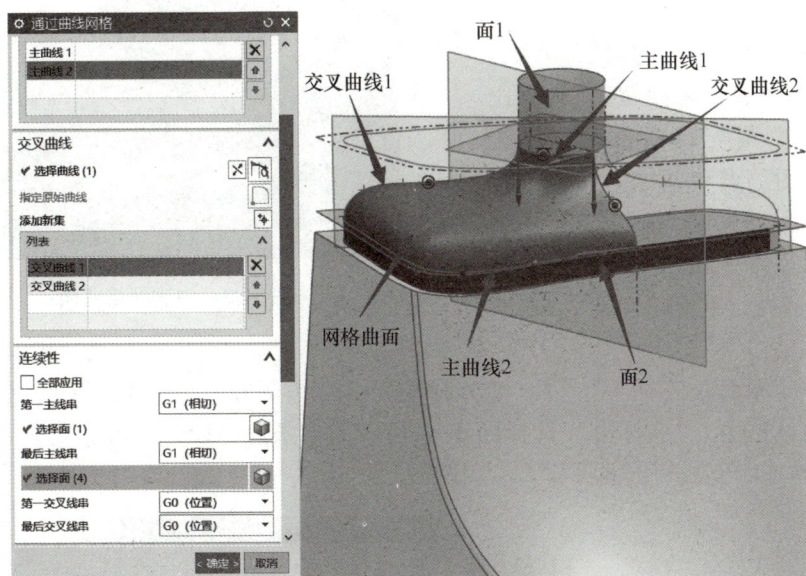

a)

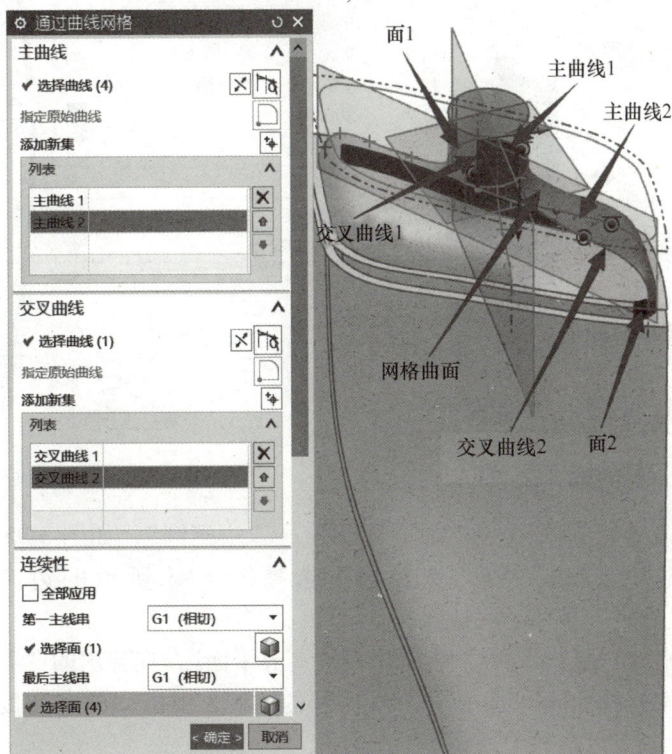

b)

图 3-91　创建网格曲面

40. 选择菜单命令"插入"→"网格曲面"→"通过曲线网格",如图3-91b所示,方法与上述相同,结果如图3-92所示。

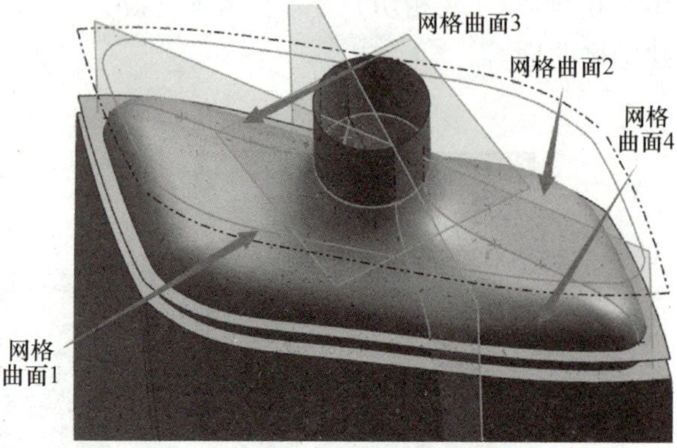

41. 选择菜单命令"编辑"→"显示和隐藏"→"显示和隐藏",在弹出的"显示和隐藏"对话框中,单击"−"隐藏草图、点和基准平面;选择菜单命令"插入"→"组合"→"缝合","目标片体"和"工具片体"按图3-93所示选择,单击"确定"按钮,完成缝合操作。

图 3-92　创建网格曲面

42. 选择菜单命令"插入"→"细节特征"→"边倒圆",如图3-94所示,在弹出的"边倒圆"对话框中,"选择边"选择图3-94所示的2条边,设"半径1"为"2mm",单击"确定"按钮,完成边倒圆操作。

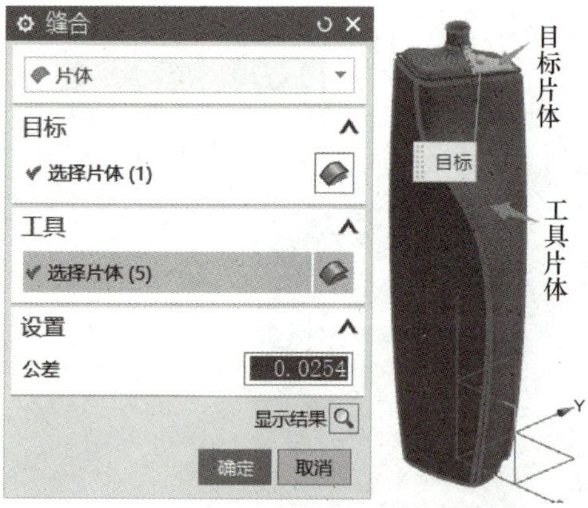

图 3-93　缝合网格曲面

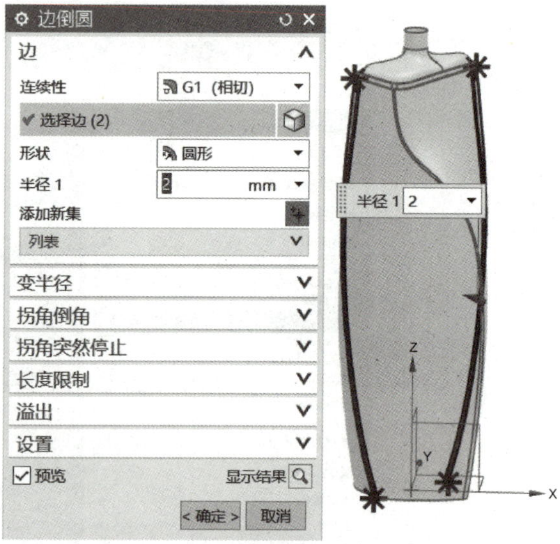

图 3-94　边倒圆操作

43. 选择菜单命令"插入"→"细节特征"→"边倒圆",如图3-95所示,在弹出的"边倒圆"对话框中,"边"→"选择边"选择图3-95所示的边,"半径1"设为"0.5mm",单击"确定"按钮,完成操作。

44. 选择菜单命令"插入"→"曲面"→"有界平面",在弹出的"有界平面"对话框中,"平截面"→"选择曲线"选中图3-96所示的曲线,单击"确定"按钮完成"有界平面"的创建。

45. 选择菜单命令"插入"→"组合"→"缝合",在弹出的"缝合"对话框中,"目标片体"和"工具片体"按图3-97所示选择,单击"确定"按钮,完成了缝合操作。

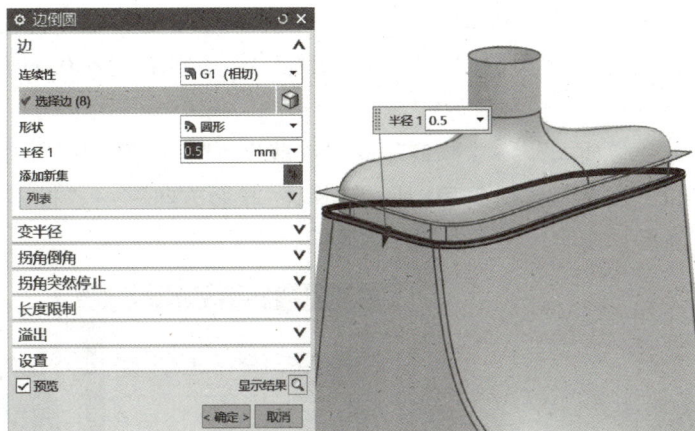

图 3-95　边倒圆操作

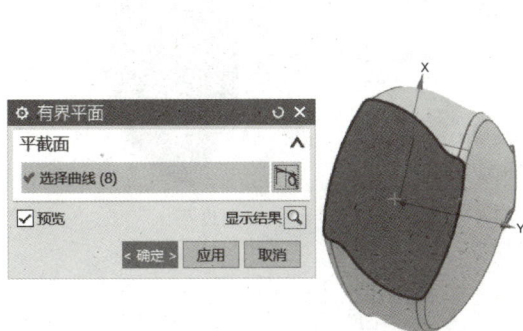

图 3-96　创建有界平面

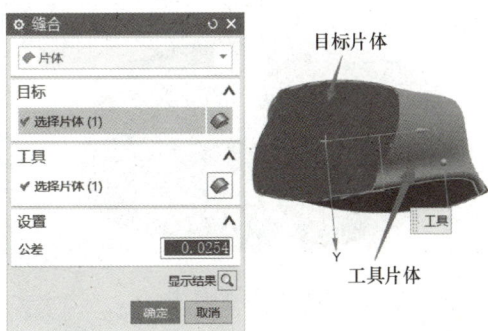

图 3-97　缝合片体

46. 选择菜单命令"插入"→"在任务环境中绘制草图",选中 XY 平面作为草图绘制基准平面,单击工具栏上的"圆"命令图标○,绘制 1 个 ϕ15mm 的圆,如图 3-98 所示。

47. 选择菜单命令"插入"→"基准/点"→"基准平面",在弹出的"基准平面"对话框中,选择"按某一距离"的方式创建基准平面,选中 XY 平面,创建一个与之平行相距为 2mm 的平面,如图 3-99 所示。

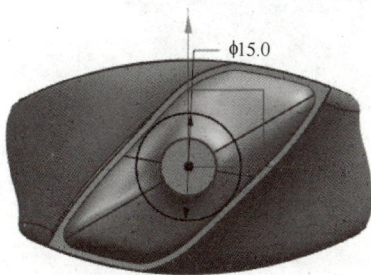

图 3-98　绘制草图

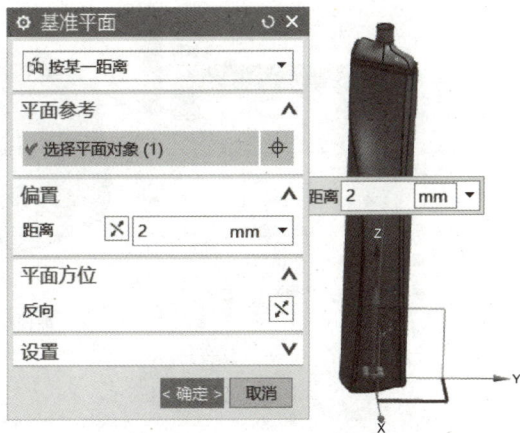

图 3-99　创建基准平面

48. 选择菜单命令"插入"→"在任务环境中绘制草图",选中上一步创建的基准平面作为草图绘制平面,单击工具栏上的"圆"命令图标○,绘制 1 个 $\phi10mm$ 的圆,如图 3-100 所示。

49. 选择菜单命令"插入"→"修剪"→"修剪片体",在弹出的"修剪片体"对话框中,"目标片体"和"边界"按图 3-101 所示选择,"投影方向"→"投影方向"设为"垂直于面",单击"确定"按钮,完成修剪片体操作。

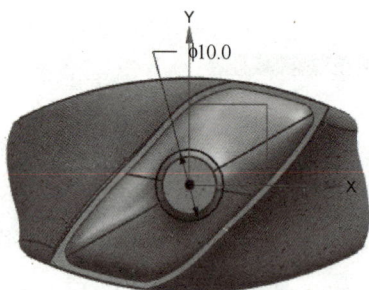

图 3-100　绘制草图

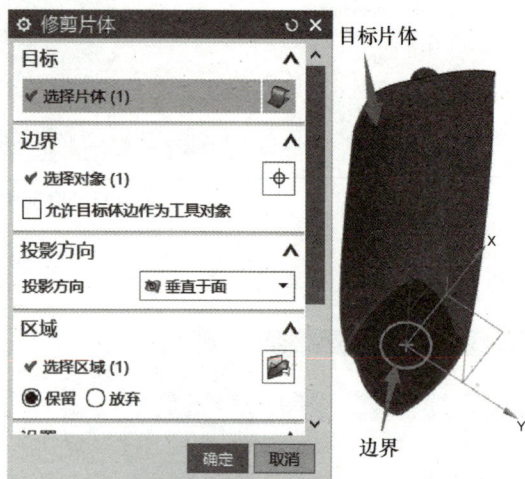

图 3-101　修剪片体操作

50. 选择菜单命令"插入"→"网格曲面"→"通过曲线组",在弹出的"通过曲线组"对话框中,"截面 1"和"截面 2"分别按图 3-102 所示选择,"设置"→"体类型"为"片体",单击"确定"按钮,创建网格曲面。

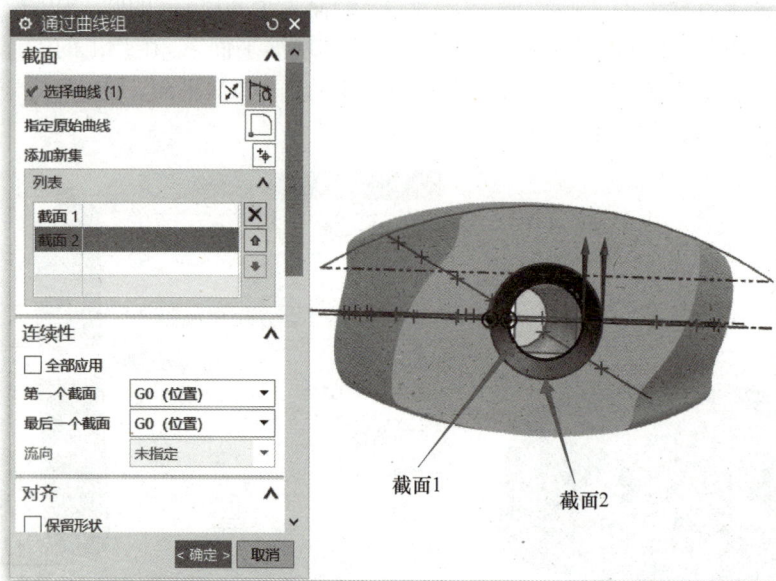

图 3-102　通过曲线组创建曲面

51. 选择菜单命令"插入"→"曲面"→"有界平面"，在弹出的"有界平面"对话框中，"平截面"→"选择曲线"选中图 3-103 所示的平截面曲线，单击"确定"按钮，完成有界平面的创建。

52. 选择菜单命令"插入"→"组合"→"缝合"，在弹出的"缝合"对话框中，"目标片体"和"工具片体"按图 3-104 所示选择，单击"确定"按钮，完成缝合操作。

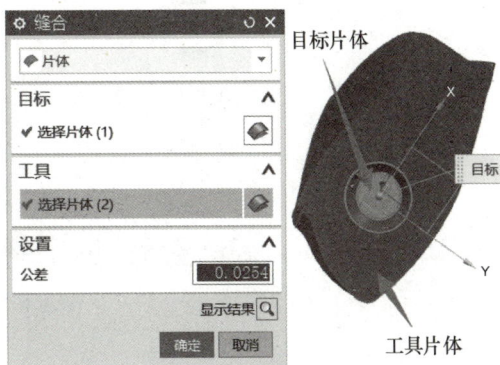

图 3-103　创建有界平面

图 3-104　缝合操作

53. 选择菜单命令"插入"→"细节特征"→"边倒圆"，对图 3-105 所示的边进行边倒圆操作，倒圆"半径 1"分别取为 1mm 和 2mm。

54. 右击第 22 步创建的片体，弹出现快捷命令菜单，如图 3-106 所示，单击"隐藏"按钮。

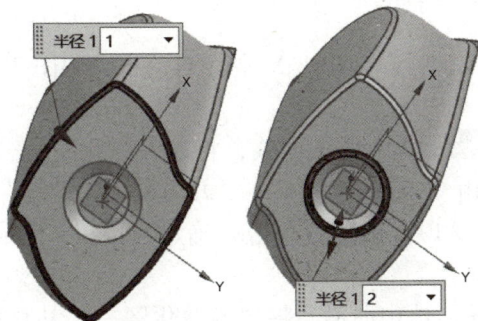

图 3-105　边倒圆操作

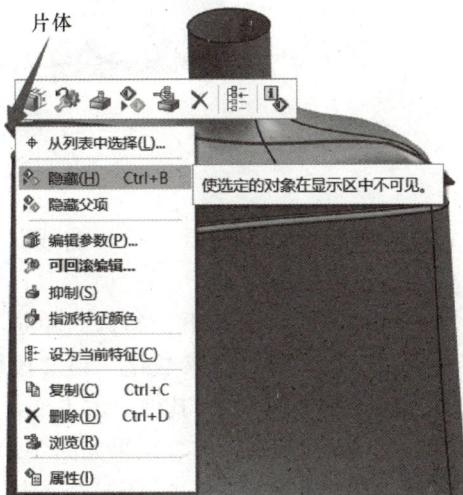

图 3-106　隐藏片体

55. 选择菜单命令"插入"→"偏置/缩放"→"加厚"，在弹出的"加厚"对话框中，"面"→"选择面"框选整个缝合的片体，"厚度"→"偏置 1"设为"0.5mm"，其他参数不变，单击"确定"按钮，完成片体加厚操作，如图 3-107 所示。

56. 选择菜单命令"编辑"→"显示和隐藏"→"显示和隐藏",隐藏片体。

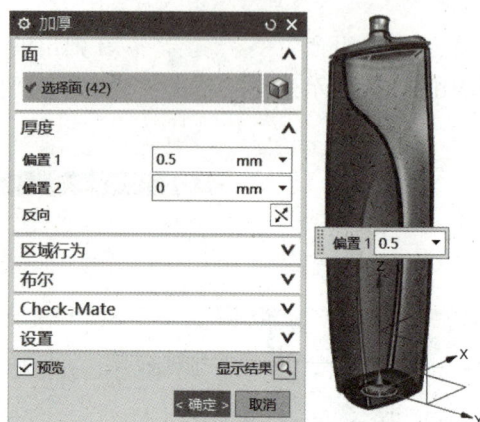

图 3-107　加厚片体

微课——知识拓展与补充

3-1　打开文件 3-1,对图 3-108a 所示样条曲线和曲面进行 X 型编辑。

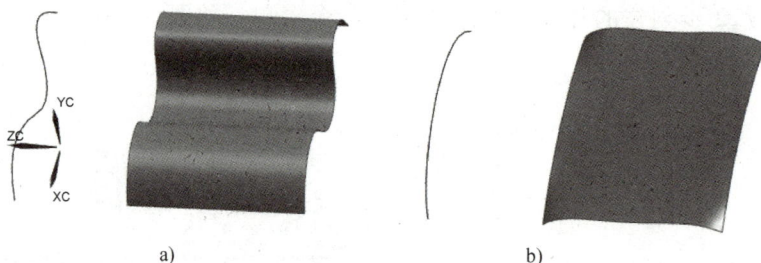

图 3-108　编辑样条曲线和曲面

1. 选择菜单命令"编辑"→"曲线"→"X 型",弹出"X 型"对话框,如图 3-109 所示。

2. 在"曲线或曲面"下,勾选"单选"方法,选中样条曲线,将"参数化"→"次数"由"2"改为"3","参数化"→"段数"由"3"改为"1","方法"→"移动"→"WCS"设为"+↑Z"向,其他参数不变,如图 3-109a 所示,单击"确定"按钮,完成对样条曲线"X 型"编辑操作,结果如图 3-108b 所示。

3. 在"曲线或曲面"下,勾选"单选"方法,选中曲面,将"参数化"→"补片数"U=17,V=2,修改成 U=1、V=3,"方法"→"移动"→"WCS"设为"+↑Z"向,其他参数不变,如图 3-109b 所示,单击"确定"按钮,完成对曲面"X 型"编辑操作,设结果如图 3-108a 所示。

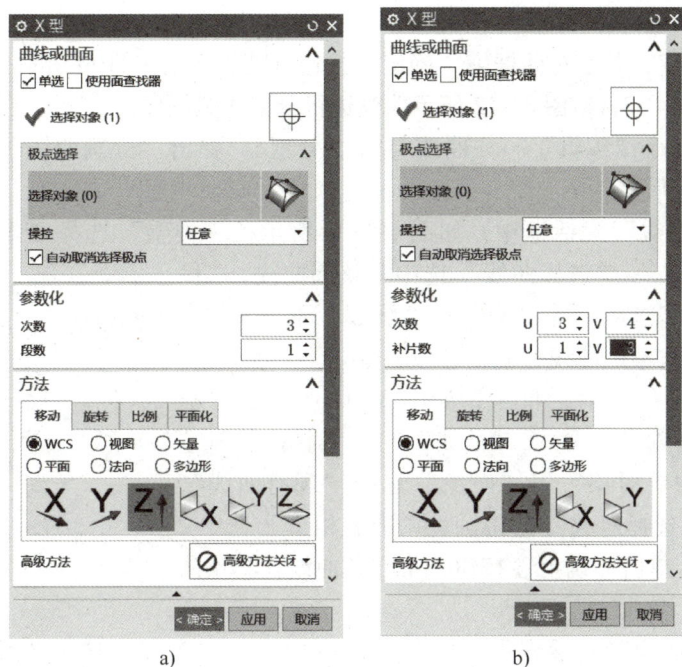

a)   b)

图 3-109　X 型对话框

3-2　打开文件 **3-2**，通过"根据极点"或"通过点"的方式对图 **3-110a** 所示样条曲线进行参数编辑。

1. 选择菜单命令"编辑"→"曲线"→"参数"，弹出图 3-111a 所示的"编辑曲线参数"对话框，"要编辑的曲线"→"选择曲线"选中图 3-110a 中的样条曲线，随后弹出"艺术样条"对话框，如图 3-111b 所示。

a)   b)

图 3-110　编辑曲线参数

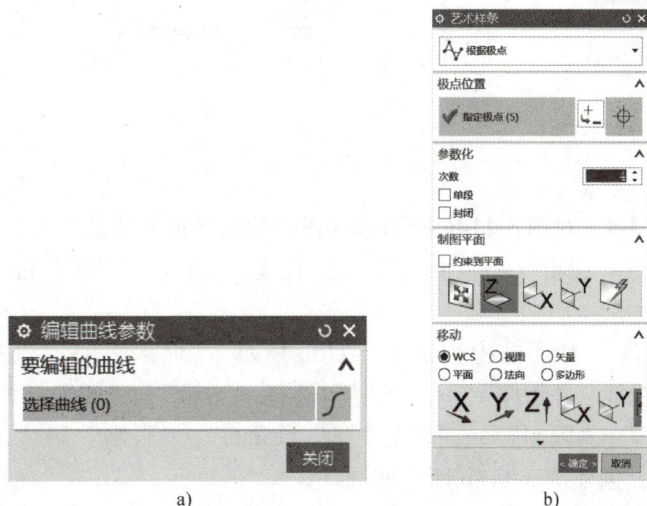

a)   b)

图 3-111　编辑曲线参数操作

2. 在"艺术样条"对话框中，选择"根据极点"选项，"参数化"→"次数"取"4"，其他参数不变，单击对话框中"确定"按钮，结果如图 3-110b 所示。

3-3　打开文件 3-3，对图 3-112 所示曲线进行分割曲线操作。

1. 选择菜单命令"编辑"→"曲线"→"分割"，弹出"分割曲线"对话框，如图 3-113 所示。

2. 在"分割曲线"对话框中，如图 3-113a 所示，"类型"选择"等分段"方式，"曲线"→"选择曲线"选中非整圆曲线，"段数"→"段长度"选择"等参数"，"段数"取 6，单击"确定"按钮，将非整圆曲线分成 6 等分。

3. 在"分割曲线"对话框中，如图 3-113b 所示，"类型"选择"按边界对象"方式，"曲线"→"选择曲线"选中样条曲线，"边界对象"→"对象"选择"现有曲线"，"边界对象"→"选择对象"选中圆，"指定相交"选中 2 条曲线的相交点，单击"确定"按钮，将样条曲线在 2 条曲线交点处分割开。

图 3-112　分割曲线编辑

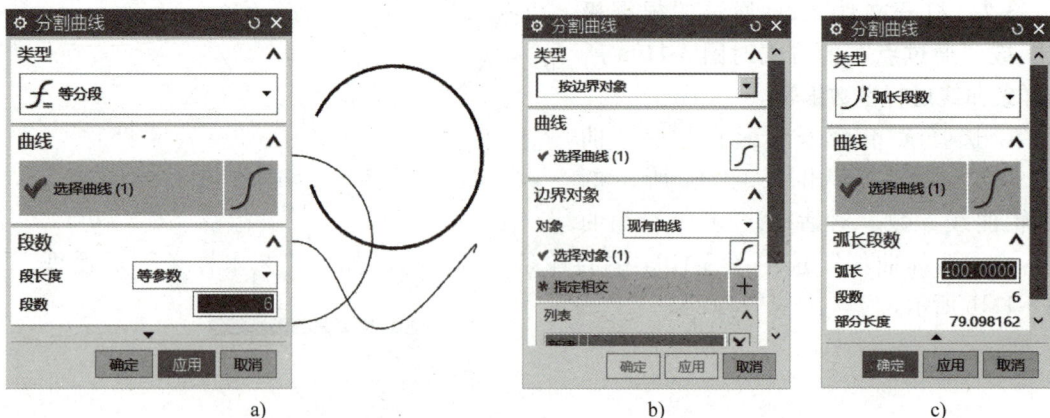

4. 在"分割曲线"对话框中，如图 3-113c 所示，"类型"选择"弧长段数"方式，"曲线"→"选择曲线"选中圆，"弧长段数"→"弧长"取"400"，则曲线圆被分成了 6 段，单击"确定"按钮，完成分割曲线操作。

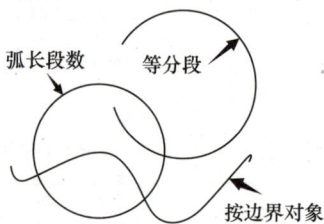

a)　　　　　　　　　　b)　　　　　　　　　　c)

图 3-113　分割曲线操作

3-4　打开文件 3-4，对图 3-114a 所示零件进行曲线长度操作。

1. 选择菜单命令"编辑"→"曲线"→"长度"，弹出"曲线长度"对话框，如图 3-115 所示。

2. 在"曲线长度"对话框中，如图 3-115a 所示，"曲线"→"选择曲线"选中左半圆边缘线，"延伸"→"长度"选择"增量"，"侧"选择"起点和终点"，"方法"选择"自然"，"限制"→"开始"取"15mm"，"限制"→"结束"取"6mm"，单击"确定"按钮，创建图 3-114b 所示的圆。

3. 在"曲线长度"对话框中，如图 3-115b 所示，"曲线"→"选择曲线"选中右半圆

项目3 曲面设计

边缘线,"延伸"→"长度"选择"增量","侧"选择"起点和终点","方法"选择"线性","限制"→"开始"取"22.5mm","限制"→"结束"取"5.3mm",单击"确定"按钮,创建图3-114b所示的半圆并向两端延伸的曲线。

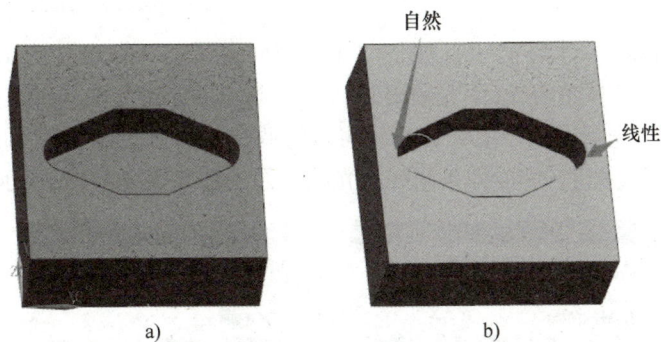

图3-114 曲线长度编辑

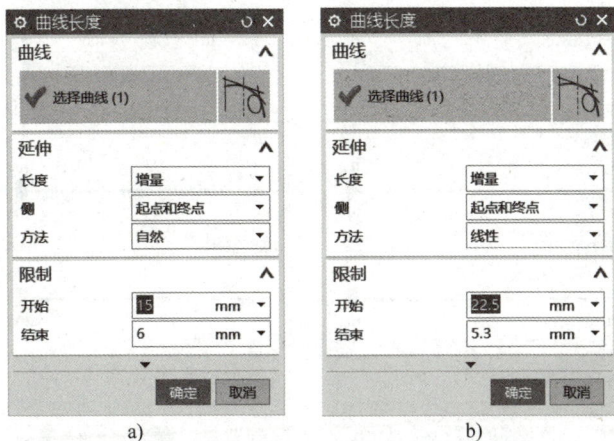

图3-115 曲线长度对话框

3-5 打开文件3-5,对样条曲线进行光顺操作,通过最小化曲率值或曲率变化来去除样条曲线中的小缺陷,从而使样条曲线变得更加光顺,如图3-116所示。

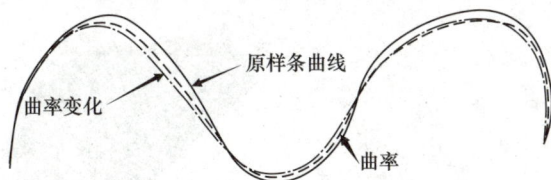

图3-116 创建光顺样条曲线

1. 选择菜单命令"编辑"→"曲线"→"光顺样条",弹出"光顺样条"对话框,如图3-117所示。

2. 在"光顺样条"对话框中,如图3-117a所示,选"曲率变化"方式,"要光顺的曲线"→"选择曲线"选样条曲线，"光顺限制"→"起点百分比"取"0"，"终点百分比"取"100"，"约束"→"光顺因子"取"100"（可自行调整），"修改百分比"取"100"（可自行调整），单击"确定"按钮，完成样条曲线的光顺操作，结果如图3-116所示。

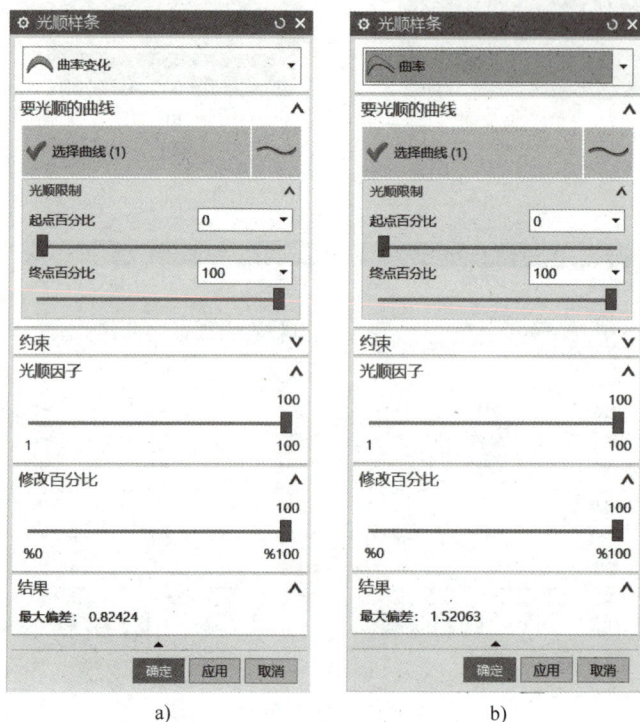

3. 在"光顺样条"对话框中，如图3-117b所示，选"曲率"方式，"要光顺的曲线"→"选择曲线"选样条曲线，"光顺限制"→"起点百分比"取"0"，"终点百分比"取"100"，"约束"→"光顺因子"取"100"（可自行调整），"修改百分比"取"100"（可自行调整），单击"确定"按钮，完成样条曲线的光顺操作，结果如图3-116所示。

图 3-117　光顺样条对话框

3-6　打开文件3-6，根据图3-118a中已有的点，用"从极点"命令创建曲面。

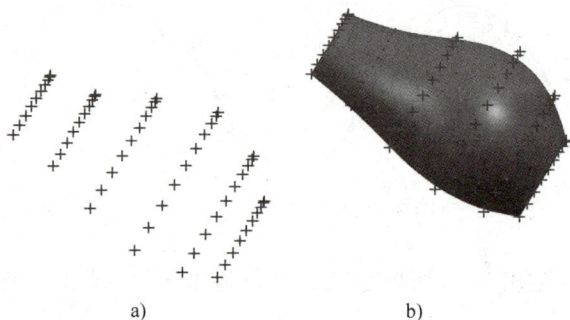

图 3-118　从极点创建曲面

1. 选择菜单命令"插入"→"曲面"→"从极点",弹出"从极点"对话框,如图3-119所示,"补片类型"为"多个","沿以下方向封闭"为"两者皆否","行次数"和"列次数"都为"3",单击"确定"按钮,弹出"点"对话框。

2. 在"点"对话框中,如图3-120所示,选择"自动判断的点",用鼠标依次选取第1行中的各个点,选取后,单击"确定"按钮,在弹出的"指定点"对话框中,如图3-121所示,单击"是"后,将再一次弹出"点"对话框。

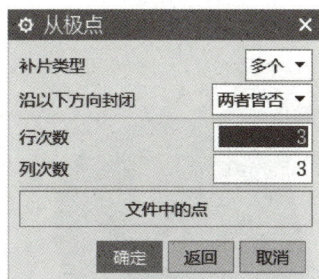

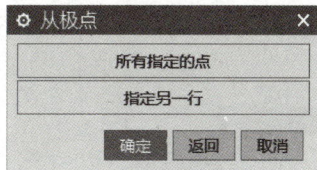

图 3-119 "从极点"对话框   图 3-120 "点"对话框

3. 按照上一步的操作过程,再依次选取第2行上的所有点,在完成了第4行点的选取后,弹出"从极点"对话框,如图3-122所示,单击"指定另一行"。

4. 选取第5行所有点后,再一次弹出图3-122所示的"从极点"对话框,再一次单击"指定另一行",完成第6行点的选取,在随后出现的"从极点"对话框中,单击"所有指定的点",单击"确定"按钮,完成图3-118b所示曲面的创建。

图 3-121 "指定点"对话框   图 3-122 "从极点"对话框

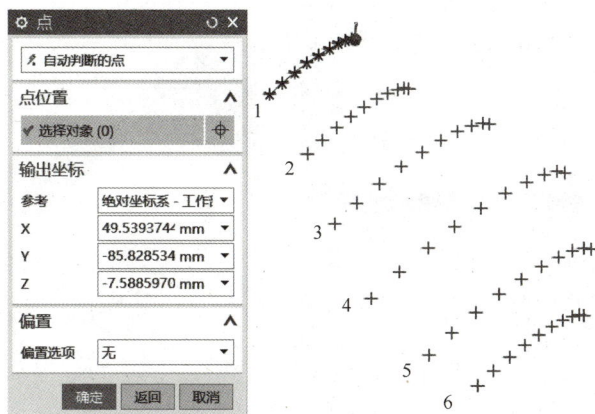

3-7 打开文件3-7,根据图3-123a中的曲线,采用"通过曲线组"命令创建曲面。

图 3-123 通过曲线组创建曲面

1. 选择菜单命令"插入"→"网格曲面"→"通过曲线组",弹出图 3-124 所示的"通过曲线组"对话框。

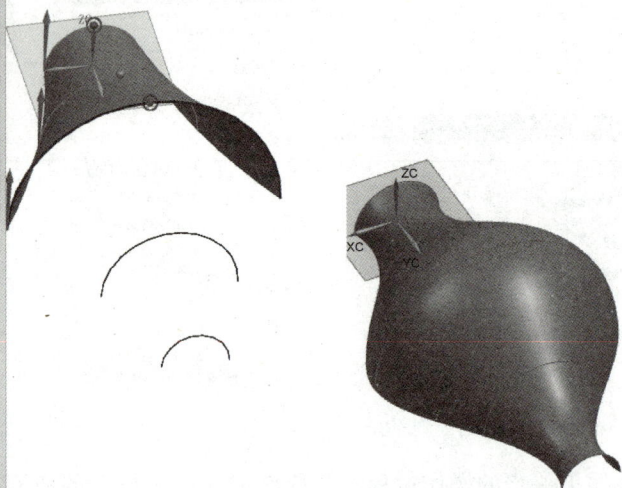

2. 在"通过曲线组"对话框中,"截面"→"选择曲线"依次选择 5 段曲线,并保证矢量方向一致,"次数"为 3,其他按默认设置,单击"确定"按钮,完成曲面的创建,如图 3-125 所示。

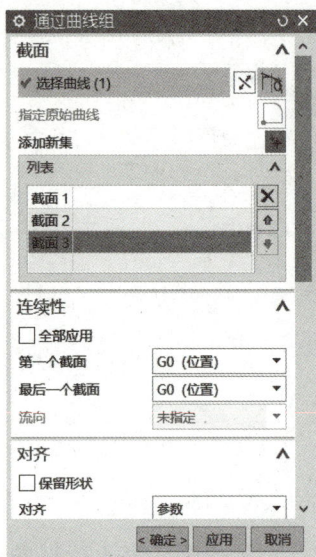

图 3-124　通过曲线组操作　　　　　　　图 3-125　通过曲线组创建的曲面

3. 选择菜单命令"插入"→"关联复制"→"镜像特征",在弹出的"镜像特征"对话框中,"要镜像的特征"→"选择特征"选择曲面特征,"镜像平面"选择 XC-YC 平面,单击"确定"按钮,完成镜像特征操作,如图 3-126 所示。

3-8　打开文件 3-8,根据图 3-127a 中的曲线,用"通过曲线网格"命令创建曲面。

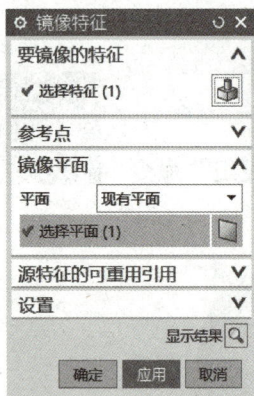

a)　　　　　　b)

图 3-126　镜像特征操作　　　　　　　图 3-127　"通过曲线网格"创建曲面

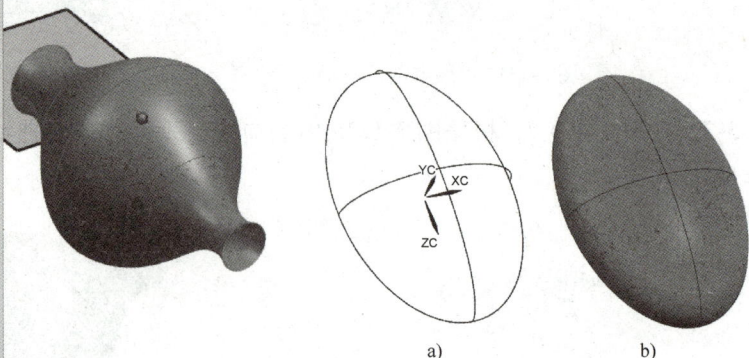

1. 选择菜单命令"插入"→"网格曲面"→"通过曲线网格",弹出图 3-128 所示的"通过曲线网格"对话框。

2. 将工具栏中的"曲线规则"选择为"相切曲线,在"通过曲线网格"对话框"中,"主曲线 1"先选取图示中的"主曲线 1(点)",然后单击"添加新集"后面的"添加新集"图标, ，选取"主曲线 2",选取完成后,再单击"添加新集"图标, ，选取"主曲线 3(点)","主曲线 1"和"主曲线 3"都是点。

3. 主曲线选择完成后,单击"交叉曲线"→"选择曲线",激活交叉曲线的选取,按图 3-128 所示依次选取"交叉曲线 1""交叉曲线 2"和"交叉曲线 3",单击"确定"按钮,完成网格曲面的创建。

3-9 打开文件 **3-9**,根据图 **3-129a** 中的曲线,用"通过曲线组"命令创建曲面。

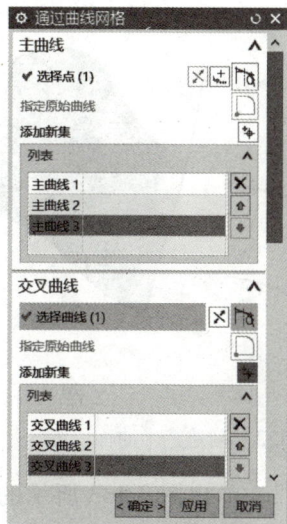

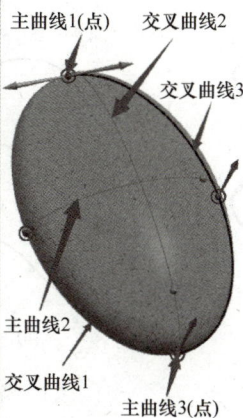

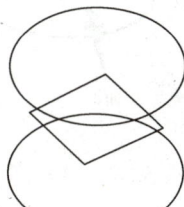

图 3-128　通过曲线网格操作

图 3-129　通过曲线组创建曲面

1. 选择菜单命令"插入"→"网格曲面"→"通过曲线组",弹出图 3-130 所示的"通过曲线组"对话框。

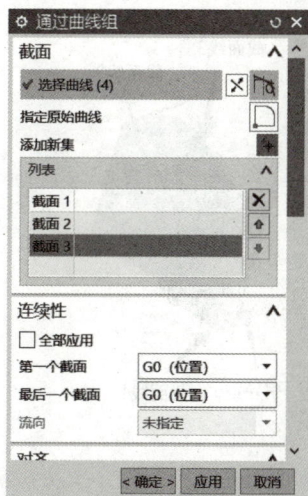

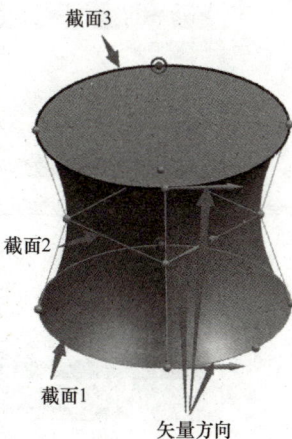

图 3-130　通过曲线组操作

149

2. 将工具栏中的"曲线规则"选择为"相连曲线,在"通过曲线组"对话框中,"截面1""截面2"和"截面3"按图3-130所示依次选择,并保证矢量方向一致,单击"确定"按钮,完成网格曲面的创建。

3. 单击工具栏上的"抽壳"命令图标,在弹出的"抽壳"对话框中,选择"移除面,然后抽壳"方式,"要穿透的面"→"选择面"选择图3-131中的"面1"和"面2","厚度"→"厚度"设为"2mm",单击"确定"按钮,完成抽壳,结果如图3-129b所示。

3-10 打开文件3-10,根据图3-132a中的曲线,用"艺术曲面"命令创建曲面。

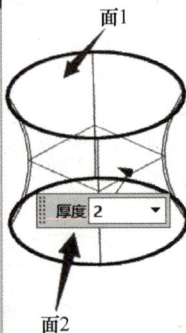

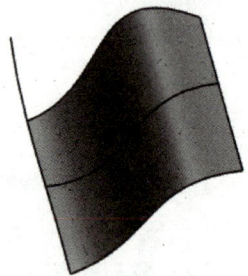

a)   b)

图3-131 抽壳操作   图3-132 创建艺术曲面

1. 选择菜单命令"插入"→"网格曲面"→"艺术曲面",弹出图3-133所示的"艺术曲面"对话框。

2. 按图3-133所示,选择"截面线1""截面线2""截面线3"及"引导1",单击"确定"按钮,创建艺术曲面,如图3-132b所示。

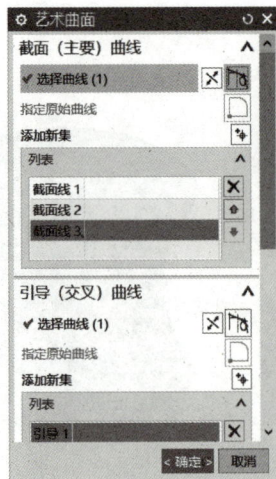

图3-133 艺术曲面操作

3-11 打开文件 3-11，根据图 3-134a 中的曲线，用"N 边曲面"命令创建曲面。

1. 选择菜单命令"插入"→"网格曲面"→"N 边曲面"，弹出图 3-135 所示的"N 边曲面"对话框。

2. 在"N 边曲面"对话框中，选择"三角形"方式，"外环"→"选择边"选择 6 边形的 6 条边，即生成曲面，通过"形状控制"→"中心控制"下的"X""Y""Z"及"中心平缓"滑块的移动来调整曲面的形状，单击"确定"按钮，结果如图 3-134b 所示。

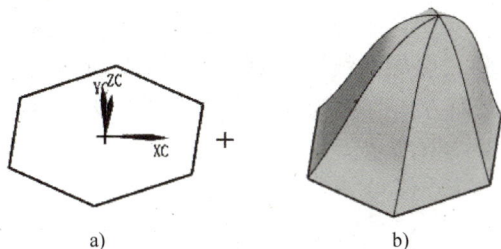

图 3-134 创建 N 边曲面   图 3-135 N 边曲面操作

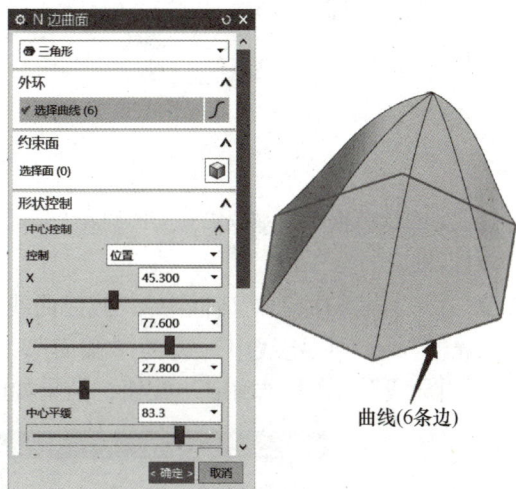

3-12 打开文件 3-12，根据图 3-136a 中的曲线，用"扫掠"命令创建曲面。

1. 选择菜单命令"插入"→"扫掠"→"扫掠"，弹出图 3-137 所示的"扫掠"对话框。

2. 按图 3-137 所示，选择"截面 1"和"引导 1"，其他参数不变，单击"确定"按钮，完成扫掠曲面创建，结果如图 3-136b 所示。

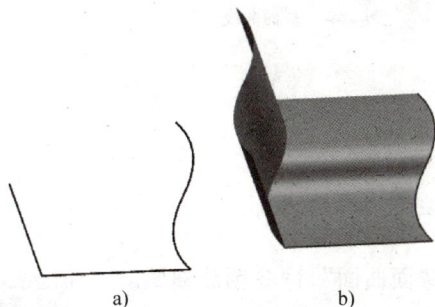

图 3-136 创建扫掠曲面   图 3-137 扫掠曲面操作

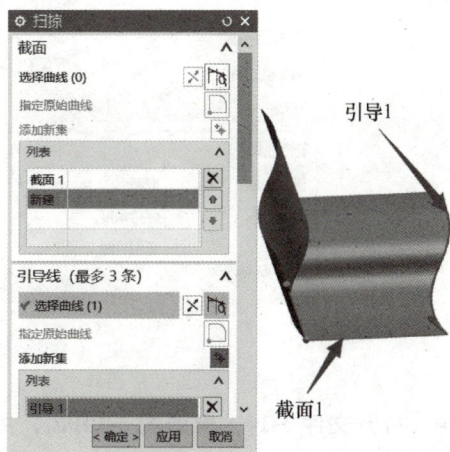

3-13 打开文件 3-13，根据图 3-138a 中已有的曲线，用"样式扫掠"命令创建曲面。

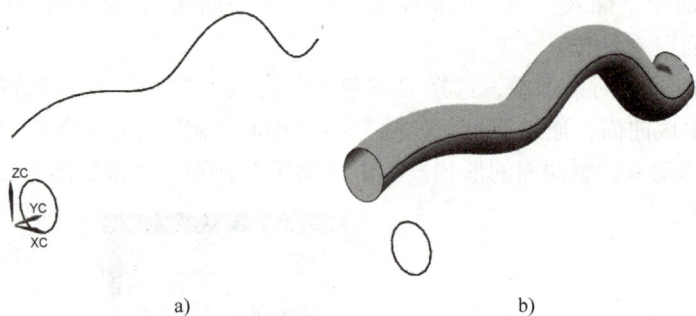

a)   b)

图 3-138   创建样式扫掠

1. 选择菜单命令"插入"→"扫掠"→"样式扫掠"，弹出图 3-139 所示的"样式扫掠"对话框。

2. 在"样式扫掠"对话框中，"截面曲线"和"引导曲线"分别按图 3-139 所示选择，"扫掠属性"→"固定线串"设为"截面"，"截面方向"设为"保持角度"，设"参考"为"至引导线"，单击"确定"按钮，结果如图 3-138b 所示。

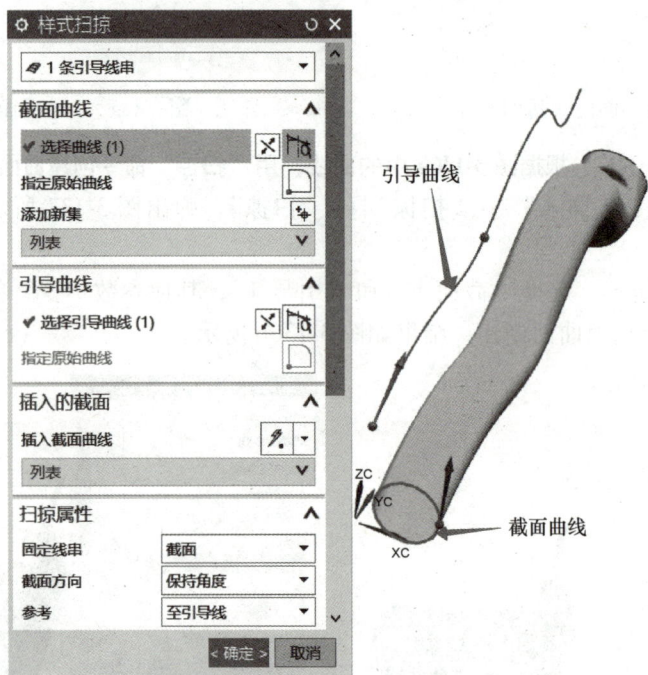

图 3-139   样式扫掠操作

3-14 打开文件 3-14，根据图 3-140a ，用"截面曲面"命令创建曲面。

1. 选择菜单命令"插入"→"扫掠"→"截面"，弹出图 3-141a 所示的"截面曲面"对话框。

2. 在"截面曲面"对话框中，选择"二次"，"模式"选择"五点"，"引导线"按图 3-141b 所示依次选取，"脊线"点选"按矢量"，"设置"→"体类型"为"片体"，其他参数按默认值，单击"确定"按钮，结果如图 3-140b 所示。

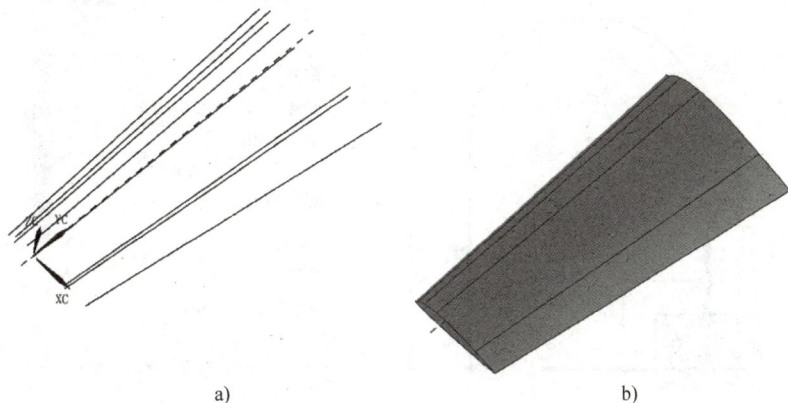

a)　　　　　　　　　　　　　　　　　　b)

图 3-140　创建"截面曲面"

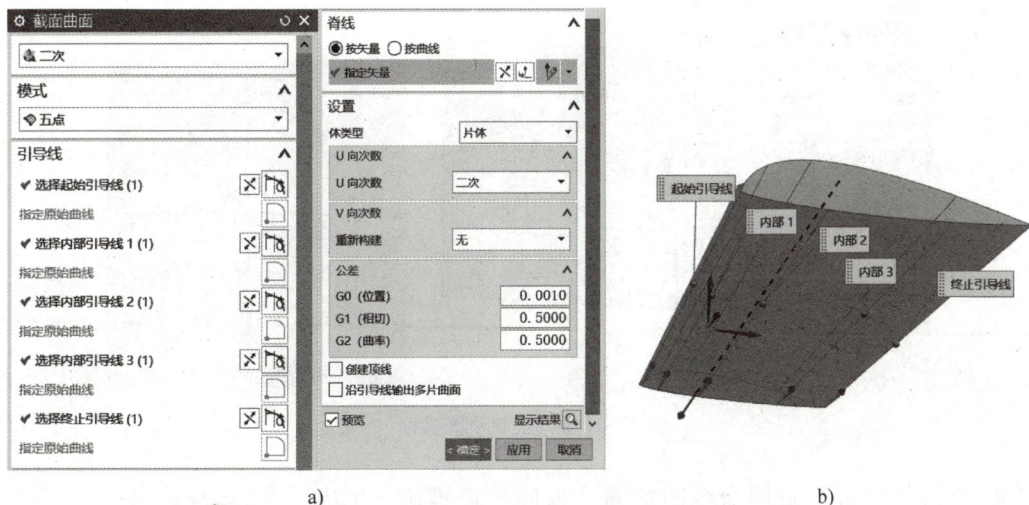

a)　　　　　　　　　　　　　　　　　　b)

图 3-141　截面曲面操作

3-15 新建一个文件，命名为 **3-15**，绘制图 **3-142** 所示的草图，用"**变化扫掠**"命令完成建模。

1. 选择菜单命令"插入"→"在任务环境中绘制草图"，选择 XY 平面作为绘制草图的平面，绘制图 3-142 所示的草图。

2. 单击"完成"草图命令图标 ，返回建模模块下，选择菜单命令"插入"→"扫掠"→"变化扫掠"，弹出图 3-143 所示的"变化扫掠"对话框。

3. 单击"变化扫掠"对话框中的"绘制截面"图标 ，弹出"创建草图"对话框，"路径"→"选择路径"选择第 1 步绘制的草图，"平面位置"→"位置"选择"弧长百分比"，"弧长百分比"为"0"，其他不变，如图 3-144 所示，单击"确定"按钮，以坐标原

点为圆心，绘制 1 个 φ5mm 的圆。

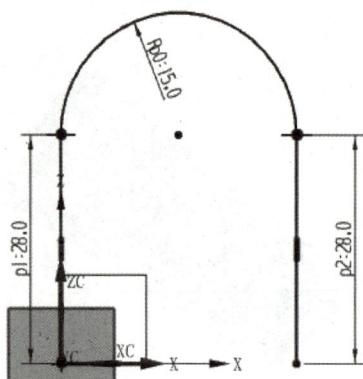

图 3-142　绘制草图

图 3-143　"变化扫掠"对话框

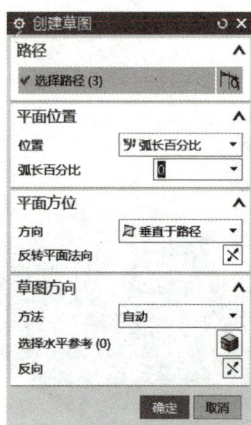

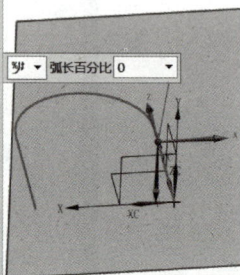

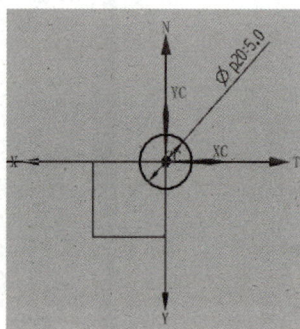

图 3-144　绘制草图截面

4. 单击"完成"草图命令图标，返回建模模块，生成图 3-145 所示的特征，将渲染样式更改为静态线框，在图 3-146 所示的"变化扫掠"对话框中，"辅助截面"→"定位方法"设为"通过点"，单击"添加新集"后面的"添加新集"图标，分别捕捉到"点 1"和"点 2"，将直径分别更改为 φ6mm 和 φ10mm，单击"确定"按钮，生成的实体，结果如图 3-147 所示。

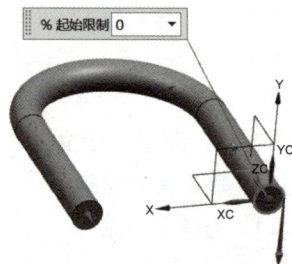

3-16　打开文件 3-16，根据图 3-148a 所示的曲线创建管特征。

1. 选择菜单命令"插入"→"扫掠"→"管"，弹出图 3-149 所示的"管"对话框。

图 3-145　创建扫掠特征

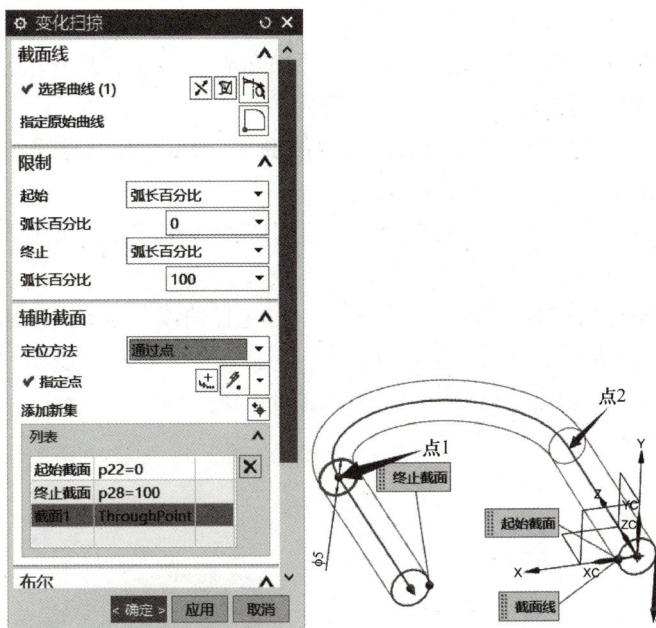

图 3-146　变化扫掠操作

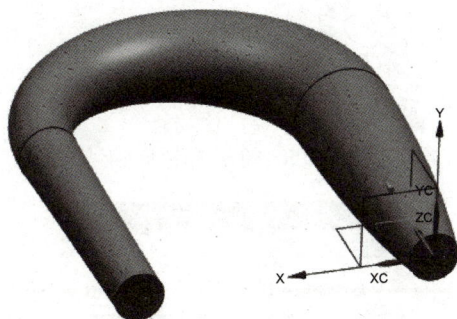

图 3-147　变化扫掠结果

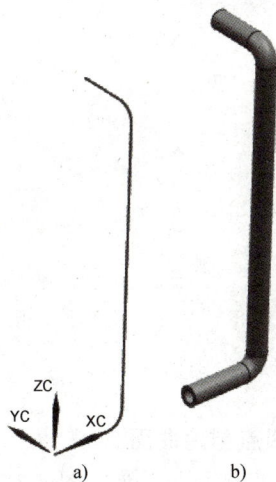

a)　　　　　b)

图 3-148　创建管特征

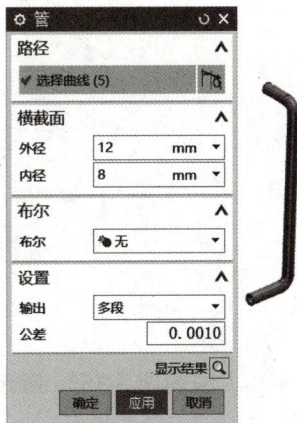

图 3-149　"管"对话框

2. 在"管"对话框中,"路径"→"选择曲线"选择已有的曲线,"横截面"→"外径"和"内径"分别为"12mm"和"8mm","布尔"→"布尔"设为"无",单击"确定"按钮,创建管特征,结果如图 3-148b 所示。

3-17 打开文件 3-17,根据图 3-150a 所示的曲线,用"沿引导线扫掠"命令创建扫掠特征。

1. 选择菜单命令"插入"→"扫掠"→"沿引导线扫掠",弹出图 3-151 所示的"沿引导线扫掠"对话框。

2. 在"沿引导线扫掠"对话框中,"截面"→"选择曲线"选择"截面线","引导"→"选择曲线"选择"引导线",如图 3-150 所示,"布尔"→"布尔"设为"无",其他按默认值,单击"确定"按钮,创建扫掠特征,结果如图 3-150b 所示。

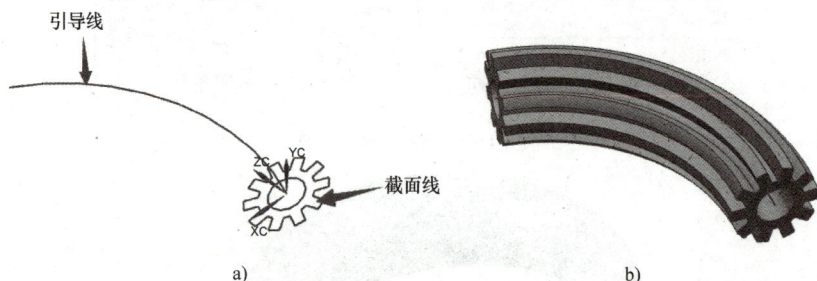

图 3-150　创建扫掠特征

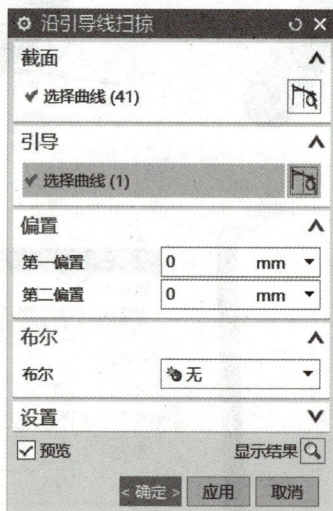

图 3-151　"沿引导线扫掠"对话框

3-18 打开文件 3-18,根据图 3-152a 所示的四点创建曲面。

1. 选择菜单命令"插入"→"曲面"→"四点曲面",弹出图 3-153 所示的"四点曲面"对话框。

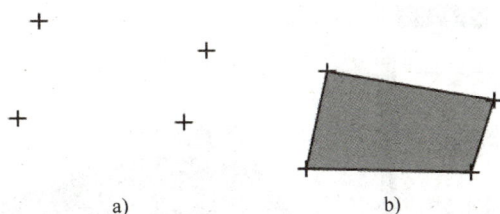

图 3-152 创建四点曲面

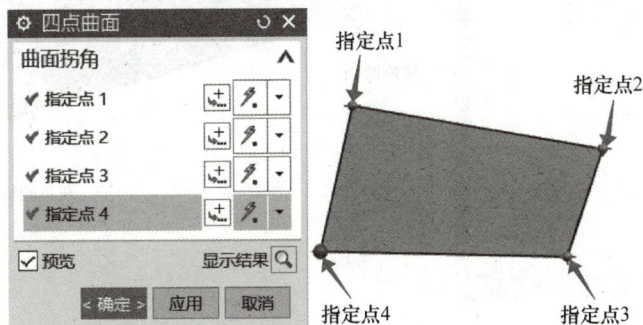

图 3-153 "四点曲面"对话框

2. 在"四点曲面"对话框中,"曲面拐角"→"指定点 1""指定点 2""指定点 3"和"指定点 4"按图 3-153 所示依次选择,单击"确定"按钮,创建曲面,结果如图 3-152b 所示。

3-19 打开文件 3-19,对图 3-154 所示的曲面进行拟合曲面操作。

1. 选择菜单命令"插入"→"曲面"→"拟合曲面",弹出图 3-155 所示的"拟合曲面"对话框。

2. 在"拟合曲面"对话框中,选择"拟合自由曲面"方法,"目标"为"对象","目标"→"选择对象"用鼠标框选上所有点,"拟合方向"设为"最适合","参数化"→"次数"及"补片数"的 U、V 值可以调整,"光顺因子"下的滑块也可以调整,单击"确定"按钮,结果如图 3-155 所示,绿色曲面为原有的曲面,灰色曲面为拟合后的曲面。

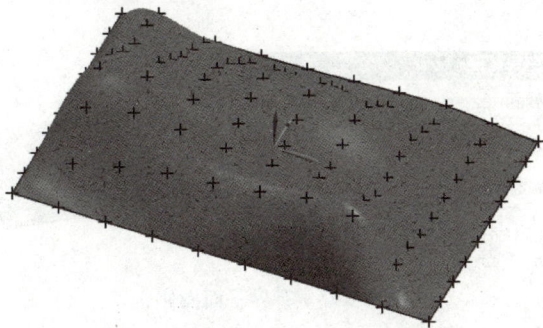

图 3-154 创建拟合曲面

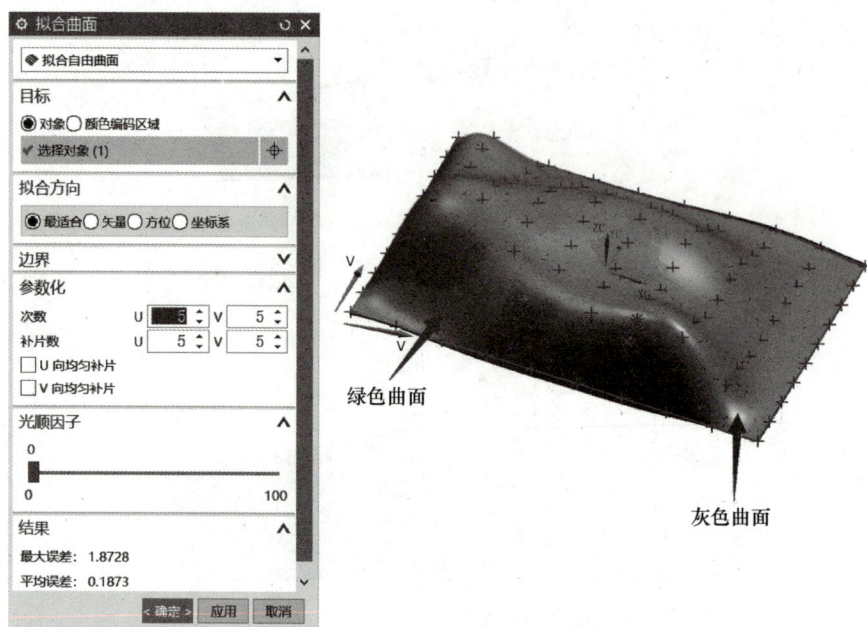

图 3-155 拟合曲面操作

3-20 打开文件 **3-20**，对图 **3-156a** 所示的曲线进行有界平面操作。

1. 选择菜单命令"插入"→"曲面"→"有界平面"，弹出图 3-157 所示的"有界平面"对话框。

2. 在"有界平面"对话框中"平截面"→"选择曲线"依次选取四条边后，单击"确定"按钮完成"有界平面"的创建，结果如图 3-156b 所示。

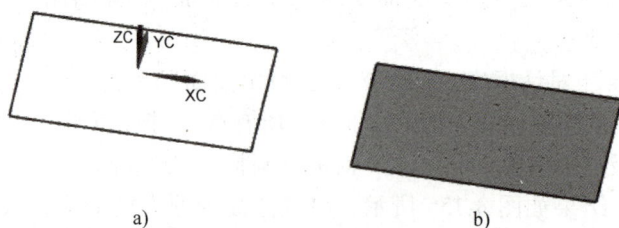

a)   b)

图 3-156 创建有界平面

图 3-157 有界平面操作

3-21 打开文件 **3-21**，根据图 **3-158a** 沿片体边线矢量方向创建垂直于轮

廓的片体。

1. 选择菜单命令"插入"→"曲面"→"条带构造器",弹出图 3-159 所示的"条带"对话框。

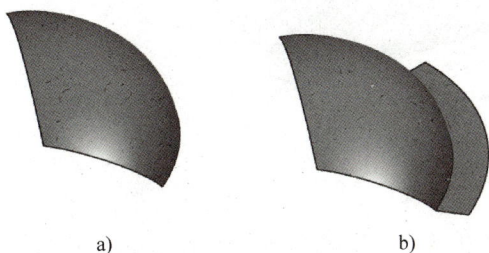

图 3-158　创建垂直于轮廓的片体

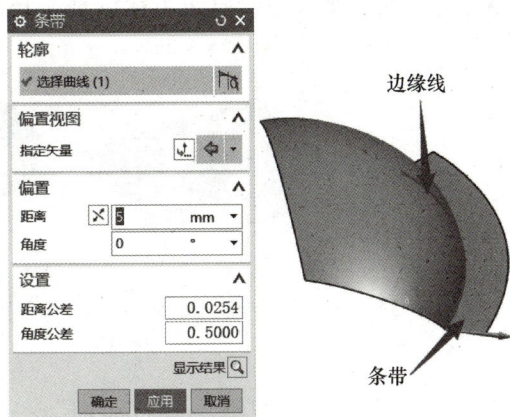

图 3-159　条带操作

2. 在"条带"对话框中,"轮廓"→"选择曲线"选取片体边缘线,"偏置视图"→"指定矢量"按图 3-159 所示方向,"偏置"→"距离"设为"5mm",设"角度"为"0°",单击"确定"按钮,完成垂直于轮廓片体的创建,结果如图 3-158b 所示。

3-22　打开文件 3-22,对图 3-160a 所示曲面进行桥接操作。

1. 选择菜单命令"插入"→"细节特征"→"桥接",弹出图 3-161 所示的"桥接曲面"对话框。

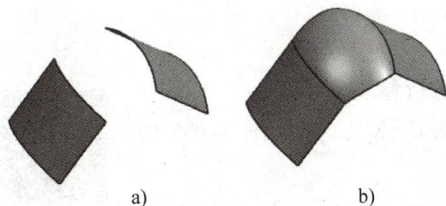

图 3-160　桥接曲面

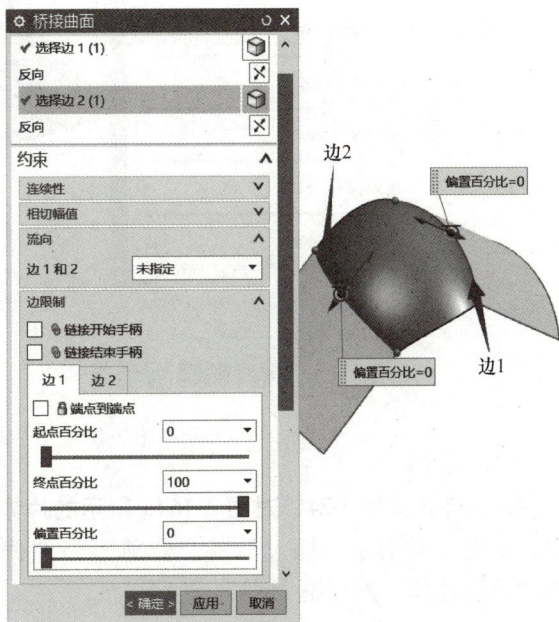

图 3-161　桥接曲面操作

2. 在"桥接曲面"对话框中，选择"边1"和"边2"，其他参数不变，单击"确定"按钮，完曲面的桥接操作，结果如图3-160b所示。此外，可以通过拖动"起点百分比""终点百分比"和"偏置百分比"下的滑块来调整桥接的长度，以及桥接面的偏置距离。

3-23 打开文件3-23，对图3-162a所示片体进行扩大操作。

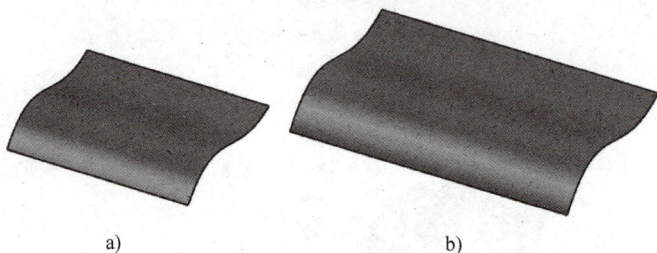

a)   b)

图3-162 扩大片体

1. 选择菜单命令"编辑"→"曲面"→"扩大"，弹出图3-163所示的"扩大"对话框。

2. 在"扩大"对话框中，"选择面"→"选择面"选择如图3-163所示的片体，"调整大小参数"拖动"U向起点百分比"和"U向终点百分比"滑块为"25"，拖动"V向起点百分比"和"V向终点百分比"滑块为"5"，其他参数不变，单击"确定"按钮，完片体的扩大操作，结果如图3-162b所示。

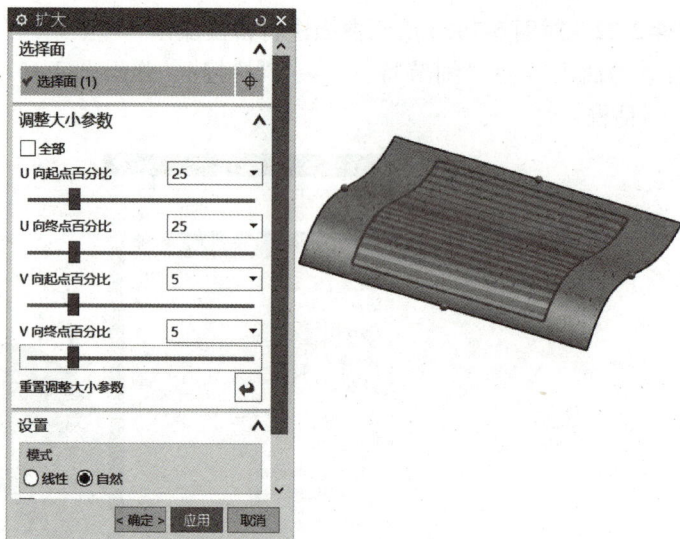

图3-163 扩大操作

3-24 打开文件3-24，对图3-164a所示的片体进行修剪。

1. 选择菜单命令"插入"→"修剪"→"修剪片体"，弹出图3-165所示的"修剪片体"对话框。

2. 在"修剪片体"对话框中，"目标"→"选择片体"选择要修剪的

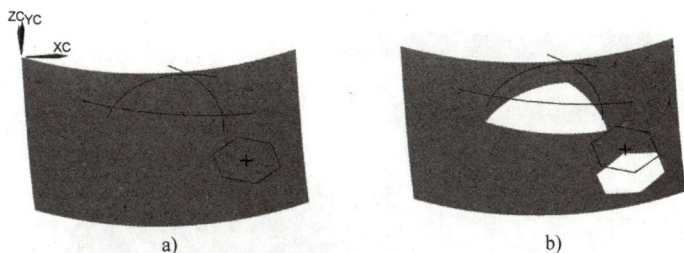

图 3-164 创建修剪片体

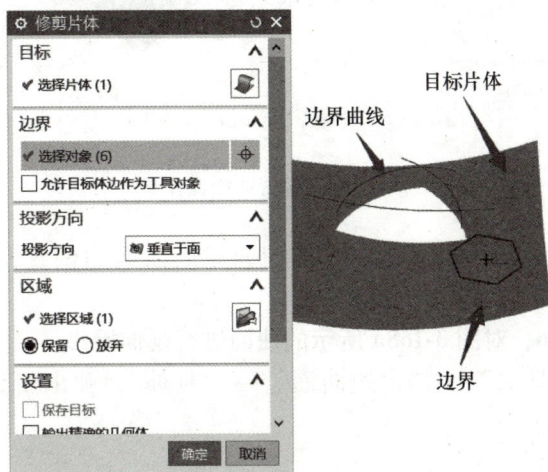

图 3-165 修剪片体操作

"目标片体","边界"→"选择对象"选择图 3-165 所示的"边界曲线",选择"区域"下的"保留",即鼠标接触的区域为保留,边界内的片体要修剪掉,单击"确定"按钮,完成片体的修剪,结果如图 3-164b 所示。

3-25 打开文件 3-25,对图 3-166a 所示的曲面进行偏置操作。

1. 选择菜单命令"插入"→"偏置/缩放"→"偏置曲面",弹出图 3-167所示的"偏置曲面"对话框。

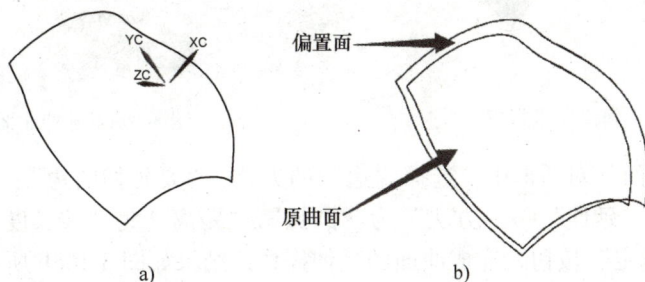

图 3-166 创建偏置曲面

2. 在"偏置曲面"对话框中,"面"→"选择面"选择原曲面,"偏置 1"设为

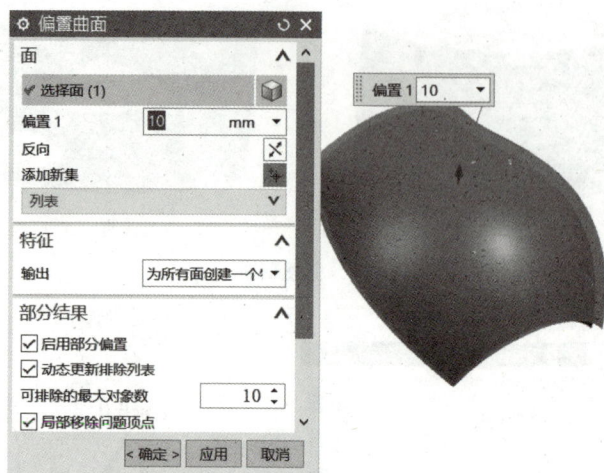

图 3-167　偏置曲面操作

"10mm"，其他参数不变，单击"确定"按钮，完成曲面的偏置，结果如图 3-166b 所示。

3-26　打开文件 **3-26**，对图 **3-168a** 所示的曲面进行延伸操作。

1. 选择菜单命令"插入"→"弯边曲面"→"延伸"，弹出图 3-169 所示的"延伸曲面"对话框。

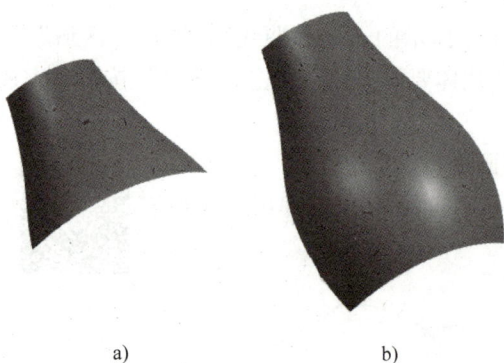

图 3-168　创建延伸曲面

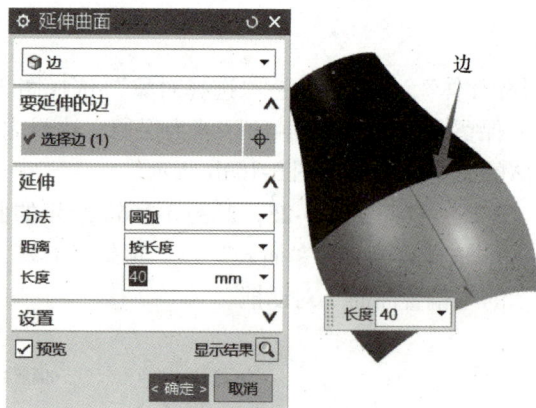

图 3-169　延伸曲面操作

2. 在"延伸曲面"对话框中，选择"边"的方式，"要延伸的边"→"选择边"选择图 3-169 所示的边，"延伸"→"方法"为"圆弧"，"距离"为"按长度"，设"长度"为"40mm"，单击"确定"按钮，完成曲面的延伸操作，结果如图 3-168b 所示。

▶▶ **课后习题**

3-1　根据图 3-170 所示尺寸，完成水龙头的建模。

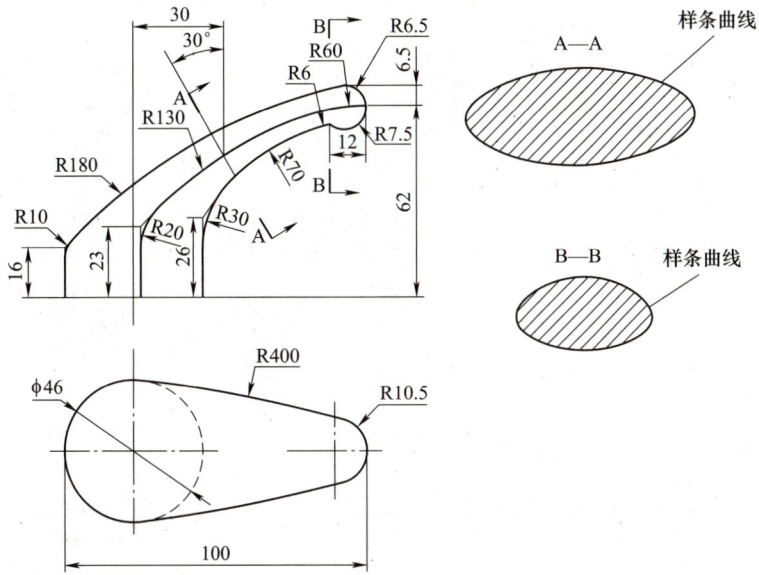

图 3-170　水龙头

3-2　根据图 3-171 所示尺寸，完成花瓶的建模。

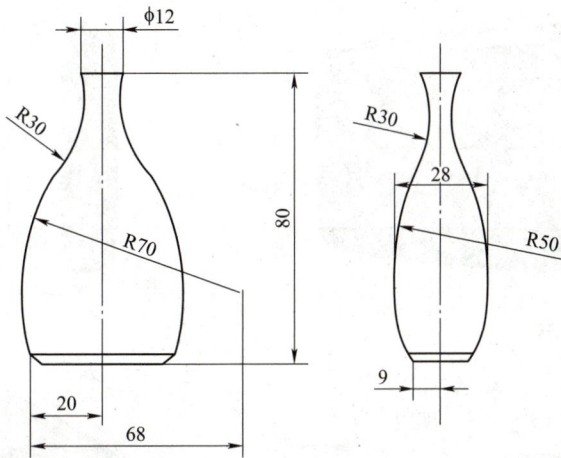

图 3-171　花瓶

3-3　根据图 3-172 所示尺寸，完成环扣零件的建模。

3-4　根据图 3-173 所示尺寸，完成盖板零件的建模。

3-5　根据图 3-174 所示尺寸，完成扣盖零件的建模。

3-6　根据图 3-175 所示尺寸，完成水杯的建模。

3-7　根据图 3-176 所示尺寸，完成洗衣液桶的建模。

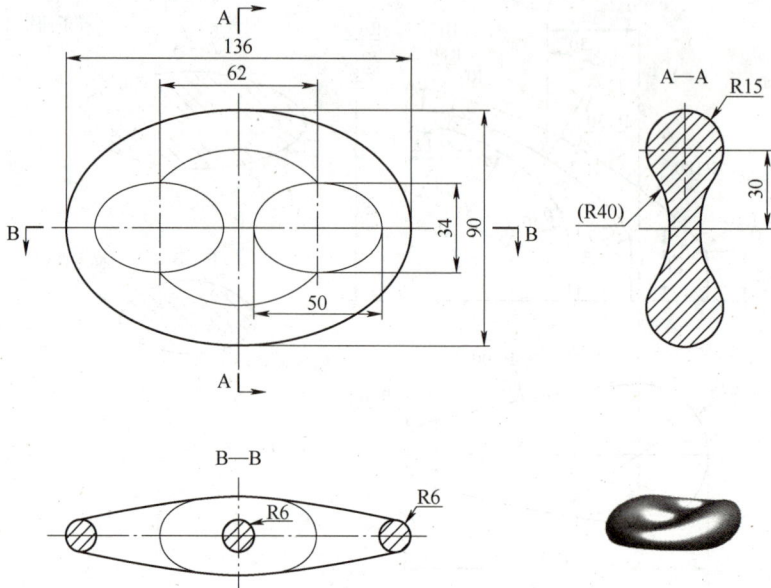

图 3-172　环扣

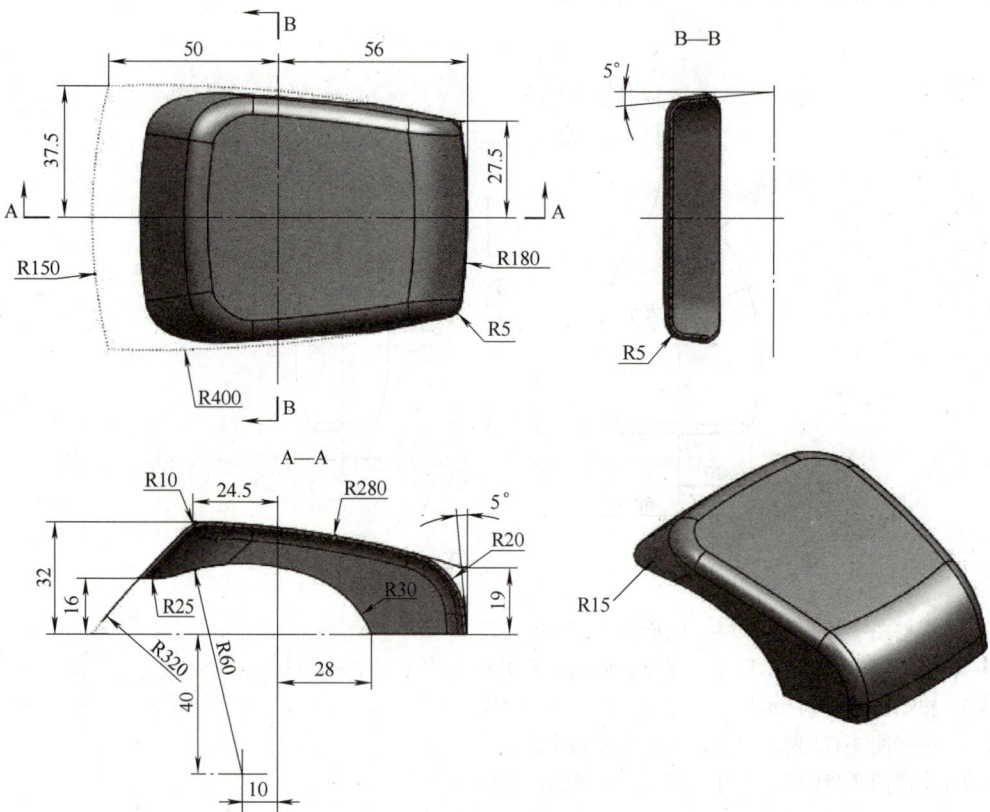

图 3-173　盖板

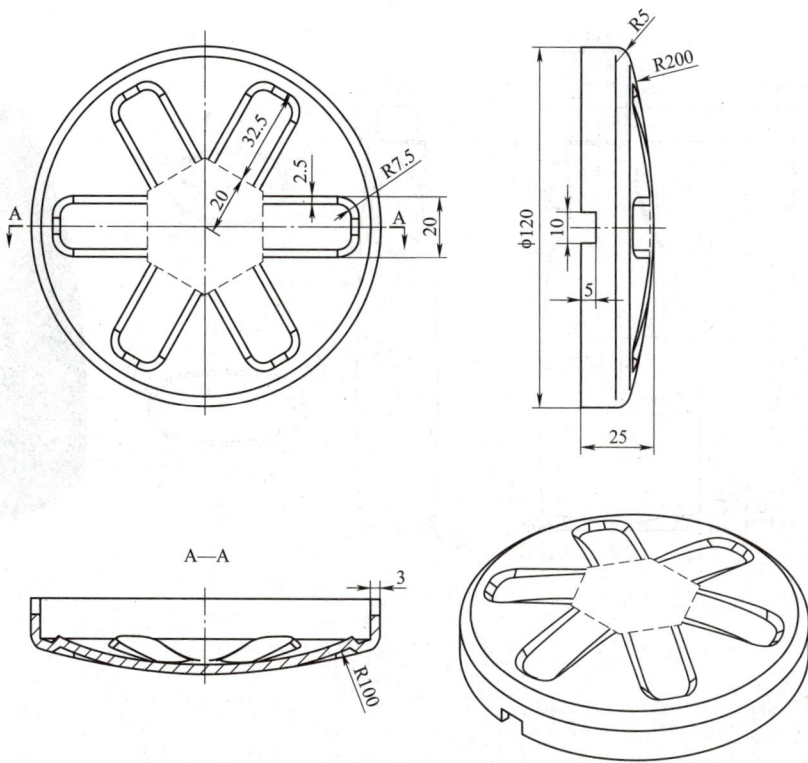

图 3-174 扣盖

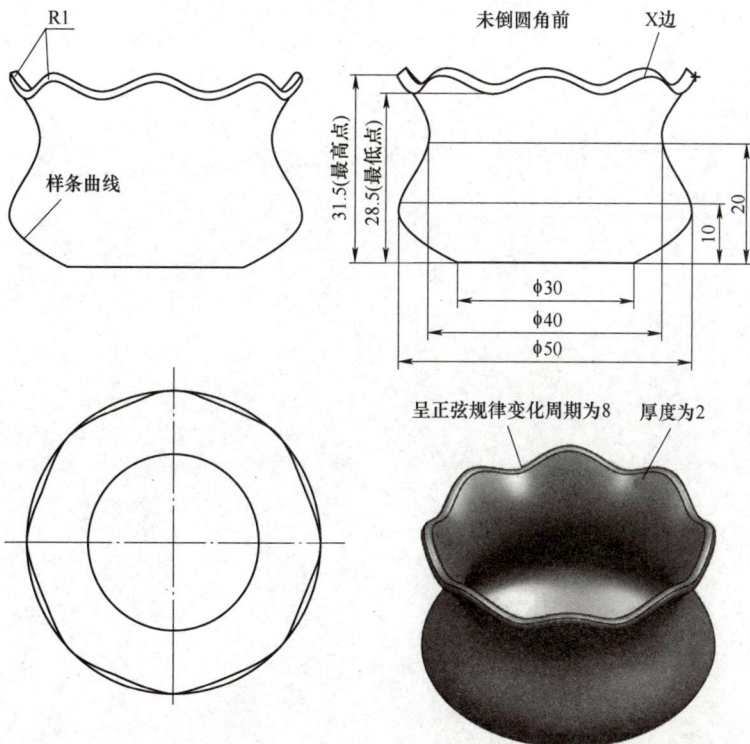

图 3-175 水杯

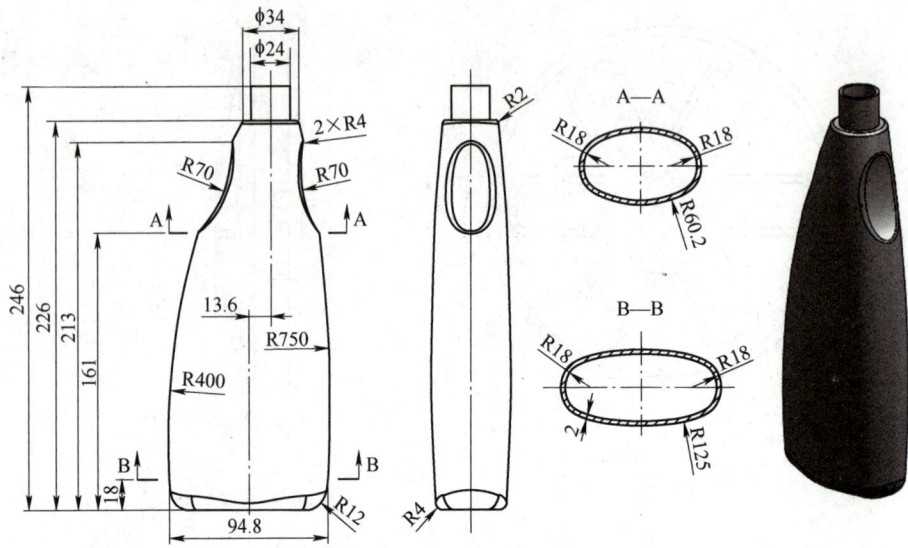

图 3-176　洗衣液桶

项目4　装配设计

项目介绍

　　UG NX 12.0 软件的装配过程是在装配中建立部件之间的链接，通过关联条件使部件间建立约束关系，从而确定部件在产品中的位置，若修改某个零件、组件或部件，则引用它的装配部件会自动更新。在 UG NX 12.0 软件的装配模块中，除了进行装配外，还可以对装配模型进行间隙分析、重量管理、爆炸图生成、装配工程图的创建等操作。

　　项目 4 采用自底向上的装配方法：零部件建模→组合成子装配→由子装配生成总装配部件。项目 4 子装配件有：单向推力球轴承子装配、锥齿轮轴组件子装配、手轮组件子装配和端盖组件子装配等。手动锥齿轮闸阀总装配是各个合件装配件、组件装配件、部件子装配及零件的装配，如图 4-1 所示。本项目的学习目标如下：

图 4-1　手动锥齿轮闸阀总装配

　　（1）会添加装配约束。
　　（2）掌握组件重定位操作。
　　（3）掌握镜像装配方法。
　　（4）掌握装配导航器的使用方法。
　　（5）会生成爆炸图。
　　（6）掌握引用集的使用等。

任务 4.1　单向推力球轴承子装配

任务分析

　　单向推力球轴承子装配件中零件只有 3 个，如图 4-2 所示，若采用常规的装配约束类型来进行装配，也是可以的。本案例引入了引用集概念，它是用户在零部件中定义的部分几何对象，包含零部件名称、原点、方向、几何体、坐标系、基准轴、基准平面和属性等参数，引用集一旦产生，就可以单独装配到部件中，一个零部件可以有多个引用集。单向推力球轴承子装配的过程：①通过"添加"命令，载入零件"轴圈"，并在确定的位置施加固定约束；②将零件"轴圈"设为工作部件，并创建3个基准平面，即XC-YC平面、XC-ZC平面和YC-ZC平面；③将3个基准平面添加到新的引用集中，在"引用集名称"中输入"基准"；④载入零件"滚珠"，设为工作部件，同样，创建3个基准平面，即XC-YC平面、XC-ZC平面和YC-ZC平面；⑤将零件

图4-2 单向推力球轴承子装配轴测图

"滚珠"3个基准平面也添加到新的引用集中，在"引用集名称"中也输入"基准"（也可以是其他名称）；⑥在装配导航器中选中"滚珠"和"轴圈"，单击"替换引用集"为"基准"；⑦单击"装配约束"命令，对"滚珠"和"轴圈"之间施加"距离"和"对齐"约束，确定它们之间的位置，应用"阵列组件"命令完成"滚珠"零件的阵列操作；⑧载入"座圈"后，应用"距离"和"对齐"约束，完成整个轴承的装配。

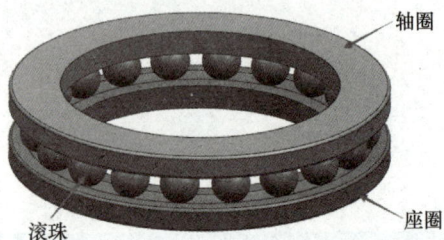

操作步骤

1. 启动UG NX 12.0后，单击"文件"→"新建"，弹出图4-3所示的"新建"对话框，在"模型"选项卡中，选中"模型"和"装配"，"过滤器"→"单位"取"毫米"，"新文件名"→"名称"设为"单向推力球轴承51111子装配（GB 301—2015）"，单击"文件夹"后面的"打开"命令图标，找到装配文件存放的路径，单击"确定"按钮，进入软件装配模块。

2. 右击工具栏空白处，在弹出的快捷菜单中勾选"装配"，如图4-4所示，使"装配"标签出现在菜单栏中，如图4-5所示。

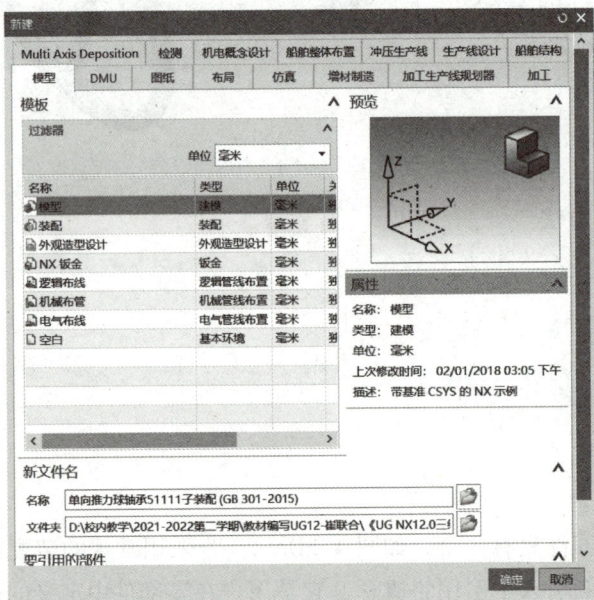

图4-3 "新建"对话框　　图4-4 勾选"装配"

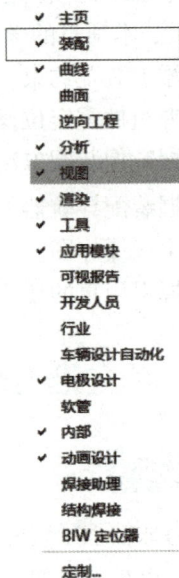

文件(F)	分析	应用模块	曲线	内部	渲染	工具	视图	装配	电极设计	主页	动画设计

图 4-5　"装配"标签

3. 单击"装配"标签，随后弹出"添加组件"对话框，如图 4-6 所示。在"添加组件"对话框中，"要放置的部件"→"选择部件"，单击"打开"图标，选择"单向推力球轴承 51111 GB 301—2015 轴圈"零件，"选择部件"前面将出现绿色"√"，表示零件已被选中；"位置"→"组件锚点"设为"绝对坐标系"，"装配位置"选择"绝对坐标系-工作部件"；选择"放置"下面的"移动"；"设置"→"组件名"设为"单向推力球轴承 51111 GB 301—2015 轴圈"，设"引用集"为"模型"，"图层选项"设为"原始的"；单击"确定"按钮，弹出"创建固定约束"对话框，如图 4-7a 所示，单击"是"按钮，将"单向推力球轴承 51111 GB 301—2015 轴圈"零件添加到绝对坐标值为 XC = 0、YC = 0、ZC = 0 处，在"装配导航器"约束中，出现"固定"约束符号，如图 4-7b 所示。

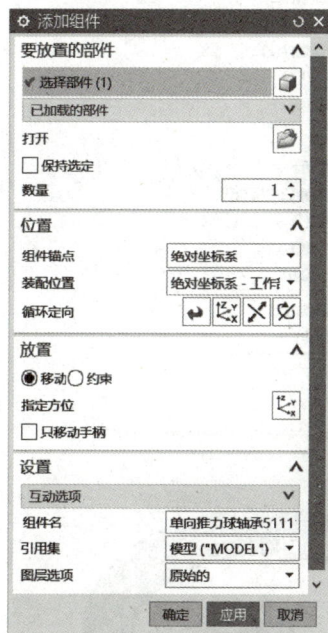
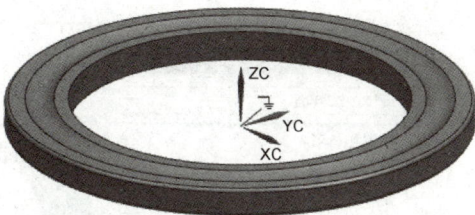

图 4-6　添加组件操作

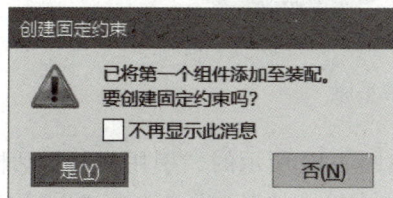
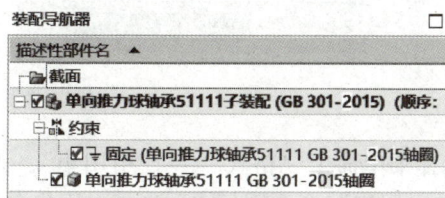

a)　　　　　　　　　　　　　　　　b)

图 4-7　创建固定约束操作

4. 在"装配导航器"中，右击"单向推力球轴承51111 GB 301—2015轴圈"，弹出图4-8所示的快捷菜单，单击"设为工作部件"命令。

5. 选择菜单命令"插入"→"基准/点"→"基准平面"，弹出图4-9所示的"基准平面"对话框，分别选择2个基准平面："XC-YC"平面和"XC-ZC"平面，并分别单击"应用"按钮，最后选择"YC-ZC"平面，单击"确定"按钮，创建3个基准平面。

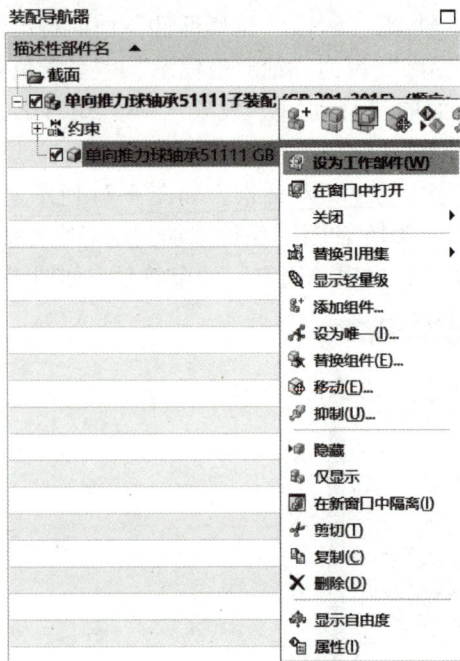

图4-8　设置工作部件

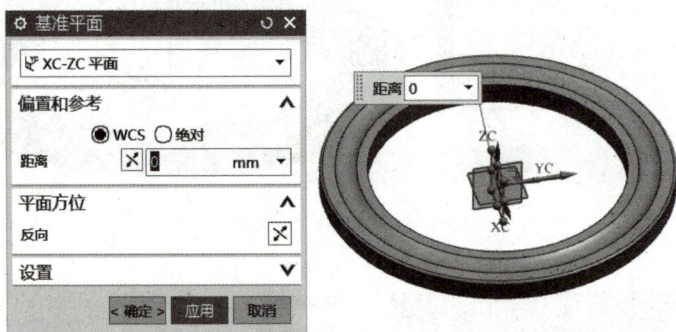

图4-9　创建基准平面

6. 选择菜单命令"格式"→"引用集"，弹出图4-10所示的"引用集"对话框，单击"添加新的引用集"命令图标，在"引用集名称"中输入"基准"，选中"XC-YC"平面、"XC-ZC"平面和"YC-ZC"平面3个基准平面，然后按〈Enter〉键。

7. 单击工具栏中的"添加"命令图标，弹出图4-11所示的"添加组件"对话框，单击"打开"命令图标，载入零件"单向推力球轴承51111滚珠"，"位置"→"组件锚点"设为"绝对坐标系",设"装配位置"为"对齐",设"放置"设为"约束",将滚珠放在适当的位置。

8. 在"装配导航器"中,选中"单向推力球轴承51111滚珠",单击鼠标右键,在弹出的快捷菜单中单击"设为工作部件"。

图4-10 "引用集"对话框 图4-11 "添加组件"对话框

9. 选择菜单命令"格式"→"WCS"→"原点",在弹出的"点"对话框中,选择"圆弧中心/椭圆中心/球心","点位置"→"选择对象"选中"滚珠",则"工作坐标系"移动至滚珠中心,如图4-12所示。

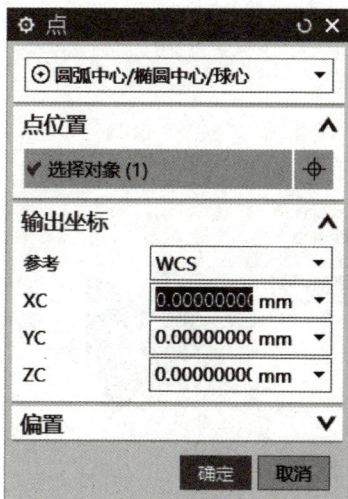

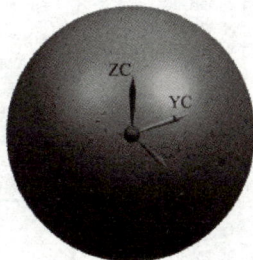

图4-12 确定工作坐标系

10. 选择菜单命令"插入"→"基准/点"→"基准平面",弹出图4-13所示的"基准

"平面"对话框，创建"XC-YC"平面、"XC-ZC"平面和"YC-ZC"平面3个基准平面。

11. 选择菜单命令"格式"→"引用集"，弹出图4-10所示的"引用集"对话框，单击对话框中的"添加新的引用集"命令图标 ，在"引用集名称"中输入"基准"，选中滚珠"XC-YC"平面、"XC-ZC"平面和"YC-ZC"平面3个基准平面，然后按〈Enter〉键。

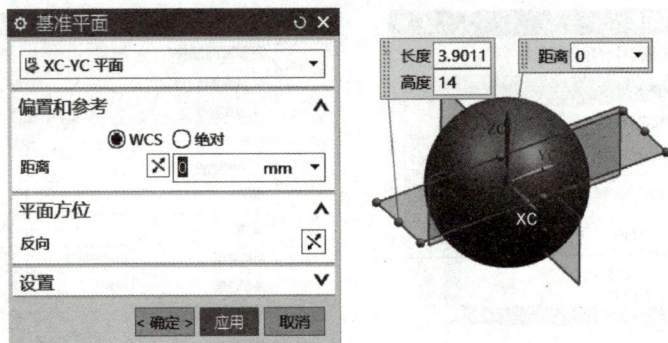

图4-13　创建基准平面

12. 双击"装配导航器"中的"单向推力球轴承51111子装配（GB 301—2015）"，激活装配文件，分别右击"滚珠"和"轴圈"2个零件，在弹出的快捷菜单中，单击"替换引用集"→"基准"，如图4-14所示。

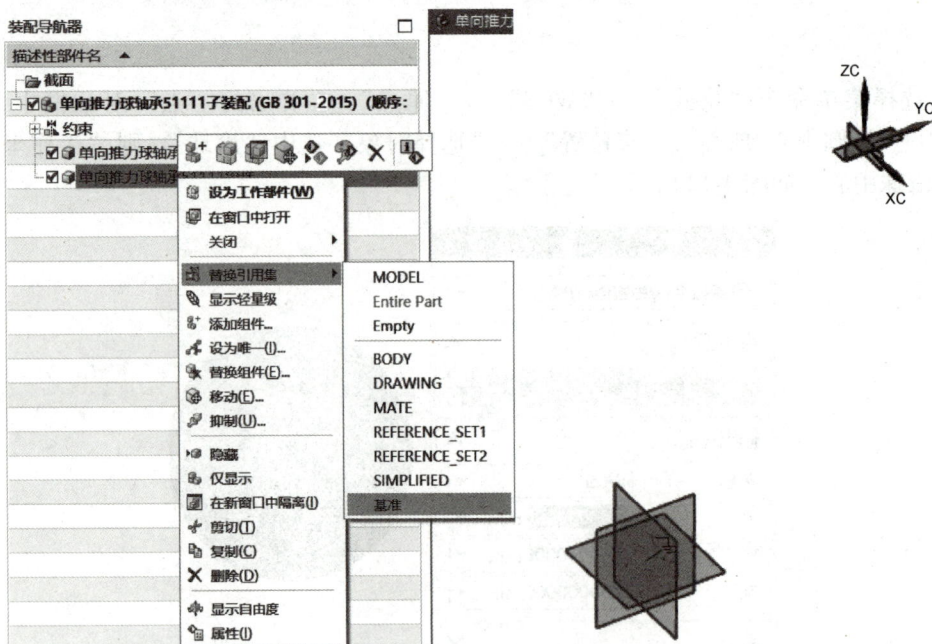

图4-14　替换引用集操作

13. 单击工具栏中的"装配约束"命令图标 ，施加"距离"约束 和"对齐"约束 ，使"滚珠"和"轴圈"各自的"XC-ZC"平面之间的距离为33.3mm，如图4-15所示，"XC-YC"平面之间的距离设为8mm，"YC-ZC平面"设为"对齐"；在装配导航器中，分别右击"滚珠"和"轴圈"2个零件,在弹出的快捷菜单中,将引用集替换为"MODEL",结果如图 4-16 所示。

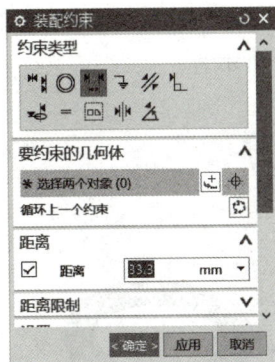

图 4-15 施加距离约束

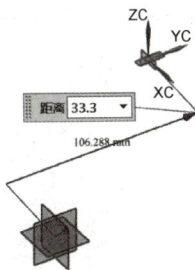

图 4-16 替换引用集

14. 单击工具栏中的"阵列组件"命令图标，弹出图 4-17 所示的"阵列组件"对话框,"要形成阵列的组件"→"选择组件"选择滚珠,"阵列定义"→"布局"设为"圆形","旋转轴"→"指定矢量"设为"+↑ZC","指定点"选择圆心点,"斜角方向"→"间距"设为"数量和间隔",设"数量"为"20",设"节距角"为"18°",单击"确定"按钮,完成阵列组件操作。

15. 单击"添加"命令图标，弹出图 4-18 所示的"添加组件"对话框,单击"打开"命令图标，载入零件"单向推力球轴承 51111 座圈","数量"为"1","位置"→"组件锚点"设为"绝对坐标系","装配位置"设为"绝对坐标系-工作部件","放置"设为"移动",将"座圈"放在合适的位置。

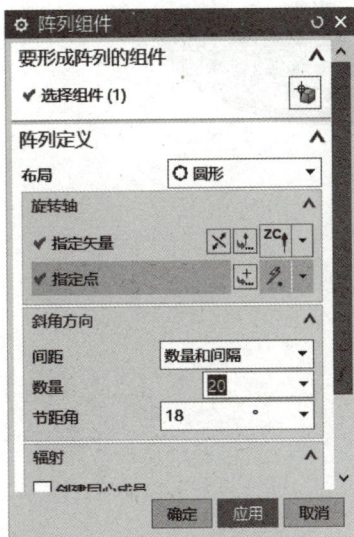

图 4-17 阵列组件操作

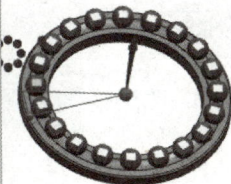

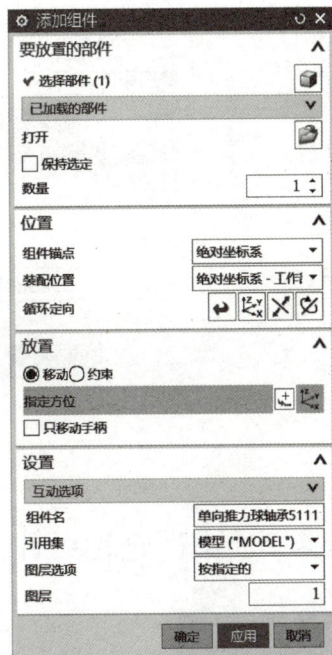

图 4-18 "添加组件"对话框

16. 单击工具栏中的"装配约束"命令图标🔧，弹出"装配约束"对话框，对"座圈"和"轴圈"两端面之间施加"距离"约束🔧，距离设为16mm，如图4-19所示；添加"对齐"约束🔧 **对齐**，"要约束的几何体"→"方位"设为"自动判断中心/轴"，"选择两个对象"分别选取"座圈"和"轴圈"外圆柱面，结果如图4-20所示。

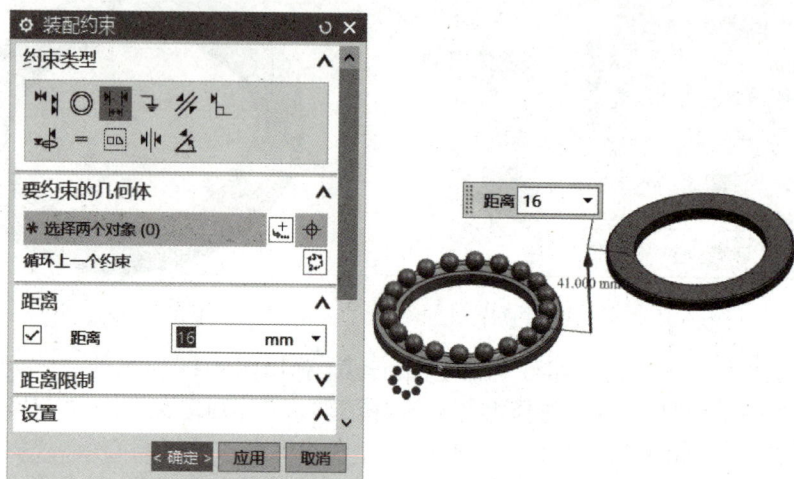

图 4-19 "装配约束"操作

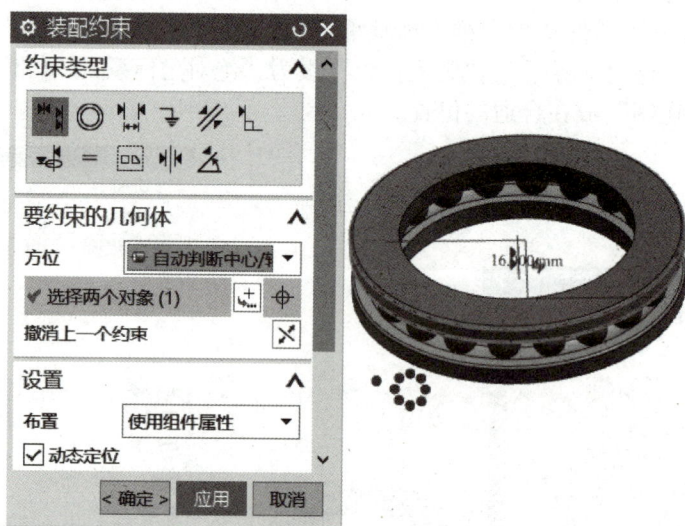

图 4-20 推力球轴承装配

任务 4.2 锥齿轮轴组件子装配

▶▶ 任务分析

锥齿轮轴组件子装配有5个零件：锥齿轮、锥齿轮轴、深沟球轴承、隔环和键，如图4-21

所示。锥齿轮轴组件子装配过程：①添加"锥齿轮轴"零件，并施加"固定"约束；②添加"深沟球轴承6305"零件，应用"接触"和"自动判断中心/轴"约束，完成轴承的装配；③"隔环"的装配也是应用"接触"和"自动判断中心/轴"约束来实现的；④用"二等分"命令创建2个平面的中心基准平面，用"镜像装配"命令完成另一只轴承的镜像装配；⑤载入零件"键"后，用"接触"约束实现键的装配。

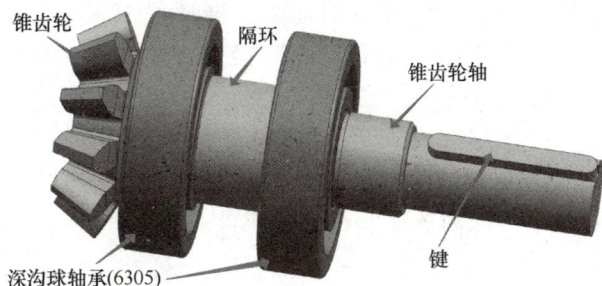

图 4-21　锥齿轮轴组件子装配轴测图

操作步骤

1. 启动 UG NX 12.0 后，单击"文件"→"新建"，在"新建"对话框中，选中"模型"和"装配"，"过滤器"→"单位"取"毫米"，"名称"取"锥齿轮轴组件子装配"，单击"确定"按钮，进入装配模块。

2. 单击工具栏中的"添加"命令图标，弹出图 4-22 所示的"添加组件"对话框，单击"打开"命令图标，选择"锥齿轮轴"零件，"位置"→"组件锚点"设为"绝对坐标系"，"装配位置"选择"绝对坐标系-工作部件"，"放置"设为"移动"，"引用集"设

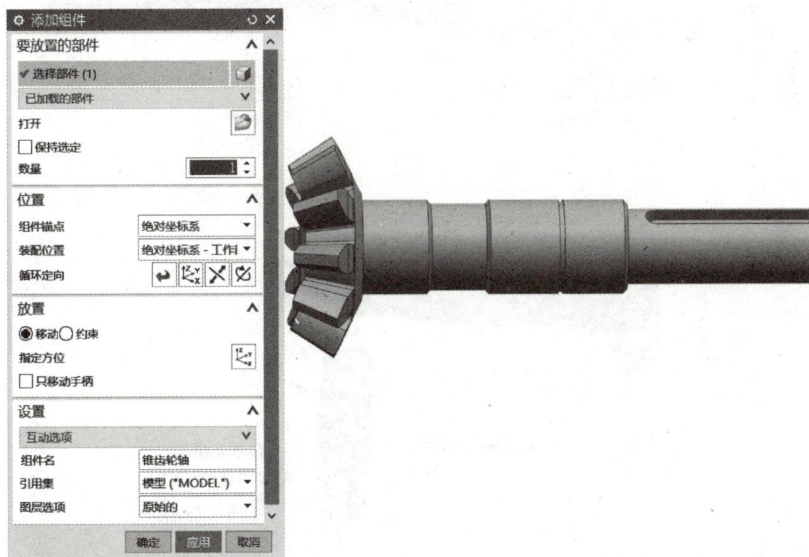

图 4-22　添加组件操作

为"模型","图层选项"设为"原始的",单击"确定"按钮,弹出"创建固定约束"对话框,单击"是"按钮,将"锥齿轮轴"零件添加到绝对坐标值为 XC = 0、YC = 0、ZC = 0 处,并施加了"固定"约束。

3. 再次单击"添加"命令图标🐾,弹出图 4-23 所示的"添加组件"对话框,单击"打开"命令图标📂,选择"深沟球轴承 6305"零件,"位置"→"组件锚点"设为"绝对坐标系","装配位置"选择"对齐","放置"设为"约束","引用集"设为"模型","图层选项"设为"按指定的",单击"选择对象"后,移动鼠标可将"深沟球轴承 6305"零件放在合适的位置,则添加了"深沟球轴承 6305"零件。

4. 单击工具栏中的"移动组件"命令图标🐾,弹出图 4-24 所示的"移动组件"对话框,"要移动的组件""选择组件"选择深沟球轴承 6305 零件,"变换"→"运动"选择"动态",选中+XC 轴、+YC 轴和+ZC 轴的箭头,或坐标系原点,可将零件移动到需要的位置,如图 4-25 所示。

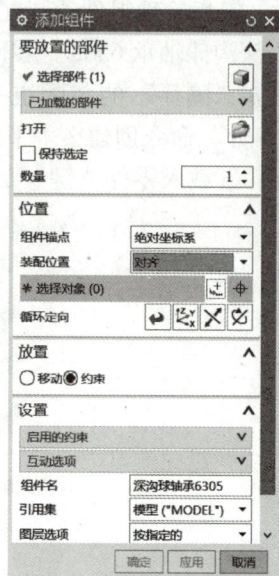

图 4-23 "添加组件"对话框

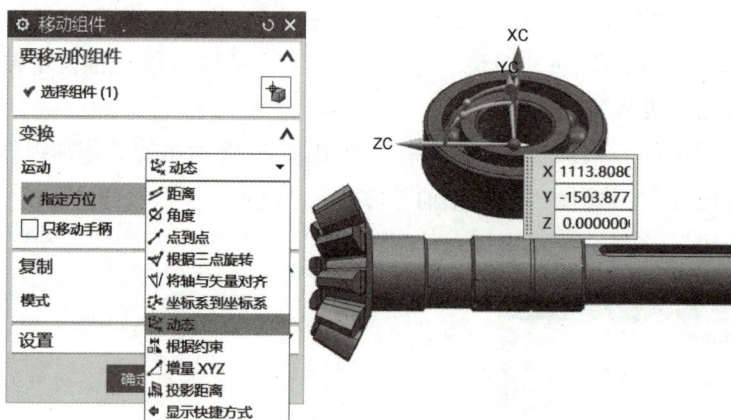

图 4-24 移动组件操作

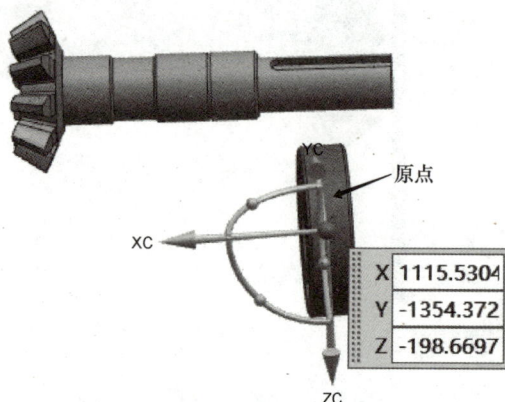

图 4-25 移动轴承组件

5. 单击工具栏中的"装配约束"命令图标，在"装配约束"对话框中，"约束类型"选择"接触对齐"，"方位"选择"接触" **接触，选择"端面1"和"端面2"，单击"应用"按钮，将"方位"更换为"自动判断中心/轴" 自动判断中心/轴，如图4-26所示分别选取"圆柱面1"和"圆柱面2"，单击"确定"按钮，装配结果如图4-27所示。

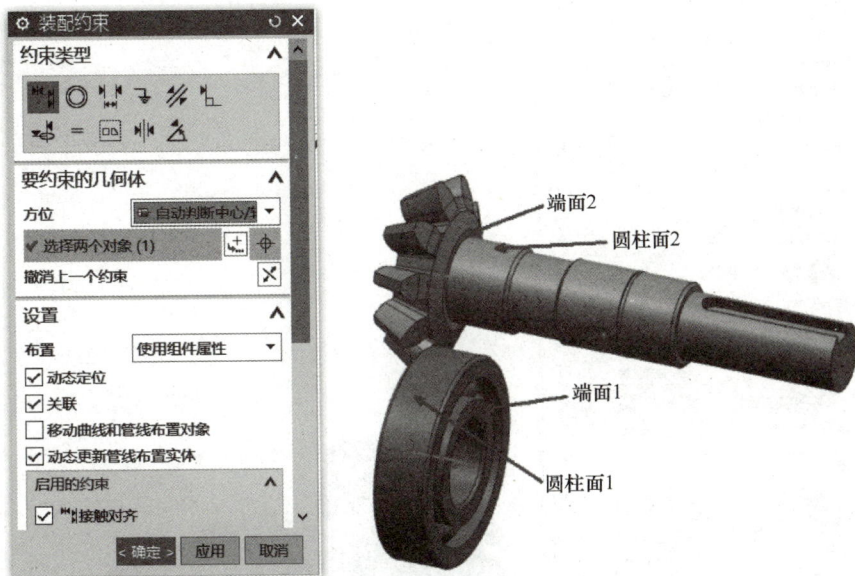

图 4-26　添加装配约束

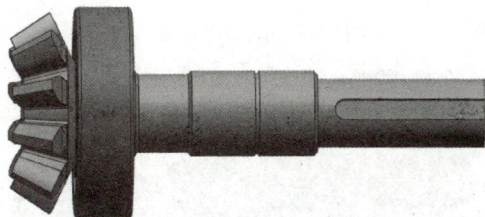

图 4-27　轴承装配

6. 单击"添加"命令图，出现"添加组件"对话框，单击"打开"命令图标，选择"隔环"零件，"位置"→"组件锚点"设为"绝对坐标系"，"装配位置"选择"对齐"，"放置"设为"约束"，"引用集"设为"模型"，"图层选项"设为"原始的"，单击"选择对象"后，将"隔环"放在图4-28所示的位置。

7. 单击工具栏中的"装配约束"命令图标，在"装配约束"对话框中，"约束类型"选择"接触对齐"，"方位"选择"接触" **接触和"自动判断中心/轴" 自动判断中心/轴，装配结果如图4-29所示。

8. 单击菜单栏上的"主页"，将"选择范围"更换成"整个装配" 整个装配，单击"基准平面"命令图标，以"二等分"的方式创建平面，分别选取"平面1"和"平面2"，则在2个平面之间生成1个基准平面，如图4-30所示。

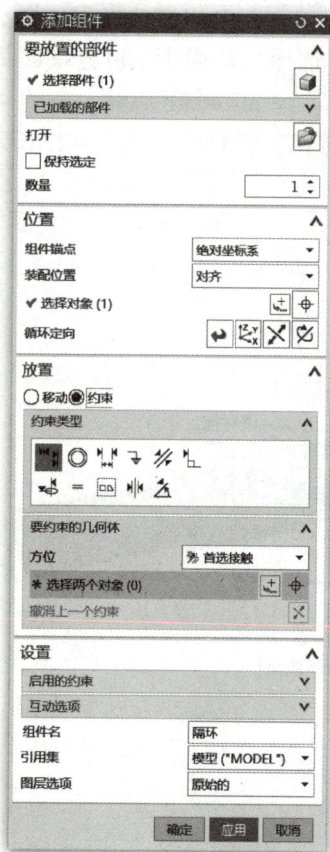

图 4-28　添加隔环零件

图 4-29　隔环装配

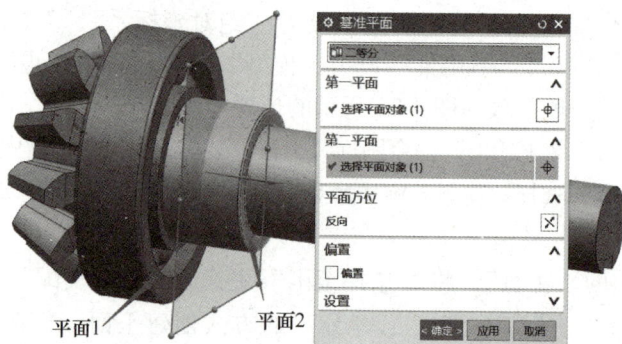

图 4-30　创建基准平面

9. 单击菜单栏上的"装配",返回到装配模块下,选择菜单命令"装配"→"组件"→"镜像装配",弹出"镜像装配向导"对话框,如图4-31所示。

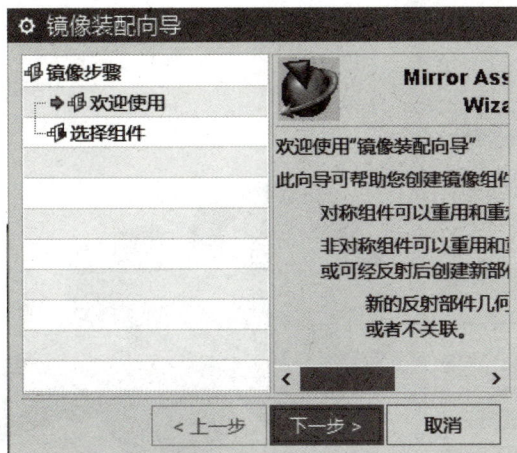

图4-31 "镜像装配向导"对话框

10. 单击"镜像装配向导"对话框中的"下一步"按钮,选中要镜像的组件"深沟球轴承6305",再单击"下一步"按钮,如图4-32所示,选中基准平面后,单击"完成"按钮,装配结果如图4-33所示。

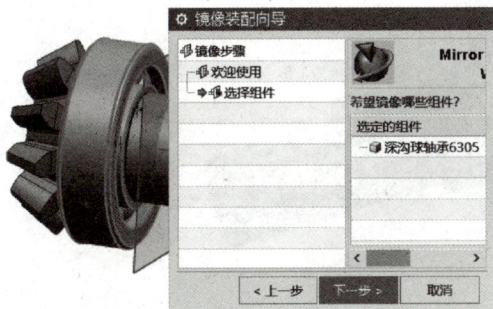

图4-32 镜像轴承操作

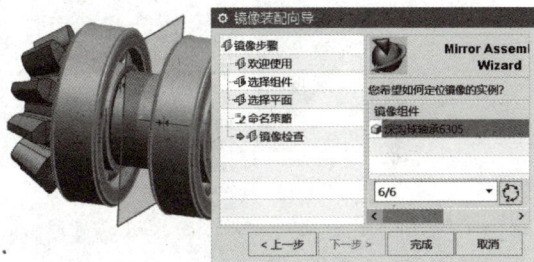

图4-33 轴承装配

11. 单击"添加"命令图标🔧,弹出图4-34所示的"添加组件"对话框,单击"打开"命令图标📂,选择"6×6×45键"零件,"位置"→"组件锚点"设为"绝对坐标系","装配位置"选择"对齐","放置"设为"移动","引用集"设为"模型","图层选项"设为"原始的",单击"选择对象"后,用鼠标将"6×6×45键"零件放在合适的位置。

12. 单击工具栏中的"装配约束"命令图标🔩,弹出"装配约束"对话框,"约束类型"选择"接触对齐"🔲,"要约束的几何体"→"方位"选择"接触","选择两个对象"依次选择"面1""面2"和"面3",单击"确定"按钮,装配结果如图4-35所示。

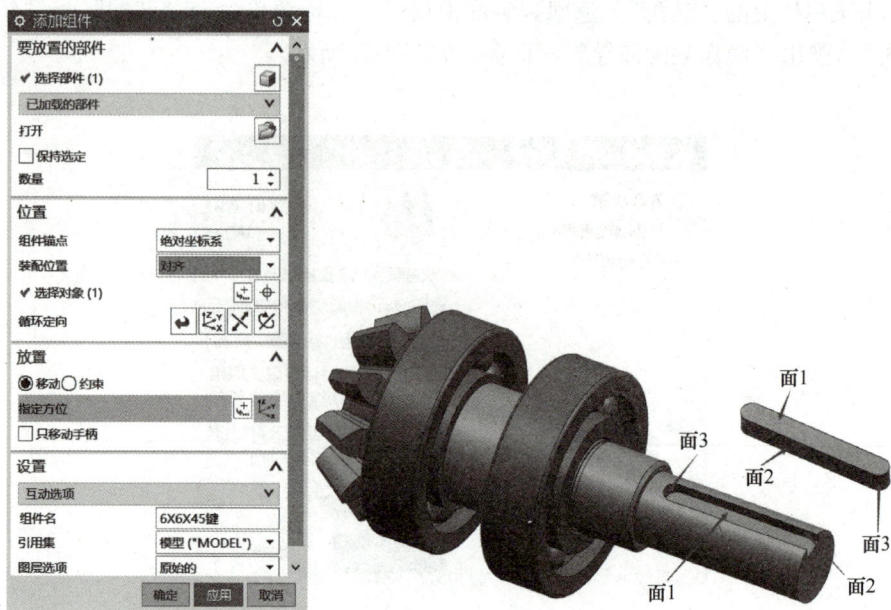

图 4-34　添加组件操作

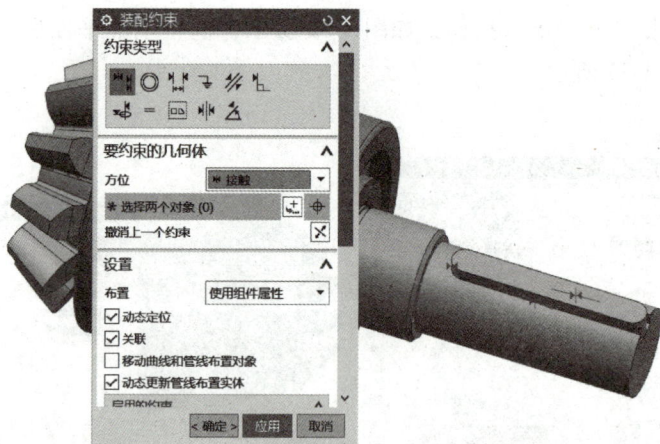

图 4-35　键装配

任务 4.3　手轮组件子装配

▶▶ 任务分析

　　如图 4-36 所示，手轮组件子装配共有 5 个零件：手轮、垫圈、六角螺栓 M6×16、把手和内六角螺栓 M4×42。手轮组件子装配的装配过程：①添加"手轮"零件，并施加"固定"约束；②添加"垫圈"零件，应用"接触"和"自动判断中心/轴"约束，完成"垫圈"和"手轮"的装配；③添加"六角螺栓 M6×16"零件，应用"接触"和"自动判断中心/

轴"约束,完成"六角螺栓 M6×16"和"垫圈"的装配;④添加"把手"零件,应用"接触"和"自动判断中心/轴"约束,完成"六角螺栓 M6×16"和"手轮"的装配;⑤载入零件"内六角螺栓 M4×42"后,应用"接触"和"自动判断中心/轴"约束,完成"内六角螺栓 M4×42"和"把手"的装配。

图 4-36   手轮组件子装配轴测图

▶▶ 操作步骤

1. 启动 UG NX 12.0 后,单击"文件"→"新建",在"新建"对话框中,选中"模型"和"装配","过滤器"""→"单位"取"毫米","名称"为"手轮组件子装配",单击"确定"按钮,进入装配模块。

2. 单击"添加"命令图标🔧⁺,弹出图 4-37 所示的"添加组件"对话框,单击"打开"命令图标🗁,选择"手轮"零件,"位置"→"组件锚点"设为"绝对坐标系","装配位置"选择"绝对坐标系-工作部件",设"放置"为"移动",设"引用集"为"模型",设"图层选项"为"按指定的",设"图层"为"1",单击"应用"按钮,弹出"创建固定约束"对话框,单击"是"按钮,添加"手轮"零件并施加固定约束。

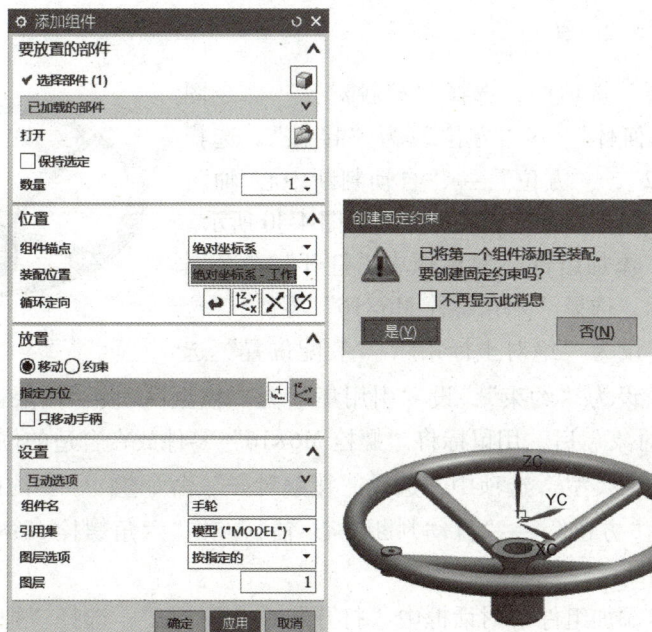

图 4-37   添加组件操作

3. 在图 4-38 所示的"添加组件"对话框中,单击"打开"命令图标🗁,选择"垫圈"零件,"位置"→"组件锚点"设为"绝对坐标系","装配位置"选择"对齐",设"放置"为"约束",设"引用集"为"模型",设"图层选项"为"按指定的",单击"选择对象"后，用鼠标将"垫圈"零件放在合适的位置后，"添加组件"对话框将展开图 4-39 所示的"约束类型"选项。

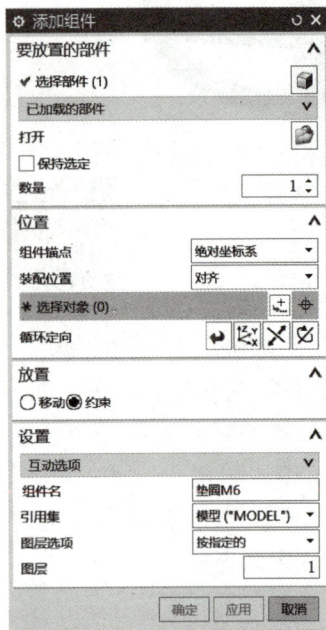

图 4-38 "添加组件"对话框

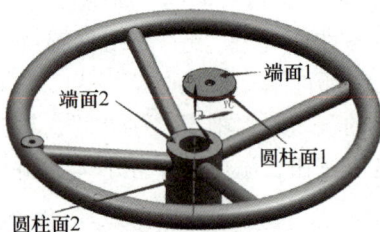

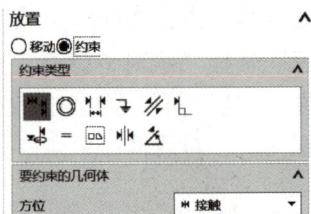

图 4-39 "约束类型"选项

4. 在"约束类型"选项中，选择"接触对齐"命令图标 ，"要约束的几何体"→"方位"为"接触"，选择"端面 1"与"端面 2"，"方位"→"自动判断中心/轴"，选择"圆柱面 1"与"圆柱面 2"，装配结果如图 4-40 所示。

5. 再一次单击"添加组件"对话框中"打开"命令图标 ，如图 4-41 所示，选择"六角螺栓 M6×16"零件，"位置"→"组件锚点"设为"绝对坐标系"，"装配位置"选择"对齐"，"放置"设为"约束"，设"引用集"为"模型"，设"图层选项"为"按指定

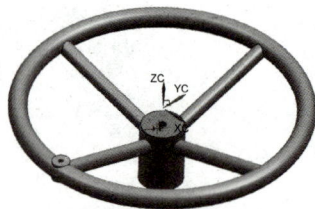

图 4-40 垫圈 M6 装配

的"，单击"选择对象"后，用鼠标将"螺栓 M6×16"零件放在合适的位置。

6. 在展开的"约束类型"选项中，选择"接触对齐"命令 ，"要约束的几何体"→"方位"→"接触"，"方位"→"自动判断中心/轴"，对"六角螺栓 M6×16"进行装配，装配结果如图 4-42 所示。

7. 再一次单击"添加组件"对话框中"打开"命令图标 ，选择"把手"零件，"位置"→"组件锚点"为"绝对坐标系"，"装配位置"选择"对齐"，设"放置"为"约束"，设"引用集"为"模型"，设"图层选项"为"按指定的"，单击"选择对象"后，用鼠标将"把手"零件放在合适的位置。选择"接触对齐"命令 ，"要约束的几何体"→"方位"→"接触"，"方位"→"自动判断中心/轴"，对"把手"进行装配，装配结果如图 4-43 所示。

8. 再一次单击"添加组件"对话框中"打开"命令图标📂，选择"内六角螺栓 M4×42"零件，"位置"→"组件锚点"设为"绝对坐标系"，"装配位置"选择"对齐"，设"放置"为"约束"，设"引用集"为"模型"，设"图层选项"为"按指定的"，单击"选择对象"后，用鼠标将"内六角螺栓 M4×42"零件放在合适的位置。选择"接触对齐"命令，"要约束的几何体"→"方位"→"接触"，"方位"→"自动判断中心/轴"，对"内六角螺栓 M4×42"进行装配，装配结果如图 4-44 所示。

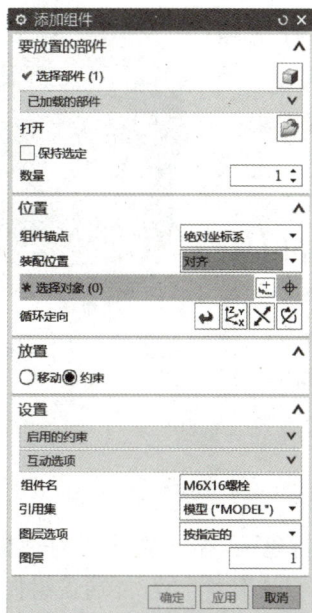

图 4-41 "添加组件"对话框

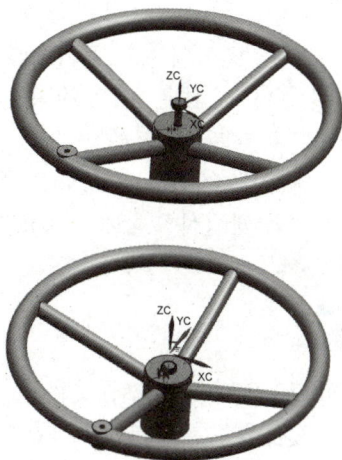

图 4-42 螺栓 M6×16 装配

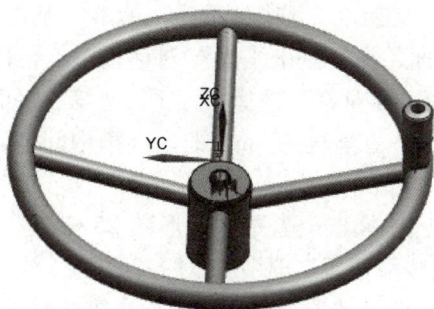

图 4-43 把手装配

图 4-44 内六角螺栓 M4×42 装配

任务 4.4 端盖组件子装配

任务分析

如图 4-44 所示，端盖组件子装配共有 3 个零件：端盖、O 形圈 25×2.5、六角螺栓 M6×20。端盖组件子装配的装配过程：①添加"端盖"零件，并施加"固定"约束；②调用"基准平面"命令图标🔲，创建"XC-ZC"平面、"YC-ZC"平面、相互垂直的"基准平面"；③添加"O 形圈 25×2.5"零件，调用"基准平面"命令图标🔲，同样，创建三个基准平面；④创建"引用集"并"替换引用集"，调用"装配约束"命令图标🔧，应用"对齐"命令，完成"O 形圈 25×2.5"零件与"端盖"零件的装配；⑤添加"六角螺栓 M6×20"零件，调用"装配约束"命令图标🔧，应用"接触"和"自动判断中心/轴"约束，完成"六角螺栓 M6×20"和"端盖"的装配；⑥调用菜单命令"装配"→"组件"→"阵列组件"，对"六角螺栓 M6×20"零件进行圆形阵列装配。

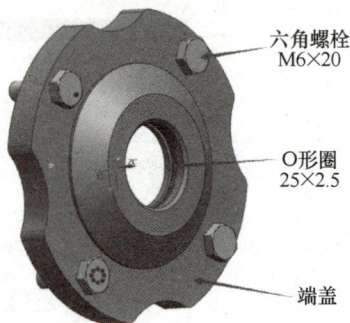

图 4-45　端盖组件子装配轴测图

操作步骤

1. 启动 UG NX 12.0 后，单击"文件"→"新建"，在"新建"对话框中，选中"模型"和"装配"，"过滤器"→"单位"取"毫米"，"名称"为"端盖组件子装配"，单击"确定"按钮，进入装配模块。

2. 单击"添加"命令图标🗂，弹出图 4-46 所示的"添加组件"对话框，单击"打开"命令图标📂，选择"端盖"零件，"位置"→"组件锚点"设为"绝对坐标系"，"装配位置"选择"绝对坐标系-工作部件"，设"放置"为"移动"，设"引用集"为"模型"，设"图层选项"为"按指定的"，"图层"设为"1"，单击"应用"按钮，弹出"创建固定约束"对话框，单击"是"按钮，添加"端盖"零件并施加固定约束。

3. 单击菜单栏上的"主页"，将"选择范围"更换成"整个装配"，单击"基准平面"命令图标🔲，创建"XC-ZC"平面、"YC-ZC"平面，在"基准平面"对话框中，再以"二等分"方式创建基准平面，"第一平面"→"选择平面对象"选择"面1"，"第二平面"→"选择平面对象"选择"面2"，单击"确定"按钮，在宽度为 3mm 的内环槽中间创建 1 个基准平面，结果如图 4-47 所示。

4. 单击"添加组件"对话框中"打开"命令图标📂，选择"O 形圈 25×2.5"零件，"位置"→"组件锚点"设为"绝对坐标系"，"装配位置"选择"对齐"，设"放置"为"约束"，"引用集"设为"模型"，"图层选项"设为"原始的"，单击"选择对象"后，用鼠标将"O 形圈 25×2.5"零件放在合适的位置，如图 4-48 所示。

5. 在装配导航器中，双击"O 形圈 25×2.5"零件，使其成为工作部件，单击菜单栏上的"主页"，将"选择范围"更换成"整个装配"，单击"基准平面"命令图标🔲，在弹出的"基准平面"对话框中选择以"通过对象"的方式，创建1个"竖直"基准平面，用鼠标捕捉到零件，当出现中心线时，单击"确定"按钮，结果如图4-49所示。

图4-46 添加组件操作

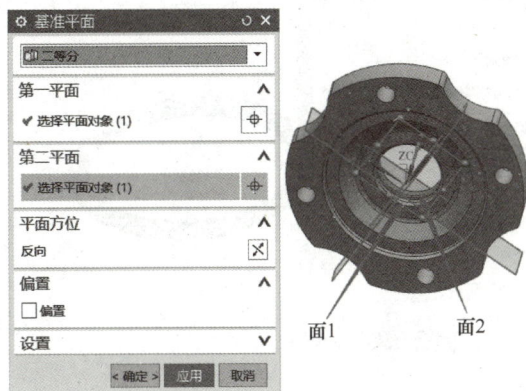

图4-47 创建基准平面

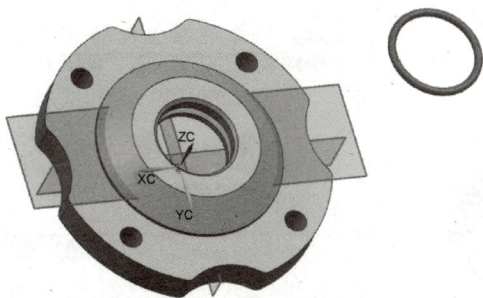

图4-48 添加O形圈

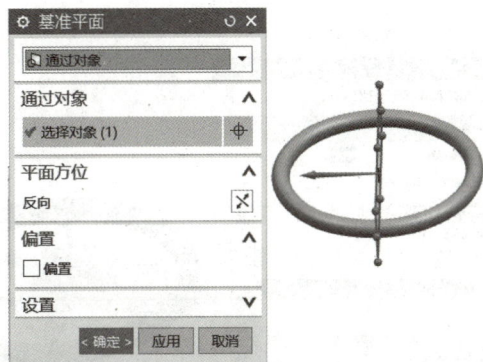

图4-49 创建竖直基准平面

6. 在"基准平面"对话框中，选择以"成一角度"方式创建1个与"竖直"基准平面垂直的基准平面，"平面参考"→"选择平面对象"选择"竖直"基准平面，"通过轴"→"选择线性对象"选择当鼠标接触到零件时出现的中心线，"角度"→"角度选项"设为"值"，设"角度"为"90°"，单击"确定"按钮，生成1个与"竖直"基准平面垂直的平面，结果如图4-50所示。

7. 在"基准平面"对话框中，选择以"自动判断"的方式创建1个与2个基准平面相互垂直的平面，"要定义平面的对象"→"选择对象"选择当用鼠标触摸零件时出现的中心线的中点，单击"基准平面"对话框中的"确定"按钮，创建的基准平面，结果如图4-51所示。

8. 单击菜单栏上的"装配"，返回到装配模块下，选择菜单命令"格式"→"引用集"，弹出"引用集"对话框，如图4-52所示，单击对话框中的"添加新的引用集"命令图标，在"引用集名称"中输入"基准"，"选择对象"选中3个垂直基准平面，然后按

〈Enter〉键。

9. 双击装配导航器中"端盖组件子装配",激活装配文件,如图 4-53 所示,右击零件"O 形圈 25×2.5",在弹出的快捷菜单中,选择"替换引用集"→"基准",结果如图 4-54 所示。

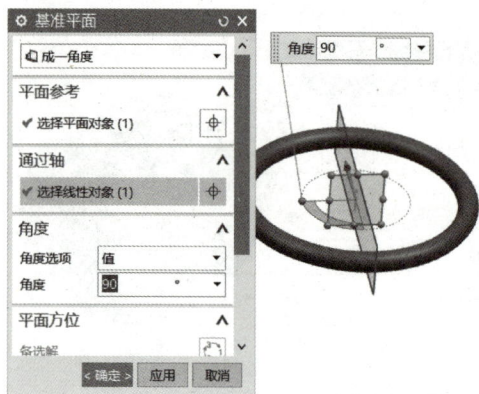

图 4-50　创建垂直基准平面

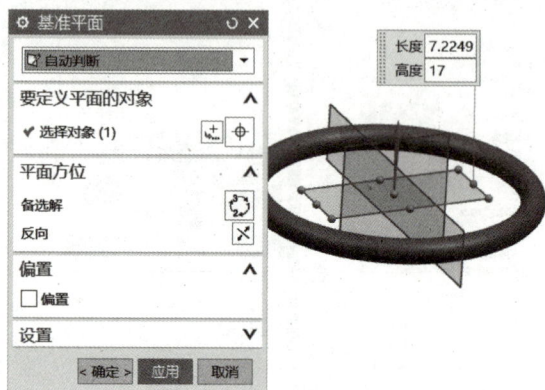

图 4-51　创建垂直基准平面

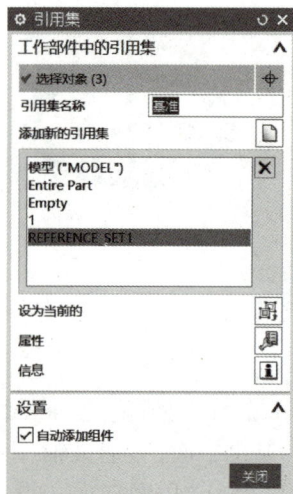

图 4-52　引用集操作

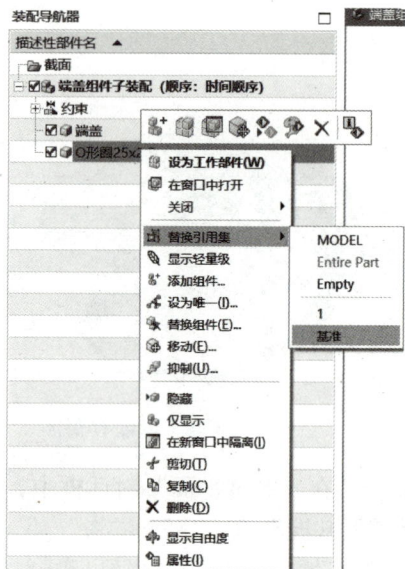

图 4-53　替换引用集

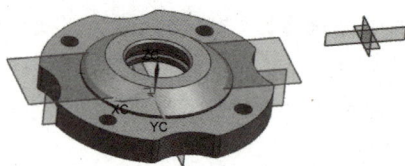

图 4-54　替换引用集操作

10. 单击工具栏中的"装配约束"命令🔩，弹出图 4-55 所示的"装配约束"对话框，"约束类型"选择"接触对齐"🔩，"要约束的几何体"→"方位"选择"对齐"🔩，分别给 3 组平面添加"对齐"约束；如图 4-56 所示，将引用集替换为"MODEL"，隐藏基准平面和装配约束后，装配结果如图 4-57 所示。

11. 单击"添加"命令图标🔩，弹出图 4-58 所示的"添加组件"对话框，单击"打开"命令图标🔩，选择"螺栓 M6×20"零件，"位置"→"组件锚点"选择"绝对坐标系"，"装配位置"选择"对齐"，设"放置"为"约束"，设"引用集"为"整个部件"，设"图层选项"为"按指定的"，单击"选择对象"后，用鼠标将"螺栓 M6×20"零件放在合适的位置。

图 4-55　装配约束操作

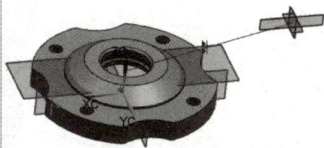

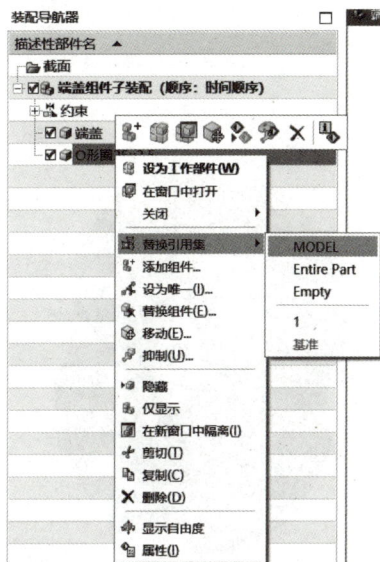

图 4-56　调用替换引用集命令

图 4-57　O 形圈装配

图 4-58　"添加组件"对话框

12. 在展开的"约束类型"选项中，选择"接触对齐"命令图标 ，"要约束的几何体"→"方位"→"接触"，"方位"→"自动判断中心/轴"，对"六角螺栓 M6×20"进行装配，装配结果如图 4-59 所示。

13. 选择菜单命令"装配"→"组件"→"阵列组件"，弹出图 4-60 所示的"阵列组件"对话框，"要形成阵列的组件"→"选择组件"选择"六角螺栓 M6×20"，"阵列定义"→"布局"设为"圆形"，"旋转轴"→"指定矢量"设为"+↑ZC"轴，"指定点"设为坐标原点，"斜角方向"→"间距"→"数量和间隔"，设"数量"为"4"，设"节距角"为"90°"，单击"确定"按钮，完成"六角螺栓 M6×20"零件的阵列，结果如图 4-60 所示。

图 4-59　六角螺栓 M6×20 装配　　　　图 4-60　阵列组件操作

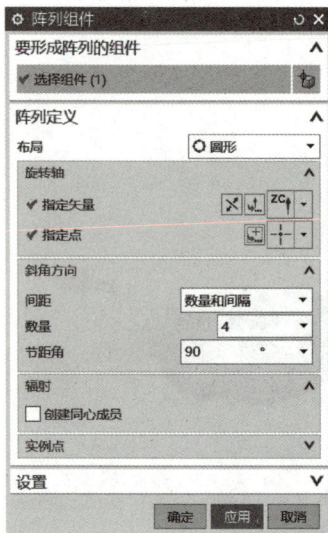

任务 4.5　锥齿轮阀总装配

任务分析

如图 4-61 所示，锥齿轮阀总装配基于壳体零件，装配过程：①先添加"壳体"零件，并施加"固定"约束；②添加"端盖组件子装配"，调用"接触"和"自动判断中心/轴"约束完成"端盖组件子装配"与"壳体"零件的装配；③添加"锥齿轮轴组件子装配"，调用"接触"和"自动判断中心/轴"约束完成"锥齿轮轴组件子装配"与"壳体"零件的装配；④添加"手轮组件子装配"零件，调用"装配约束"命令 ，应用"接触"和"自动判断中心/轴"约束，完成"手轮组件子装配"的装配；⑤添加"驱动空心轴组件子装配"零件，调用"装配约束"命令 ，应用"接触"和"自动判断中心/轴"约束，完成"驱动空心轴组件子装配"的装配；⑥添加"中间过渡盘组件子装配"零件，调用"装配约束"命令 ，应用"接触"和"自动判断中心/轴"约束，完成"中间过渡盘组件子装配"的装配；⑦添加"连接盘组件子装配"零件，调用"装配约束"命令 ，应用"接触"和"自动判断中心/轴"约束，完成"连接盘组件子装配"的装配。

图4-61　锥齿轮阀总装配轴测图

>> **操作步骤**

1. 启动 UG NX 12.0 后，单击"文件"→"新建"，在"新建文件"对话框中，选中"模型"和"装配"，"过滤器"→"单位"取"毫米"，"名称"设为"伞齿轮阀总装置"，单击"确定"按钮，进入装配模块。

2. 单击"添加"命令图标🐾，弹出"添加组件"对话框，单击"打开"命令图标📂，选择"壳体"零件，"位置"→"组件锚点"选择"绝对坐标系"，"装配位置"选择"绝对坐标系-工作部件"，设"放置"为"移动"，设"引用集"为"模型"，设"图层选项"为"原始的"，设"图层"为"1"，单击"应用"按钮，弹出"创建固定约束"对话框，单击"是"按钮，添加壳体零件并施加固定约束，结果如图4-62所示。

3. 单击"添加"命令图标🐾，添加"端盖组件子装配"，"装配位置"选择"对齐"，设"放置"为"移动"，设"引用集"为"模型"，设"图层选项"为"原始的"，单击"确定"按钮，将"端盖组件子装配"放在适合的位置，如图4-63所示。

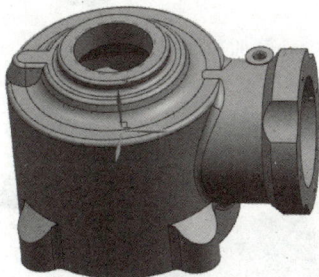

图4-62　添加壳体零件

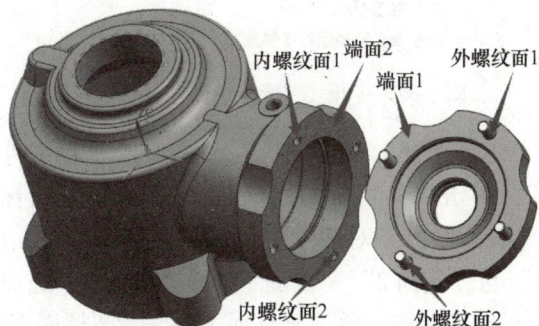

图4-63　添加端盖组件子装配

4. 单击工具栏中的"装配约束"命令图标🖳，在"装配约束"对话框中，给"端面1"

与"端面2"施加"接触"约束 ⊮ **接触**,给"外螺纹面1"与"内螺纹面1"施加"自动判断中心/轴"约束 ⊡ **自动判断中心/轴**,给外"螺纹面2"与"内螺纹面2"施加"自动判断中心/轴"约束 ⊡ **自动判断中心/轴**,装配结果如图4-64所示。

5. 单击"添加"命令图标 🐾⁺,添加"锥齿轮轴组件子装配","装配位置"选择"对齐",设"放置"为"移动",设"引用集"为"模型",设"图层选项"为"原始的",单击"确定"按钮,将"锥齿轮轴组件子装配"放在适合的位置,如图4-65所示。

图4-64 端盖组件子装配的装配结果　　图4-65 添加锥齿轮轴组件子装配

6. 打开"装配导航器",将"壳体"前面的"√"取消,如图4-66所示,关闭零件,以便于选择约束面;单击工具栏中的"装配约束"命令图标 🗙,在"装配约束"对话框中,如图4-67所示,给"端面1"与"端面2"施加"接触"约束 ⊮ **接触**,给"圆柱面1"与"圆柱面2"施加"自动判断中心/轴"约束 ⊡ **自动判断中心/轴**,装配结果如图4-68所示。

图4-66 打开"装配导航器"　　图4-67 施加装配约束

7. 单击"添加"命令图标 🐾⁺,添加"手轮组件子装配";单击工具栏中的"装配约束"命令图标 🗙,在"装配约束"对话框中,如图4-69所示,给"端面1"与"端面2"、"侧面1"与"侧面2"施加"接触"约束 ⊮ **接触**,给"圆柱面1"与"圆柱面2"施加"自动判断中心/轴"约束 ⊡ **自动判断中心/轴**,装配结果如图4-70所示。

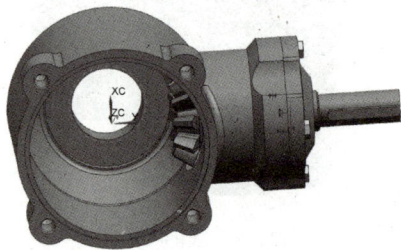

图4-68 锥齿轮轴组件子装配的装配结果

8. 单击"添加"命令图标 ，添加"驱动空心轴组件子装配"；单击工具栏中的"装配约束"命令图标 ，在"装配约束"对话框中，如图 4-71 所示，给"端面 1"与"端面 2"施加"接触"约束 接触，给"圆柱面 1"与"圆柱面 2"施加"自动判断中心/轴"约束 自动判断中心/轴，装配结果如图 4-72 所示。

图 4-69 添加手轮组件子装配和约束   图 4-70 手轮组件子装配的装配结果

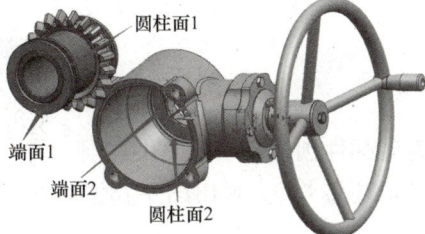

图 4-71 添加驱动空心轴组件子装配和约束   图 4-72 驱动空心轴组件子装配的装配结果

9. 单击"添加"命令图标 ，添加"中间过渡盘组件子装配"；单击工具栏中的"装配约束"命令图标 ，在"装配约束"对话框中，如图 4-73 所示，给"端面 1"与"端面 2"施加"接触"约束 接触，给"外螺纹面 1"与"内螺纹面 1"和"外螺纹面 2"与"内螺纹面 2"施加"自动判断中心/轴"约束 自动判断中心/轴，装配结果如图 4-74 所示。

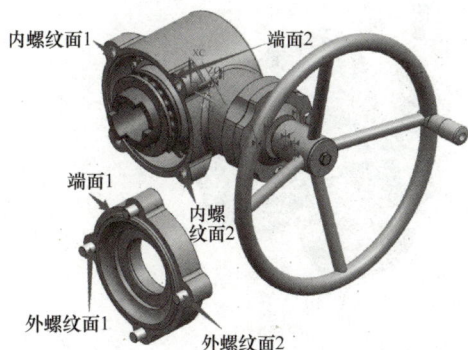

图 4-73 添加中间过渡盘组件子装配和约束   图 4-74 中间过渡盘组件子装配的装配结果

10. 单击"添加"命令图标，添加"连接盘组件子装配"；单击工具栏中的"装配约束"命令图标，在"装配约束"对话框中，如图 4-75 所示，给"端面 1"与"端面 2"施加"接触"约束，给"外螺纹面 1"与"内螺纹面 1"和"外螺纹面 2"与"内螺纹面 2"施加"自动判断中心/轴"约束，装配结果如图 4-76 所示。

图 4-75 添加连接盘组件子装配和约束　　　图 4-76 锥齿轮阀总装配结果

微课——知识拓展与补充

4-1 打开文件 4-1，对图 4-77a 所示的轴承座装配件创建自动爆炸图。

1. 选择菜单命令"装配"→"爆炸图"→"新建爆炸"，弹出图 4-78 所示的"新建爆炸"对话框，"名称"默认为"Explosion1"，单击"确定"按钮。

2. 选择菜单命令"装配"→"爆炸图"→"自动爆炸组件"，弹出"类选择"对话框，"对象"→"选择对象"框选上装配模型，如图 4-79 所示，单击"类选择"对话框中的"确定"按钮，在弹出图 4-80 所示的"自动爆炸组件"对话框中，设"距离"为 80mm，单击"确定"按钮，即创建图 4-77b 所示的自动爆炸图。

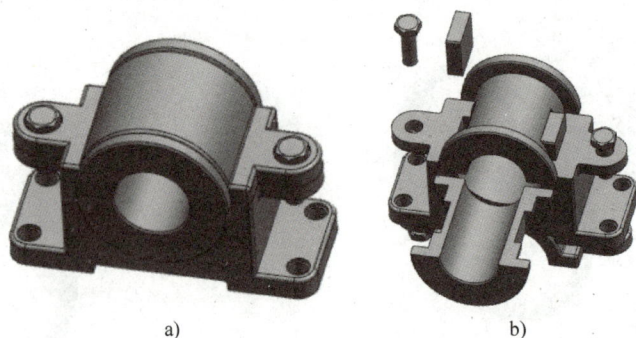

a)　　　　　　　　b)

图 4-77 创建自动爆炸图

图 4-78 "新建爆炸"对话框

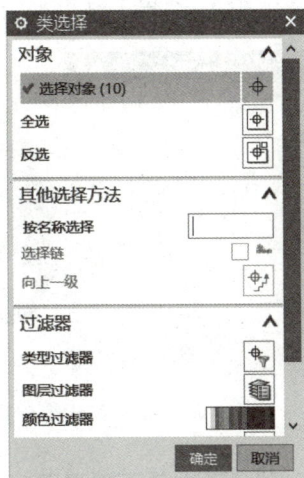

图 4-79 类选择操作

4-2 打开文件 4-2，创建手动爆炸图。

1. 选择菜单命令"装配"→"爆炸图"→"新建爆炸"，弹出图 4-81 所示的"新建爆炸"对话框，"名称"默认为"Explosion1"，单击"确定"按钮。

图 4-80 "自动爆炸组件"对话框

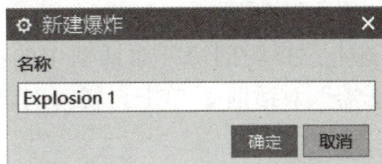

图 4-81 "新建爆炸"对话框

2. 选择菜单命令"装配"→"爆炸图"→"编辑爆炸"，在弹出图 4-82 所示的"编辑爆炸"对话框中，选择"选择对象"，选中 4 只螺栓，单击"应用"按钮，选择"移动对象"，选中"+↑Z轴"，"距离"为 50mm，勾选上"对齐增量"且为"1"，单击"应用"按钮，结果如图 4-83 所示。

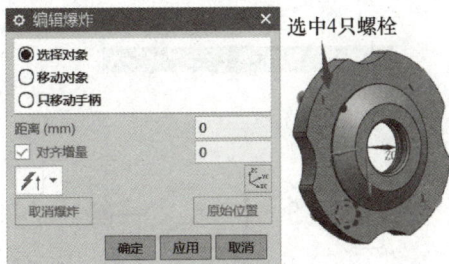

图 4-82 "编辑爆炸"对话框

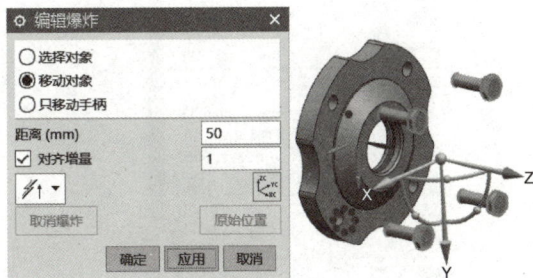

图 4-83 编辑爆炸操作

3. 再一次选择菜单命令"装配"→"爆炸图"→"编辑爆炸"，在弹出的"编辑爆炸"对话框中，选择"选择对象"，选中"O形圈"零件，单击"应用"按钮，选择"移动对象"，选中"+↑Z轴"，"距离"设为 40mm，勾选上"对齐增量"且"1"，单击"应用"

按钮，完成"O形圈"零件爆炸图的编辑，结果如图4-84所示。

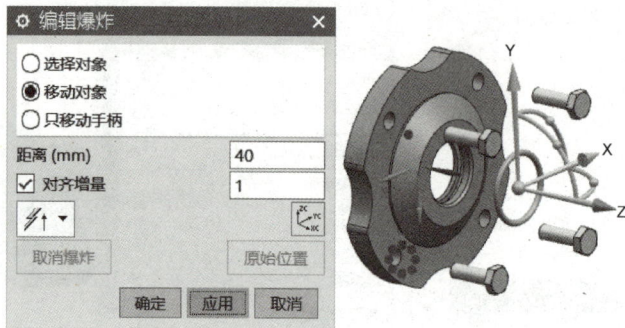

图4-84　编辑爆炸操作

4-3　打开装配文件4-3，创建动态截面剖视图。

1. 选择菜单命令"视图"→"截面"→"新建截面"，弹出图4-85所示的"视图剖切"对话框。

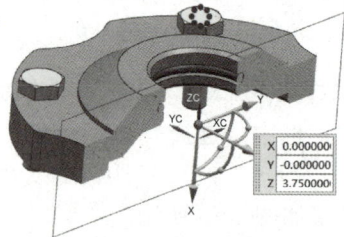

2. 在"视图剖切"对话框中，选择"一个平面"方式，"名称"→"截面名"设为"截面1"，"剖切平面"→"方向"设为"绝对坐标系"，设"平面"为"垂直于Y轴的平面"，当左右拖动"偏置"滑块时，剖切平面可沿着Y轴移动，从而改变剖切面的位置，如图4-86所示。

3. 当勾选上"视图剖切"对话框中的"显示2D查看器"时，将出现图4-87所示的"2D截面查看器"对话框，单击"视图剖切"对话框中的"确定"按钮，创建"截面"剖视图。

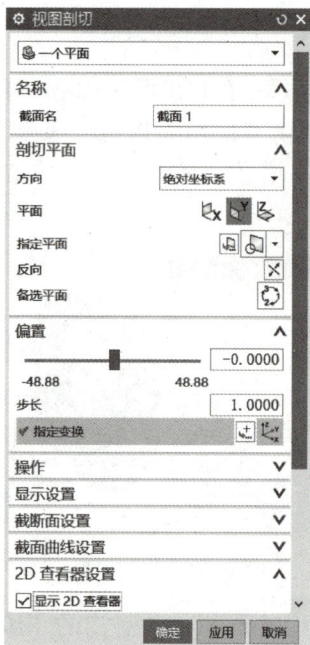

图4-85　"视图剖切"对话框

图4-86　"动态截面"剖视图

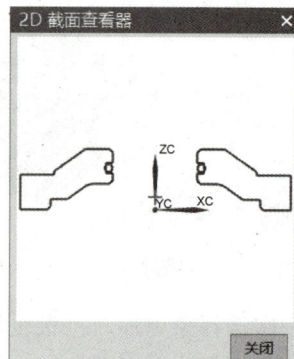

图4-87　"2D截面查看器"对话框

4-4　打开装配文件 **4-4**，对图 **4-88a** 所示的装配件进行简化装配操作。

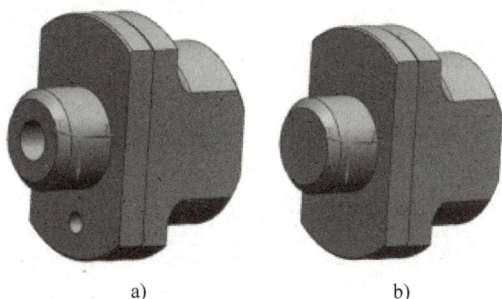

a)　　　　　　　　　　　b)

图 4-88　创建简化装配

1. 选择菜单命令"装配"→"高级"→"简化装配"，弹出图 4-89a 所示的"简化装配"对话框，单击"下一步"按钮，弹出图 4-89b。

a)　　　　　　　　　　　　　　　　　b)

c)　　　　　　　　　　　　　　　　　d)

图 4-89　简化装配操作

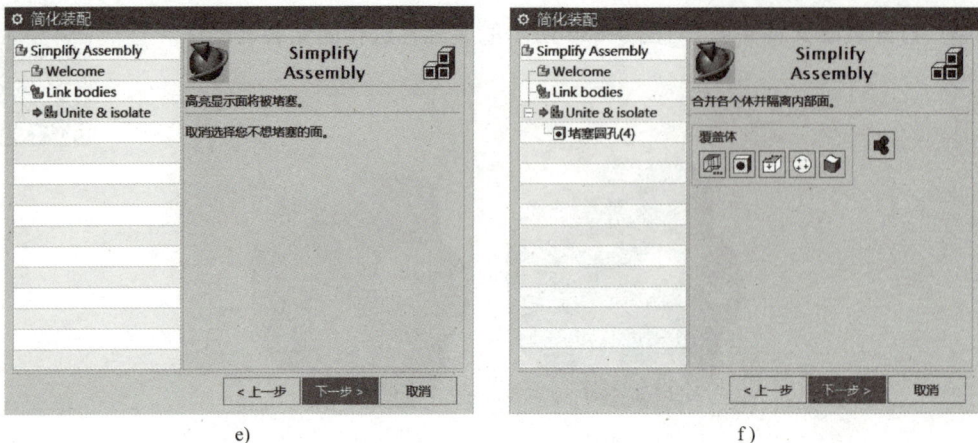

e)　　　　　　　　　　　　　f)

图 4-89　简化装配操作（续）

2. 选择装配件作为要链接的体，单击"下一步"
后，弹出图 4-89c，选中"堵塞圆孔"命令图标 ，弹
出图 4-89d，选中零件"中间轴"后，弹出图 4-89e，
单击"下一步"按钮，弹出图 4-89f，单击"取消"按
钮，弹出图 4-90 所示"简化装配"对话框，单击"保
留"按钮，结果如图 4-88b 所示。

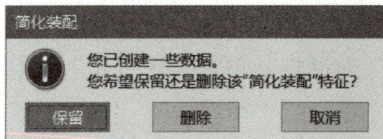

图 4-90　"简化装配"对话框

4-5　打开装配文件 4-5，对装配体进行替换组件操作。

1. 右击要被替换的组件，弹出图 4-91 所示的快捷命令菜单，单击"替换
组件"命令 。

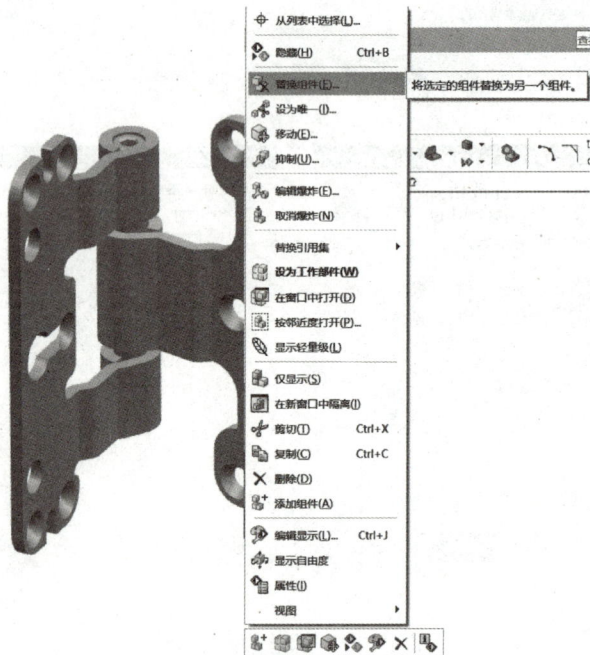

图 4-91　调用"替换组件"命令

2. 在弹出的"替换组件"对话框中，如图 4-92 所示，直接在文件列表中选中零件"左铰链（替换）"，或通过"浏览"打开命令 ，找到"左铰链（替换）"零件，单击"确定"按钮，结果如图 4-93 所示。

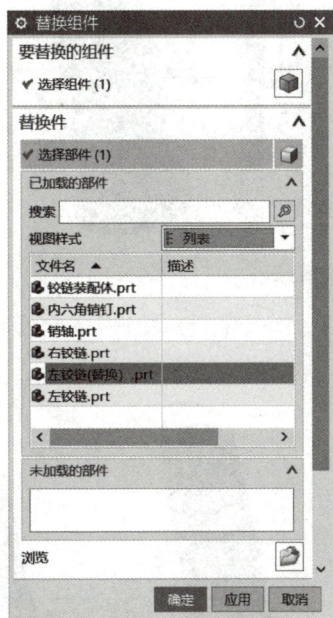

图 4-92　"替换组件"对话框　　　　图 4-93　"替换组件"结果

4-6　打开装配文件 4-6，对图 4-94a 所示装配体中的滚套零件进行移动组件操作。

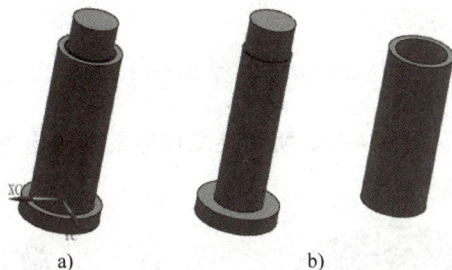

图 4-94　移动"组件"

1. 选择菜单命令"装配"→"组件位置"→"移动组件"，弹出图 4-95a 所示的"移动组件"对话框中，"变换"→"运动"选择"动态"，"复制"→"模式"选择"不复制"，"要移动的组件"→"选择组件"选择"滚套"零件。

2. 单击"移动组件"对话框中的"指定方位"，弹出图 4-95b 所示界面。

3. 如图 4-95c 所示，单击"+↑XC 轴"箭头，"距离"为−50mm，单击鼠标中键，再单击"移动组件"对话框中的"确定"按钮，结果如图 4-94b 所示。

a)

b)

c)

d)

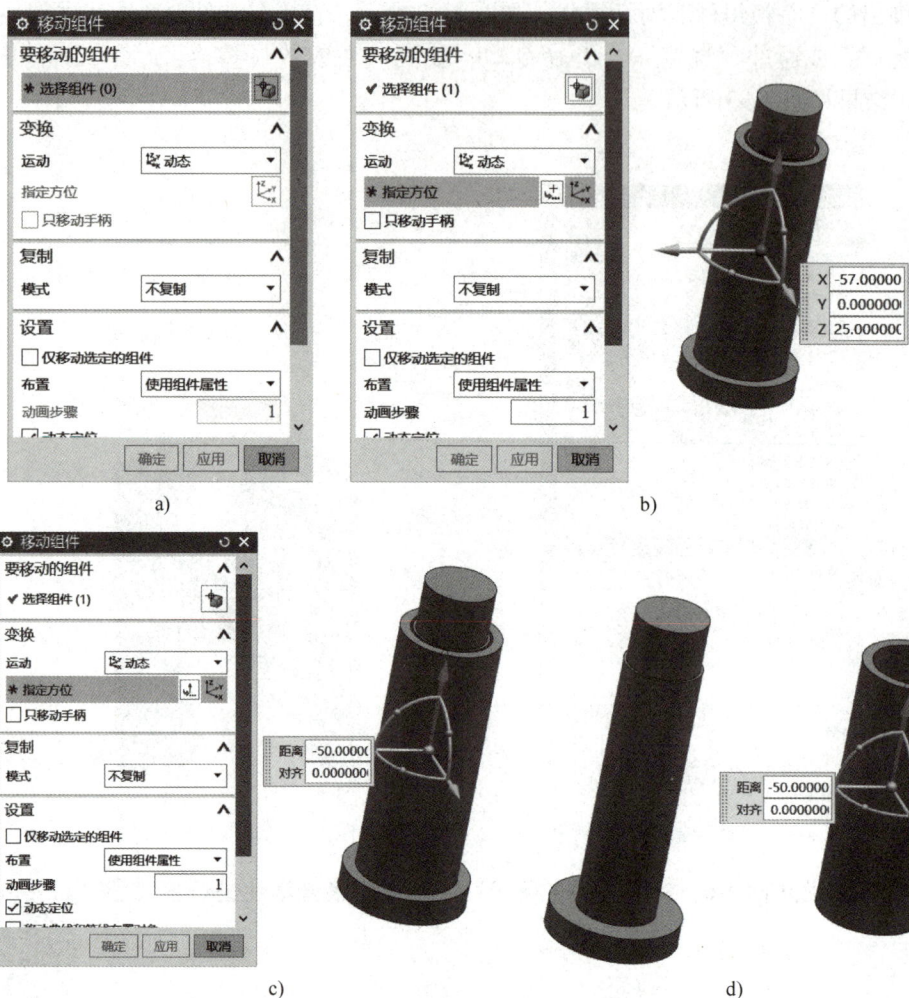

图 4-95　移动组件操作

4-7 打开装配文件 **4-7**，对图 **4-96a** 所示装配体中的盘盖零件进行抑制组件操作。

a)

b)

图 4-96　抑制组件

1. 在"装配导航器"中，右击"盘盖"零件，弹出快捷命令菜单，如图 4-97 所示。

2. 单击"抑制"命令图标🔧，弹出图 4-98 所示的"抑制"对话框，"状态"选择"始终抑制"，单击"确定"按钮，再一次打开"装配导航器"，此时装配导航器中的"盘盖"零件变成了灰色，如图 4-99 所示，抑制组件结果如图 4-96b 所示。

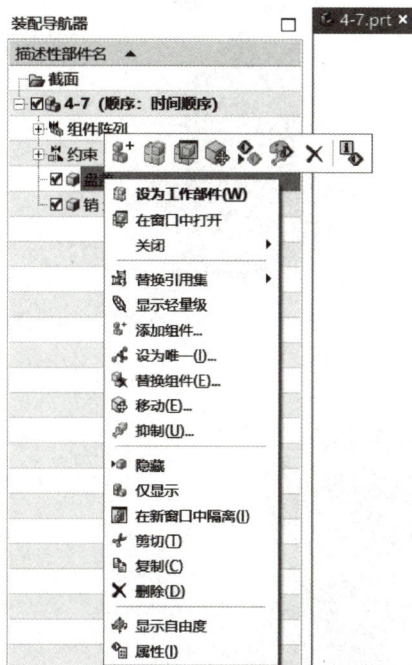

图 4-97　调用"抑制"命令

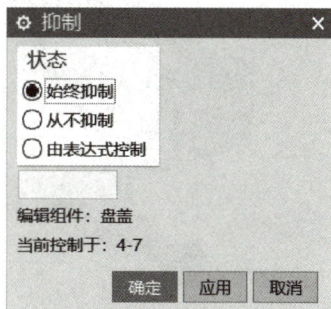

图 4-98　"抑制"对话框

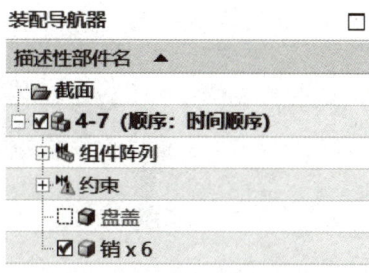

图 4-99　打开"装配导航器"

>> 课后习题

4-1　如图 4-100 所示，根据所给的零件，完成"齿轮泵"的装配。

4-2　如图 4-101 所示，根据所给的零件，完成"电风扇"的装配。

图 4-100　"齿轮泵"轴测图

图 4-101　"电风扇"轴测图

4-3　如图 4-102 所示，根据所给的零件，完成"夹具"的装配。

4-4　如图 4-103 所示，根据所给的零件，完成"减振器"的装配。

4-5　如图 4-104 所示，根据所给的零件，完成"台虎钳"的装配。

4-6　如图 4-105 所示，根据所给的零件，完成"连接盘组件"的装配。

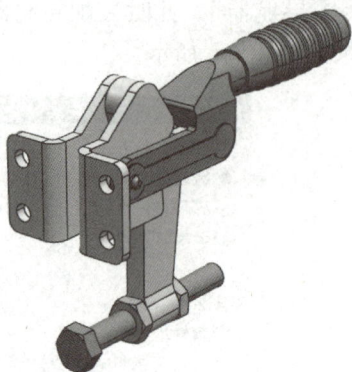

图 4-102　"夹具"轴测图

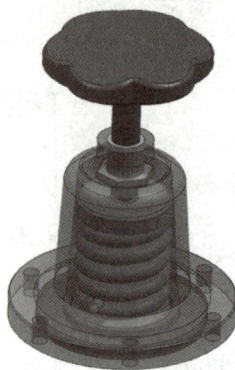

图 4-103　"减振器"轴测图

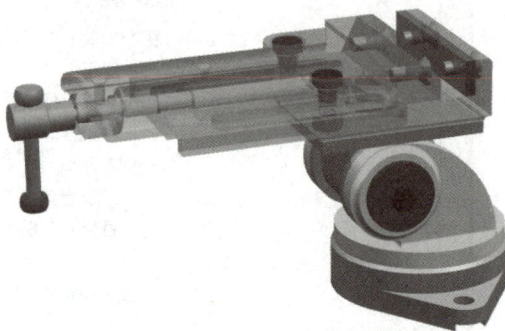

图 4-104　"台虎钳"轴测图

图 4-105　"连接盘组件"轴测图

4-7　如图 4-106 所示，根据所给的零件，完成"中间过渡盘组件"的装配。

4-8　如图 4-107 所示，根据所给的零件，完成"驱动空心轴组件"的装配。

图 4-106 "中间过渡盘组件"轴测图

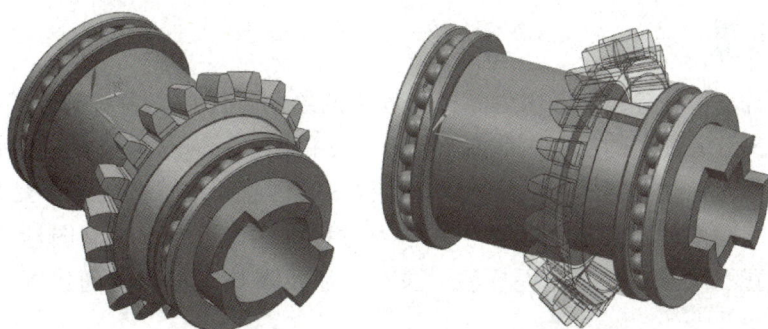

图 4-107 "驱动空心轴组件"轴测图

项目5 工程图绘制

项目介绍

项目 5 包含三个任务：任务 1 为阀杆工程图的绘制，任务 2 为右阀体工程图的绘制，任务 3 为球阀工程装配图的绘制。前两个任务为零件图，后一个为装配图。本项目拟通过这三个任务的学习让学生熟悉 UG NX 12.0 工程图的创建和编辑方法，掌握 UG 软件由三维模型到二维工程图的创建过程。学生在学习过程中，要逐步学会制图标准的设置与调用，图层的设置、尺寸标注、公差标注、注释标注及爆炸工程图的创建等。本项目的学习目标如下：

（1）掌握工程图的创建与视图操作步骤。

（2）掌握 UG 剖视图的创建方法。

（3）掌握工程图尺寸标注、表面粗糙度标注和几何公差标注方法。

（4）掌握技术要求的撰写或调用步骤。

（5）掌握 UG 工程图其他操作方法与步骤。

任务 5.1　阀杆工程图的绘制

任务分析

任务 5.1 是将已建模的阀杆零件，通过 UG NX 12.0 软件将其生成符合国家标准的工程图。"阀杆"轴测图如图 5-1 所示。在创建工程图时，要先根据零件结构特点，确定采用什么视图将零件结构特征完整、清晰、准确地表达出来；要借助尺寸、几何公差和表面粗糙度的标注将零件

图 5-1　阀杆轴测图

的机械加工或装配要求表达出来；还要给零件图或装配图添加技术要求，以进一步说明零件或装配件的表面、热处理、加工、装配、转动或移动长度或角度等要求。为了使生成的工程图在文字、视图、标注方式等方面达到一致，在进行工程图创建前，必须要对工程图进行设置，以达到所绘制的工程图具有统一的标准，阀杆工程图如图 5-2 所示。

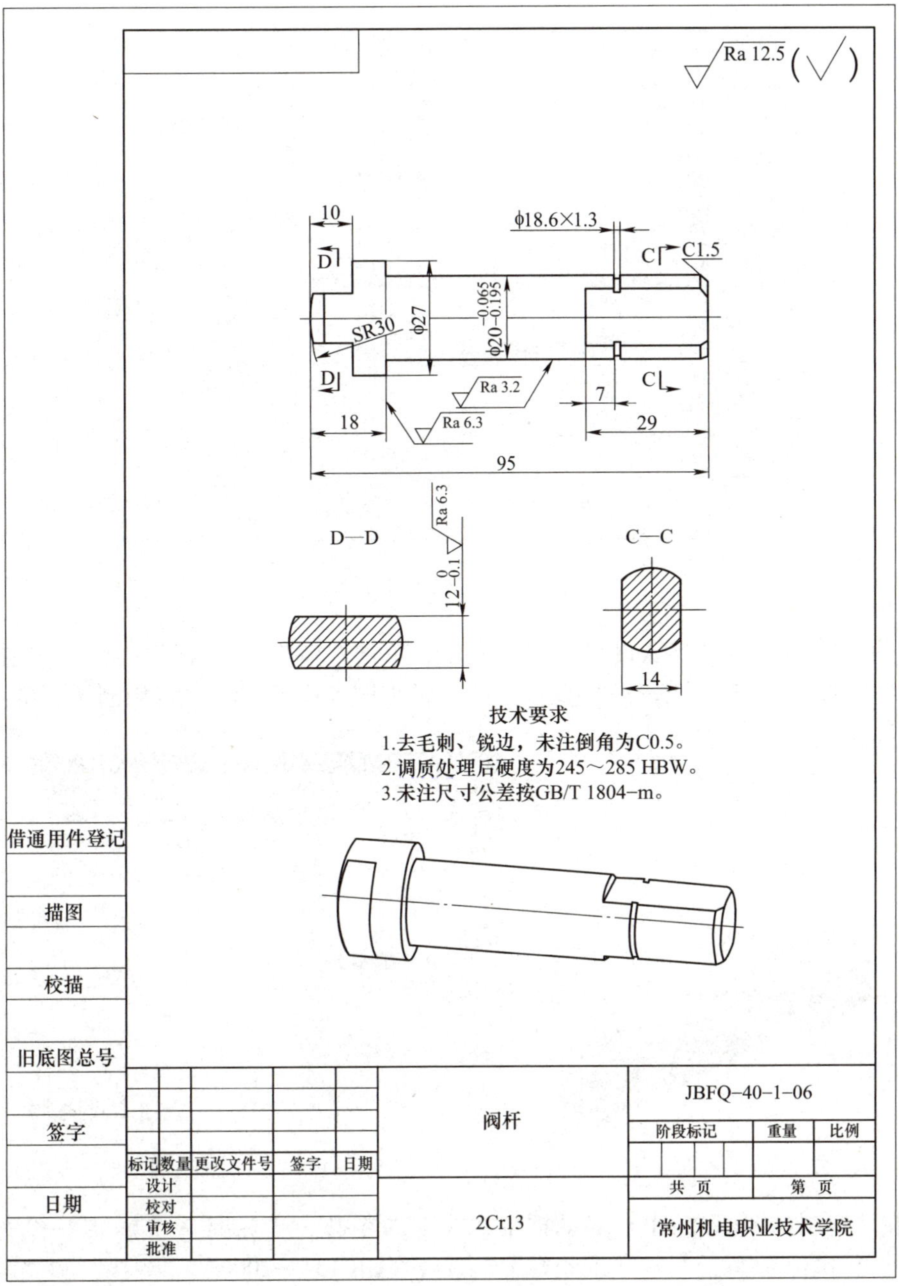

图 5-2　阀杆工程图

▶▶ 操作步骤

1. 启动 UG NX 12.0 软件，单击"打开"命令图标，弹出图 5-3 所示的"打开"对话框，选取"任务 5.1 阀杆"零件后，单击"OK"按钮软件加载"阀杆"零件，结果如图 5-4 所示。

2. 选择菜单"文件"→"实用工具"→"用户默认设置"，弹出图 5-5 所示的"用户默认

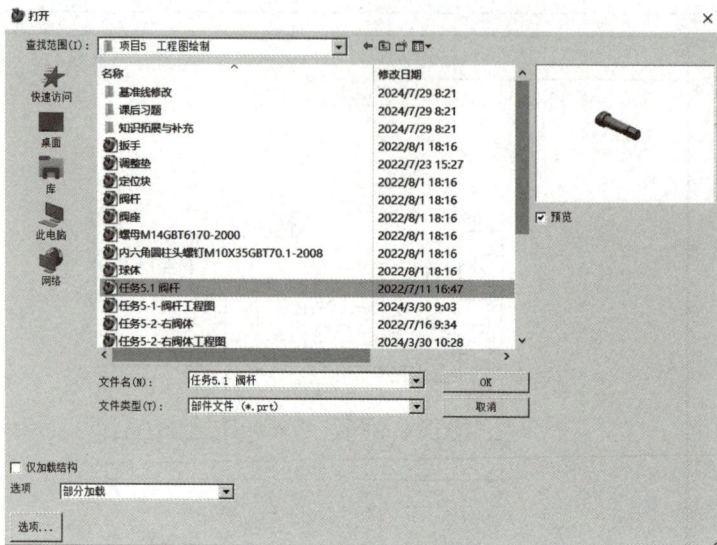

图 5-3 "打开"对话框

设置"对话框，在"用户默认设置"对话框中，单击"制图"→"常规/设置"→"标准"→"制图标准"选择"GB"，单击"定制标准"，弹出图 5-6 所示的"定制制图标准-GB"对话框。

图 5-4 加载阀杆零件

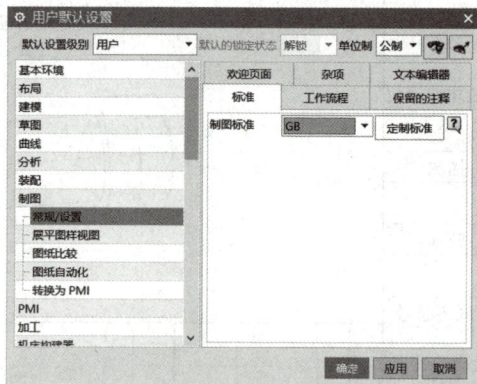

图 5-5 "用户默认设置"对话框

3. 在"定制制图标准-GB"对话框中，单击"常规"→"标准"→"标准"→"中心线显示"选择"中国国家标准"，"表面粗糙度"选择"GB 131—2006"，"焊接"和"限制和拟合"均选择"GB"，"文本编辑器"→"基准符号显示"选择"中国国家标准"，"公差标准"选择"ISO 1101—2017"，"PMI"→"公差标准"选择"ISO 1101—2017"。

4. 单击"定制制图标准-GB"对话框中"公共"→"文字"，对"文字""文本参数""公差框"和"符号"进行设置，如"文字对齐""文字对正"方式，"字体""字型""宽度"和"高度"等参数，如图 5-7 所示。

5. 单击"定制制图标准-GB"对话框中的"公共"→"直线/箭头"，在"箭头"选项卡中，"第 1 侧指引线和尺寸"和"第 2 侧尺寸"的"类型"均为封闭实心箭头，"线型"均设为实线，"宽度"均设为 0.18mm，其他参数不变，如图 5-8 所示。

6. 单击"定制制图标准-GB"对话框中的"直线/箭头"，在"延伸线"选项卡中，勾选上"标志指引线或第 1 侧"和"第 2 侧"下的"显示延伸线"，"线型"均设为实线，"宽度"均设为 0.18mm，其他参数不变，如图 5-9 所示。

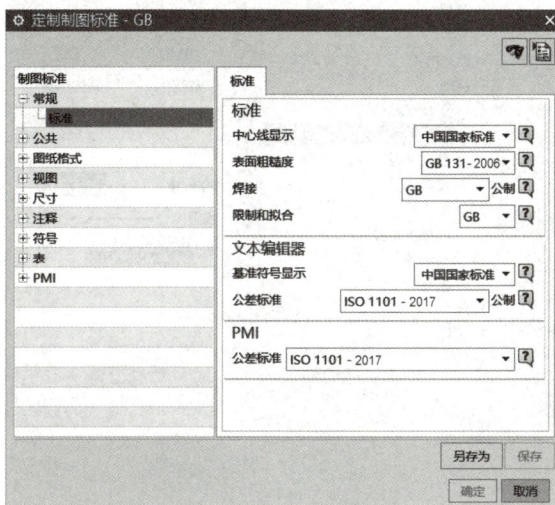

图 5-6　"定制制图标准-GB"对话框

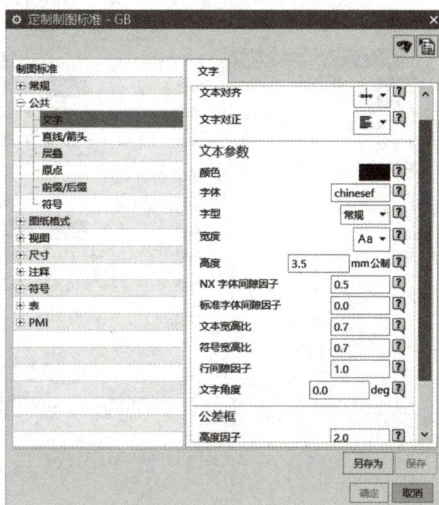

图 5-7　设置文字

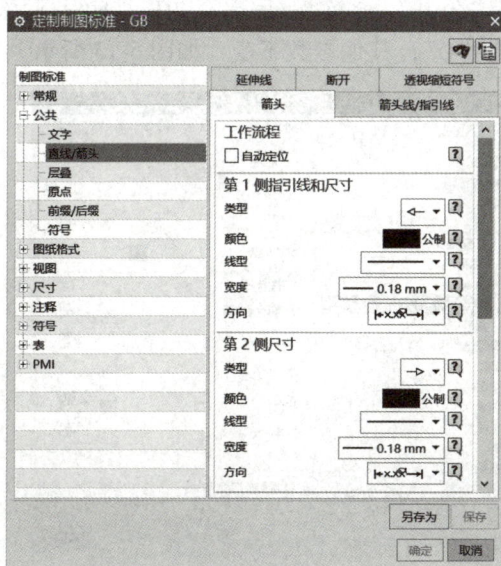

图 5-8　设置箭头

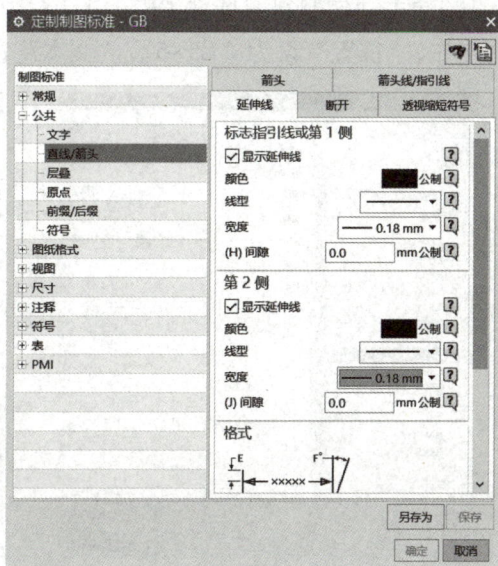

图 5-9　设置延伸线

7. 单击"定制制图标准-GB"对话框中的"直线/箭头"，在"箭头线/指引线"选项卡中，勾选上"第 1 侧指引线和箭头线"和"第 2 侧箭头线"下的"显示箭头线"，"线型"均设为实线，"宽度"均设为 0.18mm，其他按默认设置，如图 5-10 所示。

8. 单击"定制制图标准-GB"对话框中的"视图"→"公共"，在"可见线"选项卡中，"线型"设为实线，设"宽度"为 0.35mm，如图 5-11 所示。

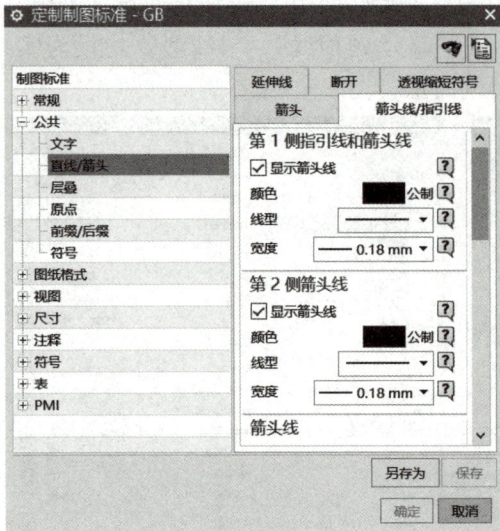

图 5-10   设置箭头线/指引线

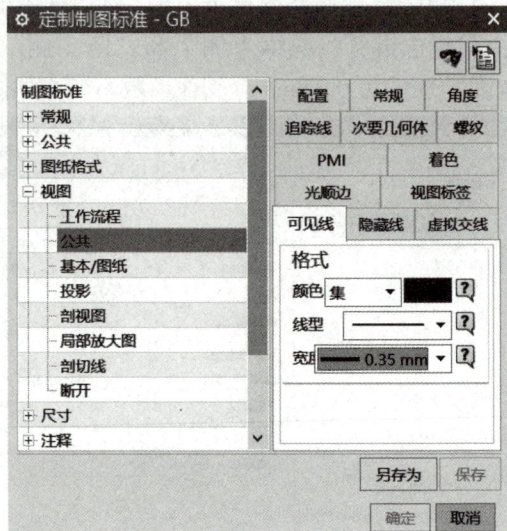

图 5-11   设置可见线

9. 单击"定制制图标准-GB"对话框中的"尺寸"→"倒斜角",在"倒斜角"选项卡中,"倒斜角格式"→"样式"设为"C2",其他按默认值,如图 5-12 所示。

10. 单击"定制制图标准-GB"对话框中的"公共"→"前缀/后缀",在"前缀/后缀"选项卡中,"位置"设为"C5×5","文本"设为"C",其他参数不变,如图 5-13 所示。

图 5-12   设置倒斜角格式

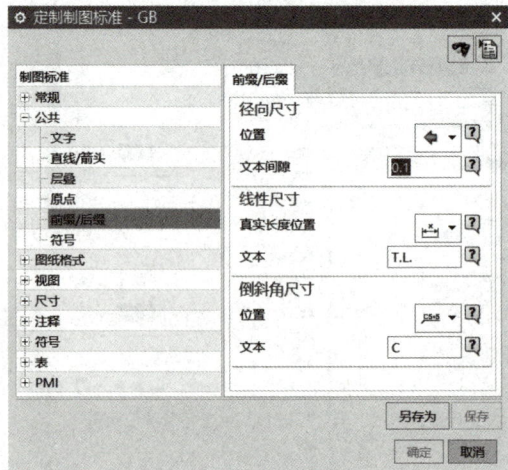

图 5-13   设置倒斜角尺寸

11. 单击"定制制图标准-GB"对话框中的"尺寸"→"文本",在"附加文本"选项卡中"字体"设为"chinesef","字型"设为"常规","高度"设为 3.5mm,"文本间隙因子"设为 0,如图 5-14 所示。

12. 单击"定制制图标准-GB"对话框中的"尺寸"→"文本"在"单位"选项卡中"单位"设为"毫米","小数分隔符"选为"句点",其他参数不变,如图 5-15 所示。

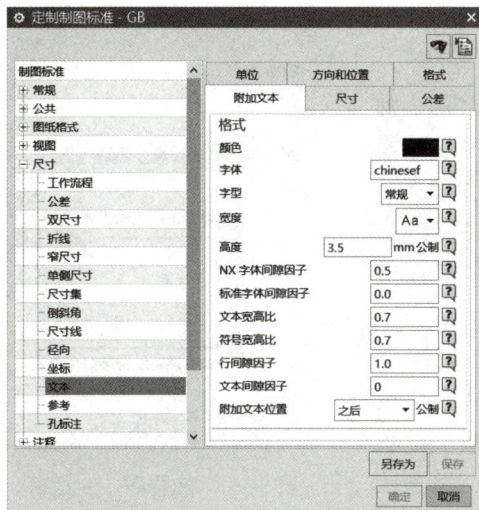

图 5-14　设置附加文本

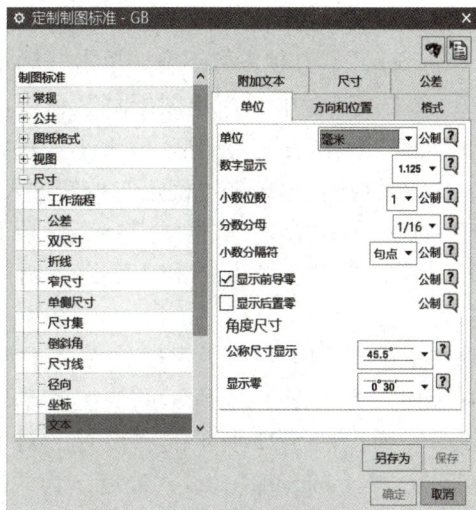

图 5-15　设置单位

13. 其他制图标准可根据具体情况来定制，在完成以上制图标准定制后，单击"另存为"按钮，弹出的"另存为制图标准"对话框，在"标准名称"里输入"常州机电制图标准"，单击"确定"按钮，完成制图标准的设置，如图 5-16 所示。

图 5-16　"另存为制图标准"对话框

14. 选择菜单"格式"→"图层设置"，在弹出的"图层设置"对话框中，"工作层"→"工作层"选为 91 层，1 层可选，关闭 61 层，如图 5-17 所示。

15. 单击"应用模块"→"制图"命令图标，进入制图模块；选择菜单命令"首选项"→"可视化"，弹出"可视化首选项"对话框，如图 5-18 所示，单击"颜色/线型"标

图 5-17　"图层设置"对话框

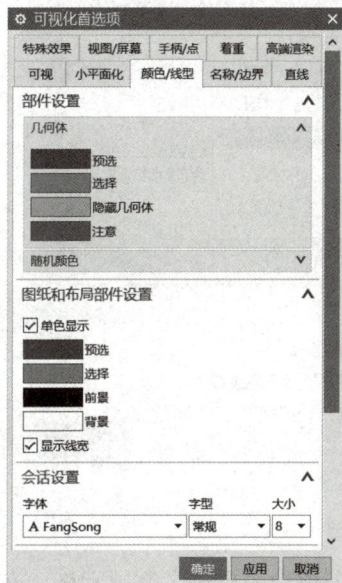

图 5-18　"可视化首选项"对话框

签，勾选上"单色显示"和"显示线宽"，设"字体"为"AFangSong"，其他参数不变，单击"确定"按钮。

16. 单击工具栏中"新建图纸页"命令图标 ，弹出图5-19的"工作表"对话框，"大小"选择"使用模板"→"A4-无视图"，单击"确定"按钮进入图纸页。

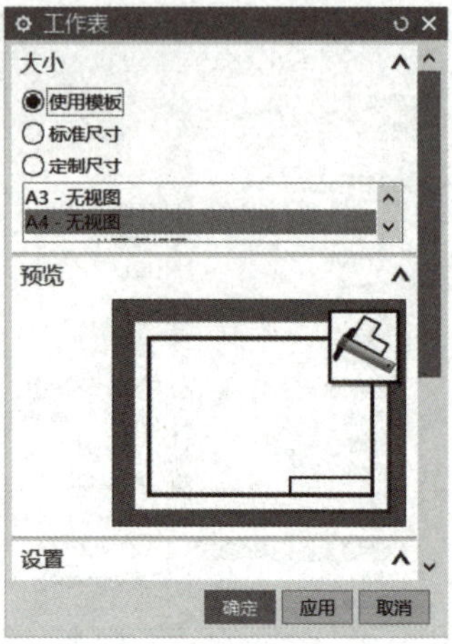

17. 选择菜单命令"格式"→"图层设置"，如图5-20所示，勾选上170层和173层，调用国家标准图框。

18. 右击"西门子产品管理软件（上海）有限公司"单元格，弹出图5-21所示的快捷菜单，单击"设置"命令，弹出图5-22所示的"设置"对话框，设置"字体"为"A FangSong"，设"高度"为"5"，单击鼠标中键确认。

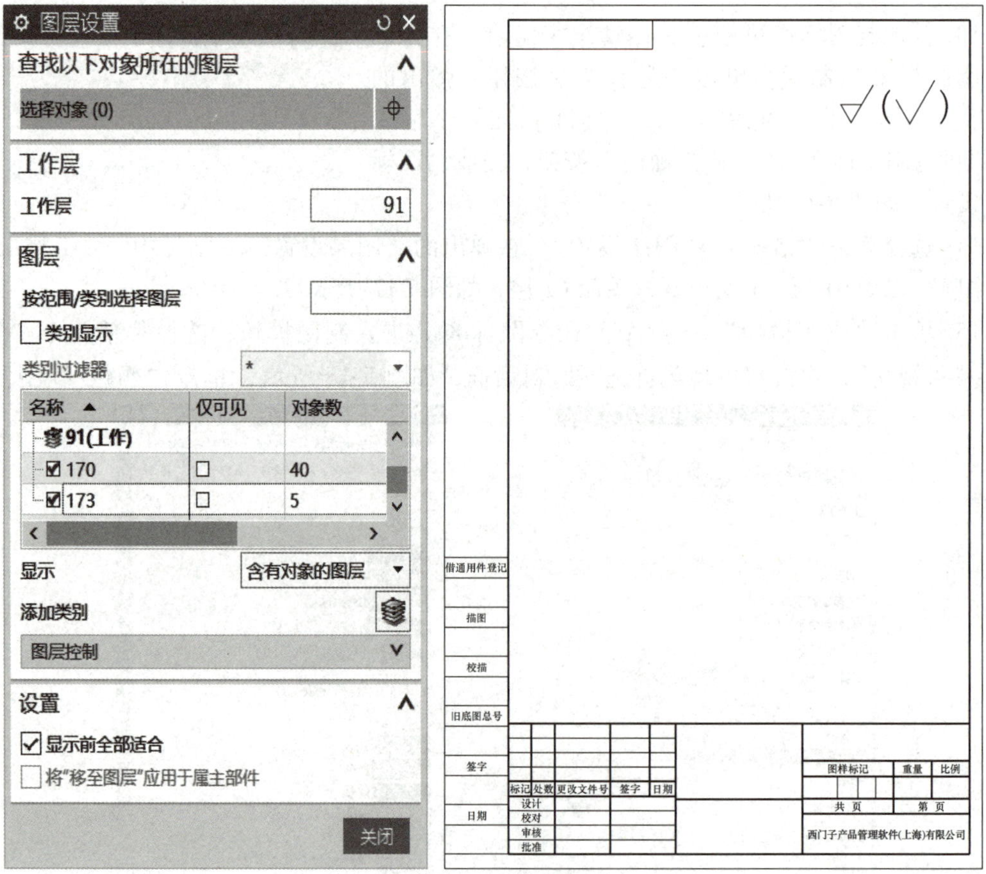

图 5-19 "工作表"对话框

图 5-20 调用图框

19. 右击图框中的单位名称单元格，在弹出的快捷菜单中，单击"编辑文本"命令，弹出的"文本"对话框，如图5-23所示，"文本输入"输入"常州机电职业技术学院"；同理，在零件名称栏、图号栏、材料栏上分别填写"阀杆""JBFQ-40-1-06"和"2Cr13"。

20. 单击"应用模块"→"建模"，选择菜单"视图"→"操作"→"定向"后，弹出"坐标系"对话框，以"X轴，Y轴"方式定向，如图5-24所示，选择"边线1"和"边线2"作为"X轴"和"Y轴"，单击"确定"按钮，完成视图定向操作；选择菜单命令"视图"→"操作"→"另存为"，在弹出图5-25所示的"保存工作视图"对话框中，"名称"设为"自定视图"，单击"确定"按钮。

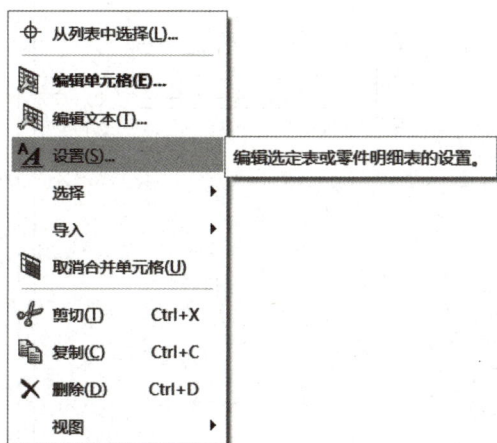

图 5-21　调用设置命令

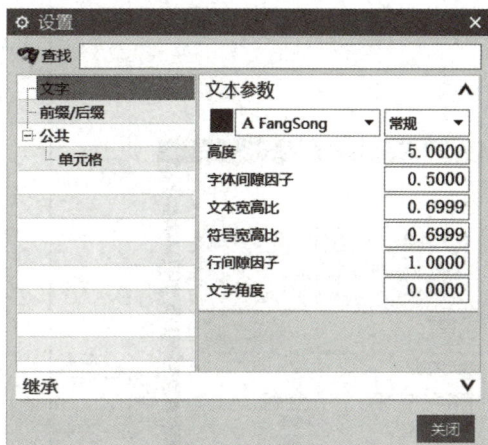

图 5-22　"设置"对话框

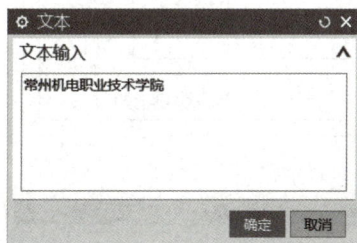

图 5-23　"文本"对话框

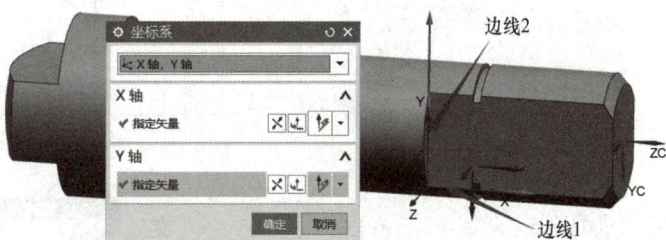

图 5-24　定向视图操作

21. 单击"应用模块"→"制图"，进入制图模块；单击工具栏上的"基本视图"命令图标 ，弹出"基本视图"对话框，如图5-26所示，"模型视图"→"要使用的模型视图"选择"自定视图"，"比例"为"1∶1"，用鼠标将"自定视图"放在合适的位置，如图5-27所示。

22. 选择菜单命令"首选项"→"制图"，在"制图首选项"对话

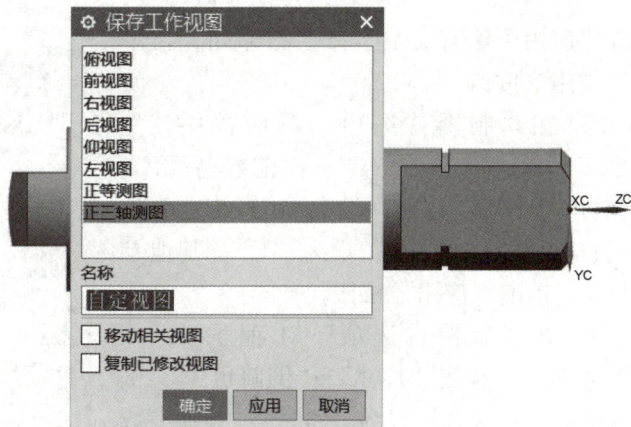

图5-25　"保存工作视图"对话框

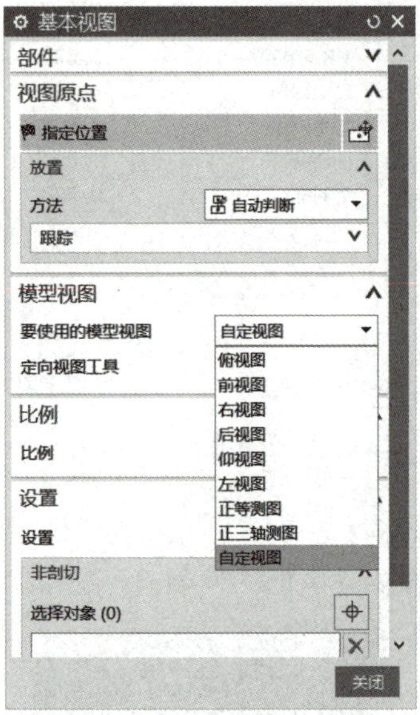

图 5-26 "基本视图"对话框

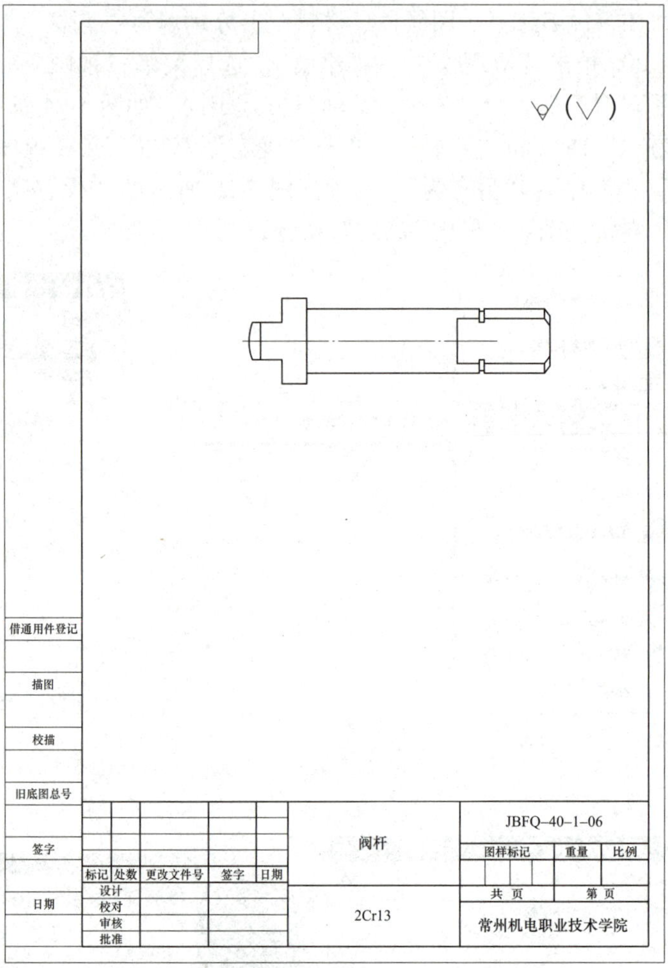

图 5-27 放置自定视图

框中，如图 5-28 所示，单击"公共"→"文字"，"文本参数"设为"A FangSong"→"常规"，设"高度"为"3.5"，其他参数不变，单击"应用于所有文本"命令图标图，再单击"应用"按钮。

23. 在"制图首选项"对话框中，如图 5-29 所示，单击"公共"→"前缀/后缀"，"倒斜角尺寸"→"位置"设为"C5×5 之前"，"倒斜角尺寸"→"文本"设为"C"，其他参数不变，单击"应用"按钮。

24. 在"制图首选项"对话框中，如图 5-30 所示，单击"尺寸"→"倒斜角"，"倒斜角格式"→"样式"设为"符号"，其他参数不变，单击"应用"按钮。

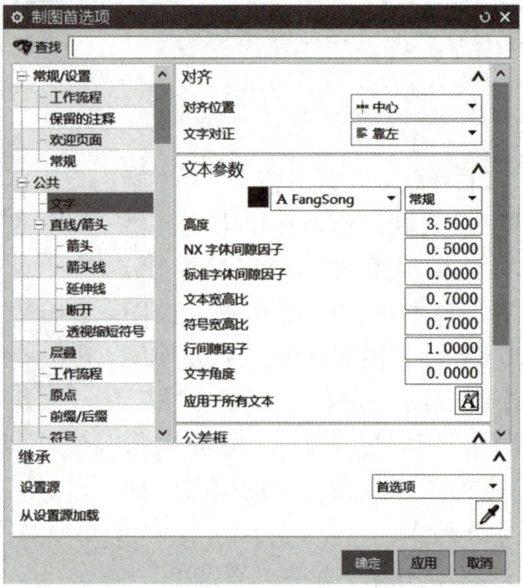

图 5-28 "制图首选项"对话框

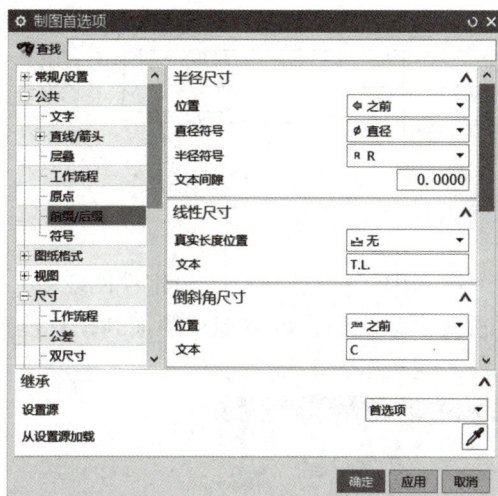

图 5-29　前缀/后缀设置

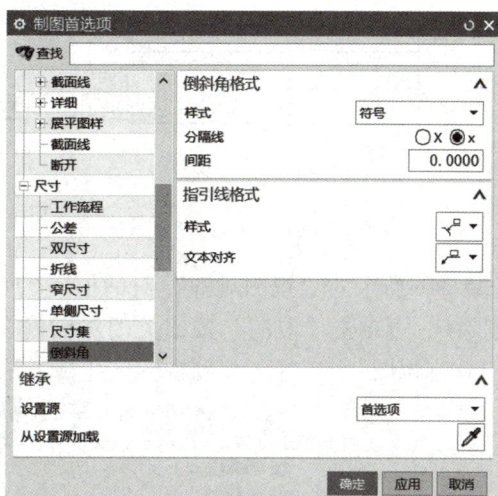

图 5-30　倒斜角格式设置

25. 在"制图首选项"对话框中，选择"视图"→"展平图样"→"截面线"，"显示"→"类型"设为━━┳，"格式"设为"不可见"，"箭头"→"样式"设为"填充"◀━，设"箭头"长度为"0.1"，"箭头线"→"箭头长度"设为"0.2"，设"边界到箭头距离"为"1"，设"延展"为"2"，设"线长"为"5"，勾选"显示字母"，其他参数不变，如图 5-31 所示，单击"确定"按钮。

26. 单击工具栏中的"剖视图"命令图标▨，弹出"剖视图"对话框，如图 5-32 所示，"截面线"→"定义"设为"动态"，"方法"设为"简单剖/阶梯剖"，"截面线段"→"指定位置"选中图 5-33a 中"边线中点"作为"截面线段"的指定位置，单击鼠标左键确认，向右拉伸即生成剖视图，如图 5-33b 所示。

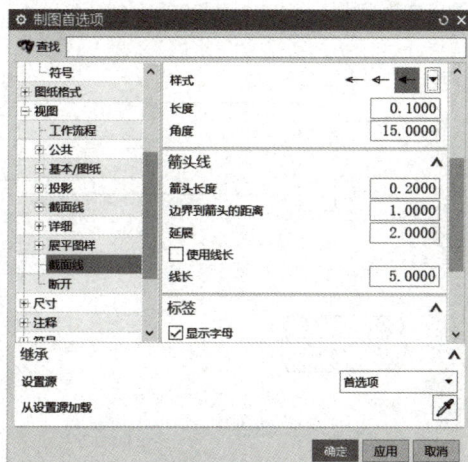

图 5-31　截面线设置

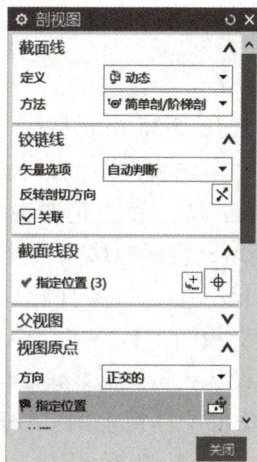

图 5-32　"剖视图"对话框

27. 右击剖视图，弹出图 5-34a 所示的快捷命令菜单，单击"视图对齐"命令图标🔏 弹

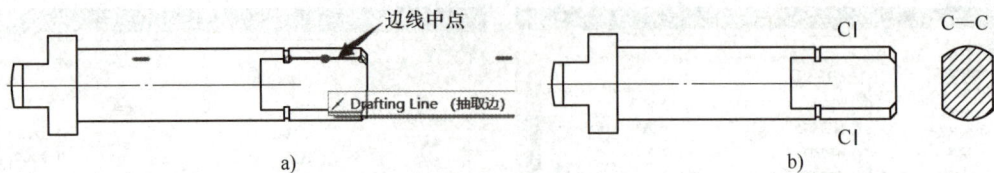

图 5-33　创建剖视图

出图 5-34b 所示的"视图对齐"对话框,"列表"中选中"1　铰链副　自定视图@9",单击删除×,再单击"取消"按钮关闭对话框。再次选中剖视图,可将剖视图拖到任意位置;"D—D 剖视图"与"C—C 剖视图"生成方法一样,结果如图 5-35 所示。

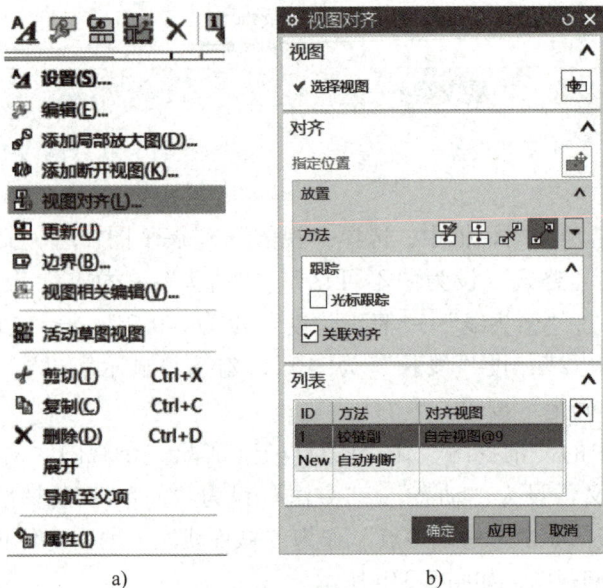

图 5-34　视图对齐操作

28. 单击工具栏上的"基本视图"命令图标，弹出图 5-36 所示的"基本视图"对话框，单击"定向视图工具"命令图标，弹出"定向视图工具"和"定向视图"对话框，如图 5-37 所示，将鼠标移到"定向视图"对话框中，按住鼠标中键将零件转动到适当的位置，单击"定向视图工具"对话框中的"确定"按钮，生成设计人员所需要角度的轴测图。

29. 单击工具栏上的"中心标记"命令图标，弹出图 5-38 所示的"中心标记"对话框，"位置"→"选择对象"设为"C—C 剖视图"和"D—D 剖视图"的圆弧边，"设置"→"尺寸"→"缝隙"设为"1.5"，"虚线"设为"3"，"延伸"设为"3"，其他参数按默认值，生成的中心线如图 5-39 所示。

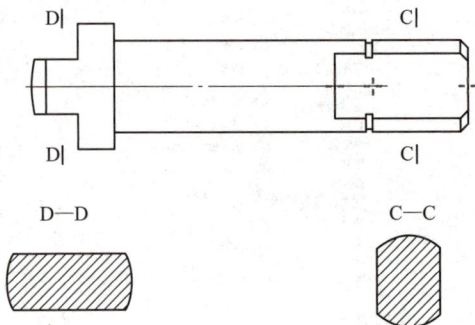

图 5-35　移动剖视图

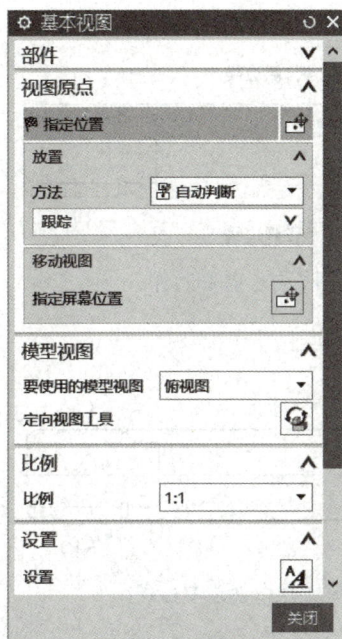

图 5-36   "基本视图"对话框

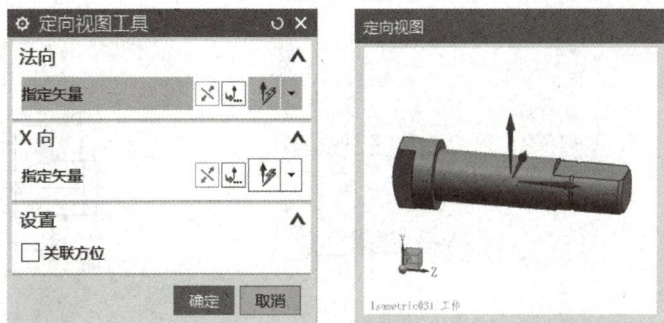

图 5-37   定向视图操作

30. 将图 5-40 中自动生成的中心线删除，结果如图 5-41 所示；单击工具栏上的"2D 中心线"命令图标Ф，弹出"2D 中心线"对话框，勾选上"单独设置延伸"，如图 5-42 所示，"第 1 侧"→"选择对象"和"第 2 侧"→"选择对象"分别选择图 5-43 所示的边线，从而生成一条中心线，通过拉伸中心线两端的箭头，将中心线调整到需要的长度，结果如图 5-44 所示。

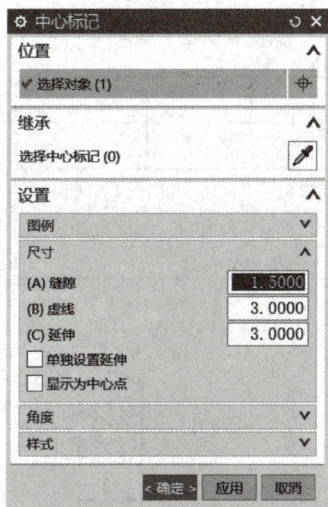

图 5-38   "中心标记"对话框

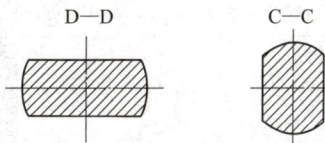

图 5-39   生成中心线

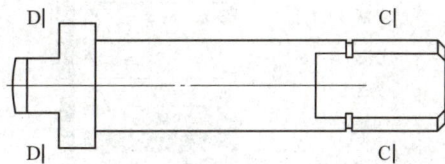

图 5-40   自动生成"中心线"

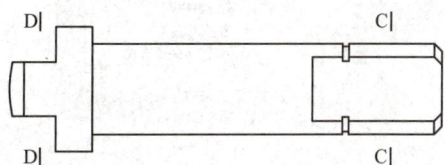

图 5-41   删除"中心线"

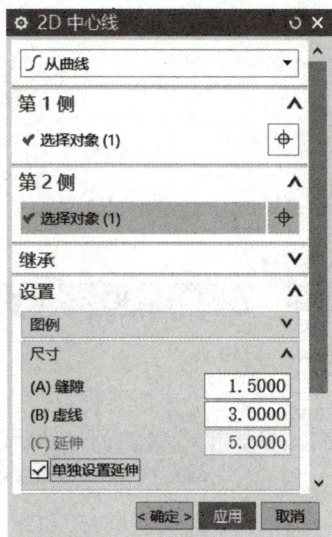

图 5-42　"2D 中心线"对话框

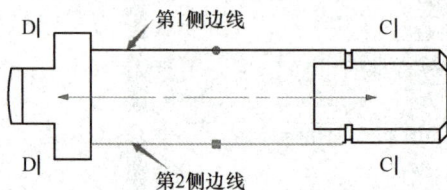

图 5-43　选择边线

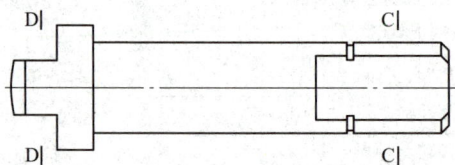

图 5-44　创建中心线

31. 单击工具栏上的"线性"命令图标，弹出图 5-45 所示的"线性尺寸"对话框，"参考"→"选择第一个对象"和"选择第二个对象"分别选取要标注尺寸的两个端点，"测量"→"方法"可选择"水平""竖直""点到点""垂直""圆柱式"等方法，标注的结果如图 5-46 所示。

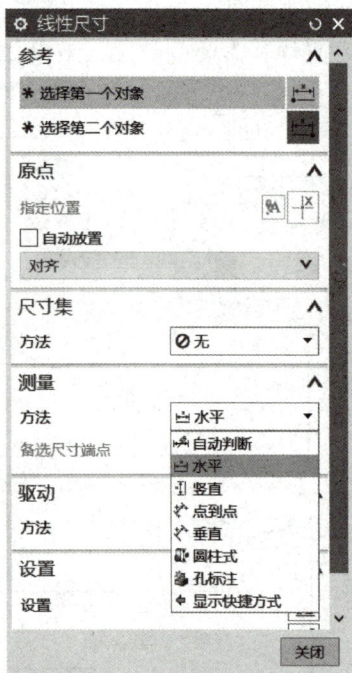

图 5-45　"线性尺寸"对话框

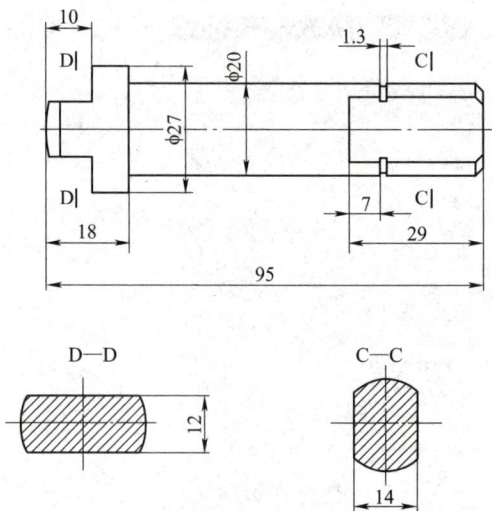

图 5-46　尺寸标注

32. 双击图 5-46 中竖直尺寸 12mm，在图 5-47a 中，选择"单向负公差" ，取值为 -0.10；同理，在标注 φ20mm 公差时，选择"双向公差" ，上极限偏差为-0.065mm，下极限偏差为-0.195mm，结果如图 5-47b 所示。

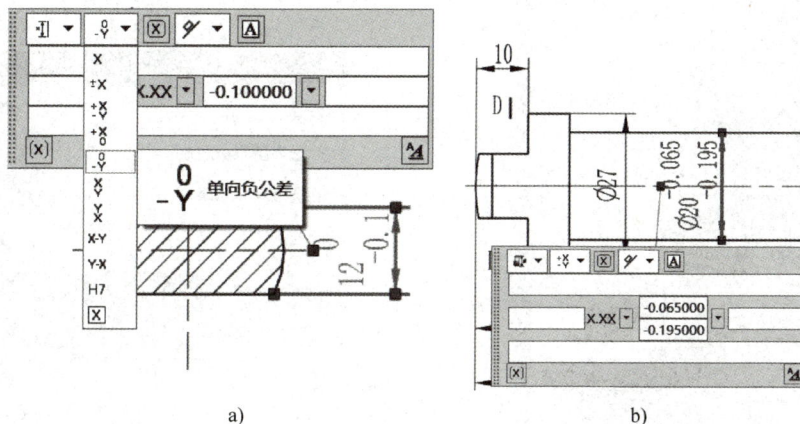

a)   b)

图 5-47　尺寸公差标注

33. 右击图 5-46 中水平尺寸 1.3mm，弹出图 5-48 所示的快捷命令菜单，单击"编辑附加文本"命令，弹出"附加文本"对话框，如图 5-49 所示，"控制"→"文本位置"选择"之前"，在"符号"下选择"φ"，输入"18.6"和"×"。

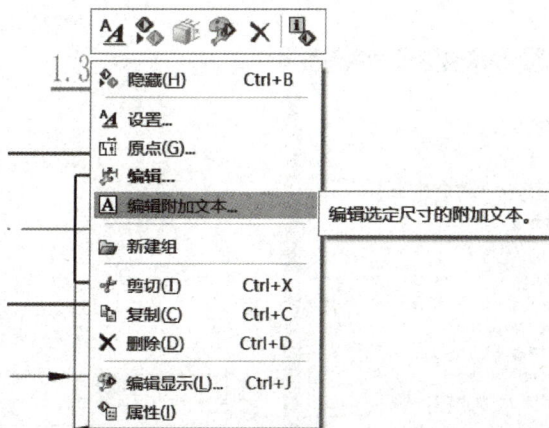

图 5-48　调用编辑附加文本命令

34. 单击工具栏中"倒斜角"命令图标 ，弹出图 5-50 所示的"倒斜角尺寸"对话框，选中"倒斜角对象"和"参考对象"，完成倒斜角尺寸标注；单击"径向"尺寸标注命令 ，弹出"径向尺寸"对话框，"参考"→"选择对象"选择图 5-51 所示的对象，在快捷命令对话框中选择"SR"，单击鼠标左键，完成球半径尺寸的标注。

35. 单击工具栏上的"表面粗糙度"命令图标 ，弹出图 5-52 所示的"表面粗糙度"对话框，"切除（f1）"为"Ra1.6"，然后将表面粗糙度符号放置在零件要加工的表面，在图纸的右上角添加零件其他表面的表面粗糙度要求。

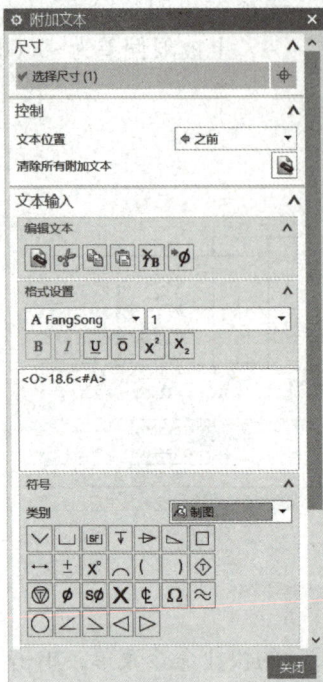

图 5-49　"附加文本"对话框

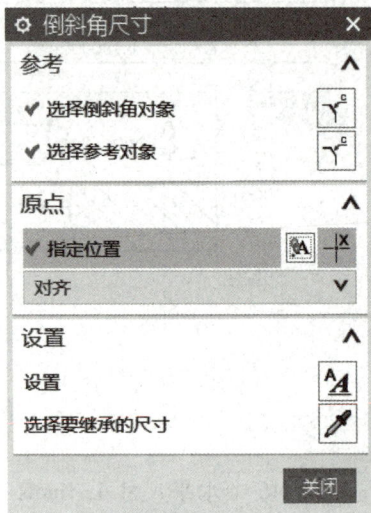

图 5-50　"倒斜角尺寸"对话框

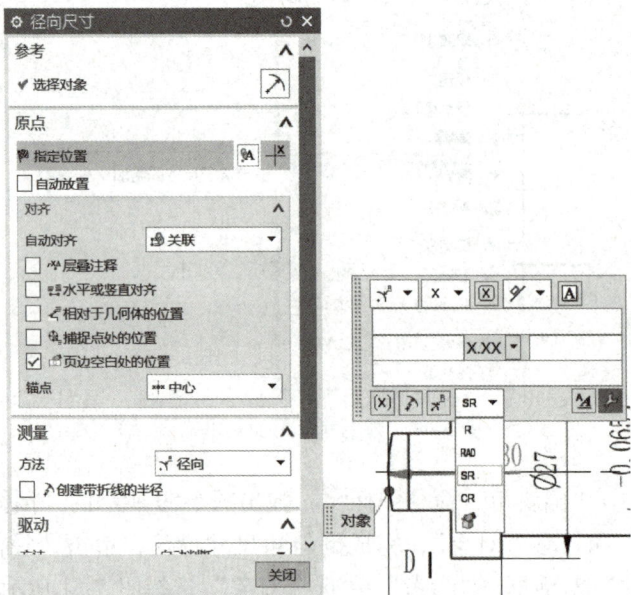

图 5-51　球半径尺寸标注

36. 单击工具栏上的"注释"命令图标Ⓐ，弹出图 5-53 所示的"注释"对话框，输入"技术要求"，然后将"技术要求"拖放到合适的位置，完成的工程图如图 5-2 所示。

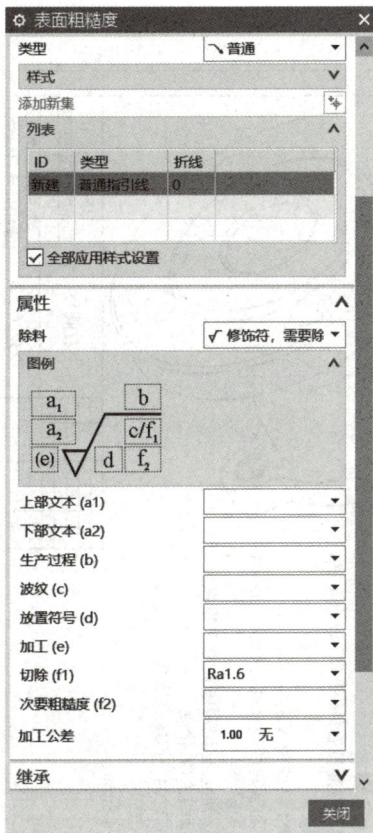

图 5-52　"表面粗糙度"对话框

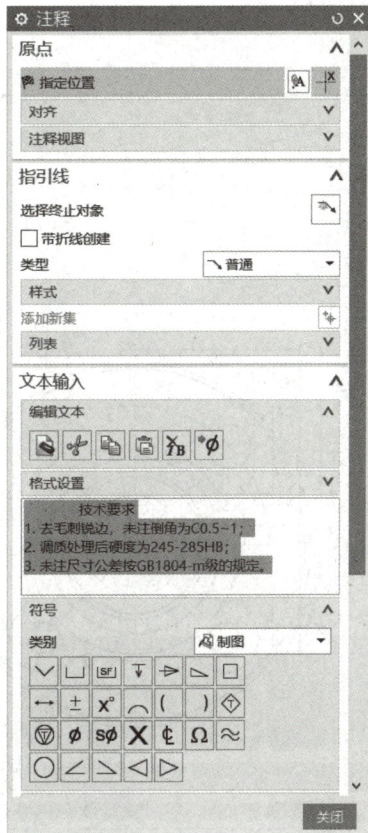

图 5-53　"注释"对话框

任务 5.2　右阀体工程图的绘制

任务分析

任务 5.2 是右阀体零件工程图的绘制，其轴测图如图 5-54 所示。右阀体零件结构相对复杂，除了通常的尺寸及尺寸公差、几何公差和表面粗糙度标注外，还要借助全剖、半剖视图和轴测视图清晰、准确、完整地表达出零件的结构特征；在工程图创建前，同样，要对图纸中的文字、视图、标注方式等参数进行设置，以保证绘制的工程图符合国家制图标准；要根据铸件的特点，进行倒角、倒圆角的标注，以及技术要求内容的确定，所绘制的工程图如图 5-55 所示。

图 5-54　右阀体轴测图

操作步骤

1. 启动 UG NX 12.0 软件后，单击工具栏中的"打开"命令图标 📂 ，打开"任务 5.2 右阀体"零件，软件进入建模模块下。

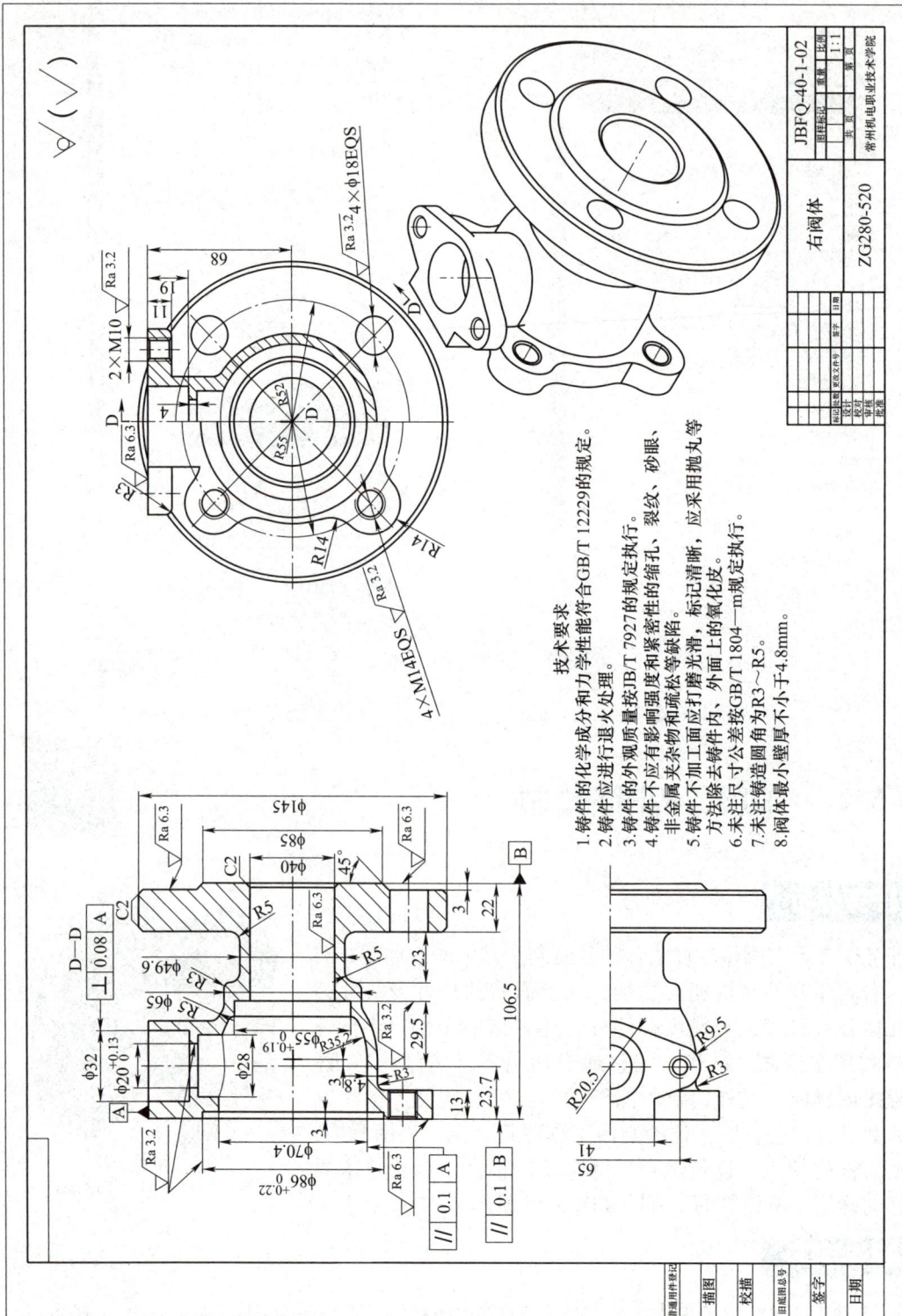

技术要求

1. 铸件的化学成分和力学性能符合GB/T 12229的规定。
2. 铸件应进行退火处理。
3. 铸件的外观质量按JB/T 7927的规定执行。
4. 铸件不应有影响强度和紧密性的缩孔、裂纹、砂眼、非金属夹杂物和疏松等缺陷。
5. 铸件不加工面应打磨光滑，标记清晰，外面上的氧化皮方法除去铸件内，应采用抛丸等方法除去铸件内、外面上的氧化皮。
6. 未注尺寸公差按GB/T 1804—m规定执行。
7. 未注铸造圆角为R3～R5。
8. 阀体最小壁厚不小于4.8mm。

图 5-55 右阀体工程图

2. 选择菜单命令"文件"→"实用工具"→"用户默认设置",弹出图 5-56 所示的"用户默认设置"对话框,在"用户默认设置"对话框中,单击"制图"→"常规/设置",具体设置参照任务 5.1。

3. 选择菜单命令"首选项"→"制图",在"制图首选项"对话框中,如图 5-57 所示,单击"公共"→"文字","文本参数"选为"A FangSong"→"常规",设"高度"为"3.5",其他参数不变,单击"应用于所有文本"命令图标 $\boxed{A}$,再单击"应用"按钮。

图 5-56 "用户默认设置"对话框

4. 在"制图首选项"对话框中,如图 5-58 所示,单击"公共"→"前缀/后缀","倒斜角尺寸"→"位置"选为"C5×5"之前,"倒斜角尺寸"→"文本"设为"C",其他参数不变,单击"应用"按钮。

5. 在"制图首选项"对话框中,如图 5-59 所示,单击"尺寸"→"倒斜角","倒斜角格式"→"样式"设为"符号",其他参数不变,单击"应用"按钮。

6. 在"制图首选项"对话框中,如图 5-60 所示,选择"视图"→"展平图样"→"截面线","显示"→"类型"设为━━━,"格式"设为"不可见","箭头"→"样式"设为"填充"◀━,设"箭头"长度为"0.1","箭头线"→"箭头长度"设为"0.2","边界到箭头的距离"设为"1",设"延展"为"2",设"线长"为"5",勾选"显示字母",其他参数不变,单击"确定"按钮,其他设置参照任务 5.1。

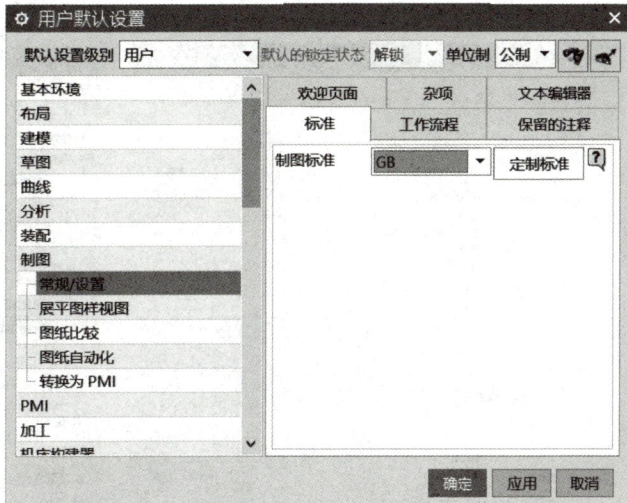

图 5-57 "制图首选项"对话框

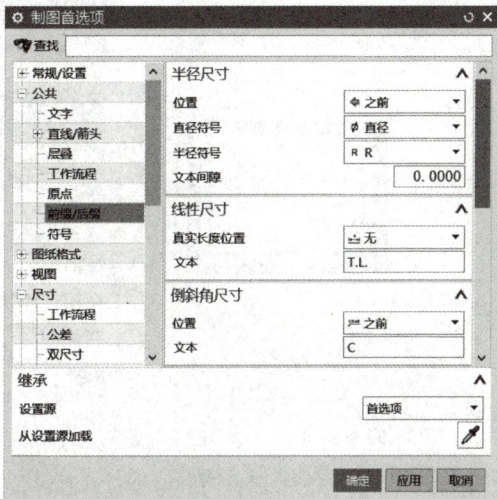

图 5-58 前缀/后缀设置

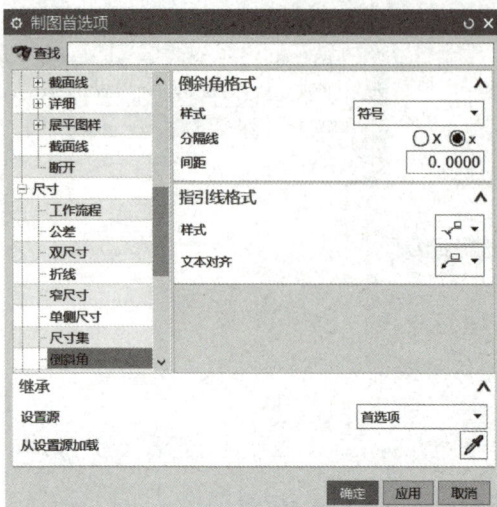

图 5-59　倒斜角尺寸设置

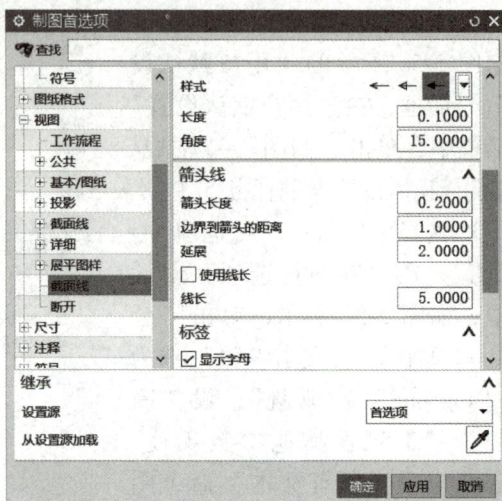

图 5-60　截面线设置

7. 单击"应用模块"→"制图"命令图标，软件进入制图模块下；单击"新建图纸页"命令图标，弹出图 5-61 所示的"工作表"对话框，"大小"选择"使用模板"→"A2-无视图"，单击"确定"按钮，进入图纸页。

8. 单击工具栏上的"基本视图"命令图标，弹出图 5-62 所示的"基本视图"对话框，"模型视图"→"要使用的模型视图"选择"左视图"，"比例"→"比例"设为"1：1"，其他参数不变，拖动视图停放在适当位置，单击鼠标左键创建左视图。

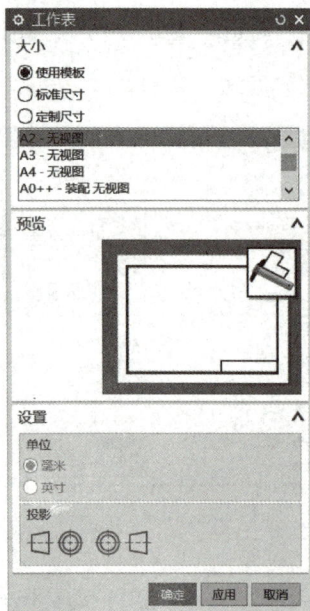

图 5-61　"工作表"对话框

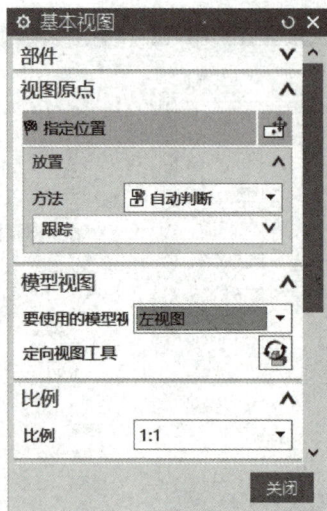

图 5-62　"基本视图"对话框

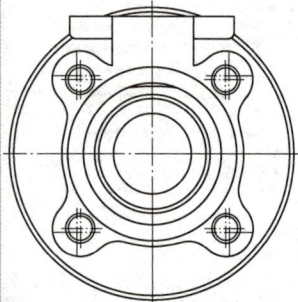

9. 单击工具栏中的"剖视图"命令图标▦，弹出图 5-63 所示的"剖视图"对话框"截面线"→"定义"设为"动态"，设"方法"为"旋转"，"铰链线"→"矢量选项"设为"自动判断"，"截面线段"→"指定旋转点""指定支线 1 位置"和"指定支线 2 位置"，选择图5-63 所示位置，向左拖动视图后，生成旋转剖视图，如图 5-64 所示。

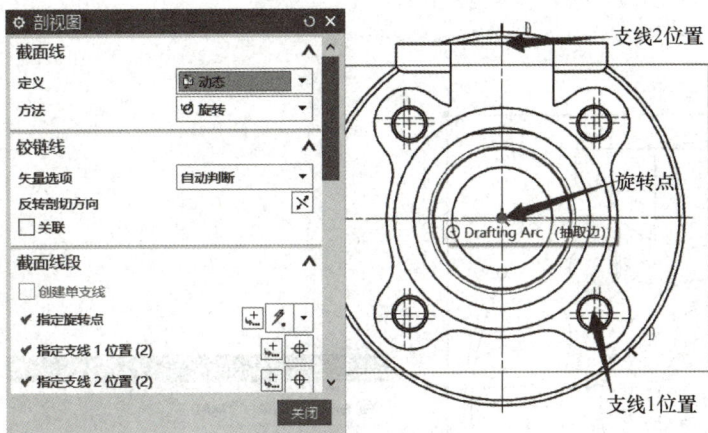

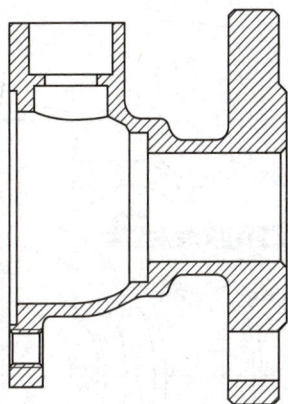

图 5-63　"剖视图"对话框　　　　　　　　　图 5-64　创建旋转剖视图

10. 单击工具栏中的"投影视图"命令图标⬟，弹出图 5-65 所示的"投影视图"对话框，"父视图"→"选择视图"选中上一步创建的"旋转剖视图"，"铰链线"→"矢量选项"设为"自动判断"，"视图原点"→"指定位置"→"放置"→"方法"选择"铰链副"命令图标▧，勾选上"关联对齐"，将视图向下投影，生成俯视图，如图 5-66 所示。

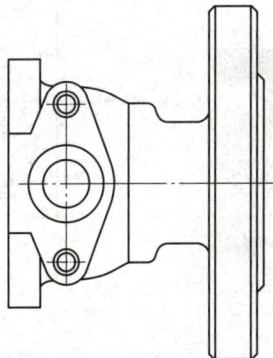

11. 右击左视图，在弹出的快捷命令菜单中，单击"活动草图视图"命令，如图 5-67所示；单击草图功能下的绘制"矩形"命令图标▭，以"矩形方法"▱，"按 2 点"▨方式绘制图 5-68 所示的草图。

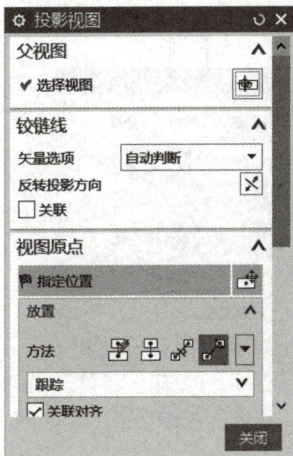

图 5-65　"投影视图"对话框　　　图 5-66　创建俯视图　　　图 5-67　调用活动草图视图命令

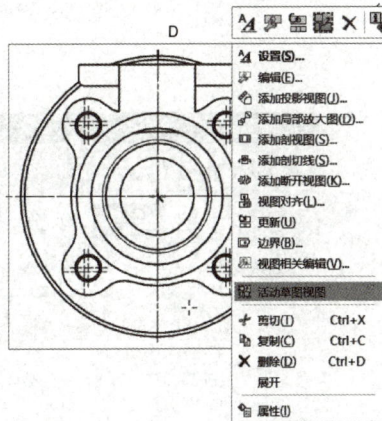

12. 单击"局部剖视图"命令图标▦，弹出图 5-69 所示的"局部剖"对话框，选择

"ORTHO@7"视图作为局部剖视图后，弹出图 5-70 所示的"局部剖"对话框，选择"创建"，按照"选择视图" →"指出基点" →"指出拉伸矢量" →"选择曲线" 顺序操作，此时，"指出基点"命令 被激活，选中俯视图中的内孔圆心作为指出基点，界面将跳转到"指出拉伸矢量"命令 ，并出现图 5-71 所示的矢量，可根据要求进行矢量方向的调整。

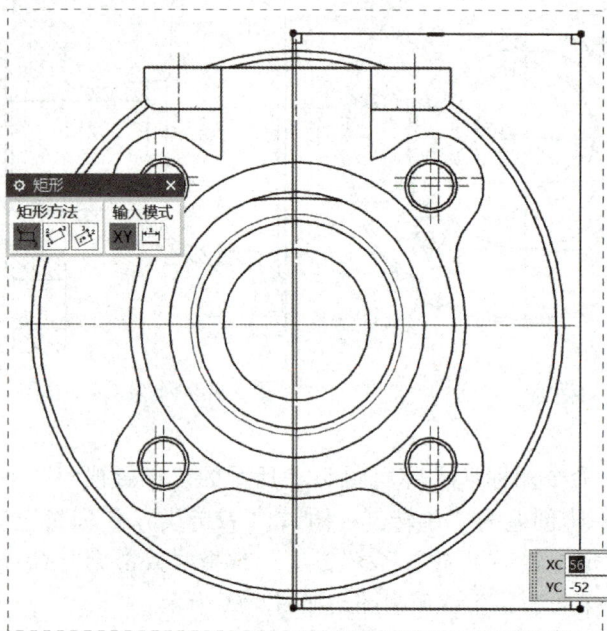

图 5-68　绘制草图

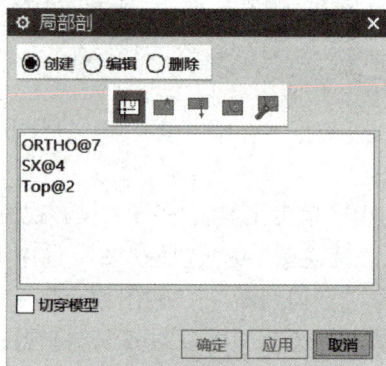

图 5-69　"局部剖"对话框

图 5-70　指出基点操作

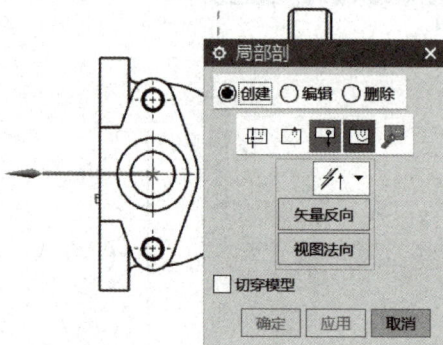

图 5-71　指出拉伸矢量操作

13. 当"局部剖"对话框界面跳转到"选择曲线"命令 时，如图 5-72 所示，选取左视图中"矩形"草图，单击"应用"按钮，完成局部剖视图的生成，如图 5-73 所示。

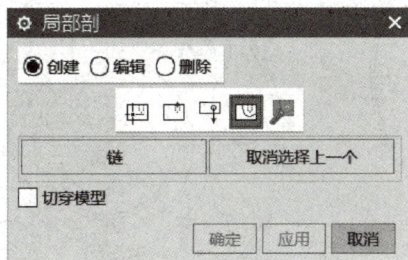

图 5-72　选择曲线操作

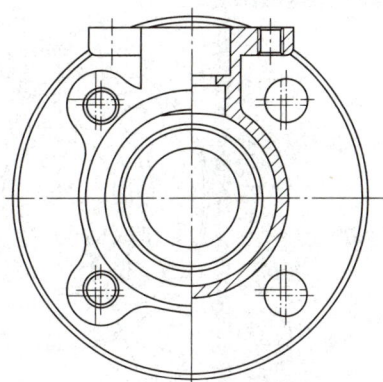

图 5-73　生成局部剖视图

14. 删除左视图中不符合国家标准的中心线，在"中心线"下拉菜单中，单击工具栏中"螺栓圆中心线"命令图标🔂，弹出"螺栓圆中心线"对话框，选择"中心点"方式，勾选上"单独设置延伸"，中心线"宽度"为 0.18mm，"放置"→"选择对象"先选择"圆 1"，然后选择"圆 2"，即生成图 5-74 所示的中心线，通过拖动箭头来改变中心线的长度；单击"2D 中心线"命令图标🔂，弹出"2D 中心线对话框"，选择"从曲线"方式，"第 1 侧"→"选择对象"选择"圆 1"，"第 2 侧"→"选择对象"选择"圆 2"，生成 1 条"2D 中心线"，如图 5-75 所示。同理，生成另外 2 个内螺纹中心，结果如图 5-76 所示；对其他视图中的中心线，进行修改或添加。

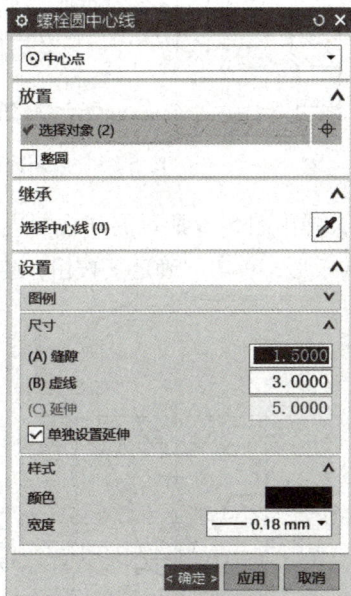

图 5-74　创建螺栓圆中心线

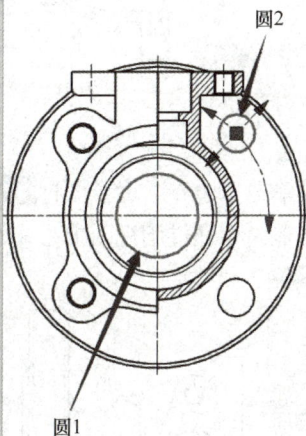

15. 选中菜单命令"编辑"→"注释"→"文本"，弹出图 5-77 所示的"文本"对话框，单击"SECTION D-D"，将"SECTION D-D"更改成"D-D"。右击俯视图，弹出图 5-78 所

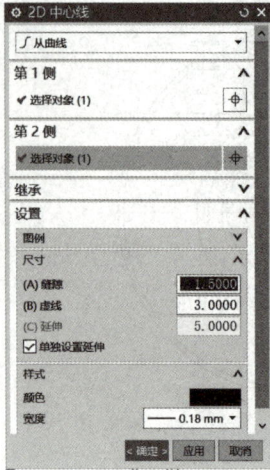

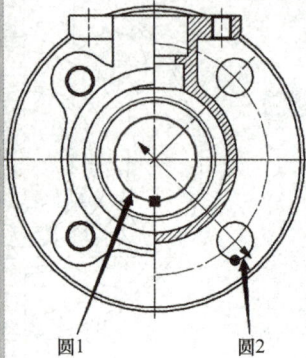

图 5-75　2D 中心线操作

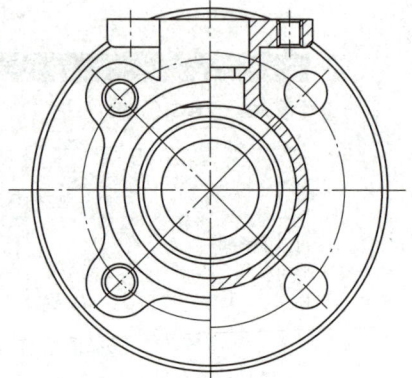

图 5-76　生成中心线

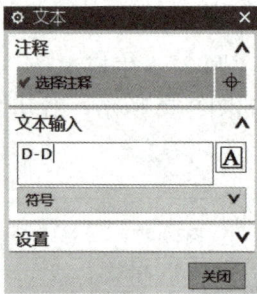

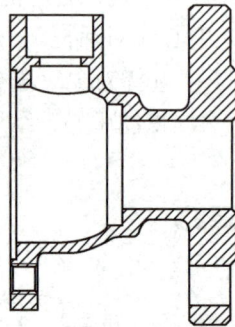

圆1　　圆2

图 5-77　编辑文本

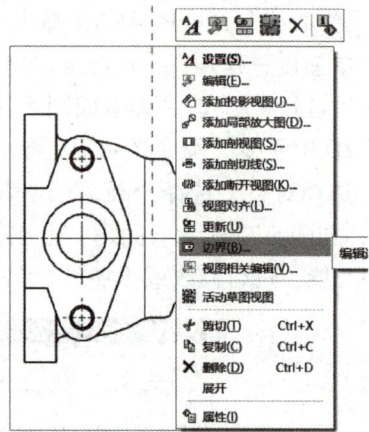

图 5-78　调用边界命令

示的快捷命令菜单，单击"边界"命令图标，弹出图 5-79 所示的"视图边界"对话框，选择"手工生成矩形"，绘制一个通过俯视图中心线的矩形，单击"确定"按钮，结果如图 5-80 所示。

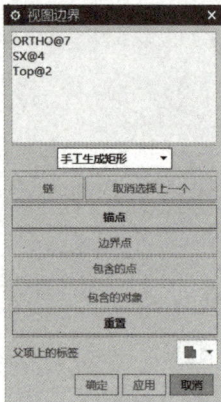

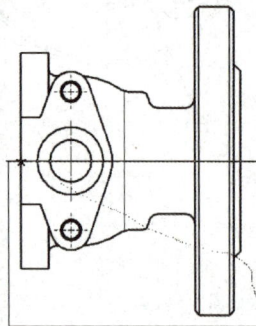

图 5-79　视图边界操作

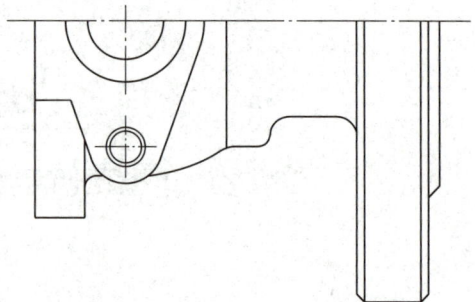

图 5-80　生成俯视图

16. 单击工具栏上的"基本视图"命令图标，弹出图 5-81 所示的"基本视图"对话框，"放置""方法"设为"自动判断"，"模型视图"→"要使用的模型视图"设为"正等测图"，"比例"→"比例"设为"1：1"，将"正等测图"拖放到合适的位置，结果如图 5-82 所示。

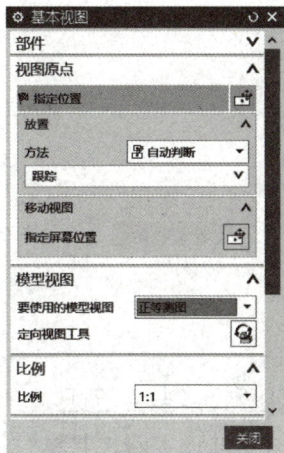

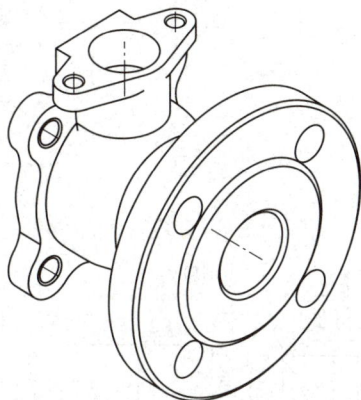

图 5-81　"基本视图"对话框　　　　图 5-82　创建正等测图

17. 双击旋转剖视图和局部剖视图中的剖面线，弹出图 5-83a 所示的"剖面线"对话框，"设置"→"图样"设为"铁/通用"，"设置"→"距离"为 6mm，设"角度"为 45°，设"宽度"为 0.18mm，其他参数不变，单击"确定"按钮，完成剖面线的定义，设为结果如图 5-83b 所示。

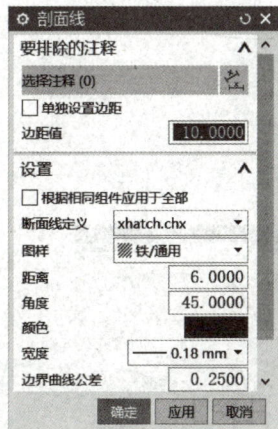

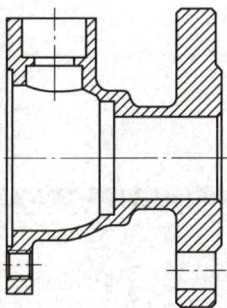

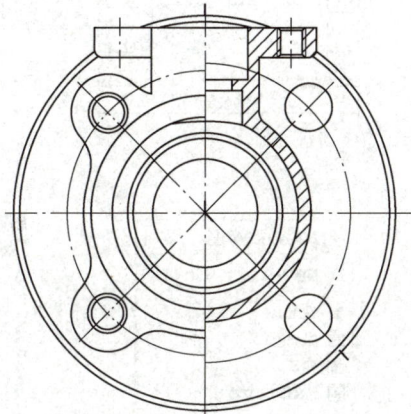

a)　　　　　　　　　　　　　　　　　b)

图 5-83　设置剖面线

18. 单击工具栏上"尺寸"命令，如图 5-84 所示，完成零件左视图和旋转剖视图中线性尺寸、径向尺寸、角度和倒斜角的标注，结果如图 5-85 所示。

19. 右击尺寸"4×M14EQS"，弹出图 5-86 所示的快捷命令菜单，单击"设置"命令图标，弹出图 5-87 所示的"设置"对话框，单击"文本"→"附加文本"，将"文本间隙因子"修改为"0"。

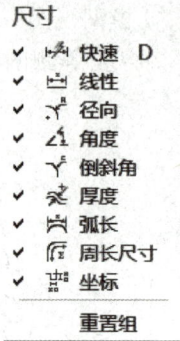

图 5-84　调用尺寸命令

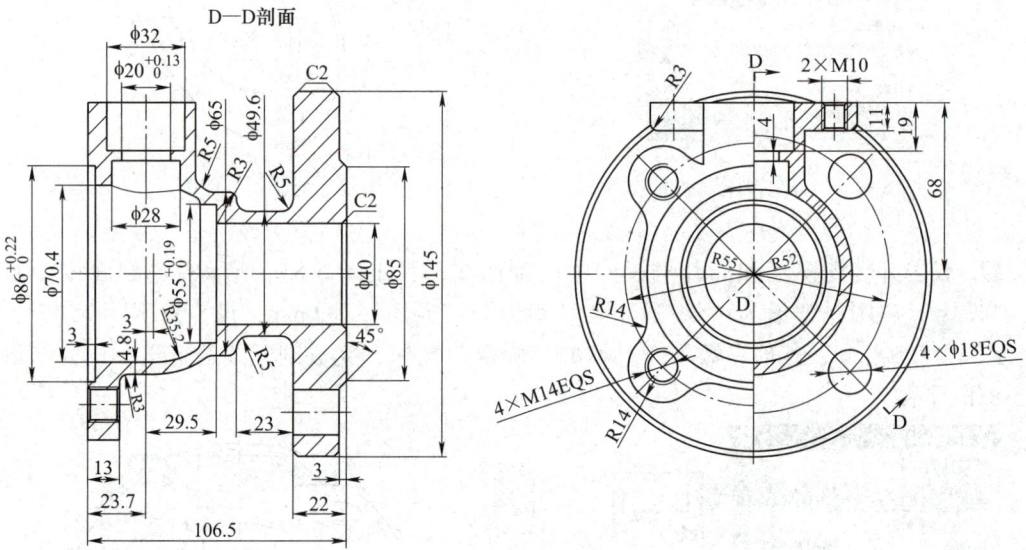

图 5-85　尺寸标注

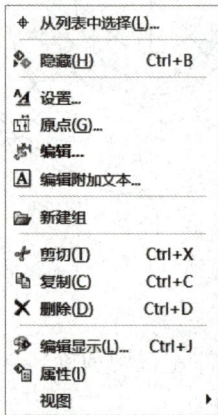

图 5-86　调用设置命令

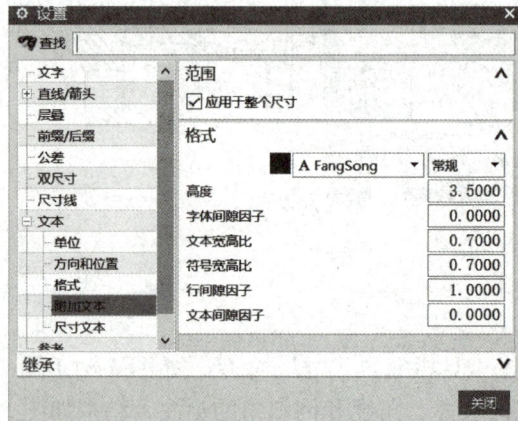

图 5-87　设置附加文本间隙

20. 单击工具栏上的"线性"命令图标 ![icon]，弹出"线性尺寸"对话框，"参考"下方"选择第一个对象"和"选择第二个对象"分别选取"圆心"和"中心线"，"测量"→"方法"选择"竖直"，其他参数不变，完成尺寸 32.5mm 的标注，如图 5-88 所示。

21. 选中菜单命令"编辑"→"注释"→"文本"，弹出"文本"对话框，选中尺寸 32.5mm，将 32.5mm 修改成 65mm，如图 5-89 所示。

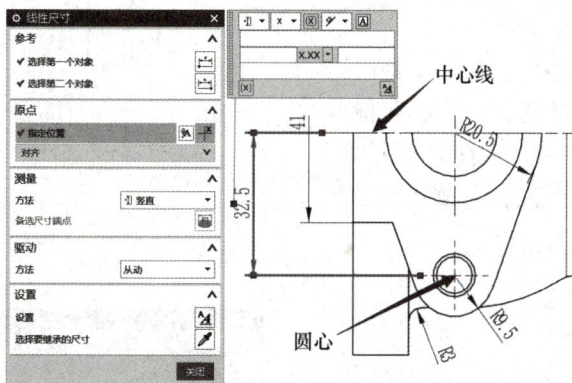
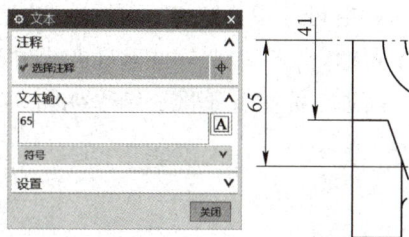

图 5-88　标注尺寸 32.5mm

图 5-89　更改尺寸 65mm

22. 右击尺寸 65mm，弹出快捷命令菜单，单击"设置"命令图标 ![icon]，在弹出的"设置"对话框中，如图 5-90a 所示，单击"直线/箭头→箭头"，"第 2 侧尺寸"→"显示箭头"前的"√"取消；如图 5-90b 所示，单击"直线/箭头→延伸线"，"第 2 侧尺寸"→"显示延伸线"前的"√"也取消，选中尺寸 65mm，拖动到合适的位置，尺寸 41mm 的标注方法与65mm 一样，结果如图 5-91 所示。

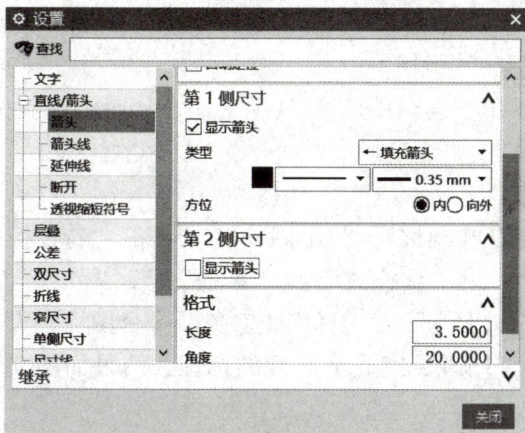
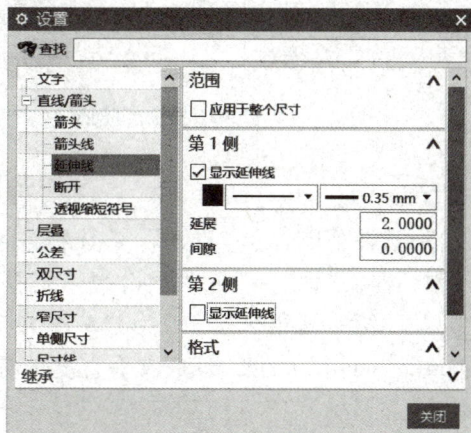

a)

b)

图 5-90　设置箭头和延伸线

23. 单击工具栏上的"表面粗糙度"命令图标√，弹出图5-92所示的"表面粗糙度"对话框，在标注图中所示的端面时，将表面粗糙度符号放在加工表面上，在"切除（f1）"后输入"Ra6.3"，单击"表面粗糙度"对话框中的"指引线"→"选择终止对象"图标，选中加工面后单击，即完成表面粗糙度的标注，在图样的右上角添加其他表面的表面粗糙度要求。

24. 选择菜单命令"插入"→"注释"→"基准特征符号"，弹出图5-93所示的"基准特征符号"对话框，"基准标识符"→"字母"设为"A"，单击"指引线"→"选择终止对象"命令图标，选中要标注基准的尺寸线或平面，完成基准的标注，同理，标注B基准，结果如图5-94所示。

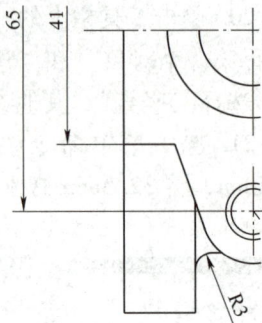

图 5-91 标注尺寸 41mm 与 65mm

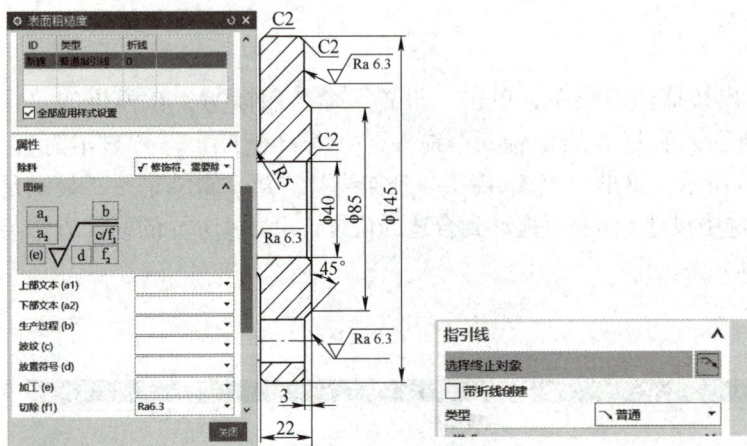

图 5-92 表面粗糙度标注操作

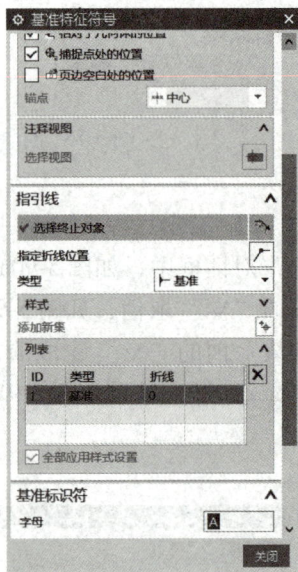

图 5-93 "基准特征符号" 对话框

25. 选择菜单命令"插入"→"注释"→"特征控制框"，弹出图5-95所示的"特征控制框"对话框，"框"→"特性"设为"垂直度"，设"框样式"为"单框"，设"公差"为"0.08"，"第一基准参考"设为"A"，单击"指引线"→"选择终止对象"命令图标，选中 $\phi66^{+0.22}_{0}$ mm 尺寸线，即完成垂直度的标注，同理，完成平行度的标注，结果如图5-96所示。

26. 选择菜单命令"插入"→"注释"→"注释"，在图5-97所示的"注释"对话框中添加技术要求；填写好标题栏，按"保存"命令图标，完成的"右阀体"工程图如图5-55所示。

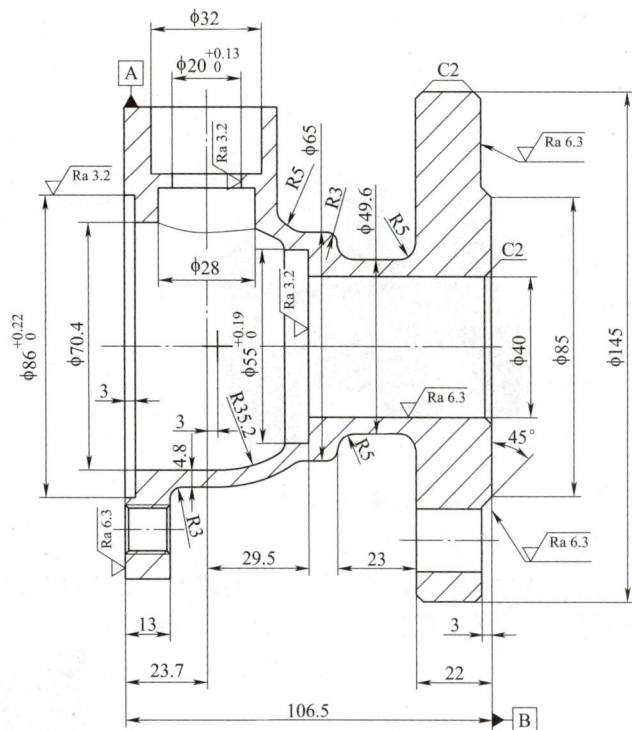

图 5-94 基准特征符号标注

图 5-95 "特征控制框"对话框

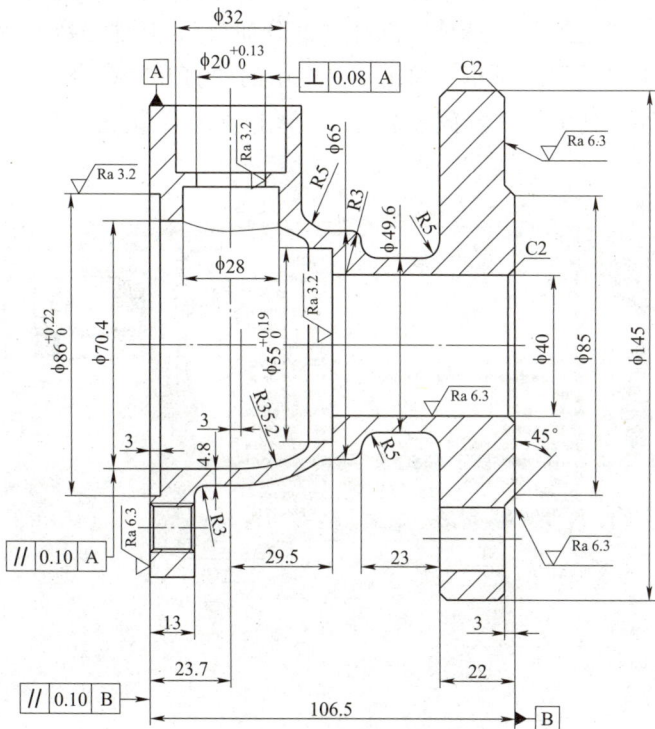

图 5-96 "几何公差"标注

图 5-97 "注释"对话框

229

任务 5.3　球阀工程装配图的绘制

▶▶ 任务分析

　　任务 5.3 是球阀工程装配图的绘制，球阀轴测图如图 5-98 所示，装配图的绘制与零件图的绘制有较大差异，它不仅有尺寸、位置公差标注，还要进行基准、零件属性、零件序号等信息的确定，在完成零件明细表生成后，要根据明细表创建"自动符号标注"；同样，在装配图中，要借助全剖、半剖视图、局部剖视图和轴测图来完整、清晰地表

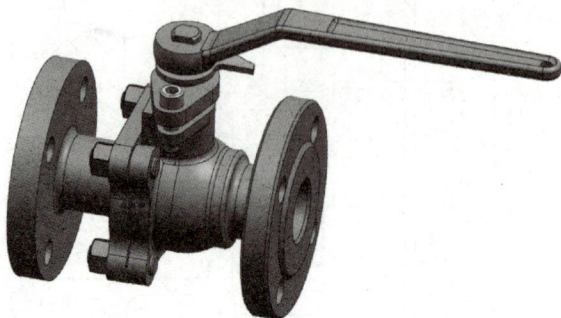

图 5-98　"球阀"轴测图

达装配件结构、动静密封、配合件之间的装配关系；在装配工程图创建前，也要对图样中的文字、视图、标注方式进行设置，以保证创建的工程装配图其符合国家制图标准。

▶▶ 操作步骤

　　1. 启动 UG NX 12.0 后，单击工具栏中的"装配加载选项"命令图标，弹出图 5-99 所示的"装配加载选项"对话框，"部件版本"→"加载"选择"按照保存的"，"范围"→"加载"选择"所有组件"，"范围"→"选项"选择"部分加载"，其他参数不变，单击"确定"按钮，然后"装配加载选项"对话框；单击工具栏中的"打开"命令，弹出图 5-100 所示的"打开"找到文件"任务 5.3 球阀总装配"，单击"OK"按钮打开装配文件。

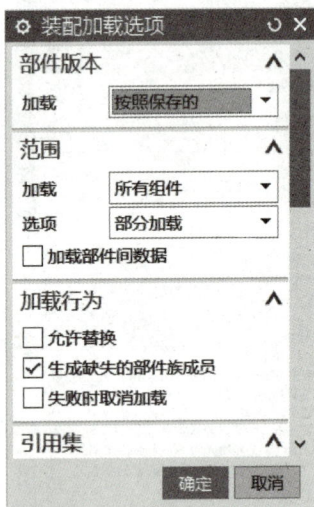

图 5-99　"装配加载选项"
　　　　　对话框

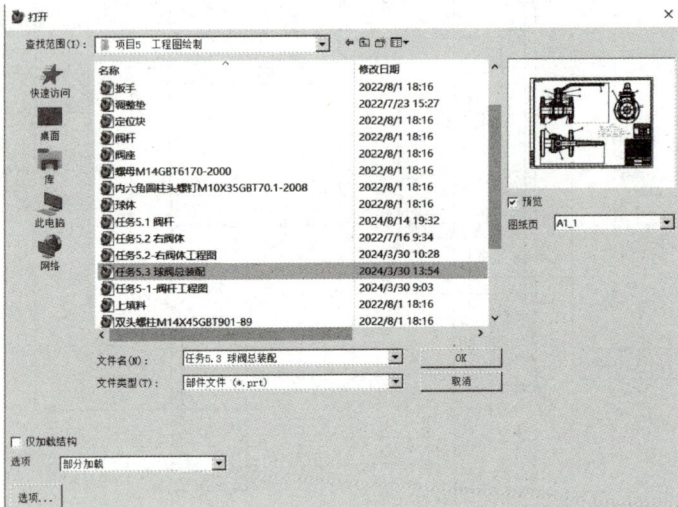

图 5-100　"打开"对话框

2. 打开"任务 5.3 球阀总装配"文件后，将软件转换到建模模块下，在图形显示区右击右阀体，弹出图 5-101 所示的快捷命令菜单，单击快捷命令菜单中的"设为工作部件"，如图 5-102 所示。选择菜单命令"工具"→"材料"→"指派材料"，或单击工具栏上"指派材料"命令图标🝆，弹出的"指派材料"对话框，"选择体"选中右阀体后，在"材料"列表中选择"Steel"，其他参数不变，单击"确定"按钮，完成零件材料的指定，如图 5-103 所示。同理，球阀其他零件材料的指定方法与上述一样。

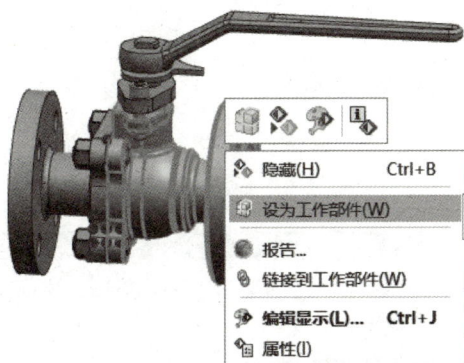

图 5-101   设定工作部件

图 5-102   指派零件材料

3. 如图 5-104 所示，在装配导航器中，右击"右阀体"零件，在弹出的快捷命令菜单中，单击"属性"命令，弹出图 5-105 所示的"组件属性"对话框。

图 5-103   "指派材料"对话框

图 5-104   调用"属性"命令

4. 在"组件属性"对话框中，单击"属性"标签，在"标题/别名"中输入"代号"，"值"中输入"JBFQ-40-1-01"，单击"添加新的属性"后面的命令图标☑；在"标题/别名"中输入"名称"，"值"中输入"右阀体"，单击"添加新的属性"后面的命令图标☑；在"标题/别名"中输入"材料"，"值"中输入"ZG280-520"，再次单击"添加新的属性"后面的命令图标☑；单击"组件属性"对话框中的"重量"标签，"组件属性"对话框如图5-106所示，单击"立即更新重量数据"后的命令图标⟳，"重量"→"质量"设为"3.4867kg"。同理，球阀其他零件属性的指定方法与上述一样。

图 5-105 "组件属性"对话框   图 5-106 "组件属性"对话框

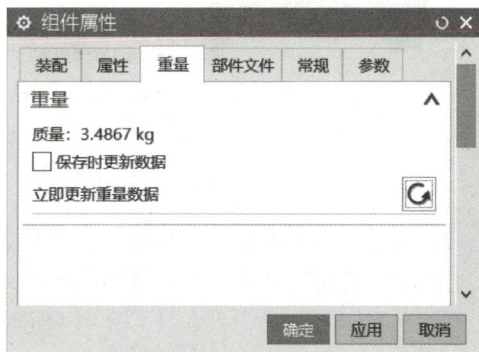

5. 单击"应用模块"→"制图"，进入制图模块，单击"新建图纸页"命令图标📄，弹出图5-107所示的"工作表"对话框，"大小"选择"使用模板"→"A1-装配无视图"，单击"确定"按钮，进入图纸页。

6. 选择菜单命令"文件"→"实用工具"→"用户默认设置"，弹出图5-108所示的"用户默认设置"对话框，单击"制图"→"常规/设置"，具体设置可参照任务5.1。

7. 选择菜单命令"首选项"→"制图"，弹出图5-109所示的"制图首选项"对话框，单击"公共"→"文字"，"文本参数"设为"A FangSong"→"常规"，设"高度"为"3.5"，其他参数不变，单击"应用于所有文本"命令图标🅰，单击"确定"按钮，完成"文字"的设置。

8. 选择菜单命令"首选项"→"制图"，弹出图5-110所示的"制图首选项"对话框，选择"注释"→"剖面线/区域填充"，"剖面线"→"断面线定义"设为"xhatch.chx"，设"图样"为"铁/通用"，设"距离"为"6"，设"角度"为"45"，其他不变。

9. 单击工具栏上的"基本视图"命令图标📊，弹出图5-111所示的"基本视图"对话框，"模型视图"→"要使用的模型视图"设为"俯视图"，"比例"→"比例"设为"1：1"，其他参数不变，拖动视图至适当位置，单击鼠标左键，即可创建"俯视图"。

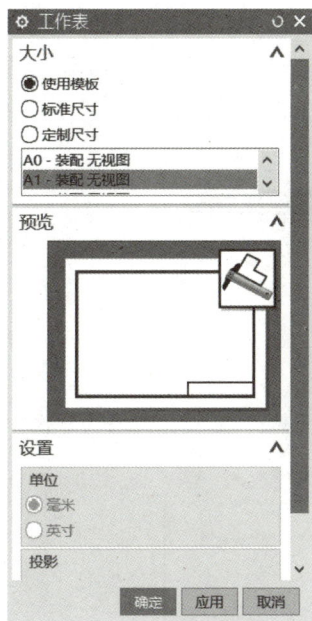

图 5-107　"工作表"对话框

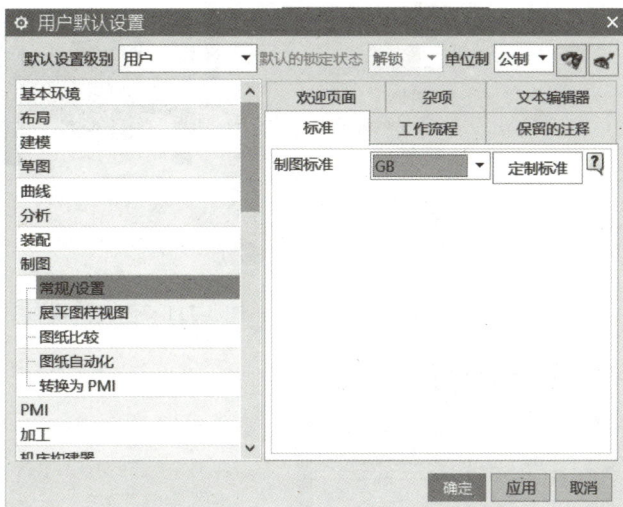

图 5-108　"用户默认设置"对话框

图 5-109　文字设置

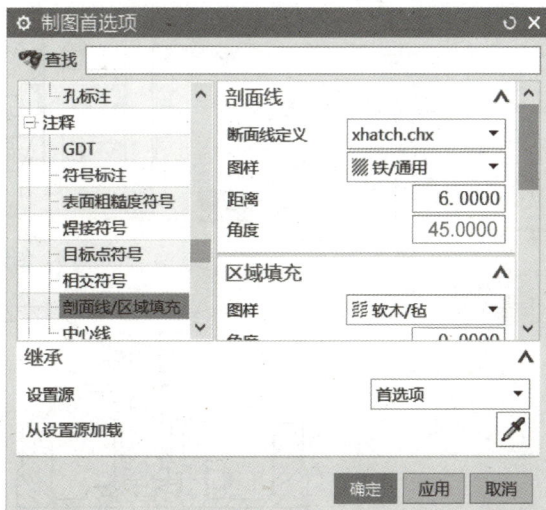

图 5-110　剖面线设置

10. 单击工具栏中的"剖视图"命令图标▣，弹出图 5-112 所示的"剖视图"对话框，"截面线"→"定义"设为"动态"，"方法"设为"简单剖/阶梯剖"，"铰链线"→"矢量选项"设为"自动判断"，"截面线段"→"指定位置"设为图 5-112 所示穿过中心点的线段，"放置"→"方法"设为"铰链副"，向上拖动视图生成简单剖视图，如图 5-113 所示。

11. 选中简单剖视图，单击工具栏中的"投影视图"命令图标，弹出图 5-114 所示的"投影视图"对话框中，"父视图"→"选择视图"选择上一步创建的简单剖视图，"铰链

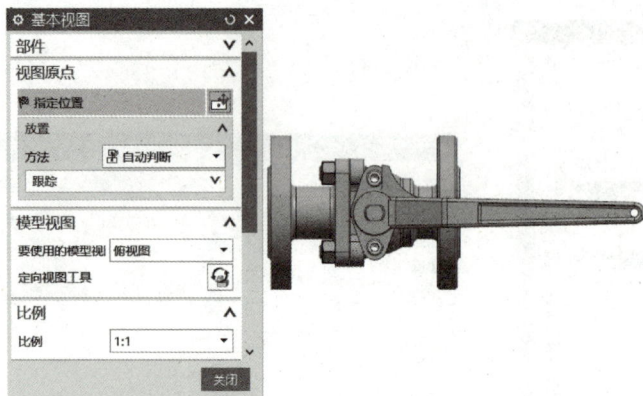

图 5-111　创建俯视图

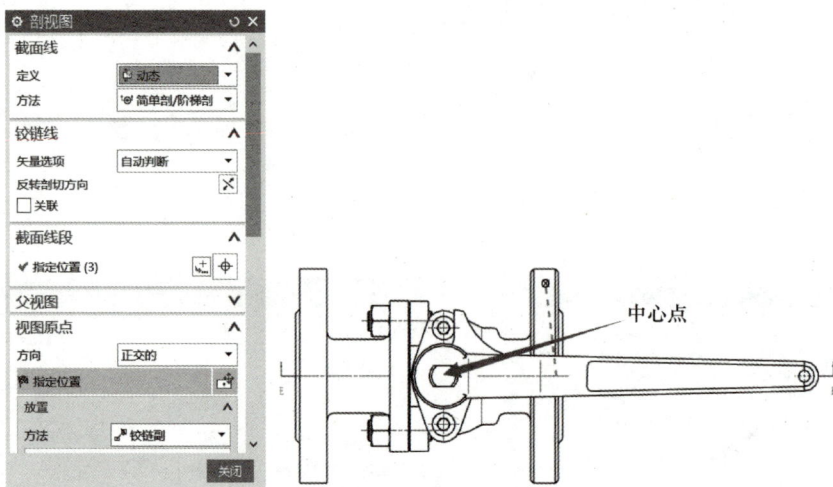

图 5-112　创建剖视图

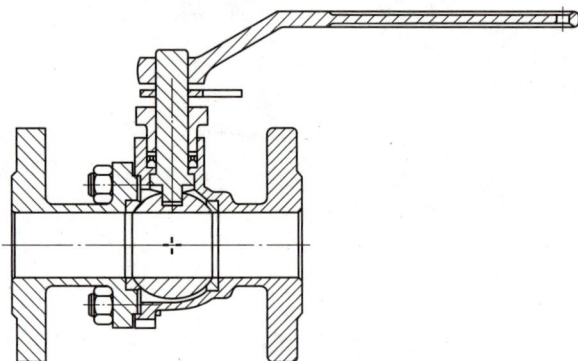

图 5-113　创建简单剖视图

线"→"矢量选项"设为"自动判断","视图原点"→"指定位置"→"放置"→"方法"设为
"铰链副" ，将视图向右投影，生成左视图，如图 5-115 所示。

12. 删除视图中不符合国家制图标准的中心线，然后调用图 5-116 所示的"中心线下拉菜单"命令，重新生成中心线，隐藏"SECTION A-A"、字母"A"和截面线，结果如图 5-117 所示。

13. 右击简单剖视图，弹出图 5-118 所示的快捷命令菜单，单击"编辑"，在弹出的"剖视图"对话框中，激活"非剖切"→"选择对象"，在装配导航器中选中零件"阀杆"，关闭"剖视图"对话框，视图更新后结果如图 5-119 所示。

图 5-114　"投影视图"对话框　　图 5-115　创建左视图　　图 5-116　中心线菜单

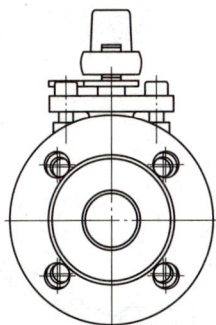

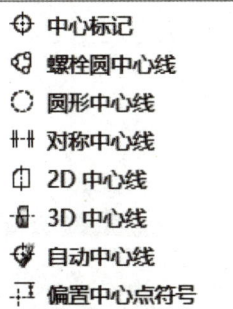

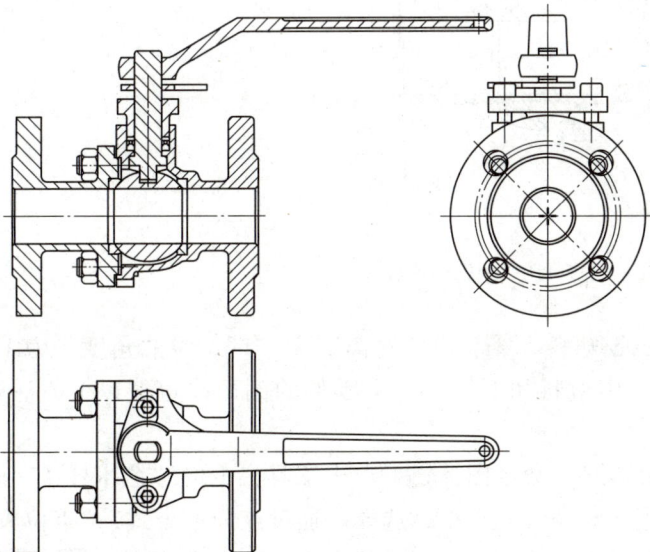

图 5-117　生成中心线　　　　　　图 5-118　调用编辑命令

14. 右击简单剖视图中的阀座零件剖面线，在弹出的快捷命令菜单中，单击"编辑"命令图标 ▨ ，弹出图 5-120 所示的"剖面线"对话框，"设置"→"断面线定义"选择

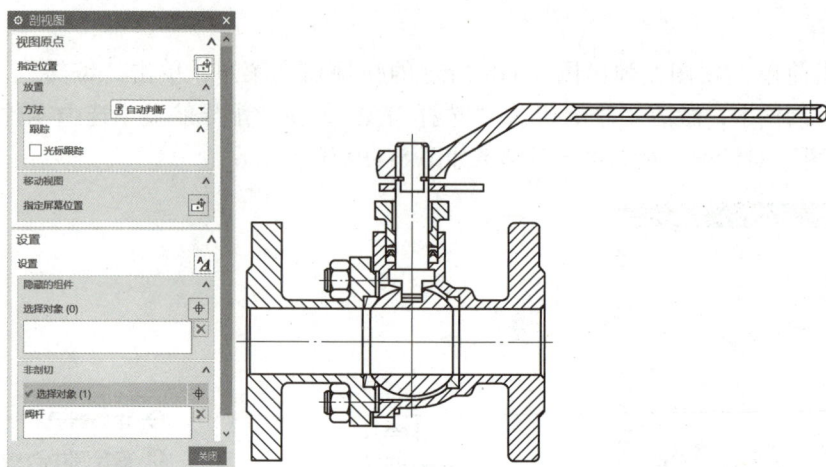

图 5-119　剖视图操作

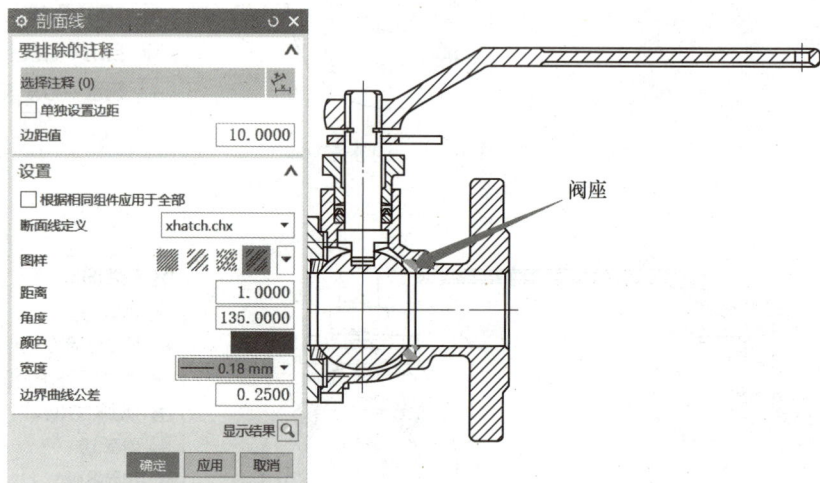

图 5-120　编辑剖面线

"xhatch. chx"，"图样"选择"橡胶/塑料" ▨，设"距离"为"1"，设"角度"为135°，设"宽度"为 0.18mm。填料垫、中填料和上填料 3 个零件的剖面线也按以上方法进行修改。

　　15. 右击左视图，单击"激活草图"命令图标🔣，单击工具栏上的"艺术样条"命令图标⤳，弹出图 5-121 所示的"艺术样条"对话框，选择"通过点"的方式，"点位置"→"指定点"设为在内六角圆柱头螺钉周边的 15 点，"参数化"→"次数"设为"3"，勾选上"封闭"，单击"确定"按钮，创建一条封闭的样条曲线。

　　16. 单击工具栏中"局部剖视图"命令图标🔲，弹出图 5-122 所示的"局部剖"对话框，选择"ORTHO@ 12"视图作为局部剖视图，如图 5-123 所示，选中俯视图中的内六角圆柱头螺钉圆心，则会出现剖切矢量箭头，如图 5-124 所示。

图 5-121　绘制艺术样条曲线

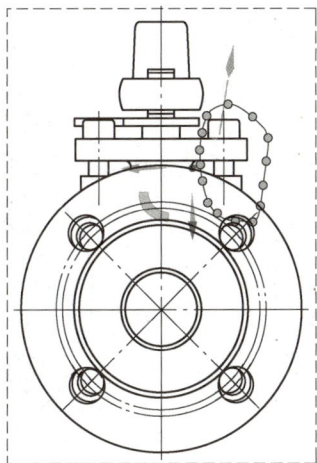

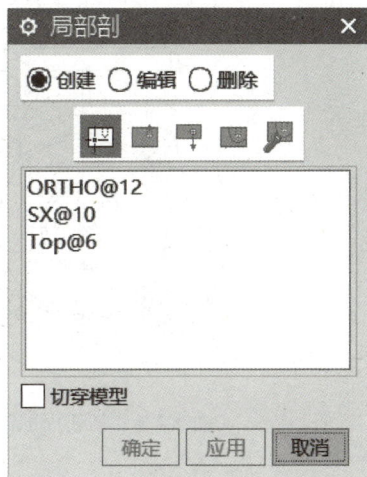

图 5-122　"局部剖"对话框

图 5-123　"指出基点"操作

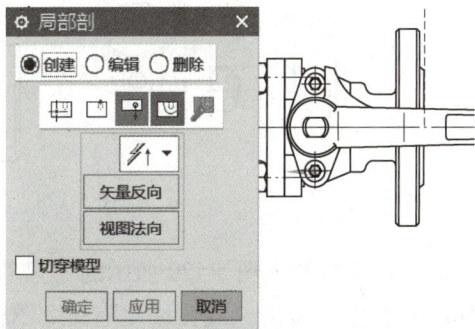

图 5-124　指出拉伸矢量操作

17. 单击"局部剖"对话框中的"选择曲线"命令图标▣，如图 5-125 所示，选取左视图中的封闭的样条曲线，单击"应用"按钮，完成局部剖视图的创建，结果如图 5-126 所示。

18. 右击左视图，在弹出的快捷命令菜单中，单击"编辑"命令，在弹出的"投影视图"对话框中，激活"非剖切"→"选择对象"，在装配导航器中选中零件"内六角圆柱头螺钉"，关闭"投影视图"对话框，视图更新后结果如图 5-127 所示。

19. 同理，在俯视图中创建局部剖视图，结果如图 5-128 所示。

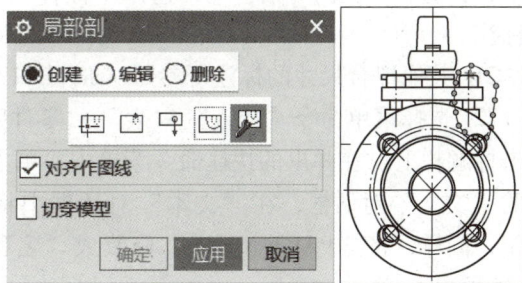

图 5-125　选择曲线操作

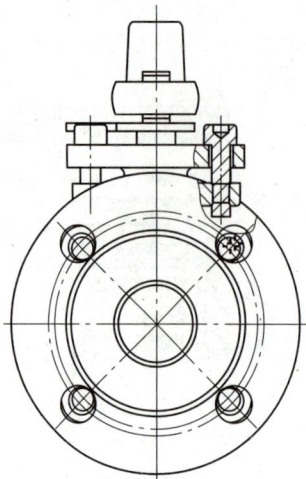

图 5-126　创建局部剖视图

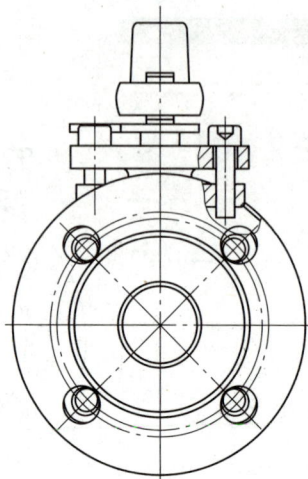

图 5-127　非剖切"内六角圆柱头螺钉"

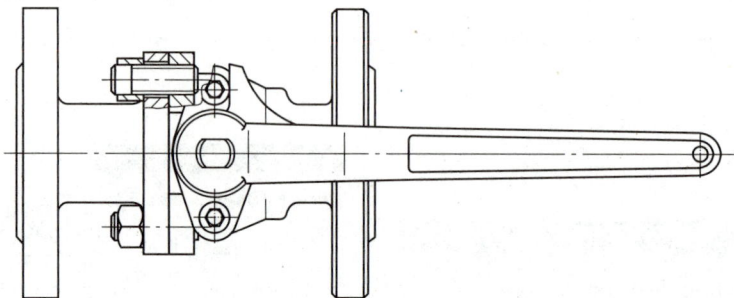

图 5-128　创建局部剖视图

20. 调用工具栏上图 5-129 所示的"尺寸"命令，完成装配图中尺寸 363mm、219mm 和 φ145mm 的标注，单击"线性尺寸"命令图标▭，在弹出的"线性尺寸"对话框中，如图 5-130 所示，"参考"→"选择第一个对象"和"选择第二个对象"分别为阀杆 2 条边线，"测量"→"方法"设为"圆柱式"，单击"X"后面的下拉箭头，选中"H7"，如图 5-131 所示，在随后弹出的对话框中，选择"拟合"，"H11"和"d11"，即完成"φ20H11/d11"的标注。

21. 其他拟合尺寸的标注可参照"φ20H11/d11"的标注方法，结果如图 5-132 所示。

22. 选择菜单命令"插入"→"表"→"零件明细表"，添加的零件明细表如图 5-133 所示。右击标题栏上，在弹出的快捷命令菜单中，单击"编辑文本"命令图标▨，弹出图 5-134 所示的"文本"对话框，在"文本"对话框中将"PC NO"修改成"序号"，单击"确定"按钮，同样，将"PART NAME"修改成"名称"，将"QTY"修改成"数量"，结果如图 5-135 所示。

23. 右击"序号"单元格，在弹出的快捷命令菜单中，单击"选择"→"列"，再次单击鼠标右键，单击"插入"→"在右边插入列"，即在"序号"列的右边插入了 1 列，命名为"代号"，结果如图 5-136 所示。同理，添加"材料""单重""总重"和"备注"列，如图 5-137 所示。

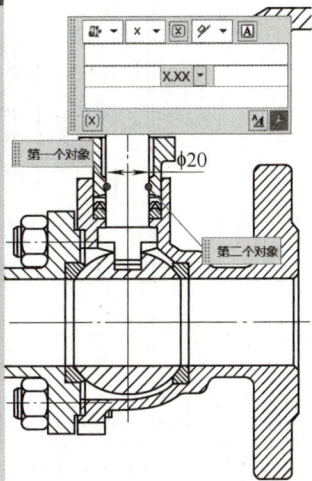

图 5-129　尺寸命令

图 5-130　线性尺寸标注

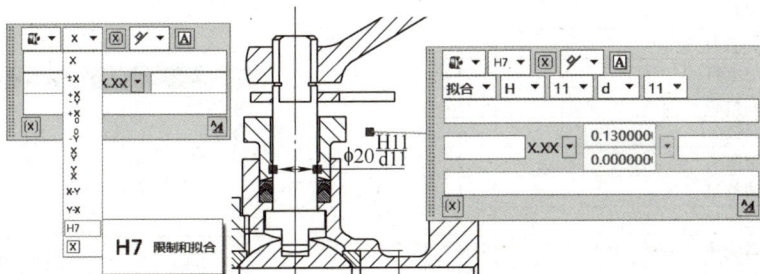

图 5-131　拟合尺寸标注

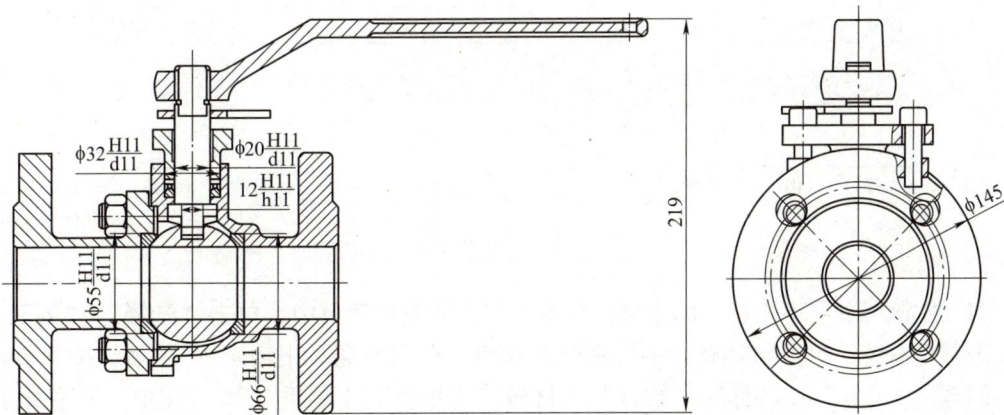

图 5-132　生成"尺寸标注"

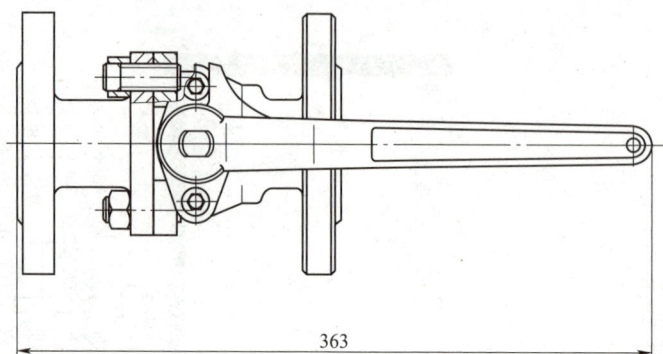

图 5-132   生成"尺寸标注"（续）

15	GB/T 6170-F-2000，M14×2	4
14	内六角圆柱头螺钉M10×35 GB/T 70.1-2008	2
13	双头螺柱M14×45GB/T 901-89	4
12	扳手	1
11	定位块	1
10	填料压盖	1
9	阀杆	1
8	上填料	1
7	中填料	1
6	填料垫	1
5	球体	1
4	阀座	2
3	调整垫	1
2	左阀体	1
1	右阀体	1
PC NO	PART NAME	QTY

图 5-133   插入零件明细表

图 5-134   "文本"对话框

序号	名称	数量

图 5-135   修改单元格文本

序号	代号	名称	数量

图 5-136   插入"列"

序号	代号	名称	数量	材料	单重	总重	备注

图 5-137   添加"列"

　　24. 右击"序号"任意一单元格，在弹出的快捷命令菜单中，单击"选择"→"列"，再次单击鼠标右键，单击"调整大小"命令图标，在"列宽"中输入"7"后，按〈Enter〉键。同理，"代号""名称""数量""材料""单重""总重"和"备注"列宽分别为28mm、43mm、9mm、33mm、15mm、15mm 和30mm。

　　25. 右击"代号"任意一单元格，在弹出的快捷命令菜单中，如图 5-138 所示，单击

"选择"→"列"后，将选中"代号"整个列，再次单击鼠标右键，单击快捷命令菜单中的"设置"命令 ，弹出图 5-139 所示的"设置"对话框。

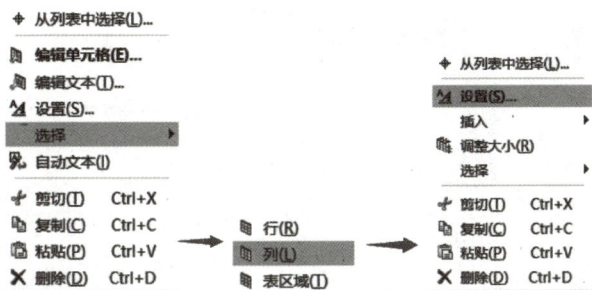

图 5-138　调用设置命令

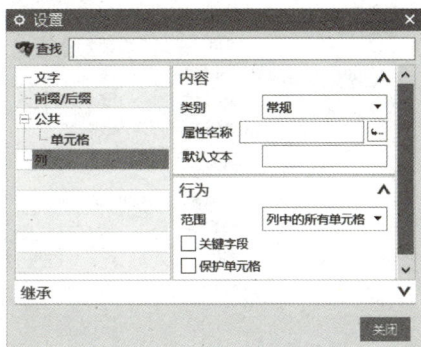

图 5-139　"设置"对话框

26. 在"设置"对话框中，选择"列"，单击"属性名称"后面的命令图标 ，弹出图 5-140 所示的"属性名称"对话框，选中"代号"，单击"确定"按钮。"名称"和"材料"列属性定义方法一样。

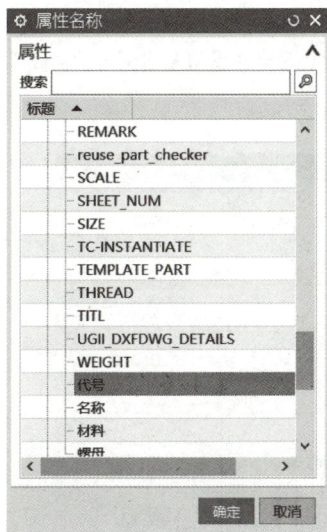

图 5-140　"属性名称"对话框

15	JBFQ-40-1-07	填料垫	1	PTFE			
14	GB/T 6170-2000	螺母M14	4	25			
13	GB/T 70.1-2008	内六角圆柱头螺钉M10×35	2	25			
12	GB/T 901-1989	双头螺柱M14×45	4	35CrMoA			
11	JBFQ-40-1-04	阀座	2	PTFE			
10	JBFQ-40-1-12	扳手	1	ZG280-520			
9	JBFQ-40-1-11	定位块	1	25			
8	JBFQ-40-1-10	填料压盖	1	ZG280-520			
7	JBFQ-40-1-06	阀杆	1	2Cr13			
6	JBFQ-40-1-09	上填料	1	PTFE			
5	JBFQ-40-1-08	中填料	1	PTFE			
4	JBFQ-40-1-05	球体	1	2Cr13			
3	JBFQ-40-1-03	调整垫	1	PTFE			
2	JBFQ-40-1-02	左阀体	1	ZG280-520			
1	JBFQ-40-1-02	右阀体	1	ZG280-520			
序号	代号	名称	数量	材料	单重	总重	备注

图 5-141　生成零件明细表

27. 完成以上操作后，生成的零件明细表如图 5-141 所示。右击"单重"任意一单元格，在弹出的快捷命令菜单中，单击"选择"→"列"后，将选中"单重"整个列，单击快捷命令菜单中的"设置"命令图标 ，弹出图 5-142 所示的"设置"对话框，选择"公共"→"单元格"，"小数位数"设为"3"，勾选上"根据公式评估单元值"，"增量类型"设为"百分比"，"增量"设为"-99.9"。在图 5-143 中，单击"设置"对话框中的"列"，单击"属性名称"后面的命令图标 ，弹出图 5-144 所示的"属性名称"对话框，选中"$MASS"，生成零件明细表中的单重。

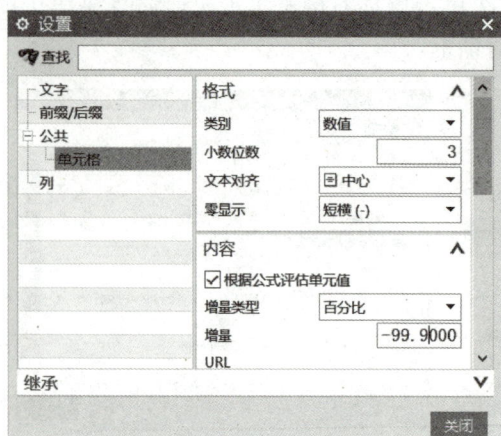

图 5-142 单重单元格设置

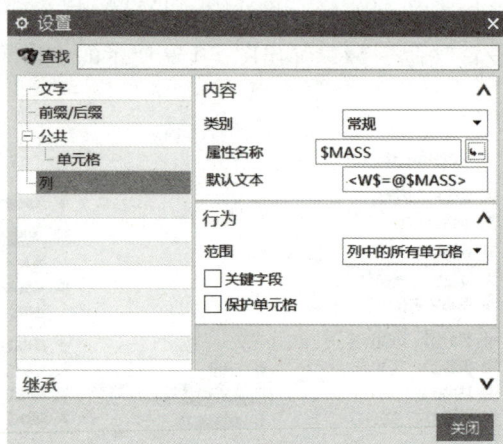

图 5-143 列设置

28. 右击"总重"任意一单元格，在弹出的快捷命令菜单中，单击"选"→"列"后，将选中"总重"整个列，单击快捷命令菜单中的"设置"命令 A4，弹出图 5-145 所示的"设置"对话框，单击"公共"→"单元格"，"小数位数"设为"3"，勾选上"根据公式评估单元值"，"增量类型"设为"百分比"，"增量"设为"-96.8377"。如图 5-146 所示，单击"列"，"类别"设为"数量"，在"默认文本"中填写"<W$=@$MASS>"，生成零件明细表中的总重，结果如图 5-147 所示。

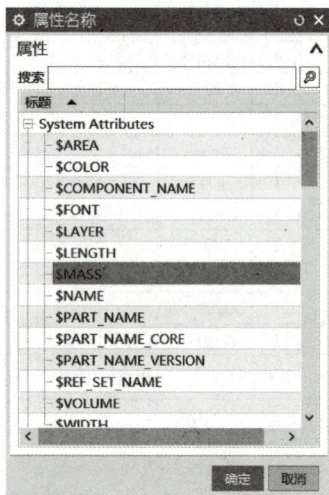

图 5-144 "属性名称"对话框

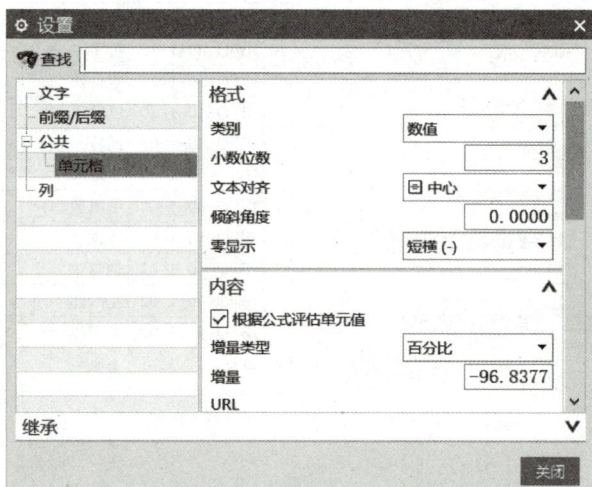

图 5-145 "总重单元格"设置

29. 如图 5-148 所示，右击单重单元格 ，弹出图 5-148a 所示的快捷命令菜单，单击"设置"命令，弹出图 5-148b 所示的"设置"对话框，将"根据公式评估单元值"前的"√"取消掉。再次右击刚刚设置的单元格，单击"编辑文本"命令，将单元格重新修改成"单重"，"总重"修改方法一样。

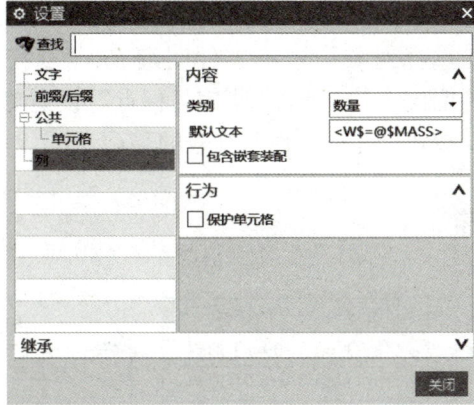

图 5-146 总重列设置

15	JBFQ-40-1-07	填料垫	1	PTFE	0.003	0.003	
14	GB/T 6170-2000	螺母M14	4	25	0.026	0.102	
13	GB/T 70.1-2008	内六角圆柱头螺钉M10×35	2	25	0.035	0.069	
12	GB/T 901-1989	双头螺柱M14×45	4	35CrMoA	0.054	0.216	
11	JBFQ-40-1-04	阀座	2	PTFE	0.009	0.018	
10	JBFQ-40-1-12	扳手	1	ZG280-520	0.517	0.517	
9	JBFQ-40-1-11	定位块	1	25	0.052	0.052	
8	JBFQ-40-1-10	填料压盖	1	ZG280-520	0.249	0.249	
7	JBFQ-40-1-06	阀杆	1	2Cr13	0.234	0.234	
6	JBFQ-40-1-09	上填料	1	PTFE	0.002	0.002	
5	JBFQ-40-1-08	中填料	1	PTFE	0.002	0.002	
4	JBFQ-40-1-05	球体	1	2Cr13	0.577	0.577	
3	JBFQ-40-1-03	调整垫	1	PTFE	0.031	0.031	
2	JBFQ-40-1-02	左阀体	1	ZG280-520	3.242	3.242	
1	JBFQ-40-1-02	右阀体	1	ZG280-520	3.486	3.486	
序号	代号	名称	数量	材料	单重	总重	备注

图 5-147 生成零件明细表

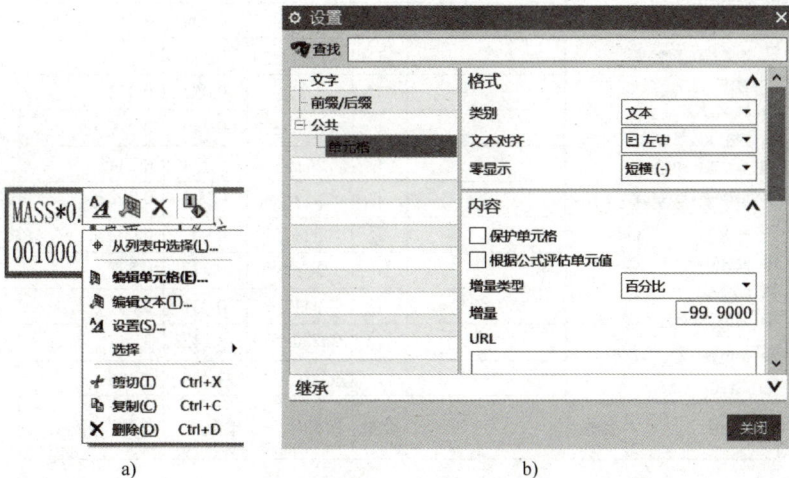

a)   b)

图 5-148 重新设置单元格

30. 选择菜单命令"编辑"→"移动对象",在弹出的"移动对象"对话框中,如图 5-149a 所示,"对象"→"选择对象"选择零件明细表,"变换"→"运动"选为"点到点","指定出发点"为零件明细表左下点,"指定目标点"设为工程图标题栏左上点,如图 5-149b 所示,单击"确定"按钮,完成零件明细表的移动。

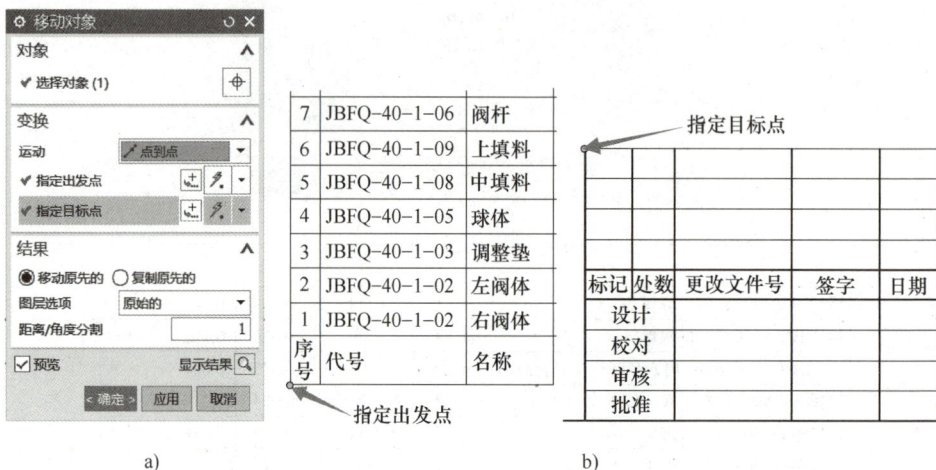

7	JBFQ-40-1-06	阀杆
6	JBFQ-40-1-09	上填料
5	JBFQ-40-1-08	中填料
4	JBFQ-40-1-05	球体
3	JBFQ-40-1-03	调整垫
2	JBFQ-40-1-02	左阀体
1	JBFQ-40-1-02	右阀体
序号	代号	名称

标记	处数	更改文件号	签字	日期
设计				
校对				
审核				
批准				

a)　　　　　b)

图 5-149　移动"零件明细表"

31. 右击零件明细表,在弹出的快捷命令菜单中,如图 5-150 所示,点击"自动符号标注"命令⑦,弹出"零件明细表自动符号标注"对话框,选中 3 个视图,单击"确定"按钮,即在 3 个视图中自动生成符号标注,如图 5-151 所示。

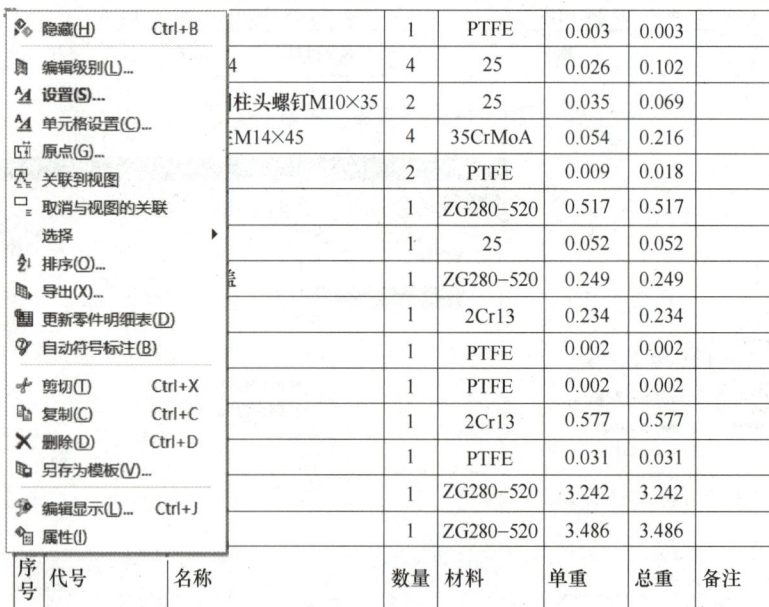

序号	代号	名称	数量	材料	单重	总重	备注
			1	PTFE	0.003	0.003	
		4	4	25	0.026	0.102	
		圆柱头螺钉M10×35	2	25	0.035	0.069	
		EM14×45	4	35CrMoA	0.054	0.216	
			2	PTFE	0.009	0.018	
			1	ZG280-520	0.517	0.517	
			1	25	0.052	0.052	
		盖	1	ZG280-520	0.249	0.249	
			1	2Cr13	0.234	0.234	
			1	PTFE	0.002	0.002	
			1	PTFE	0.002	0.002	
			1	2Cr13	0.577	0.577	
			1	PTFE	0.031	0.031	
			1	ZG280-520	3.242	3.242	
			1	ZG280-520	3.486	3.486	

图 5-150　调用"自动符号标注"命令

32. 选择菜单命令"插入"→"表"→"表格注释"，在弹出的"表格注释"对话框中，如图 5-152 所示，"表大小"→"列数"设为"4"，"行数"设为"8"，"列宽"设为"35"，通过快捷命令菜单中的"合并单元格"命令■对表格进行编辑，通过快捷命令菜单中的"编辑文本"命令■给表格添加文本，结果如图 5-153 所示。

33. 选择菜单命令"插入"→"注释"→"注释"，给工程图添加"技术要求"并填写标题栏，结果如图 5-154 所示。完成的球阀工程装配图如图 5-155 所示。

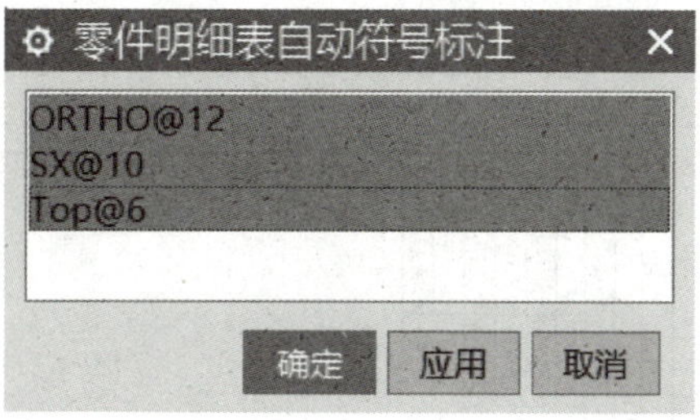

图 5-151　"零件明细表自动符号标注"对话框

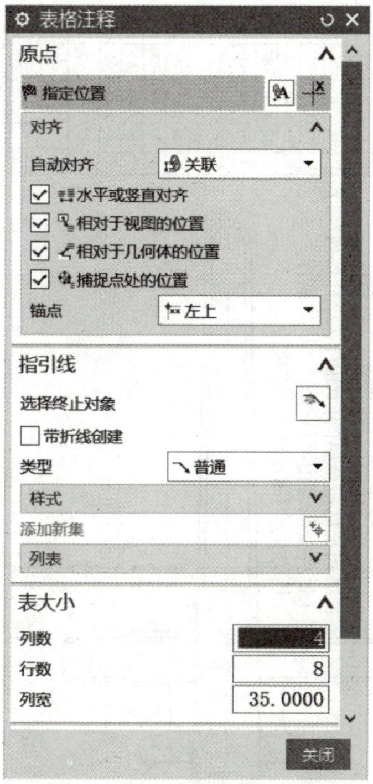

图 5-152　"表格注释"对话框

性能规范表		
公称通径、压力 DN40 PN16		
试验 压力/MPa	强度试验	2.4
	上密封试验	—
	密封试验	1.76
	气密封试验	0.6
适用温度		−29～150℃
适用介质		水、蒸汽、油品等

图 5-153　插入"表格注释"

标记	处数	更改文件号	签字	日期	球阀总装配图	40−Q41F−16C−00		
						图样标记	重量	比例
								1:1
设计						共　页	第　页	
校对								
审核						常州机电职业技术学院		
批准								

图 5-154　填写标题栏

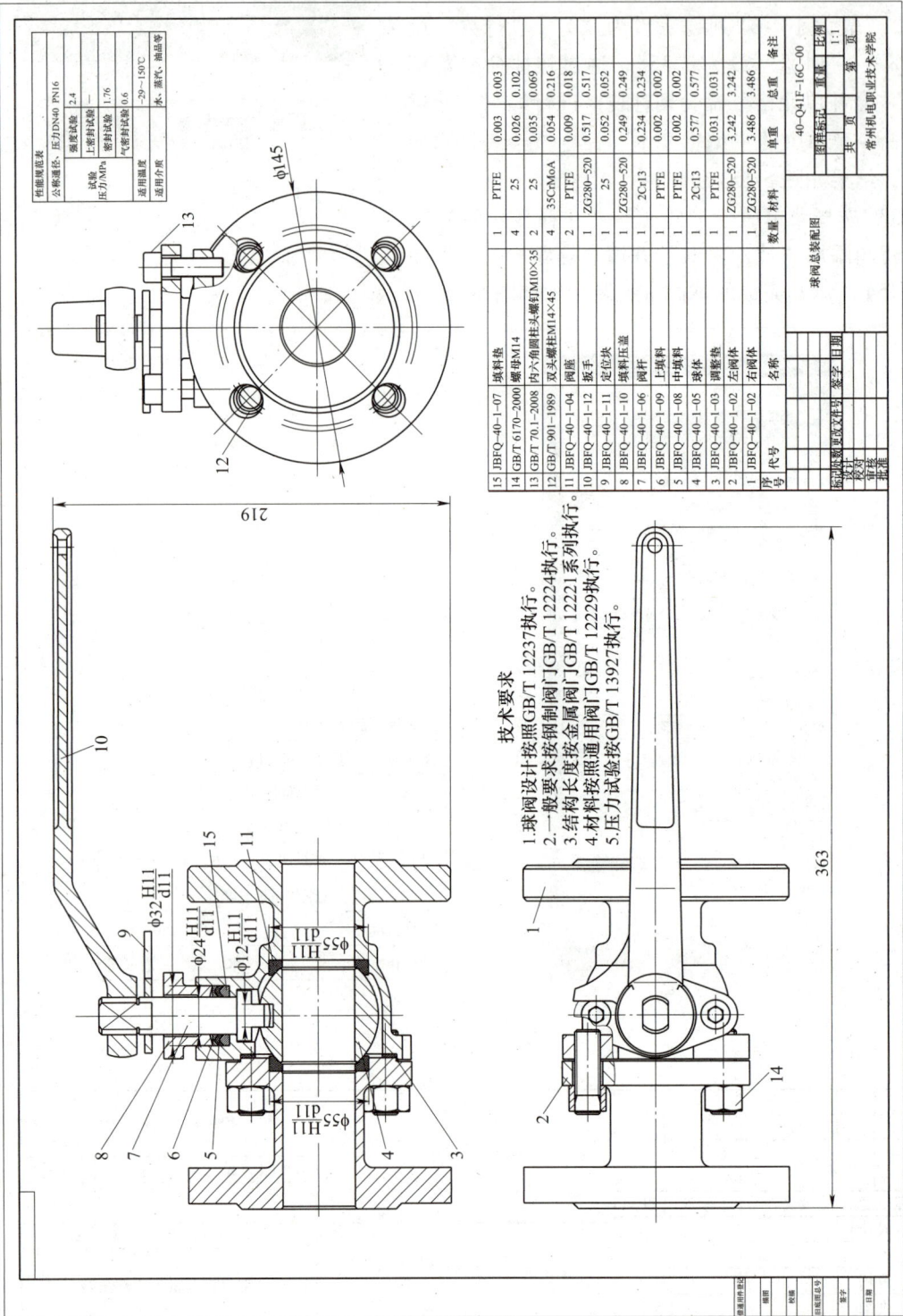

图 5-155 球阀工程装配图

技术要求

1.球阀设计时按照GB/T 12237执行。
2.一般要求按钢制阀门GB/T 12224执行。
3.结构长度按照金属阀门GB/T 12221系列执行。
4.材料按照通用阀门GB/T 12229执行。
5.压力试验按验按GB/T 13927执行。

序号	代号	名称	数量	材料	单重	总重	备注
15	JBFQ-40-1-07	填料垫	1	PTFE	0.003	0.003	
14	GB/T 6170-2000	螺母M14	4	25	0.026	0.102	
13	GB/T 70.1-2008	内六角圆柱头螺钉M10×35	2	25	0.035	0.069	
12	GB/T 901-1989	双头螺柱M14×45	2	35CrMoA	0.054	0.216	
11	JBFQ-40-1-04	阀座	2	PTFE	0.009	0.018	
10	JBFQ-40-1-12	扳手	1	ZG280-520	0.517	0.517	
9	JBFQ-40-1-11	定位块	1	25	0.052	0.052	
8	JBFQ-40-1-10	填料压盖	1	ZG280-520	0.249	0.249	
7	JBFQ-40-1-06	阀杆	1	2Cr13	0.234	0.234	
6	JBFQ-40-1-09	上填料	1	PTFE	0.002	0.002	
5	JBFQ-40-1-08	中填料	1	PTFE	0.002	0.002	
4	JBFQ-40-1-05	球体	1	2Cr13	0.577	0.577	
3	JBFQ-40-1-03	调整垫	1	PTFE	0.031	0.031	
2	JBFQ-40-1-02	左阀体	1	ZG280-520	3.242	3.242	
1	JBFQ-40-1-02	右阀体	1	ZG280-520	3.486	3.486	

球阀总装配图　40-Q41F-16C-00　常州机电职业技术学院

>> 微课——知识拓展与补充

5-1　打开文件 5-1，如图 5-156 所示，创建 1 幅 A3 工程图，添加 5 个视图。

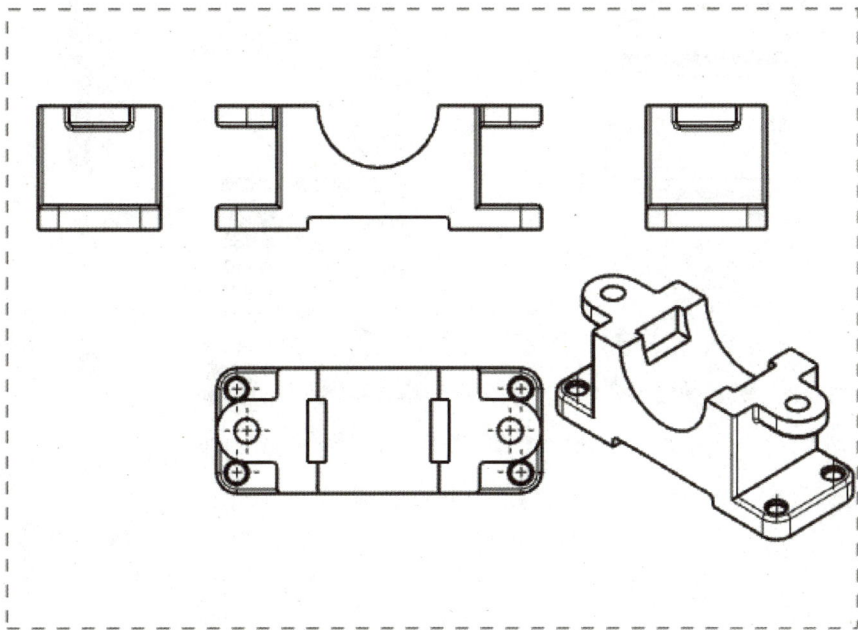

图 5-156　创建工程图

1. 单击"应用模块"→"制图"，进入制图模块，单击"新建图纸页"命令图标，弹出图 5-157 所示的"工作表"对话框，"大小"选择"使用模板"→"A3-无视图"，单击"确定"按钮，进入图纸页。

2. 单击工具栏上的"基本视图"命令图标，弹出图 5-158 所示的"基本视图"对话框，"模型视图"→"要使用的模型视图"选择"俯视图"，"比例"→"比例"设为"1∶1"，其他参数不变，用鼠标将"俯视图"放在合适的位置，单击鼠标左键创建视图。

3. 选中"俯视图"，单击工具栏中的"投影视图"命令图标，用鼠标左键选中"俯视图"将视图向上投影生成"主视图"，同理，选中"主视图"，向右或向左投影，生成"左视图"和"右视图"，在"基本视图"对话框中，"要使用的模型视图"选择"正等测图"，结果如图 5-156 所示。

5-2　打开文件 5-2，在图 5-159a 中创建 1 个局部放大图。

1. 单击工具栏上的"局部放大图"命令图标，弹出"局部放大图"对话框，如图 5-160 所示。

2. 在"局部放大图"对话框中，选择"圆形"方式创建局部放大图，"边界"→"指定中心点"和"指定边界点"选择图 5-160 所示点，"父视图"→"选择视图"选中要创建局部放大图的视图，"比例"→"比例"设为"2∶1"，结果如图 5-159b 所示。

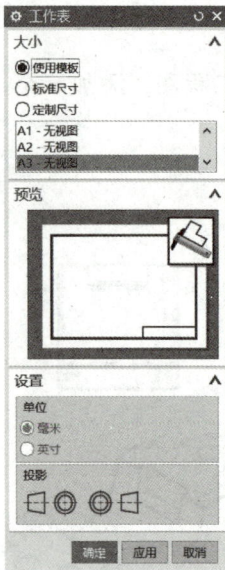

图 5-157　"工作表"对话框

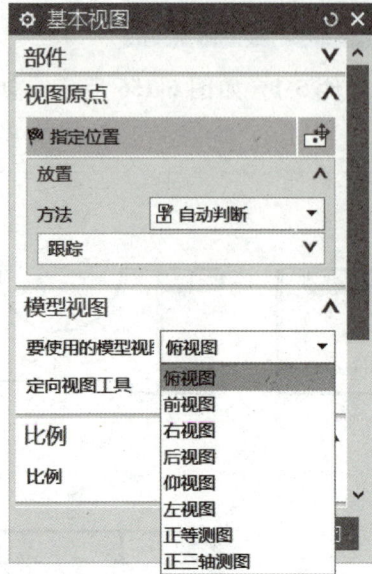

图 5-158　"基本视图"对话框

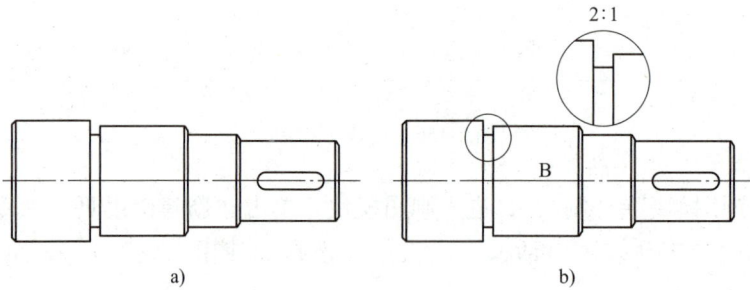

图 5-159　创建局部放大图

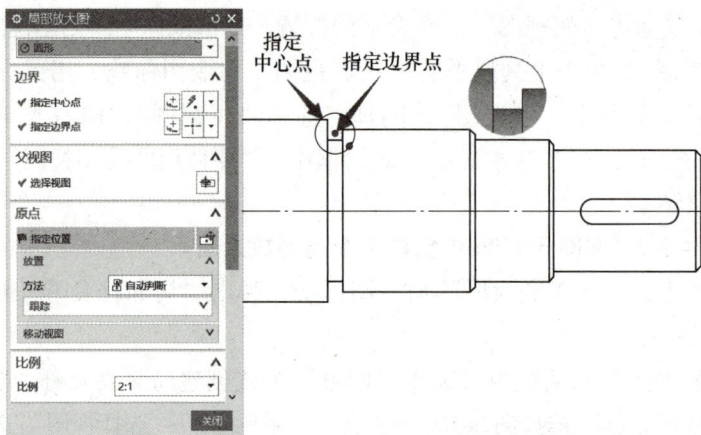

图 5-160　"局部放大图"对话框

5-3　打开文件 5-3，创建图 5-161 所示的阶梯剖视图。

1. 单击工具栏中的"剖视图"命令图标，弹出"剖视图"对话框，如图 5-162 所示，"截面线"→"定义"设为"动态"，"方法"设为"简单剖/阶梯剖"，"铰链线"→"矢量选项"设为"自动判断"，"截面线段"→"指定位置"设为"圆心 1"，向上投影后生成剖视图，如图 5-163 所示。

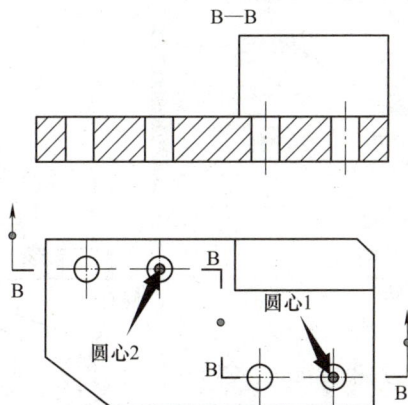

图 5-161　创建阶梯剖视图

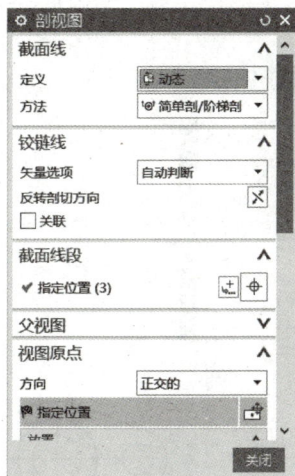

图 5-162　"剖视图"对话框

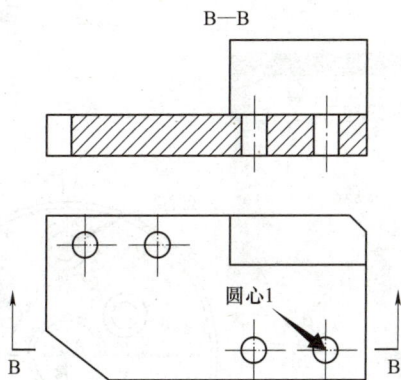

图 5-163　创建剖视图

图 5-164　重新"指定位置"

2. 双击剖切线，弹出图 5-164 所示的"剖视图"对话框，其他不变，"截面线段"→"指定位置"设为"圆心 2"，右击剖视图，在弹出的快捷命令菜单中，单击"更新"命令，则创建的阶梯剖视图如图 5-161 所示。

5-4　打开文件 5-4，创建半剖视图。

1. 单击工具栏上的"基本视图"命令图标，弹出"基本视图"对话

框，如图 5-165 所示，"模型视图"→"要使用的模型"设为"俯视图"，"比例"设为"1：1"，用鼠标将"俯视图"放在合适的位置。

2. 单击工具栏中的"剖视图"命令图标▦，弹出"剖视图"对话框，如图 5-166 所示，"截面线"→"定义"设为"动态"，"方法"设为"半剖"，"铰链线"→"矢量选项"设为"自动判断"，"截面线段"→"指定位置"依次设为"圆心 1"和"圆心 2"，向上投影后创建半剖视图。

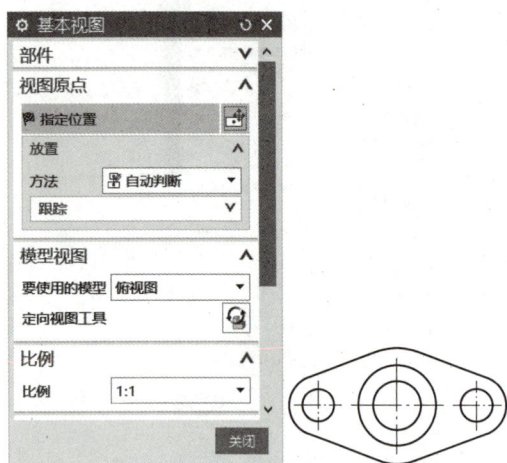

图 5-165　创建俯视图

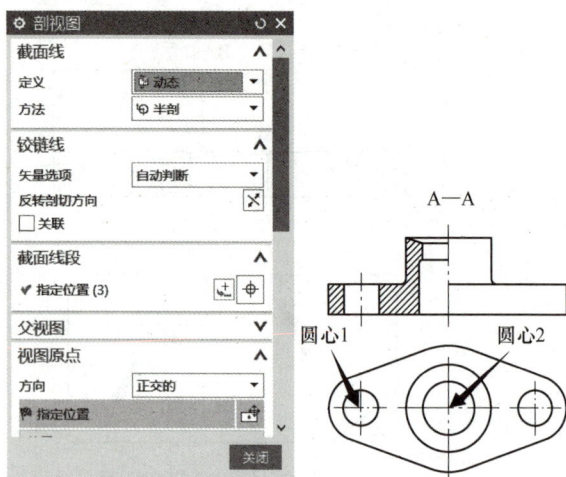

图 5-166　创建"半剖视图"

5-5　打开文件 5-5，创建图 5-167 所示的旋转剖视图。

1. 单击工具栏中的"剖视图"命令图标▦，弹出"剖视图"对话框，如图 5-168 所示。

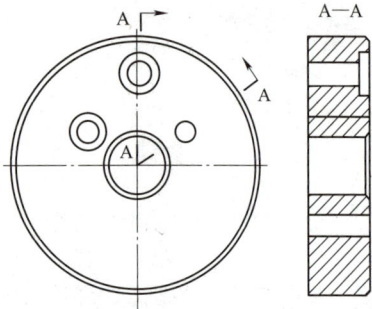

图 5-167　创建旋转剖视图

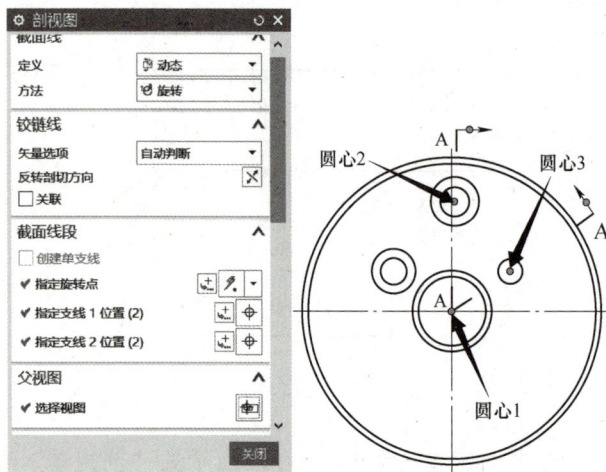

图 5-168　旋转剖视图操作

2. 在"剖视图"对话框中，"截面线"→"定义"设为"动态"，"方法"设为"旋转"，"铰链线"→"矢量选项"设为"自动判断"，"截面线段"→"指定旋转点""指定支线 1 位置"和"指定支线 2 位置"依次设为图 5-168 所示的"圆心 1""圆心 2"和"圆心 3",向右投影后,创建图 5-167 所示的旋转剖视图。

5-6　打开文件 5-6,对图 5-169a 所示的视图进行断开视图操作。

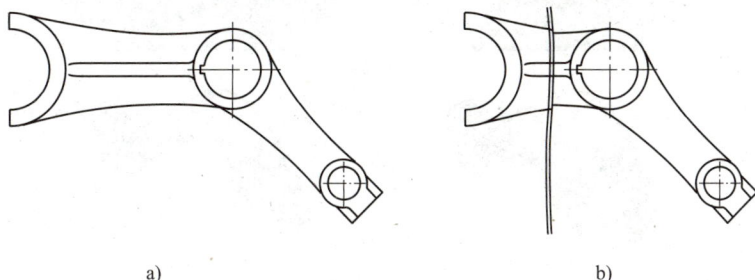

a)　　　　　　　　　　　　　　　　b)

图 5-169　创建断开视图

1. 单击工具栏中的"断开视图"命令图标 ,弹出"断开视图"对话框,如图 5-170 所示。

2. 在"断开视图"对话框中,"类型"选择"常规","主模型视图"→"选择视图"选择要创建断开视图的视图,"方向"→"指定矢量"按图 5-171 所示选择;"断裂线 1"勾选上"关联","指定锚点"按图 5-171 所示选择,"偏置"设为"-20mm";"断裂线 2"→勾选上"关联","指定锚点"按图 5-171 所示选择,"偏置"设为"-15mm";其他参数如图 5-170 所示,单击"确定"按钮,创建图 5-169b 所示的断开视图。

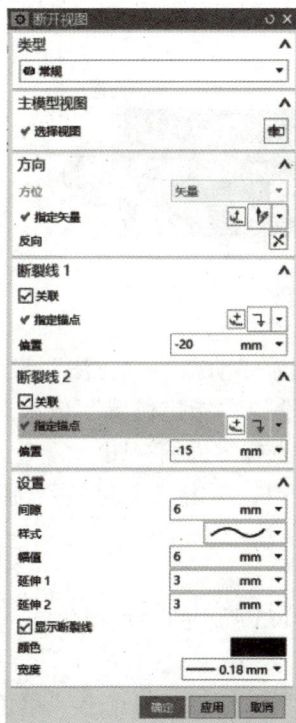

图 5-170　"断开视图"对话框

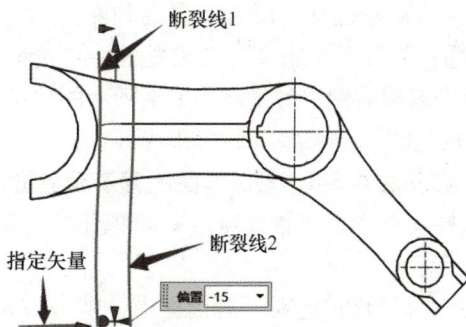

图 5-171　断开视图操作

5-7 打开文件 5-7，对图 5-172a 所示的轴测图进行剖切。

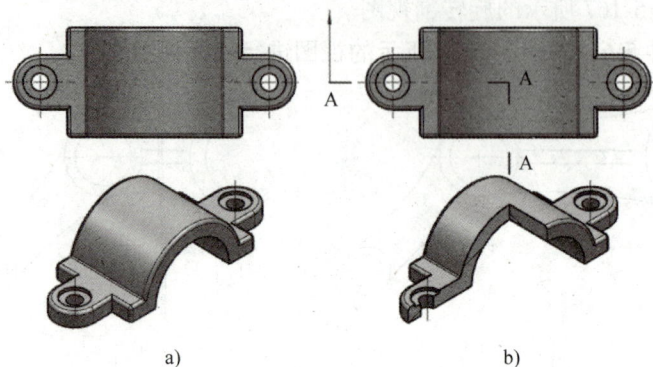

图 5-172　创建轴测剖视图

1. 单击工具栏中的"剖视图"命令图标，弹出"剖视图"对话框，如图 5-173 所示。

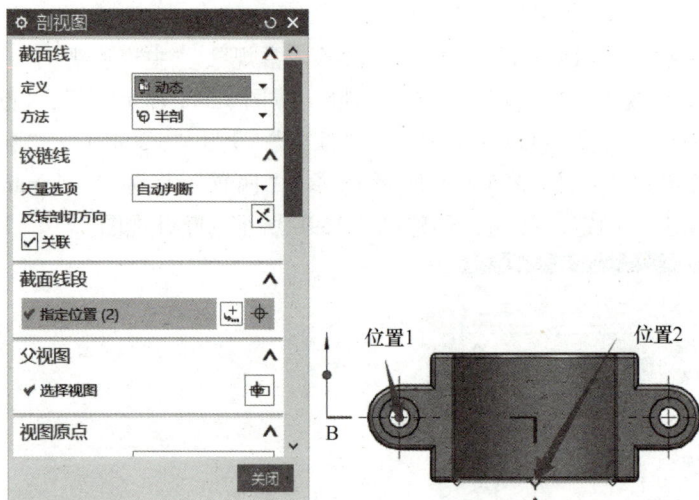

图 5-173　"剖视图"对话框

2. 在"剖视图"对话框中，"截面线"→"定义"设为"动态"，"方法"设为"半剖"，"铰链线"→"矢量选项"设为"自动判断"，"截面线段"→"指定位置"依次选择图 5-173 中的"位置 1"和"位置 2"，"父视图"→"选择视图"选择零件俯视图。

3. 单击鼠标右键，弹出图 5-174 所示的快捷命令菜单，单击"方向"→"剖切现有的"，然后选中轴测图，结果如图 5-172b 所示。

5-8　打开文件 5-8，对工程图的背景颜色进行设定。

1. 选择菜单命令"首选项"→"可视化"，弹出图 5-175 所示的"可视化首选项"对话框。

2. 在"可视化首选项"对话框中，单击"颜色/线型"标签，勾选上"单色显示"，单击"背景"，弹出图 5-176 所示的"颜色"对话框，选中白色，单击"确定"按钮，完成工程图背景颜色的设定。

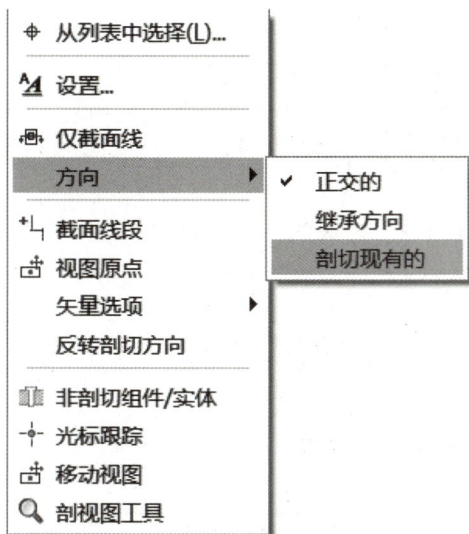

图 5-174 调用方向命令

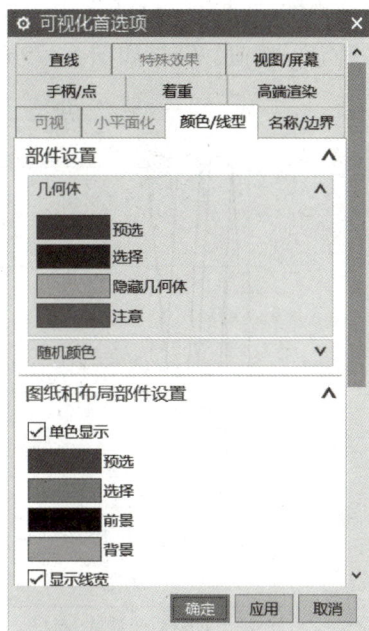

图 5-175 "可视化首选项"对话框

5-9 打开文件 5-9，创建弹簧简化工程图。

1. 单击"应用模块"→"制图"，软件进入工程制图模块下。

2. 单击工具栏上的"弹簧简化画法"命令图标，弹出图 5-177 所示的"弹簧简化画法"对话框，"Create Option"选择"在工作部件中"，"图纸页"选择"A4-无视图"，单击"确定"按钮，创建弹簧工程图，结果如图 5-178 所示。

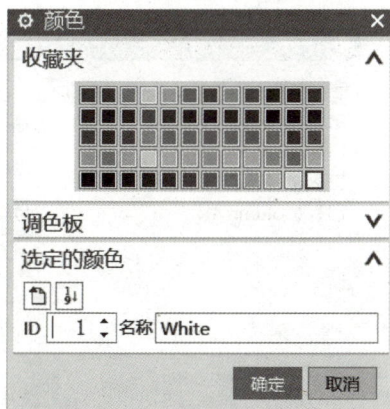

图 5-176 "颜色"对话框

图 5-177 "弹簧简化画法"对话框

5-10 打开文件 5-10，对图 5-179a 中的表格进行排序操作。

1. 用鼠标选中表格后，单击鼠标右键，弹出图 5-180 所示的快捷命令菜单，单击"排序"命令。

2. 在弹出的"排序"对话框中，如图 5-181 所示，勾选上"Column1"，单击图标 📊，再单击"确定"按钮，结果如图 5-179b 所示。

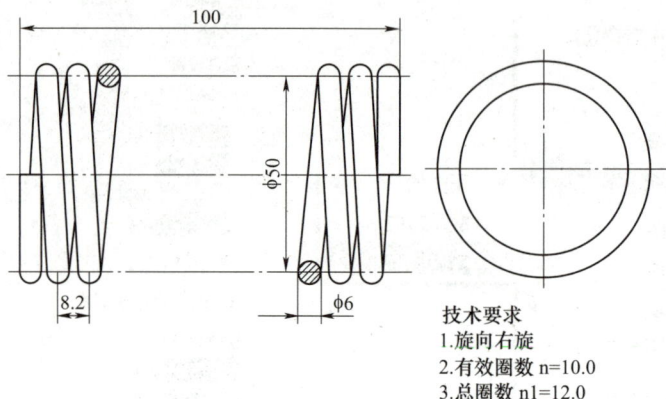

图 5-178 "弹簧简化画法"工程图

技术要求
1.旋向右旋
2.有效圈数 n=10.0
3.总圈数 n1=12.0

序号	名称	数量	材料		序号	名称	数量	材料
1	基座	1	HT200		5	压盖	2	HT200
2	螺栓	10	25		4	销轴	2	25
3	螺母	4	25		3	螺母	4	25
4	销轴	2	25		2	螺栓	10	25
5	压盖	2	HT200		1	基座	1	HT200

a)   b)

图 5-179 排序表格

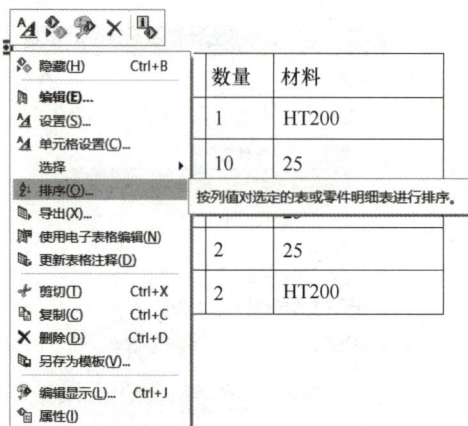

图 5-180 调用"排序"命令   图 5-181 "排序"对话框

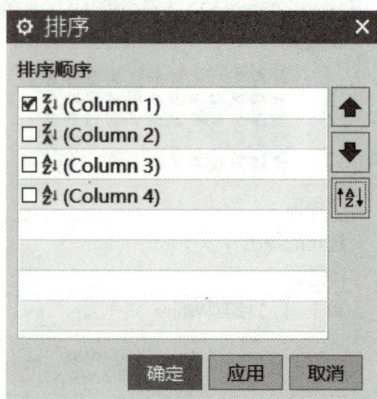

5-11 打开文件 5-11，对图 5-182a 中的表格用 EXCEL 进行编辑。

1. 用鼠标选中表格后，单击鼠标右键，弹出图 5-183 所示的快捷命令菜单，单击"使用电子表格编辑"命令 📊。

序号	名称	数量	材料
1	基座	1	
2	螺栓	10	
3	螺母	4	
4	销轴	2	
5	压盖	2	

a)

序号	名称	数量	材料
1	基座	1	HT200
2	螺栓	10	25
3	螺母	4	25
4	销轴	2	25
5	压盖	2	HT200

b)

图 5-182　编辑表格

2. 在弹出的 EXCEL 表中，如图 5-184 所示，填写好各零件的材料，关闭电子表格后，弹出"警告：现有电子表格"对话框，如图 5-185 所示，单击"确定"按钮，结果如图 5-182b 所示。

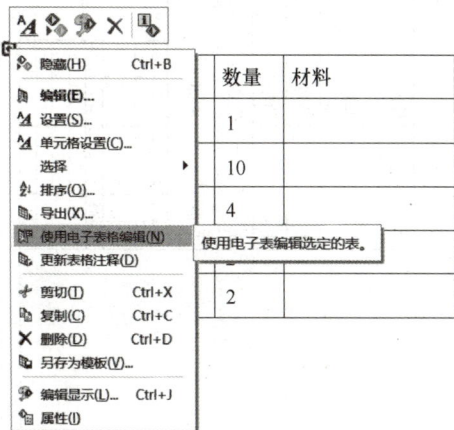

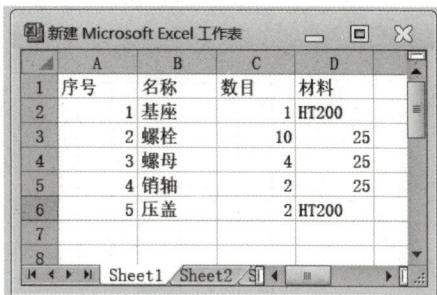

图 5-183　调用使用电子表格编辑命令　　　　图 5-184　电子表格编辑

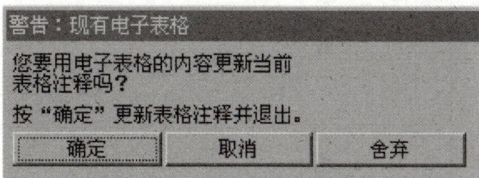

图 5-185　"警告：现有电子表格"对话框

5-12　打开文件 5-12，编辑图 5-186 中表格的位置。

1. 用鼠标选中表格后，单击鼠标右键，弹出图 5-187 所示的快捷命令菜单，单击"编辑"命令🔲。

2. 在弹出的"表格注释区域"对话框中，如图 5-188 所示，"锚点"选择"右下"，"原点"→"指定位置"选择图 5-189 所示的点，结果如图 5-186 所示。

5-13　打开文件 5-13，进行定制表格模板的操作。

1. 用鼠标选中表格后，单击鼠标右键，弹出图 5-190 所示的快捷命令菜单，单击"另存为模板"命令🔲。

序号	代号	名称	数量	材料	单重	总重	备注
1		基座	1	HT200			
2		螺栓	10	25			
3		螺母	4	25			
4		销轴	2	25			
5		压盖	2	HT200			

序号	代号	名称	数量	材料	单重	总重	备注
1		基座	1	HT200			
2		螺栓	10	25			
3		螺母	4	25			
4		销轴	2	25			
5		压盖	2	HT200			

标记 处数 更改文件号 签字 日期
设计
校对
审核
批准

图样标记　重量　比例
共　页　第　页
西门子产品管理软件(上海)有限公司

借通用样登记
描图
校描
旧底图总号
签字
日期

图 5-186　编辑表格位置

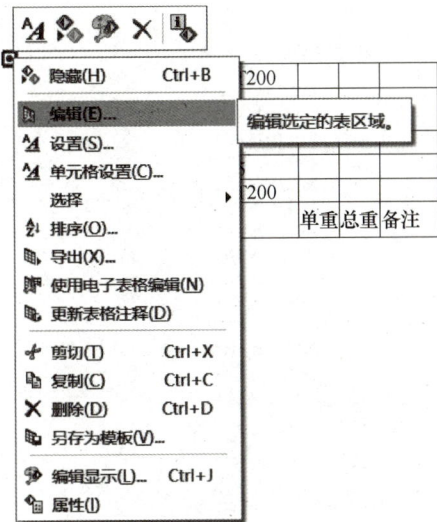

图 5-187　调用编辑命令 图 5-188　"表格注释区域"对话框

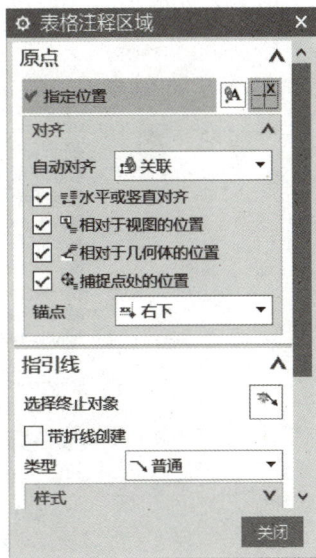

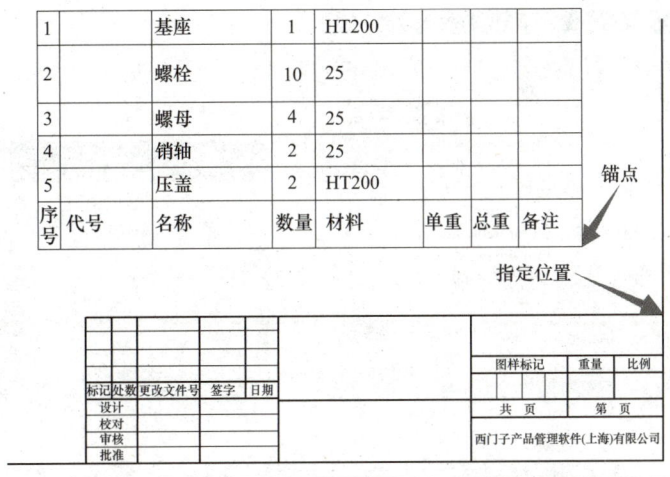

1		基座	1	HT200			
2		螺栓	10	25			
3		螺母	4	25			
4		销轴	2	25			
5		压盖	2	HT200			
序号	代号	名称	数量	材料	单重	总重	备注

					图样标记	重量	比例
标记处数	更改文件号	签字	日期				
设计						共　页	第　页
校对							
审核						西门子产品管理软件(上海)有限公司	
批准							

锚点

指定位置

图 5-189　确定指定位置与锚点

2. 在弹出的"另存为模板"对话框中如图 5-191 所示,"文件名"取为"我的表格模板",单击"OK"按钮,完成定制表格模板的保存。

3. 选择菜单命令"首选项"→"资源板",弹出图 5-192 所示的"资源板"对话框,单击"打开资源板"命令图标 ,弹出"打开资源板"对话框,如图 5-193 所示。

4. 单击"打开资源板"对话框中的"浏览"按钮,弹出图 5-194 所示的"打开资源板文件"对话框,选择"tables",单击"OK"按钮,再单击

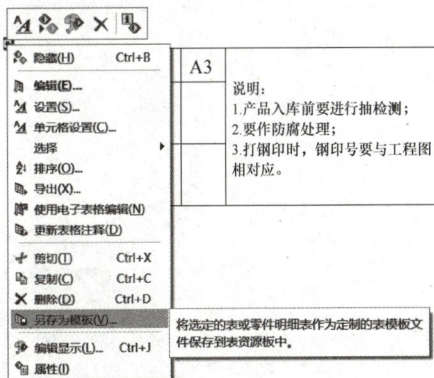

将选定的表或零件明细表作为定制的表模板文件保存到表资源板中。

图 5-190　调用另存为模板命令

"打开资源板"对话框中的"确定"按钮，关闭"资源板"对话框。

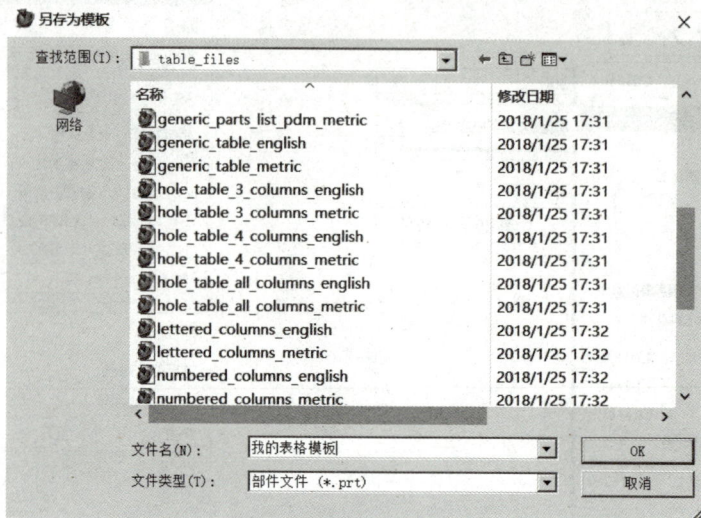

图 5-191 "另存为模板"对话框

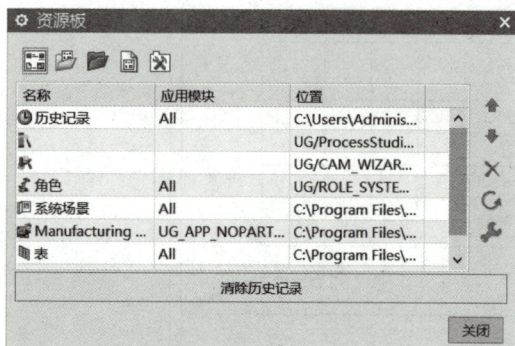

图 5-192 "资源板"对话框

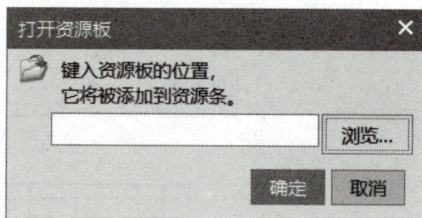

图 5-193 "打开资源板"对话框

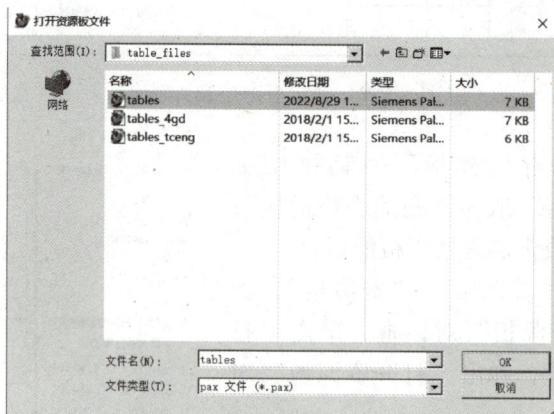

图 5-194 "打开资源板文件"对话框

5. 单击"资源板"上的"表"命令图标，找到"我的表格模板"，并拖放到图样的适合位置，结果如图 5-195 所示。

5-14　打开文件 5-14，应用属性工具对图纸标题栏赋值。

1. 选择菜单命令"GC 工具箱"→"GC 数据规范"→"属性工具"→"属性工具"，或直接单击工具栏中的"属性工具"命令图标，弹出图 5-196 所示的"属性工具"对话框。

规格	A1	A2	A3	说明：
平面型				1.产品入库前要进行抽检测； 2.要作防腐处理； 3.打钢印时，钢印号要与工程图相对应。
竖直型				

图 5-195　调用"表格模板"

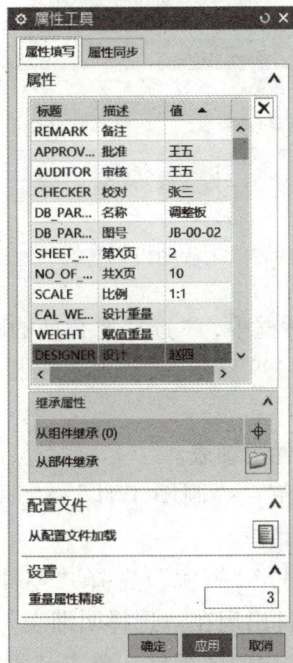

图 5-196　"属性工具"对话框

2. 在"属性工具"对话框中，分别给"批准""审核""校对"等赋值，单击"确定"按钮，结果如图5-197所示。

					调整板		JB—00—02		
							图样标记	重量	比例
									1：1
标记	处数	更改文件号	签字	日期			共10页		第2页
设计		赵四							
校对		张三					西门子产品管理软件(上海)有限公司		
审核		王五							
批准		王五							

图5-197 赋值标题栏

5-15 打开文件5-15，进行工程图模板替换操作。

1. 选择菜单命令"GC工具箱"→"制图工具"→"替换模板"，弹出图5-198所示的"工程图模板替换"对话框。

图5-198 "工程图模板替换"对话框

2. 在"工程图模板替换"对话框中，"选择要替换的图纸页"→"图纸中的图纸页"设为"A4_1（A4-297×210）"，如图5-199所示，"选择替换模板"为"A3"，单击"确定"按钮，结果如图5-200所示。

5-16 打开文件5-16，导出零件明细表。

1. 选择菜单命令"GC工具箱"→"制图工具"→"明细表输出"，弹出图5-201所示的"明细表输出"对话框。

2. 在"明细表输出"对话框中，"资源"选择"零件明细表"，"选择明细表"选择图5-202所示的零件明细表，各零件出现在"选择明细表"下的列表中，如图5-201a所示。

3. 选中"选择明细表"下列表中的各零件，单击"添加到列表"命令图标，各零件出现在"输出"下的列表中，如图5-201b所示。

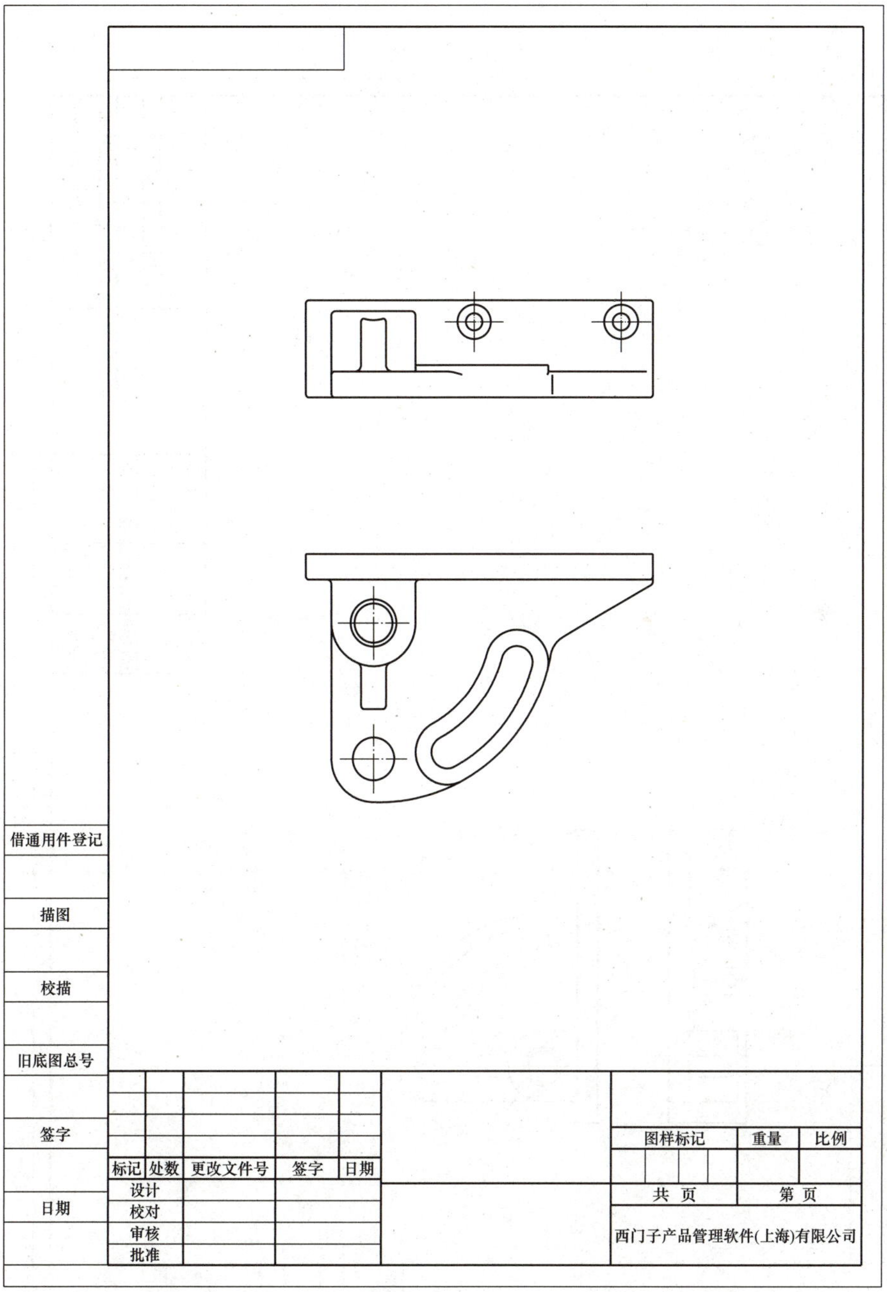

図 5-199　被替换图纸页

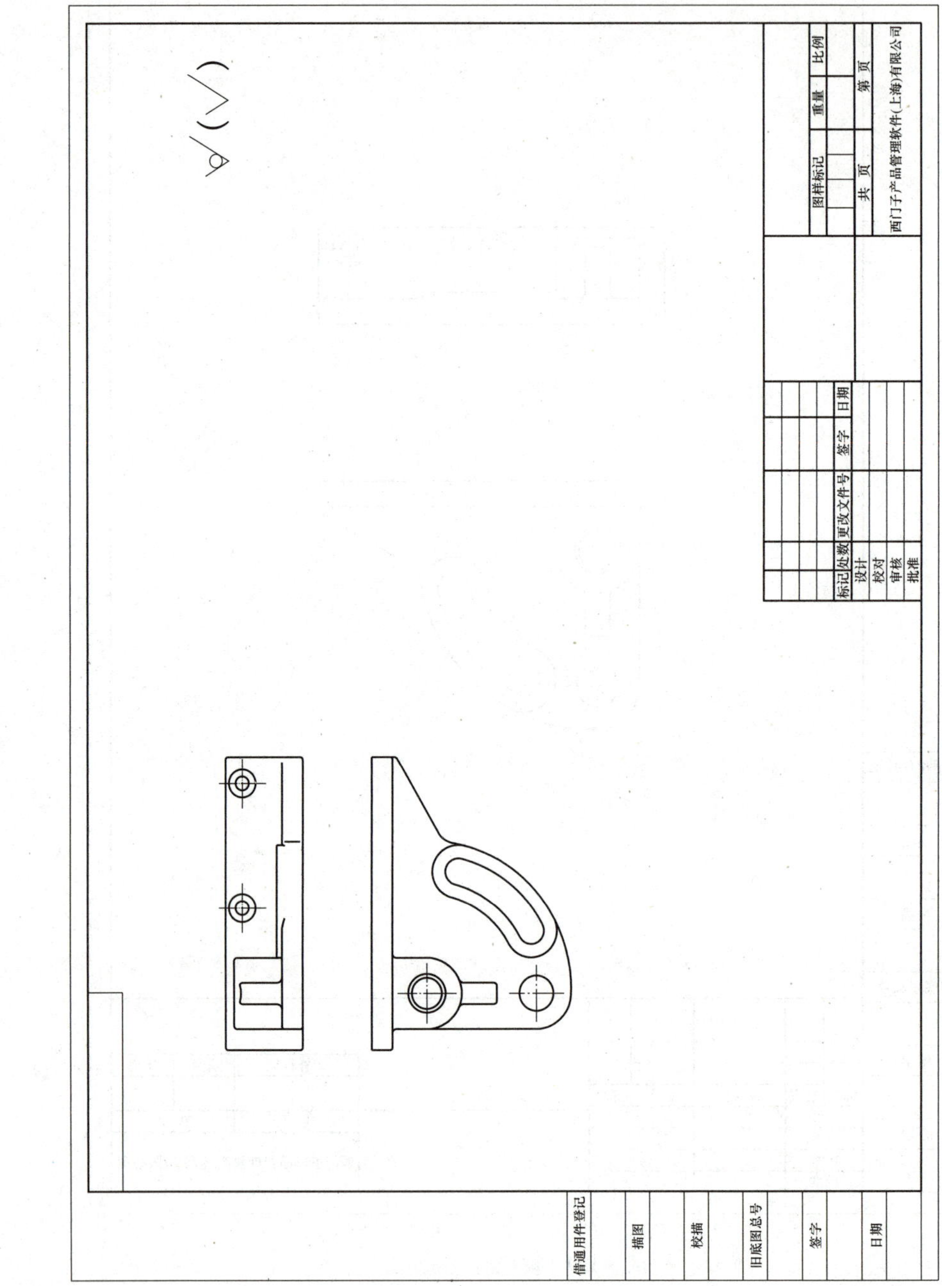

图 5-200　替换"模板"

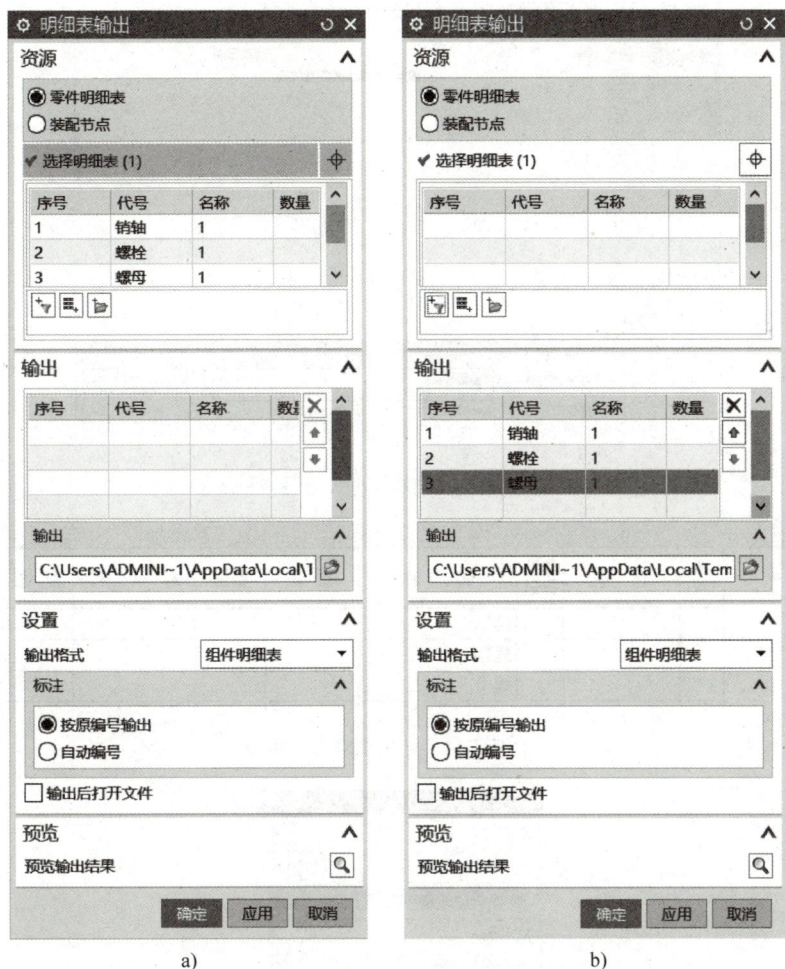

图 5-201 "明细表输出"对话框

4. 单击"明细表输出"对话框中的 🖻 图标，弹出"指定文件"对话框，指定导出零件明细表的存放路径和名称，如图 5-203 所示，单击"OK"按钮，再单击"明细表输出"对话框中的"确定"按钮，结果如图 5-204 所示。

3	螺母	1
2	螺栓	1
1	销轴	1
序号	名称	数量

图 5-202 导出零件明细表

5-17 打开文件 5-17，添加技术要求。

1. 选择菜单命令"GC 工具箱"→"注释"→"技术要求库"，弹出图 5-205 所示的"技术要求"对话框。

2. 在"技术要求"对话框中，"原点"→"Specify Position"和"Specify End Point"，分别指定技术要求文本放置的起点和终点位置范围，从"技术要求库"里选取技术要求内容并双击，使内容出现在"文本输入"→"从已有文本输入"下的文本框中，"设置"→"字体设置"设为"A FangSong"，单击"确定"按钮，结果如图 5-206 所示。

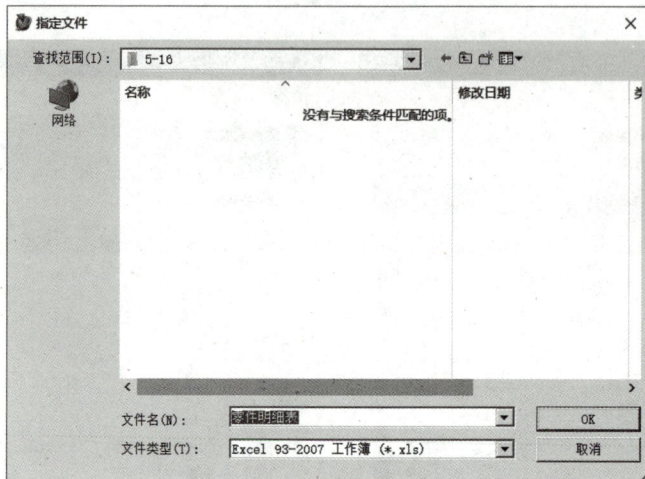

图 5-203 "指定文件"对话框

A	B	D	E F G	H	I	J K	L M	N	O	P
	序号	代 号	特性标记	名 称		重 量	数量	材 料		备 注
	1			销轴			1			
	2			螺栓			1			
	3			螺母			1			

图 5-204 导出 EXCEL 表

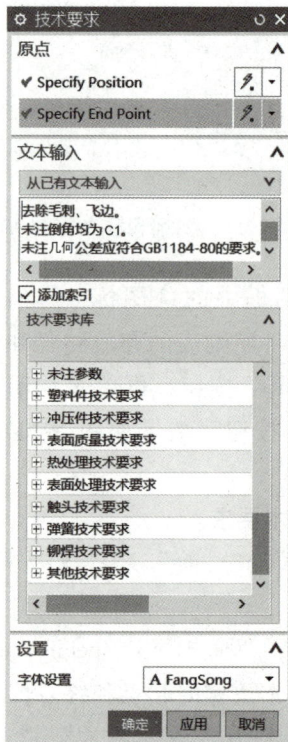

图 5-205 "技术要求"对话框

技术要求
1.去除毛刺、飞边。
2.未注倒角均为C1。
3.未注几何公差应符合GB 1184的要求。

借通用件登记

描图

校描

旧底图总号

签字

日期

标记	处数	更改文件号	签字	日期				

图样标记	重量	比例

设计			
校对			共　页　　第　页
审核			
批准			西门子产品管理软件(上海)有限公司

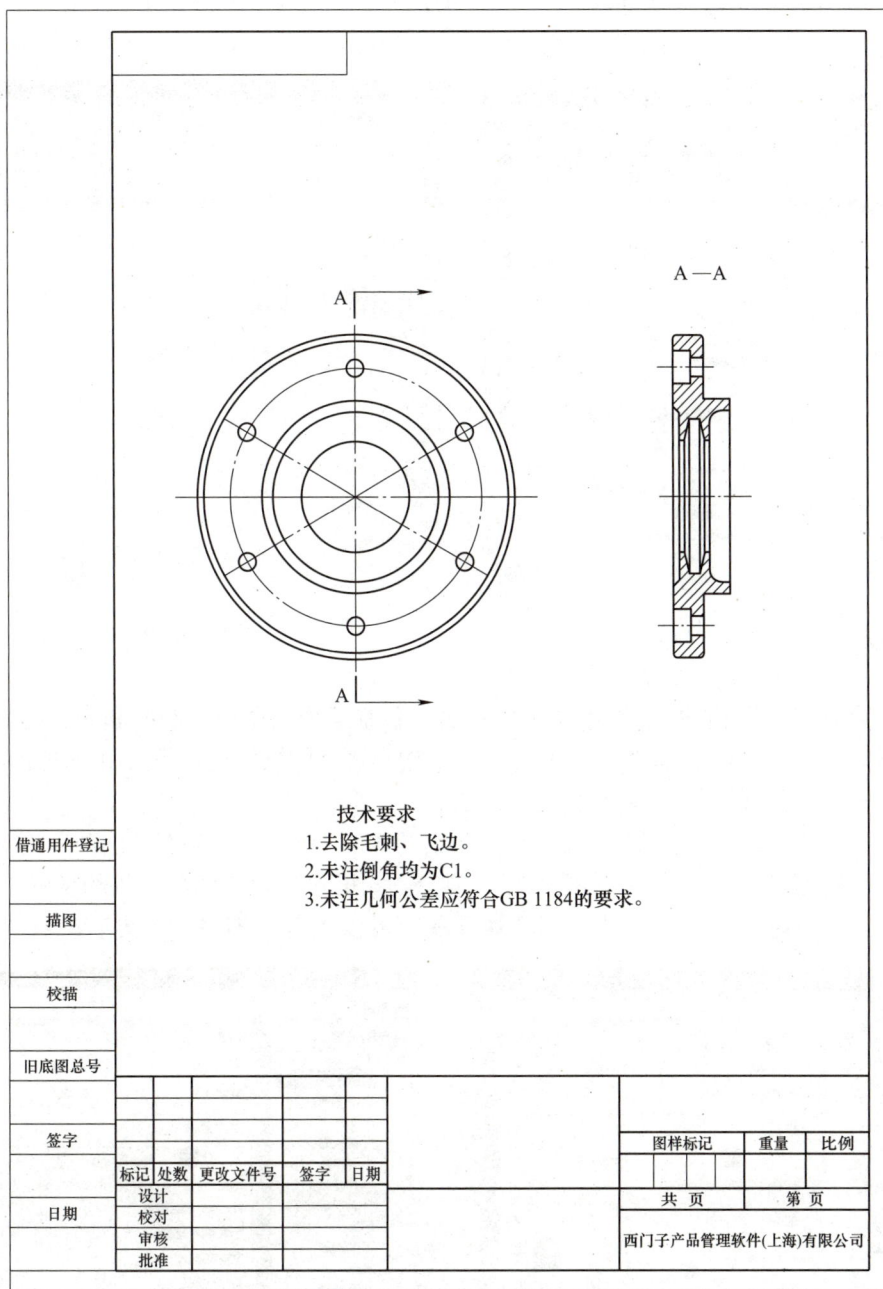

图 5-206　添加技术要求

5-18　打开文件5-18，进行用户默认设置和首选项设置。

1. 打开文件5-18后，单击"文件"→"实用工具"→"用户默认设置"，弹出图5-207所示的"用户默认设置"对话框，在该对话框中，可以进行"布局""建模""草图""装配""制图"等环境的设置。

2. 单击"制图"，可以进行"常规/设置""展平图样视图"等设置，单击"标准"选

项卡中"制图标准"后面的下拉箭头，可以选择 GB、ISO 或用户定制的标准，如图 5-208 所示。

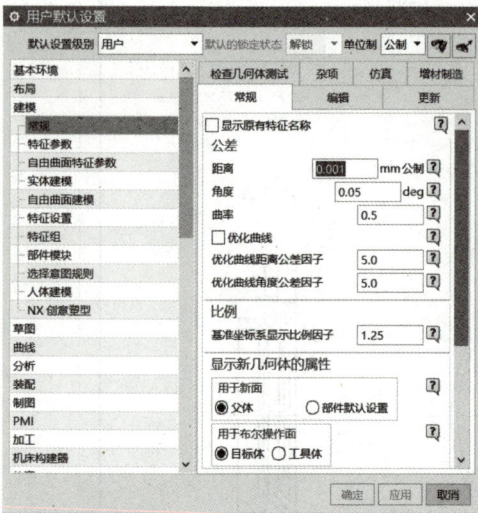

图 5-207 "用户默认设置"对话框

图 5-208 制图设置

"用户默认设置"指的是 NX 默认配置环境，包括建模、草图、制图和加工等默认设置的环境。该设置只针对本计算机用户有效，每个用户之间的默认配置是由用户决定的，每一个用户对每台计算机的默认设置都是不一样的。

3. 选择菜单命令"首选项"→"制图"，弹出图 5-207 所示的"制图首选项"对话框，可以进行"常规/设置""公共""图纸格式""视图""尺寸"和"注释"等的设置。

4. 单击"公共"→"文字"，如图 5-210 所示，可以进行"对齐""文本参数"等的设

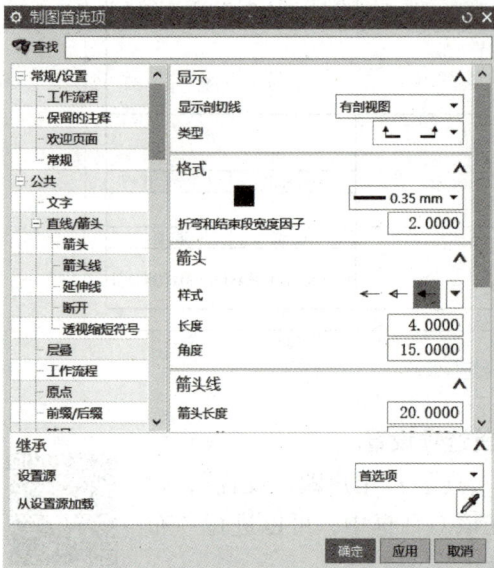

图 5-209 "制图首选项"对话框

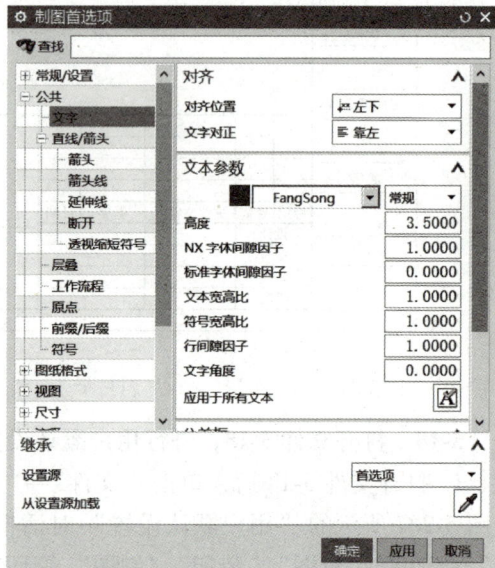

图 5-210 文字设置

置，单击"文本参数"→"应用于所有文本"后面的命令图标🅰，再单击"确定"按钮，完成文字的设置。

　　"首选项"中也可以进行建模、制图中的线型、制图样式和颜色等的设置，但本设置只针对正在绘图的文件，通俗地说就是一张工程图可以自带一个 NX 的环境，对这个工程图的后续操作都会去继承该工程图之前的首选项设置，若将该工程图复制到其他计算机，在"首选项"里的设置同样有效。

▶▶ 课后习题

5-1　根据图 5-211，完成连杆零件的建模和工程图的绘制。

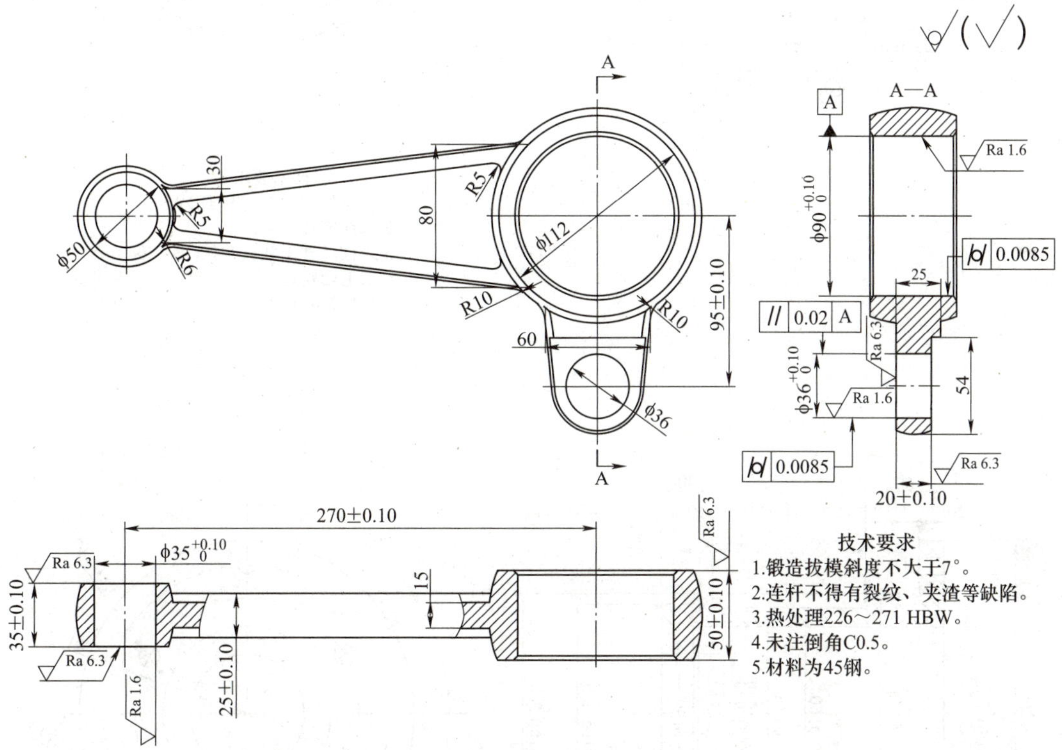

图 5-211　连杆

5-2　根据图 5-212，完成调节盘零件的建模和工程图的绘制。

5-3　根据图 5-213，完成定位套零件的建模和工程图的绘制。

5-4　根据图 5-214，完成调整架零件的建模和工程图的绘制。

5-5　根据图 5-215，完成曲柄零件的建模和工程图的绘制。

5-6　根据图 5-216 完成导轨座零件的建模和工程图的绘制。

5-7　根据图 5-217 完成脚踏杆零件的建模和工程图的绘制。

A—A

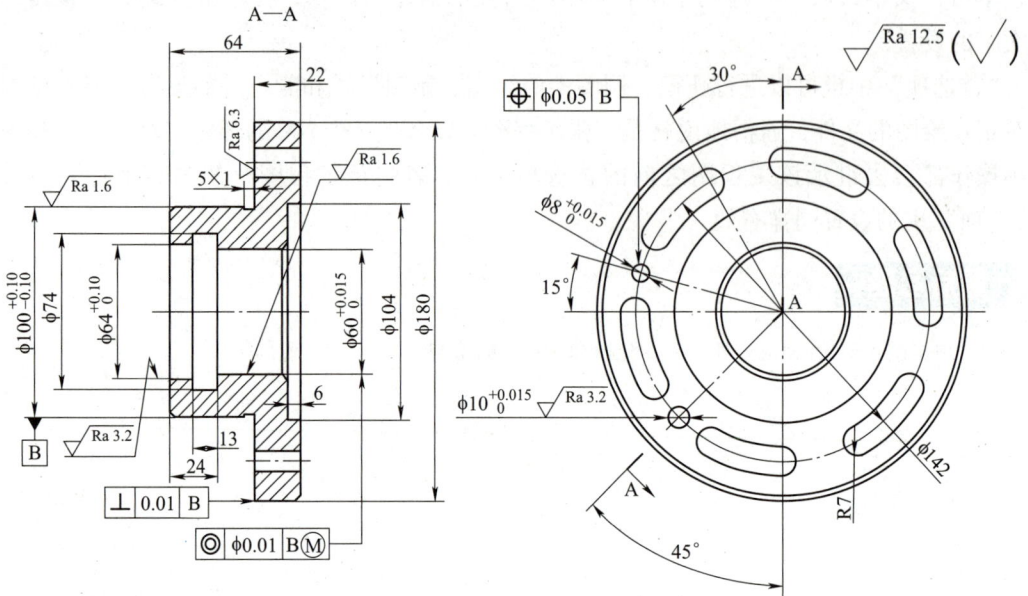

技术要求
1.调质处理230~250 HBW。
2.未注倒角C2。
3.线性尺寸未注公差按GB 1804—m。
4.去毛刺锐边。
5.材料为45钢。

图 5-212　调节盘

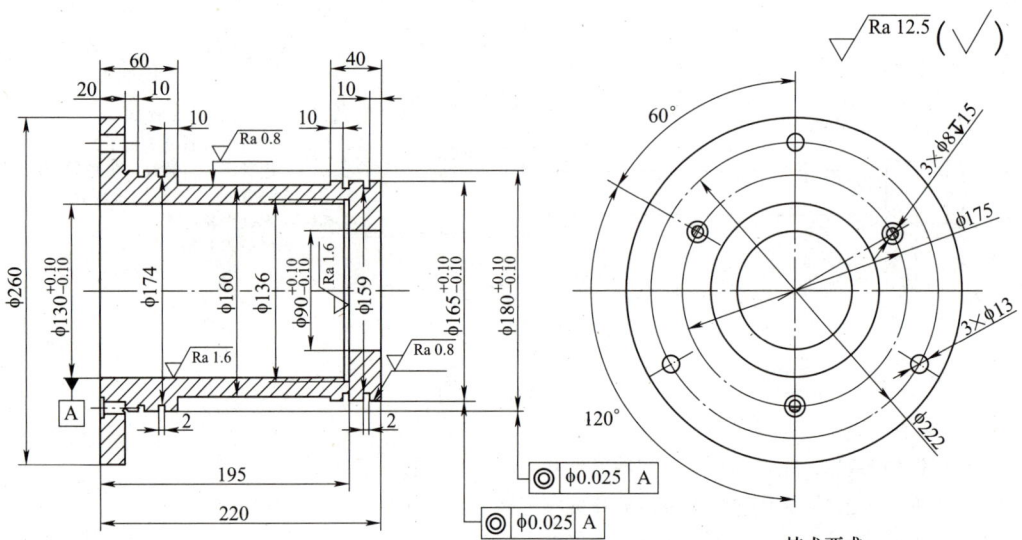

技术要求
1.材料不能有疏松、夹渣等缺陷。
2.铸件人工时效处理。
3.尖角倒钝。
4.材料为HT200。

图 5-213　定位套

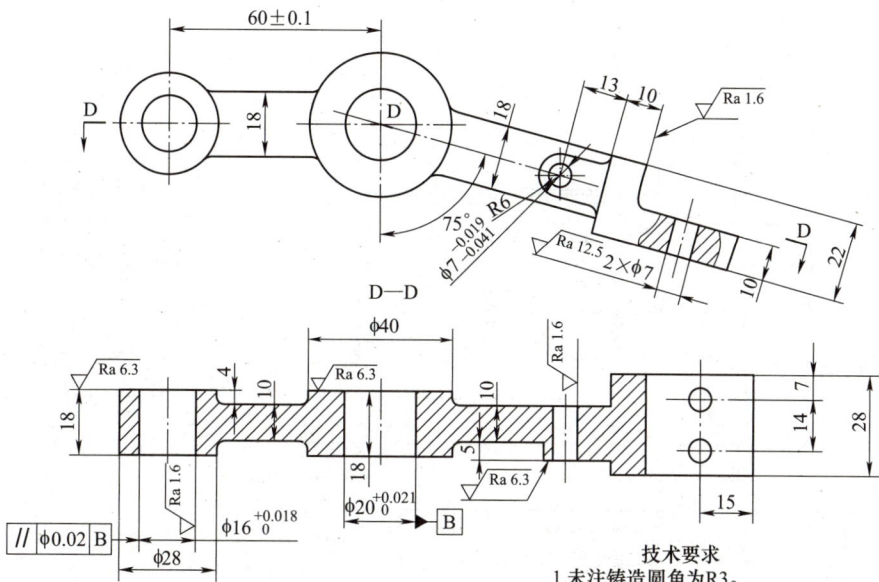

图 5-214 调整架

技术要求
1.未注铸造圆角为R3。
2.铸件不能有气孔、砂眼及夹渣等缺陷。
3.机加工前进行时效处理。

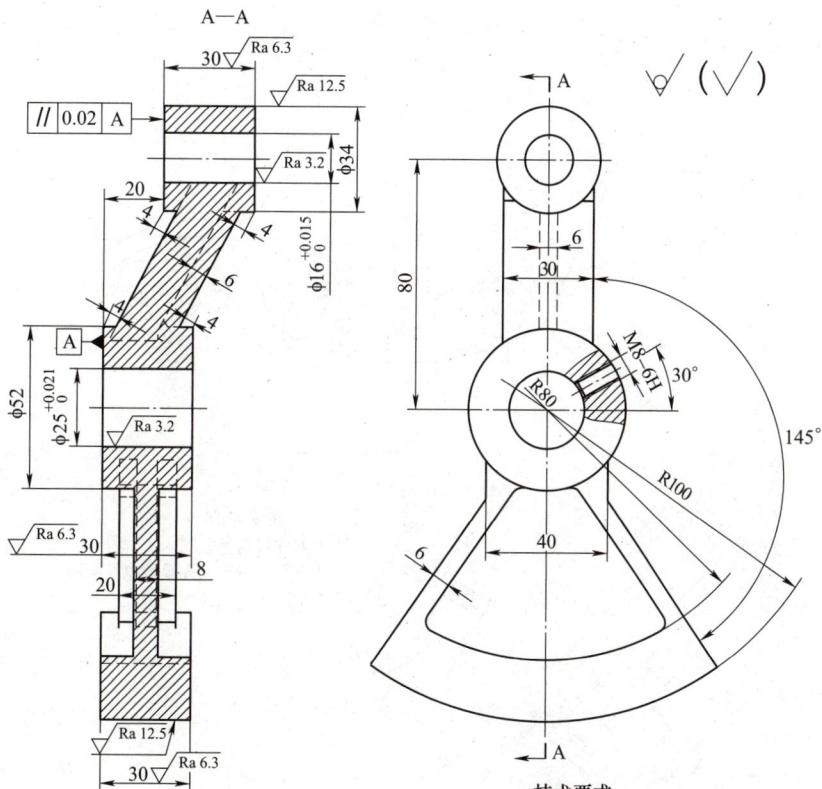

技术要求
1.未注铸造圆角为R2。
2.未注倒角为C1.5。
3.铸件不能有气孔、砂眼及夹渣等缺陷。
4.机加工前进行时效处理。

图 5-215 曲柄

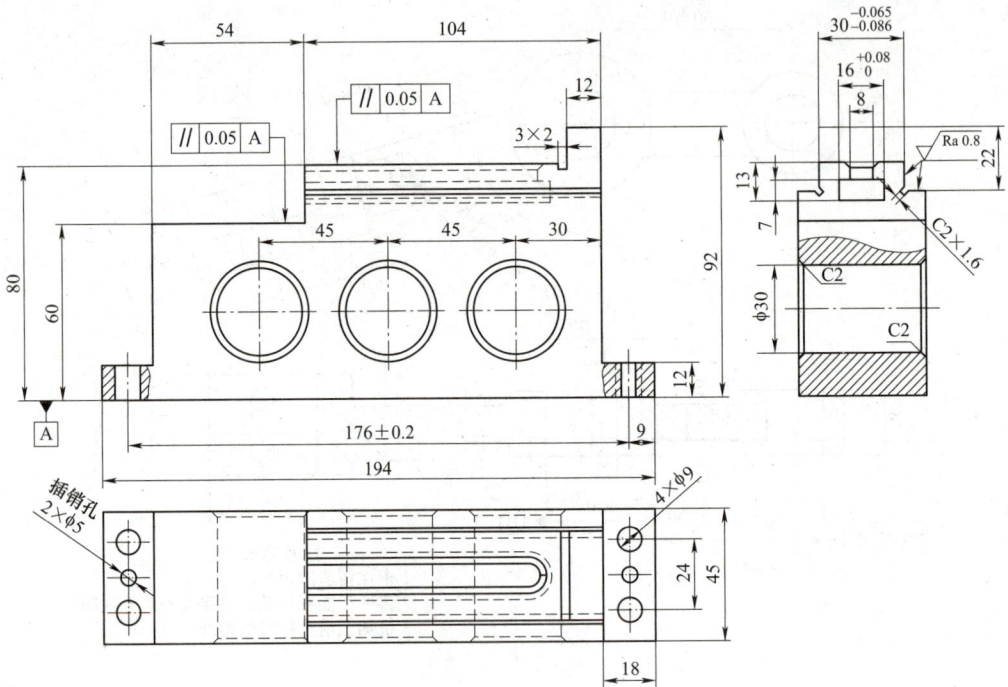

图 5-216　导轨座

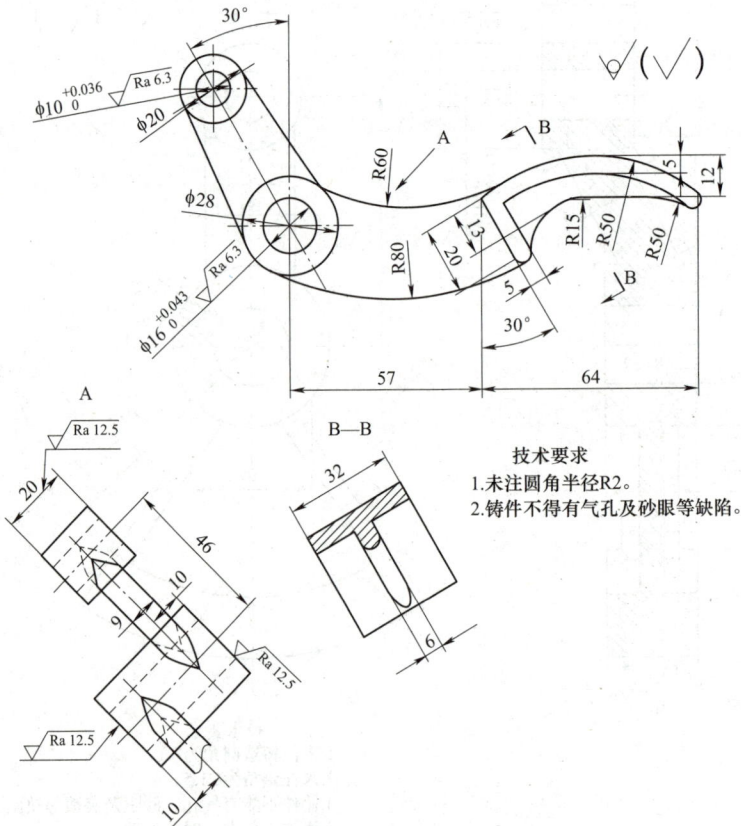

技术要求
1.未注圆角半径R2。
2.铸件不得有气孔及砂眼等缺陷。

图 5-217　脚踏杆

参 考 文 献

［1］陈丽华，庞雨花，刘江．UG NX 12.0 产品建模实例教程［M］.北京：电子工业出版社，2020.

［2］姜海军，庄华良．UG NX 项目教程：1926 版［M］.北京：机械工业出版社，2023.

［3］张小红，郑贞平．UG NX 10.0 中文版基础教程［M］.2 版．北京：机械工业出版社，2017.